J.B.METZLER

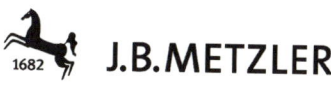

Ergänzende Unterlagen zum Buch bieten wir Ihnen unter www.metzlerverlag.de/webcode zum Download an.
Für den Zugriff auf die Daten verwenden Sie bitte Ihre E-Mail-Adresse und Ihren persönlichen Webcode. Bitte achten Sie bei der Eingabe des Webcodes auf eine korrekte Groß- und Kleinschreibung.

Ihr persönlicher Webcode: 02249-hKxxu

Michael Fuchs, Thomas Heinemann, Bert Heinrichs,
Dietmar Hübner, Jens Kipper, Kathrin Rottländer,
Thomas Runkel, Tade Matthias Spranger,
Verena Vermeulen und Moritz Völker-Albert

Forschungsethik

Eine Einführung

Verlag J. B. Metzler
Stuttgart · Weimar

Die Autorinnen und Autoren:
Michael Fuchs, Thomas Heinemann, Bert Heinrichs, Dietmar Hübner, Jens Kipper, Kathrin Rottländer, Thomas Runkel, Tade Matthias Spranger, Verena Vermeulen und Moritz Völker-Albert sind (ehem.) Mitarbeiter/innen des Instituts für Wissenschaft und Ethik (IWE) und des Deutschen Referenzzentrums für Ethik in den Biowissenschaften (DRZE) an der Universität Bonn.

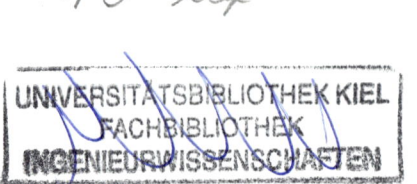

Bibliografische Information der Deutschen Nationalbibliothek
Die Deutsche Nationalbibliothek verzeichnet diese Publikation in der Deutschen Nationalbibliografie; detaillierte bibliografische Daten sind im Internet über http://dnb.d-nb.de abrufbar.

Gedruckt auf chlorfrei gebleichtem, säurefreiem und alterungsbeständigem Papier

ISBN: 978-3-476-02249-3

Dieses Werk einschließlich aller seiner Teile ist urheberrechtlich geschützt. Jede Verwertung außerhalb der engen Grenzen des Urheberrechtsgesetzes ist ohne Zustimmung des Verlages unzulässig und strafbar. Das gilt insbesondere für Vervielfältigungen, Übersetzungen, Mikroverfilmungen und die Einspeicherung und Verarbeitung in elektronischen Systemen.

© 2010 J.B. Metzler'sche Verlagsbuchhandlung und Carl Ernst Poeschel Verlag GmbH in Stuttgart

www.metzlerverlag.de
info@metzlerverlag.de

Einbandgestaltung: Willy Löffelhardt/Melanie Frasch
Satz: DTP + TEXT Eva Burri, Stuttgart · www.dtp-text.de
Druck und Bindung: CPI – Ebner & Spiegel, Ulm
Printed in Germany

Juli 2010

Verlag J.B. Metzler Stuttgart · Weimar

Vorwort

Diese Einführung in die Forschungsethik ist aus einer Kooperation von Autoren entstanden, die zum Teil auf langjährige Erfahrung in der akademischen Lehre und in der Forschung im Bereich der biomedizinischen Ethik und Forschungsethik zurückblicken. Alle Autoren sind oder waren am *Institut für Wissenschaft und Ethik* (IWE) oder am *Deutschen Referenzzentrum für Ethik in den Biowissenschaften* (DRZE) der Universität Bonn beschäftigt.

Die Idee, eine Einführung in die Forschungsethik zu konzipieren, entsprang den in der Lehr- und Forschungspraxis gewonnenen Erfahrungen. In zahlreichen Seminaren, Vorlesungen und Fortbildungen zur Ethik der Forschung, die die Autoren angeboten oder mitgestaltet haben, aber auch in klinischen Forschungsvorhaben, in die einige der Autoren als Ethik-Experten eingebunden waren, wurden das große Interesse an forschungsethischen Fragestellungen und die Dringlichkeit einer reflektierten Analyse offenkundig: Auf welche Theorien kann sich die Forschungsethik berufen? Welche Regeln einer guten wissenschaftlichen Praxis gilt es zu beachten? Welche grundsätzlichen Fragen sind mit der Forschung an Menschen verbunden, und unter welchen Bedingungen kann diese ethisch legitim sein? Nach welchen Kriterien kann die Forschung an Tieren aus ethischer Perspektive bewertet werden, und welche ethischen und rechtlichen Fragestellungen ergeben sich aus spezifischen Anwendungsfeldern wie z. B. der Embryonen- oder Humangenomforschung, der Hirnforschung oder neuen Gegenstandsfeldern wie der Nanotechnologie?

Das vorliegende Buch stellt relevante Themen der Forschungsethik dar und möchte eine Hilfe für die ethische Urteilsbildung von Forschern sowie für angemessene Entscheidungen im Forschungsalltag geben. Dementsprechend richtet sich das Buch insbesondere an Studierende und Lehrende im Bereich der Ethik, der Medizin, der Biowissenschaften und der Rechtswissenschaften sowie an Mitglieder von Ethikkommissionen und in der Forschung tätige Wissenschaftler und Ärzte.

Einer Heranführung vom Grundsätzlichen zum Speziellen folgend gliedert sich das Buch in vier Abschnitte:

Teil I. »Theorie der Ethik« vermittelt grundlegende Kenntnisse in der ethischen Theorie- und Begriffsbildung, die als Fundament für das Verständnis und eine eigenständige Urteilsbildung bei konkreten forschungsethischen Fragestellungen dienen.

In Teil II. »Dimensionen der Forschung« werden grundlegende ethische Aspekte der Forschung dargestellt. Diese reichen von der Historie und den Regeln guter wissenschaftlicher Praxis bis zu den ethischen Fragestellungen, die aus der medizinischen Forschung an Menschen resultieren, sowie deren Lösungsansätzen. Auch ethische und rechtliche

Aspekte von Tierversuchen werden in diesem Rahmen behandelt, ebenso wie ethische Dimensionen der Forschung mit Blick auf das Verhältnis von Wissenschaft und Gesellschaft.

Teil III. »Gegenstandsfelder der Forschung« stellt konkrete normative Problemstellungen in relevanten wissenschaftlichen Anwendungsgebieten vor. Hier finden sich aus ethischer und juristischer Perspektive behandelte aktuelle Fragen zum Umgang mit humanbiologischem Material, zu Patenten, zur Forschung an Stammzellen und Embryonen, zur Hirnforschung, zur Forschung am menschlichen Genom, zum Enhancement und zur Nanotechnologie.

Eine »Dokumentation« einschlägiger forschungsethisch relevanter Kodizes sowie Übungsaufgaben (und Lösungen) zu einigen Kapiteln des Bandes befinden sich auf den Internetseiten des Verlags, die den Käufer/innen des Buches zugänglich sind (s. S. I).

Bei der Strukturierung des Buches und der inhaltlichen Konzeption der einzelnen Kapitel wurden viele Anregungen berücksichtigt, die von Studierenden, Medizinern und Naturwissenschaftlern in zahlreichen Unterrichtsveranstaltungen und Forschungsprojekten an die Autoren herangetragen und von diesen dankbar aufgenommen wurden. Zudem haben verschiedene Wissenschaftler die Entstehung des Buches mit wertvollen Ratschlägen begleitet, denen die Autoren zu großem Dank verpflichtet sind. Insbesondere sind an dieser Stelle Professor Kurt Fleischhauer (IWE, Bonn), Dr. Christian Hoppe (Klinik für Epileptologie der Universität Bonn) und Professor Peter Propping (Institut für Humangenetik der Universität Bonn) zu nennen, deren Vorschläge und Hinweise in vielfacher Form in dieses Buch eingeflossen sind.

In gleicher Weise danken die Autoren den Mitgliedern der Klinischen Forschergruppe »Stammzelltransplantation – Molekulare Therapieansätze in der Pädiatrie«, namentlich Professor Christoph Klein, Klinik für Kinderheilkunde, Pädiatrische Hämatologie und Onkologie der Medizinischen Hochschule Hannover (MHH), Professor Christopher Baum, Abteilung Experimentelle Hämatologie der MHH, und Professor Michael Ott, Zentrum für Experimentelle und Klinische Infektionsforschung an der MHH, für zahlreiche wertvolle Vorschläge, die in diesem Buchprojekt berücksichtigt wurden. Zu danken ist auch der Deutschen Forschungsgemeinschaft für die Förderung dieser Klinischen Forschergruppe, an der das IWE mit einem eigenen Teilprojekt beteiligt war. Die Autoren danken den Mitgliedern der BMBF-Nachwuchsgruppe »Molekulare Medizin und medizinische Hirnforschung« am IWE für die Koordination des Buchprojektes und die Redaktion des Buches, namentlich Kathrin Rottländer, Dipl.-Biol., Marie-Kathrin Schmetz, M.A., Jens Kipper, M.A., Sabine Gogolok, Dr. Ulrich Feeser-Lichterfeld und Professor Thomas Heinemann. An dieser Stelle sei dem Bundesministerium für Bildung und Forschung für die Förderung dieser Nachwuchsgruppe gedankt. Schließlich bedanken sich die Autoren und das Redaktionsteam herzlich bei Ute Hechtfischer vom Verlag J.B. Metzler für die angenehme und konstruktive Zusammenarbeit bei der Realisierung des Bandes.

Bonn, im April 2010

Inhaltsverzeichnis

Vorwort	V
I. Theorie der Ethik	1
1. Ethik und Moral	1
1.1 Zur Wortherkunft von ›Ethik‹ und ›Moral‹	1
1.2 Moral	2
1.2.1 Wie ist Moral definiert?	2
1.2.2 Womit befassen sich Moralen?	4
1.3 Ethik	5
1.3.1 Wie ist Ethik definiert?	5
1.3.2 Wie verfährt die Ethik?	6
2. Typen ethischer Theorien	10
2.1 Eine Fallgeschichte	10
2.1.1 Grundform und Varianten	10
2.1.2 Drei Komponenten	13
2.2 Tugendethik, Deontologie und Teleologie	15
2.2.1 Klassische Ansätze	16
2.2.2 Vollständigkeit, Kontextabhängigkeit	18
2.2.3 Identifikation, Abgrenzung	19
3. Aspekte von Handlungen	22
3.1 Zwecke, Mittel und Nebeneffekte	22
3.1.1 Intendiertes und Nicht-Intendiertes I: Die Differenz von Zweck und Nebeneffekt	22
3.1.2 Intendiertes und Nicht-Intendiertes II: Die Lehre von der Doppelwirkung	25
3.1.3 Intendiertes und Nicht-Intendiertes III: Zusatzbemerkungen	27
3.2 Bezug zu den Unterscheidungen aus dem zweiten Theoriekapitel	29
3.2.1 Zweck und Motivation	29
3.2.2 Mittel und Handlung	30
3.2.3 Nebeneffekt und Konsequenz	30

4. Stufen der Verbindlichkeit 32
   4.1 Supererogatorisches, Tugendpflichten und Rechtspflichten 32
      4.1.1 Supererogatorisches 32
      4.1.2 Tugendpflichten 33
      4.1.3 Rechtspflichten 33
      4.1.4 Abwehrrechte, Anspruchsrechte und Partizipationsrechte 34
      4.1.5 Bezüge zu den Einteilungen der bisherigen Theoriekapitel 35
   4.2 Abwägungsregeln 36
      4.2.1 Hierarchisierung der drei Bereiche 36
      4.2.2 Abstufungen innerhalb der Rechtspflichten 37
      4.2.3 Fragen der Einordnung 38

II. Dimensionen der Forschung 41

1. Gute wissenschaftliche Praxis 41
   1.1 Hinführung: Plagiat und Fälschung als Verstöße gegen Normen des Wissenschafttreibens 41
   1.2 Soziologische Betrachtung: das Ethos der Wissenschaften 43
   1.3 Historische Vertiefung: Kulturelle und historische Variationen des wissenschaftlichen Ethos 45
   1.4 Ethische Begründung der Regeln des Wissenschaftsbetriebs 48
   1.5 Verfahren zur Sicherung guter wissenschaftlicher Praxis 50
   1.6 Interessenkonflikte im Wissenschaftsbetrieb 53
2. Medizinische Forschung am Menschen 56
   2.1 Historische Einführung 56
   2.2 Heilbehandlung, Heilversuch und Humanexperiment 60
   2.3 Prinzipien und Regeln der Ethik der Forschung am Menschen 64
      2.3.1 Informierte Einwilligung 67
      2.3.2 Schaden-Nutzen-Abwägung 72
      2.3.3 Gerechte Probandenauswahl 75
      2.3.4 Prozedurale Prinzipien 76
      2.3.5 Forschungsethische Kodizes 79
3. Forschung an Tieren 82
   3.1 Einleitung 82
   3.2 Grundpositionen zum moralischen Status von Tieren 84
      3.2.1 Tiere haben keinen moralischen Status 84
      3.2.2 Tiere haben einen moralischen Status 85
      3.2.3 Tiere haben gegenüber Menschen einen prinzipiell nachgeordneten moralischen Status 87
   3.3 Konsequenzen der Grundpositionen zum moralischen Status 88
      3.3.1 Konsequenzen einer fehlenden Statusanerkennung 88
      3.3.2 Konsequenzen des Tierinteressen- und des Tierrechtskriteriums..... 88
      3.3.3 Konsequenzen eines nachgeordneten moralischen Status 90
   3.4 Rechtslage 90
      3.4.1 Europa 91
      3.4.2 Deutschland 93

4.	Forschung und Gesellschaft	98
4.1	Verschiedene Bestimmungen des Ethos des Wissenschaftlers	99
4.2	Unsicherheit bei der normativen Bewertung neuartiger Handlungsfelder	104
4.3	Angewandte Ethik als Instrument der normativen Integration von Wissenschaft in die Gesellschaft	106
4.4	Ausgangspunkte und Ergebnisse der angewandten Ethik in den USA und in Europa	107
4.5	Das Beispiel der Markteinführung von Thalidomid (Contergan®) in Deutschland und den USA	109
4.6	Das Verhältnis von Pflichten und Rechten zwischen Gesellschaft, Individuum und Forscher	115

III. Gegenstandsfelder der Forschung ... 121

1. Umgang mit humanbiologischem Material ... 121
   - 1.1 Die Dimensionen der Thematik ... 122
   - 1.2 Die allgemein betroffenen Rechtspositionen ... 124
   - 1.3 Im Einzelnen: Die Stellung des Materialspenders ... 125
     - 1.3.1 Einfaches Recht ... 126
     - 1.3.2 Verfassungsrecht ... 128
   - 1.4 Im Einzelnen: Die Stellung des Forschers bzw. Arztes ... 129
     - 1.4.1 Einfaches Recht ... 129
     - 1.4.2 Verfassungsrecht ... 130
   - 1.5 Spezialregelungen für besondere Materialien ... 130
     - 1.5.1 Transplantationsgesetz ... 131
     - 1.5.2 Transfusionsgesetz ... 131
     - 1.5.3 Embryonenschutzgesetz ... 131
     - 1.5.4 Stammzellgesetz ... 132
   - 1.6 Internationale Entwicklungen ... 133
   - 1.7 Insbesondere: *Benefit sharing* ... 134
2. Patente ... 136
   - 2.1 Ursprung, Logik und Rechtsregelungen des Patentwesens ... 136
     - 2.1.1 Historische Herkunft von Patenten ... 136
     - 2.1.2 Systematische Deutung von Patenten ... 137
     - 2.1.3 Einschlägige Patentregelungen der heutigen Zeit ... 140
   - 2.2 Patentierung von biologischem Material ... 142
     - 2.2.1 Mikroorganismen ... 143
     - 2.2.2 Gene, Gensequenzen, Körperbestandteile ... 144
     - 2.2.3 Pflanzen ... 146
     - 2.2.4 Gesamtschau ... 147
   - 2.3 Patentierung von lebenswichtigen Medikamenten ... 148
     - 2.3.1 Die Lage in Südafrika Ende der 1990er Jahre ... 148
     - 2.3.2 Differenzierte Preispolitik, Parallelimporte und Zwangslizenzen ... 149
     - 2.3.3 Der Fortgang der Ereignisse in Südafrika ... 151
     - 2.3.4 Die »Doha Declaration« ... 152
     - 2.3.5 Denkanstöße ... 153

3. Forschung an menschlichen Embryonen und embryonalen Stammzellen 156
   3.1 Embryonenforschung und der moralische Status
       des menschlichen Embryos 156
   3.2 Die Frage nach der ethischen Legitimität der Ziele 158
   3.3 Die Frage nach dem moralischen Status der einzusetzenden Mittel.... 159
       3.3.1 Die Fundamentalnorm der Würde des Menschen in Anwendung
             auf den Embryo.. 159
       3.3.2 Position I: Argumentationstypen für eine Anerkennung der Würde
             beim Embryo 161
       3.3.3 Position II: Argumentationstypen für eine Abstufung des Würde-
             schutzes beim Embryo.. 164
       3.3.4 Kritik der verschiedenen Positionen 170
   3.4 Alternative pluripotente Stammzellen 171
4. Hirnforschung.. 176
   4.1 Einleitung 176
   4.2 Ethische Fragen im Kontext der Durchführung neurowissenschaftlicher
       Forschung 177
       4.2.1 Placebo-Studien 180
       4.2.2 Forschung an vulnerablen Gruppen 182
       4.2.3 Zufalls(be)funde.. 183
   4.3 Ethische Fragen im Kontext der Anwendung neurowissenschaftlicher
       Forschungsergebnisse... 184
       4.3.1 Eingriffe in das Gehirn.. 185
       4.3.2 Handhabung und Deutung des gewonnenen Wissens 190
5. Genetische Forschung am Menschen 196
   5.1 Die Sequenzierung des menschlichen Genoms.................................... 196
       5.1.1 Ziele der Humangenomforschung 197
       5.1.2 Ethische, rechtliche und soziale Implikationen der Humangenom-
             forschung.. 198
   5.2 Neue Projekte – Neue Probleme?... 200
       5.2.1 Etablierung von Biobanken am Beispiel Island 200
       5.2.2 Individuelle Genomsequenzierungen zu Forschungszwecken.. 203
       5.2.3 Wissenschaftliche Zurückhaltung vs. frühzeitige
             Kommerzialisierung 206
   5.3 Ausblick.. 208
6. Enhancement... 211
   6.1 Enhancement als forschungsethische Frage 211
   6.2 Der Krankheitsbegriff als Unterscheidungskriterium zwischen Therapie
       und Enhancement 213
   6.3 Ethische Legitimität der Ziele der Enhancement-Forschung 215
   6.4 Ethische Voraussetzungen für die zur Enhancement-Forschung
       einzusetzenden Mittel... 218
7. Nanotechnologie 225
   7.1 Was ist Nanotechnologie? 226
   7.2 Ziele nanotechnologischer Verfahren... 228
   7.3 Nebenfolgen und Risiken 231
   7.4 Forschungsethisch relevante Themenfelder 232

      7.4.1 Individualethische Fragen – Privatsphäre (privacy) und Datenschutz 233
      7.4.2 Sozialethische Fragen – Verteilungsgerechtigkeit und gesellschaftliche Konsequenzen 234
      7.4.3 Risikoethische Fragen................ 235
      7.4.4 Medizinethische Fragen 236
      7.4.5 Anthropologische Fragen 236
      7.4.6 Enhancement 237
  7.5 Bedarf es einer Nano-Ethik? 237

IV. Anhang 241

1. Die Autorinnen und Autoren 241
2. Sachregister 243

I. Theorie der Ethik

1. Ethik und Moral

In diesem ersten Theoriekapitel werden die Bedeutungen der Begriffe ›Ethik‹ und ›Moral‹ erläutert. Nach einem kurzen Blick auf die Herkunft der beiden Wörter (1.1) geht es um ihre moderne Verwendungsweise, in der ›Moral‹ eine bestimmte Art von Normensystem bezeichnet (1.2) und ›Ethik‹ die wissenschaftliche Disziplin, die solche Normensysteme untersucht und begründet (1.3). Es wird skizziert, auf welchen verschiedenen Ebenen sich ethische Untersuchungen bewegen. Insbesondere wird auf die Frage eingegangen, inwiefern es so etwas wie eine ›objektive Wahrheit‹ in moralischen Fragen geben kann und ob eine ›normative Ethik‹ daher ein glaubhaftes wissenschaftliches Projekt ist.

1.1 Zur Wortherkunft von ›Ethik‹ und ›Moral‹

Wenn man sich mit der Ethik biomedizinischer Forschung befasst, so müssen zwei begriffliche Fragen vorab geklärt werden: Was ist überhaupt ›Ethik‹? Und was ist demgegenüber ›Moral‹? – Offenbar handelt es sich in beiden Fällen um Wörter, die aus anderen Sprachen ins Deutsche importiert worden sind. Es liegt daher nahe, zur Orientierung über ihre Bedeutung zunächst einen Blick auf die Wortherkunft zu werfen. Dabei zeigt sich, dass ›Ethik‹ und ›Moral‹ von ihren sprachlichen Ursprüngen her eng miteinander verwandt sind. Nichtsdestoweniger bezeichnen sie in ihrem modernen Gebrauch, zumindest im Deutschen, kategorial verschiedene Dinge.

›Ethik‹ leitet sich von dem altgriechischen *ethos* her. Dieses Wort kannte vor allem zwei Verwendungsweisen: Zum einen bedeutete es ›Sitte‹, ›Gewohnheit‹, ›Brauch‹, bezog sich also auf die kollektiven Gepflogenheiten, die in einem Gemeinwesen herrschen, etwa in einem Staat oder in einer Religionsgruppe. Zum anderen bedeutete es ›Charakter‹, ›Denkweise‹, ›Sinnesart‹, sprach also individuelle Haltungen und Einstellungen an, die bei Einzelpersonen anzutreffen sind. Auffällig ist, dass *ethos* in diesen beiden Bedeutungen keinerlei Wertung implizierte: Es konnte eine gute, aber auch eine schlechte oder eine wertneutrale Sitte bezeichnen, und ebenso einen guten, einen bösen oder einen wertfreien Charakter. Das Adjektiv *ethikos* war demgegenüber leicht verschoben: Zum einen konnte es, ebenfalls ohne Wertung, so viel bedeuten wie ›die Sitte oder den Charakter betreffend‹, bezog sich also beispielsweise auf ein Problem, das diesem Gegenstandsbereich zugehört (so wie man auch heute von einer ›ethischen‹ Frage spricht). Zum anderen konnte es sich mit einer positiven Wertung verbinden, charakterisierte also etwa ein Verhalten, das einem guten Brauch folgt, oder einen Menschen, der eine gute Sinnesart aufweist.

›Moral‹ kommt von dem lateinischen *mos*. Dessen Bedeutungsspektrum war sehr ähnlich geartet wie das von *ethos*, und entsprechend darf es als dessen unmittelbare Übersetzung gelten: Auch *mos* stand erstens für den kollektiven Bereich von ›Sitte‹, ›Gewohnheit‹ oder ›Brauch‹. Ebenso kannte *mos* zweitens die individuelle Verwendung als ›Charakter‹, ›Gesinnung‹ oder ›Wesen‹. Wiederum war in beiden Fällen keine eindeutige Wertung vorausgesetzt: Die *mores* einer Gemeinschaft konnten löblich oder verwerflich sein, ebenso wie die *mores* eines Einzelmenschen. Das Adjektiv *moralis* hingegen nahm jene Offenheit erneut ein Stück weit zurück, ganz ähnlich wie sein Pendant *ethikos*: Einerseits konnte es wertneutral ›den Brauch oder das Wesen betreffend‹ meinen. Andererseits konnte es sich mit einer positiven Wertung verbinden (so wie man auch heute ein Verhalten oder einen Menschen als ›moralisch‹ bezeichnet, wenn man es bzw. ihn gutheißt).

Das lateinische *mos* und das altgriechische *ethos* stimmen also in ihrem Wortsinn, trotz gewisser Nuancen, weitgehend überein. Die aus ihnen abgeleiteten Bezeichnungen ›Moral‹ und ›Ethik‹ haben jedoch, zumindest im deutschen Sprachgebrauch, eine sehr unterschiedliche Bedeutung angenommen.

1.2 Moral

1.2.1 Wie ist Moral definiert?

Als ›Moral‹ bezeichnet man heutzutage ein *Normensystem*, welches das *Verhalten von Menschen* reguliert und dabei mit dem *Anspruch auf unbedingte Gültigkeit* auftritt.

Es existiert demnach durchaus eine Vielzahl von ›Moralen‹: Beispielsweise gibt es die verschiedenen ›Moralen‹, die sich mehr oder weniger ausdrücklich in religiösen Texten finden, etwa in den Zehn Geboten, in der Bergpredigt, im Koran, in hinduistischen oder in buddhistischen Schriften. Auch setzt die Bezeichnung ›Moral‹ keineswegs voraus, dass das fragliche Normensystem aus Sicht des Sprechenden inhaltlich korrekt sein muss: ›Moral‹ besagt allein, dass ein Normensystem den Anspruch auf Gültigkeit erhebt, nicht aber, dass es dies berechtigt tut. Das Adjektiv ›moralisch‹ demgegenüber wird im Allgemeinen nur verwendet, wenn man das Bezeichnete auch billigt, also wenn einem ein Verhalten richtig erscheint oder wenn man einen Menschen als lobenswert erachtet. Entsprechend bedeutet ›unmoralisch‹ so viel wie schlecht oder böse, gemessen an den Normen, die der Sprechende selbst befürwortet.

Eine Moral kann durch eine Gemeinschaft vertreten werden, einen Kulturkreis, eine Nation, eine ethnische oder religiöse Gruppe, aber auch durch einen Einzelmenschen. Sie kann sehr systematisch gegliedert sein, mit klaren Vorschriften, Dringlichkeitsstufungen und Abwägungsregeln, aber auch eher unsystematisch bleiben, als bloße Sammlung unterschiedlicher Grundsätze. Auch kann sie sich auf spezifische Fälle beziehen, konkrete Situationen benennen und detaillierte Maßstäbe für sie vorgeben, oder aber allgemeine Vorschriften machen, die sich auf jede Lebenslage anwenden lassen. Wichtig ist allein, dass sie ihre Aussagen mit jenem charakteristischen Anspruch auf unbedingte Gültigkeit trifft, der Moralen auszeichnet, und das heißt vor allem: dass sie unabhängig bleibt von den jeweiligen Zielsetzungen des Handelnden.

Es gibt nämlich Normen, die nur relativ zu bestimmten, frei gewählten Zielsetzungen in Kraft sind. Sie haben die Form: ›Wenn du X erreichen willst, dann musst du Y tun.‹ Immanuel Kant unterscheidet hier noch einmal, indem er von Normen der *Geschicklichkeit* spricht, falls jenes X ein beliebiges Ziel ist, das manche Menschen haben mögen, andere hingegen nicht, wie etwa das Ziel, Erfolg in einem bestimmten Beruf zu haben. Demgegenüber spricht er von Normen der *Klugheit*, falls jenes X grundsätzlich das eigene Glück und Wohlergehen umfasst, das man bei allen Menschen, in der einen oder anderen Form, als Ziel voraussetzen darf (Kant 1785, Akad.-Ausg. 414–417). In beiden Fällen geht es um Regeln und Ratschläge im Sinne der Zweckrationalität, d. h. um Verhaltensanweisungen, deren Verbindlichkeit davon abhängt, dass man jenes bestimmte Ziel X tatsächlich hat. Dabei ist es nicht nötig, dass dieses Ziel explizit genannt wird. Bei den Anweisungen: ›Verbessere deinen Aufschlag!‹, oder: ›Vernachlässige nicht deine morgigen Bedürfnisse!‹, ist beispielsweise klar, dass sie lediglich relativ zu solchen Zielvorstellungen gelten und deshalb allein Normen der Geschicklichkeit bzw. der Klugheit darstellen – ganz offensichtlich haben sie nur Geltung, *insofern* jemand ein erfolgreicher Tennisspieler bzw. *weil* er kein unglücklicher Mensch werden will.

Normen der *Moral* hingegen treten mit dem Gestus auf, dass sie gültig bleiben, unabhängig davon, welche Zielsetzungen man momentan oder auch dauerhaft verfolgt. Sie haben die schlichte Form: ›Du sollst Y tun‹, sozusagen ›ohne Wenn und Aber‹. Ihnen kann man sich nicht dadurch entziehen, dass man erklärt, eben kein erfolgreicher Tennisspieler oder kein glücklicher Mensch werden zu wollen. Vielmehr bleibt man an sie gebunden, ganz gleich, welche Vorsätze man hat. Dieser Gedanke, dass sich die Normen der Moral von anderen Normen durch ihre *Unbedingtheit* unterscheiden, kommt in zentralen moralischen Begriffen wie ›Pflicht‹ oder ›Gebot‹ klar zum Ausdruck. Auch steht er hinter Kants Formulierung, dass Moralität sich in einem Kategorischen Imperativ ausdrücken müsse, der unabweislich gilt, und nicht in einem hypothetischen Imperativ, der allein aufgrund gegebener Zielsetzungen verbindlich wäre (Kant 1785, Akad.-Ausg. 414–417). Wiederum muss sich dieser Unterschied nicht notwendig im sprachlichen Ausdruck niederschlagen. Der Grundsatz: ›Wenn du dich nicht versündigen willst, so töte keinen Unschuldigen ohne Not!‹, kann sicherlich moralisch intendiert sein – weil nämlich der Bedingungssatz es einem keineswegs *freistellt*, ob man sich versündigen will oder nicht, sondern lediglich noch einmal *deutlich* macht, dass es hier in der Tat um die hochmoralische Frage der Versündigung geht.

Zwei Anmerkungen sind hier am Platze: Erstens kann es geschehen, dass gewisse moralische Normen, trotz ihrer unbedingten Verbindlichkeit, nur in bestimmten Fällen *relevant* werden. Beispielsweise ist es sicherlich eine moralische Pflicht, angemessen für seine Kinder zu sorgen. Diese Pflicht tritt aber nur dann in Kraft, wenn man überhaupt Kinder hat. Wieder hätte man es also rein sprachlich mit einer hypothetischen Formulierung zu tun: ›Wenn du Kinder hast, sorge für sie!‹ Nichtsdestoweniger liegt inhaltlich eine kategorische Forderung vor, denn der Bedingungssatz benennt kein Ziel, das man auch ablegen könnte, sondern eine Situation, für welche die fragliche Norm gilt. Sobald man sich in dieser Situation befindet, greift die Norm, und man kann sich nicht mehr durch eine Umdefinition der eigenen Präferenzen von ihren Forderungen befreien. Zweitens kann es passieren, dass eine moralische Norm auf eine hypothetische Norm *weiterverweist*. Beispielsweise lässt sich die erwähnte moralische Norm, angemessen für seine Kinder zu sorgen, oftmals nur erfüllen, indem man ein ausreichendes Einkommen erwirbt. Hierfür sind dann wiederum Geschicklichkeitsregeln zu beachten. Diese könnten zunächst ohne die vorausgesetzten

Bedingungen formuliert werden, etwa als: ›Lerne für deine Prüfungen!‹ Die dabei ausgelassene Bedingung stellt aber bei genauerem Hinsehen eine Kette von hypothetischen und kategorischen Forderungen dar. Zunächst muss man für seine Prüfungen lernen, um später ein hinreichendes Einkommen erwerben zu können, was für sich genommen ein hypothetischer Zusammenhang ist. Dieses Einkommen aber ist, wie erwähnt, seinerseits notwendiges Mittel zu dem moralischen Zweck, seine Kinder zu versorgen, so dass man letztlich ein kategorisches Gebot vor sich hat.

1.2.2 Womit befassen sich Moralen?

In erster Näherung wird man sagen können, dass Moralen sich mit *menschlichem Handeln* befassen – und zwar unter Einschluss seiner möglichen Hintergründe und Wirkungen, etwa seiner Motivationen und Konsequenzen, seiner Zwecke und Nebeneffekte (s. Kap. I.2 und I.3).

Demgegenüber haben Moralen nichts mit *natürlichen Prozessen* zu tun: Ein Vulkanausbruch oder eine Flutkatastrophe mögen bedauerlich oder schlimm sein, aber sie sind nicht schlecht oder böse. Schlecht oder böse ist allein, wenn Menschen in solchen Situationen versäumen, andere zu warnen oder ihnen zu helfen. Auch das Verhalten von *Tieren* wird nicht von Moralen thematisiert: Tiere, insbesondere höher entwickelte, mögen bemerkenswerte Intelligenz und ein ausgeprägtes Sozialverhalten zeigen. In einigen Fällen ist man auch bereit, sich emotional mit ihnen auszutauschen, oder versucht, sie zu erziehen. Trotzdem gelten sie im Allgemeinen nicht als ernsthafte Adressaten für Moral. Bei allem Respekt vor ihren Leistungen und bei aller Sympathie für ihr Wesen erscheint es kaum adäquat, Tieren Vorwürfe zu machen oder sie zur Rechenschaft für ihr Tun zu ziehen.

Genauer beschäftigen sich Moralen vorzugsweise mit menschlichem Handeln, *von dem andere betroffen sind als der Handelnde selbst* – vor allem andere Menschen, aber möglicherweise auch Tiere oder die Natur insgesamt (obgleich diese, wie soeben erwähnt, nicht ihrerseits Adressaten von moralischen Forderungen sind).

Die letztgenannte Festlegung ist für manche Moralen bereits zu eng: Es gibt Moralen, die nicht nur Pflichten gegen andere, sondern auch *Pflichten gegen sich selbst* kennen. Ihnen zufolge ist es beispielsweise eine Pflicht, seine eigenen Talente und Anlagen nicht verkümmern zu lassen, und zwar unabhängig davon, ob sie anderen zugutekommen könnten oder nicht. Auch die erstgenannte Fokussierung auf Handlungen könnte schon zu restriktiv sein: Manche Moralen beziehen nicht erst Handlungen, sondern bereits *Gefühle oder Gedanken* in den Kreis ihrer Normen ein. Ihnen können beispielsweise Hass oder Undankbarkeit als verfehlt gelten, selbst wenn sie sich nicht in entsprechenden Taten oder Versäumnissen niederschlagen. Zumindest auf den größten und wichtigsten Teil moralischer Normen treffen die beiden Eingrenzungen allerdings zu. Namentlich moralische Normen für die biomedizinische Forschung haben es so gut wie ausschließlich mit menschlichem Handeln zu tun, von dem andere betroffen sind als der Handelnde selbst, und entsprechend werden auch die weiteren Kapitel des vorliegenden Buches sich auf diesen Bereich beschränken.

1.3 Ethik

1.3.1 Wie ist Ethik definiert?

Unter ›Ethik‹ versteht man im deutschen Sprachgebrauch die *Wissenschaft von der Moral*, d. h. diejenige Fachdisziplin, die sich damit beschäftigt, welche verschiedenen Moralen es gibt, wie sie sich begründen lassen und welcher Logik ihre Begriffe, Aussagen und Argumentationen folgen.

Ethik ist ›Moralphilosophie‹: Sie analysiert, für welche Bereiche verschiedene Moralen Geltung beanspruchen, inwieweit sie sich in ihren Gestalten ähneln oder voneinander unterscheiden und wo sie in ihren Inhalten übereinstimmen oder voneinander abweichen. Sie untersucht, welche Antworten verschiedene Moralen auf Fragen geben wie: ›Was soll ich tun?‹, ›Was sind meine Pflichten, was sind meine Rechte?‹, ›Was ist gut oder böse, was ist richtig oder falsch?‹ usw., und nicht zuletzt versucht sie herauszufinden, ob und wie diese Antworten zu rechtfertigen sind. Entsprechend bedeutet das Adjektiv ›ethisch‹ nichts anderes als ›zur Ethik gehörig‹, so wie ›biologisch‹ ›zur Biologie gehörig‹ oder ›physikalisch‹ ›zur Physik gehörig‹ bedeutet. Demgegenüber hieße ›unethisch‹, wenn man dieses Wort denn verwenden wollte, so viel wie ›nicht zur Ethik gehörig‹.

Umgangssprachlich wird zuweilen von ›unethischem Verhalten‹ gesprochen. Nach dem Gesagten ist jedoch klar, dass dies im Deutschen ein ungünstiger Wortgebrauch ist: Gemeint ist Verhalten, das aus Sicht des Sprechers zu beanstanden, verurteilungswürdig, nicht normgerecht ist. Dieses wäre dann aber richtiger als ›unmoralisches Verhalten‹ zu bezeichnen. Korrekt ist demgegenüber die Rede von einer ›ethischen Frage‹, wie etwa der Frage, ob das vorliegende Verhalten tatsächlich unmoralisch ist. ›Ethisch‹ und ›moralisch‹ stehen zueinander wie ›psychologisch‹ und ›psychisch‹: Es ist ein ›psychologisches Problem‹, ob Prüfungsangst mit dem Geschlecht korreliert, aber man hat ein ›psychisches Problem‹, wenn man unter Prüfungsangst leidet. Entsprechend ist es ein ›ethisches Problem‹, ob Tötung unter allen Umständen verboten ist, aber man hat ein ›moralisches Problem‹, wenn man eine Tötung begangen hat.

In zweierlei Beziehung ist hier Vorsicht geboten: Erstens wird die systematische Ebenentrennung von ›Ethik‹ und ›Moral‹ bzw. ›ethisch‹ und ›moralisch‹ in anderen Sprachen nicht immer entlang dieser Wörter bzw. Wortstämme vollzogen. Im Englischen beispielsweise ist es durchaus korrekt, von *unethical behaviour* zu sprechen und damit dasselbe wie *immoral behaviour* zu meinen. Dies liegt daran, dass *ethics* im Englischen nicht allein die akademische Disziplin, sondern auch die *morality*, d. h. die gegebene Sittlichkeit einer Person oder einer Gruppe bezeichnet. Zweitens darf ›Ethik‹ nicht mit ›Ethos‹ verwechselt werden. Im Deutschen, wie auch in anderen Sprachen, bezeichnet ›Ethos‹ eine spezielle Art von Moral, die von bestimmten, fest umrissenen Gruppen mit besonderen Tätigkeitsfeldern ausgebildet wird und deren Selbstverständnis in starkem Maße prägt (s. auch Kap. II.1.2). So spricht man beispielsweise von einem ›Standesethos‹ bei Ärzten oder Forschern und meint hiermit eine Moral, die zwar, wie jede Moral, unbedingte Gültigkeit beansprucht, aber nur in dem Moment relevant wird, wo man dem Stand der Ärzte bzw. Forscher beitritt.

1.3.2 Wie verfährt die Ethik?

Ethik kann rein beschreibend vorgehen, indem sie feststellt, welche Moralvorstellungen von bestimmten Gesellschaften, Gruppen oder Individuen de facto vertreten werden. Eine solche *deskriptive Ethik* ist zunächst einmal Sache der Soziologie und der Psychologie, der Geschichtswissenschaft und der Kulturanthropologie. Aber auch die Philosophie kann sich an ihr beteiligen, insbesondere wenn es darum geht, die genaueren argumentativen Zusammenhänge solcher Moralen freizulegen. Die Entschlüsselung, welcher internen Logik sie folgen, welche Konzepte sie verwenden und welche Verknüpfungen sie zwischen diesen herstellen, ist originär philosophische Arbeit.

Ethik kann aber auch mehr oder weniger deutlich Stellung beziehen in moralischen Fragen, kann gegebene Moralvorstellungen zu begründen oder zu widerlegen versuchen oder sich darum bemühen, eine gänzlich eigene Moralkonzeption zu entwerfen. Eine solche *normative Ethik* ist es, die in der Philosophie zumeist unter dem Titel ›Ethik‹ betrieben wird. Die klassischen ethischen Werke etwa von Platon, Aristoteles, Thomas von Aquin, Kant, Bentham, Mill oder Sidgwick sind allesamt auf diesem Gebiet angesiedelt. Freilich gibt es innerhalb der normativen Ethik sehr unterschiedliche Arten von Untersuchungen. Manche stellen eher formale Überlegungen an, klassifizieren Typen von Rechten und Pflichten, stellen mögliche Schlussformen dar oder geben abstrakte Abwägungsregeln an. Andere erarbeiten konkrete inhaltliche Normen, argumentieren für ein bestimmtes Prinzip als obersten Moralgrundsatz oder stellen eine Mehrzahl solcher Prinzipien auf und zeigen dann, welche spezielleren Folgerungen sich hieraus ableiten lassen (s. auch Kap. II.4.3). So können Stellungnahmen zu sehr greifbaren Fragen und in sehr unterschiedlichen Gebieten gewonnen werden. Normative Ethik kann Aussagen machen zur Reichweite individueller Freiheit oder zur Verteilung knapper Güter, zur Rechtfertigbarkeit von Militäreinsätzen oder zur Erlaubtheit von Schwangerschaftsabbrüchen.

Schließlich werden in einigen Bereichen der Ethik Themen erörtert, die sich auf einer sehr abstrakten Ebene bewegen. In dieser sogenannten *Meta-Ethik* geht es nicht mehr um ethische Einzelfragen und Begründungsmuster, sondern um den grundsätzlichen Status, der moralischen Erkenntnissen, Behauptungen und Argumentationen zukommt. Gefragt wird hier beispielsweise, ob moralische Äußerungen wie ›A ist gut‹ ihrem Sinn nach überhaupt einen Wahrheitsanspruch erheben (›Ich behaupte hiermit, dass A gut ist‹: *kognitivistische Interpretation*) oder ob sie, recht verstanden, eigentlich nur Kundgaben persönlicher Vorlieben (›Ich billige hiermit A‹: *emotivistische Interpretation*) oder Aufrufe zu gewünschtem Verhalten sind (›Ich fordere dich hiermit zu A auf‹: *präskriptivistische Interpretation*). Die meisten Philosophen halten gegenwärtig daran fest, dass erstere Interpretation korrekt ist, dass moralische Äußerungen also tatsächlich mit einem Wahrheitsanspruch einhergehen. Hieran schließt sich aber sogleich die Frage an, ob dieser Anspruch auch zu Recht geltend gemacht wird. Dies wäre dann der Fall, wenn es so etwas wie moralische Wahrheit tatsächlich gäbe, so dass man sinnvoll darüber streiten könnte, wie sie aussieht (*ethischer Objektivismus*). Es wäre nicht der Fall, wenn alle Moral, obschon sie an angebliche objektive Werte appelliert, letztlich kein solches Objekt hätte und damit nur Ausdruck des persönlichen Geschmacks (*ethischer Subjektivismus*) oder der kulturellen Konvention bliebe (*ethischer Relativismus*). Mit der Antwort auf diese Frage hängt auch zusammen, wie man das Verhältnis der Moral zu anderen normativen Bereichen einschätzt, etwa zum Problemfeld rationalen Verhaltens oder zum Fragenkreis ästhetischer Beurteilungen.

Dieses Buch wird sich im Weiteren nicht auf der Ebene der *deskriptiven Ethik*, sondern auf der Ebene der *normativen Ethik* bewegen: Es ist keine Frage des Beschreibens, sondern der Beurteilung, wenn es darum geht, wie sich Forschende verhalten sollten. Dafür können deskriptive Erhebungen zuweilen anregend sein. Begründungswert haben sie jedoch nicht.

Die in der *Meta-Ethik* teilweise artikulierten Zweifel würden freilich, falls sie berechtigt wären, diesem Unternehmen weitgehend den Boden entziehen: Wenn moralische Aussagen keinen *Anspruch* auf objektive Wahrheit erheben können, dann hat es auch keinen Sinn, auf die *Suche* nach solcher moralischer Wahrheit zu gehen. Daher ist es angebracht, an dieser Stelle ein Stück weit auf die Herausforderungen des ethischen Subjektivismus bzw. Relativismus einzugehen. Ließe sich diesen Herausforderungen nicht begegnen, so wäre das Projekt einer normativen Forschungsethik vom Ansatz her zum Scheitern verurteilt.

Nun stützen sich prinzipielle Zweifel am Wahrheitswert von moralischen Aussagen zumeist auf die Beobachtung, dass es sehr unterschiedliche Moralen gibt, die stark voneinander abweichen. In den verschiedenen Gesellschaften dieser Welt existieren teilweise erheblich divergierende Moralvorstellungen, und innerhalb einer gegebenen Gesellschaft ist über die Zeit hinweg oftmals ein tiefgreifender Moralwandel zu beobachten. In modernen pluralistischen Gemeinwesen begegnet man höchst unterschiedlichen Moralvorstellungen sogar auf engstem Raum und in völliger Gleichzeitigkeit. Demgegenüber herrscht in den faktischen Überzeugungen, insbesondere wie sie durch die modernen Naturwissenschaften vermittelt werden, in der Regel weitaus größere Übereinstimmung. Dies scheint ein starkes Argument zu sein, dass in Moralfragen keine objektive Wahrheit existiert, so wie man sie in Faktenfragen annehmen darf. Auf diesen Einwurf lassen sich indessen drei Dinge entgegnen:

(1) Erstens ist die beobachtete Uneinigkeit *kein Beweis* dafür, dass es nicht doch eine bestimmte richtige Moral, zumindest auf hinreichend grundsätzlicher Ebene, geben könnte. Man mag sogar anmerken, dass gerade der Streit um die richtige Moral, der in vielen Bereichen herrscht, eher ein Beleg dafür ist, dass die meisten Menschen an solch eine Wahrheit glauben und um ihren genauen Inhalt ringen, als dafür, dass es diese Wahrheit nicht geben könnte.

Gegenüber hartnäckigen Zweiflern an der Wahrheitsfähigkeit moralischer Aussagen genügt es in der Regel, ein hinreichend extremes Beispiel von Fehlverhalten zu benennen und nachzufragen, ob der andere tatsächlich der Ansicht ist, dass es nicht mit objektiven Gründen zurückgewiesen werden könne. Nur die wenigsten werden sich zu der Auffassung bekennen, dass die Beurteilung etwa von Vergewaltigung oder Völkermord Sache der persönlichen Einstellung oder der kulturellen Gepflogenheiten sei. Vielmehr wird in solchen Fällen zumeist darauf verwiesen, dass hier bestimmte Grenzen der moralischen Beliebigkeit überschritten worden sind, wie die Unverletzlichkeit anderer Personen oder ein Verbot von Unterdrückung, die Beschränkung durch fremde Interessen oder ein Vetorecht der Betroffenen. Genau dies sind aber natürlich hochgradig moralische Grundsätze, auch wenn sie noch recht unpräzise sind und, vor allem für Konfliktsituationen, genauerer Ausformulierung und geeigneter Abwägungsregeln bedürfen.

(2) Zweitens lässt sich feststellen, dass die Uneinigkeit in moralischen Fragen insgesamt ein *geringeres Ausmaß* hat, als gewöhnlich behauptet wird. Dass Lügen, Stehlen und Töten moralisch falsch sind, ist eine Einschätzung, die sich in nahezu allen Gesellschaften findet bzw. im Laufe der Zeit zunehmend durchgesetzt hat. Wirkliche Dissense scheint es

eher darüber zu geben, wie diese Regeln zu gewichten sind oder welche Ausnahmen sie zulassen. Solche verbleibenden Meinungsverschiedenheiten lassen sich aber nicht selten aus unterschiedlichen Auffassungen zu gewissen Tatsachenfragen erklären, gehen also bei genauerem Hinsehen auf keine Kontroverse in den eigentlichen moralischen Einstellungen zurück, sondern allein auf Differenzen in bestimmten faktischen Beurteilungen.

Hier besteht eine interessante Asymmetrie zwischen dem moralischen und dem faktischen Bereich. So können moralische Fragen, zumindest wenn sie hinreichend konkrete Fälle zum Gegenstand haben, von faktischen Annahmen abhängen. Aber umgekehrt können faktische Aussagen, jedenfalls wenn sie sich nicht ihrerseits nur mit dem Vorliegen von sittlichen Überzeugungen befassen, nicht von moralischen Vorgaben abhängen. Beispielsweise hängt die moralische Frage, wie man mit Tieren umgehen darf oder sollte, stark von der faktischen Frage ab, zu welchen Schmerzempfindungen, welchen kognitiven Leistungen und welchen sozialen Interaktionen Tiere fähig sind. Aber solche faktischen Befunde hängen ihrerseits nicht von irgendwelchen moralischen Befunden ab. Diese einseitige Abhängigkeit führt tendenziell zu einer erhöhten Varianz im moralischen gegenüber dem faktischen Bereich: Jede faktische Unklarheit kann zu einer moralischen Unsicherheit führen, aber keine moralische Unklarheit kann zu einer faktischen Unsicherheit führen. Diese erhöhte Varianz besteht damit allerdings nicht in den grundsätzlichen Prinzipien, sondern allein bei den angewandten Problemen: Der Grundsatz beispielsweise, unnötiges Leid zu vermeiden, bleibt von faktischen Gegebenheiten unberührt. Betroffen ist allein die Frage, welche Lebewesen zu welchem Leid fähig sind und daher unter diesen Grundsatz fallen.

(3) Drittens darf man nicht übersehen, dass Uneinigkeit zuweilen daher rührt, dass *persönliche Interessen* involviert sind. Dies ist bei Fragen über Moral oftmals der Fall, und sicherlich öfter als bei Fragen über Fakten. Fehlende Einigkeit kann also zu einem guten Teil auf mangelnde Neutralität zurückgehen, und Moralüberzeugungen dürften hierfür anfälliger sein als Faktenüberzeugungen. Damit sind sie aber nicht weniger wahrheitsfähig. Insbesondere ist festzustellen, dass faktische Aspekte, wenn sie doch einmal mit den Interessen von Personen kollidieren, letztlich genauso langwierige und unversöhnliche Debatten heraufbeschwören wie moralische Aspekte. Hierzu braucht man sich nur die Auseinandersetzungen um die Kosmologie, um die Evolutionstheorie oder um die Klimagefährdung zu vergegenwärtigen. Thomas Hobbes erklärt in einer ironischen Passage, dass selbst die Geometrie vor solchem Streit nicht sicher wäre, wenn sie jemandes persönlichen Belangen in die Quere käme:

> »Wäre der Satz: *Die drei Winkel eines Dreiecks sind gleich den zwei rechten Winkeln eines Quadrats* dem Herrschaftsrecht irgendeines Menschen oder den Interessen derer, die Herrschaft innehaben, zuwidergelaufen, so zweifle ich nicht daran, dass diese Lehre wenn nicht bestritten, so doch durch Verbrennung aller Lehrbücher der Geometrie unterdrückt worden wäre, soweit die Betroffenen dazu in der Lage gewesen wären« (Hobbes 1651, Teil I, Kap. 11, 79 f.).

Diese grundsätzliche Diskussion um den Wahrheitswert von moralischen Aussagen ließe sich noch weiter vertiefen. Statt jedoch an dieser Stelle länger meta-ethische Fragen zu behandeln, soll nun das Feld der normativen Ethik erschlossen werden. Das überzeugendste Argument dafür, dass eine solche normative Ethik möglich ist, dürfte letztlich darin liegen, sie zu betreiben und ihre Ergebnisse einer kritischen Betrachtung zu unterziehen. Es bleibt dem Urteil des Lesers überlassen, ob das, was in den folgenden Kapiteln entwickelt wird, allein den Status von Geschmacksäußerungen oder Konventionen hat oder ob nicht zumindest einige der Zusammenhänge und Schlussfolgerungen, die dabei begegnen werden, durchaus in den Bereich wahrheitsfähigen Wissens vorstoßen.

Verwendete Literatur

Hobbes, Thomas: *Leviathan* [1651]. Hg. von Iring Fetscher. Frankfurt a. M. ^{9}1999.

Kant, Immanuel: *Grundlegung zur Metaphysik der Sitten* [1785]. Hg. von Karl Vorländer. Hamburg ^{3}1965.

Weiterführende Literatur

Birnbacher, Dieter: *Analytische Einführung in die Ethik* [2003]. Berlin/New York ^{2}2007.

Hastedt, Heiner/Martens, Eckehard (Hg.): *Ethik. Ein Grundkurs*. Reinbek bei Hamburg 1994.

Ott, Konrad: *Moralbegründungen zur Einführung* [2001]. Hamburg ^{2}2005.

Pieper, Annemarie: *Einführung in die Ethik* [1991]. Tübingen/Basel ^{4}2000.

Quante, Michael: *Einführung in die Allgemeine Ethik* [2003]. Darmstadt ^{3}2008.

Ricken, Friedo: *Allgemeine Ethik* [1983]. Stuttgart ^{4}2003.

Schweppenhäuser, Gerhard: *Grundbegriffe der Ethik zur Einführung*. Hamburg 2003.

Dietmar Hübner

2. Typen ethischer Theorien

Dieses zweite Theoriekapitel stellt eine wichtige Einteilung vor, anhand derer sich moralische Argumente und nachfolgend auch ethische Theorien klassifizieren lassen. Diese Einteilung wird zunächst anhand einer einfachen Fallgeschichte entwickelt (2.1) und dann theoretisch vertieft (2.2).

2.1 Eine Fallgeschichte

Im Folgenden wird eine Fallgeschichte aus dem Bereich der Medizin präsentiert. Sie ist völlig fiktiv und gewiss nicht in allen Teilen realistisch, aber grundsätzlich nachvollziehbar und vor allem sehr instruktiv für die ethischen Strukturen, die in diesem Kapitel vermittelt werden sollen. Dabei geht es insbesondere darum, dass sich im menschlichen Handeln bestimmte Komponenten differenzieren lassen. Unterschiedliche Typen ethischer Theorien weichen darin voneinander ab, auf welche diese Komponenten sie den Schwerpunkt ihrer Beurteilung legen.

2.1.1 Grundform und Varianten

Beispiel: Grundform

Dr. Ursula Wersten arbeitet als Fachärztin für Onkologie in einer Privatpraxis. Einer ihrer Patienten, Herr Paul Krogler, ist ein berühmter und erfolgreicher Schriftsteller. Vor zehn Jahren wurde ihm eine Krebsdiagnose gestellt, und er musste sich einer schweren Operation unterziehen, bei der ihm ein Lungenflügel entfernt wurde. Er überlebte den Eingriff, aber abgesehen von seinem seither stark beeinträchtigten Gesundheitszustand, aufgrund dessen er Dr. Wersten regelmäßig aufsuchen muss, ist er auch psychisch instabil, neigt zu Depressionen und durchlebt immer wieder Phasen tiefer Lebensunzufriedenheit und Verzweiflung. Ein ständig wiederkehrendes Thema dieser Krisen ist seine Sorge, dass er vielleicht nicht in der Lage sein wird, sein großes Hauptwerk fertigzustellen, an dem er in den letzten vier Jahren gearbeitet hat – langsam, unter beträchtlichen Schwierigkeiten und vielfach unterbrochen durch Zeiten physischer und emotionaler Erschöpfung.

Eines Tages erhält Dr. Wersten das Ergebnis einer Röntgenaufnahme, die sie bei Herrn Krogler veranlasst hatte. Die Bilder zeigen, dass – völlig unerwartet und ohne dass frühere Tests es nahegelegt hätten – Herrn Kroglers Tumorleiden stark fortgeschritten ist und sein verbliebener Lungenflügel bereits hochgradig mit Metastasen befallen ist. Abgesehen von einigen lindernden Maßnahmen gibt es keinerlei Aussicht auf eine erfolgreiche Therapie. Dr. Wersten ist augenblicklich klar, dass ihr Patient weniger als ein halbes Jahr zu leben hat. Sie erwartet ihn zu einem vertraulichen Gespräch in ihrem Dienstzimmer.

Dr. Wersten hat stets eine starke Antipathie gegen Herrn Krogler genährt – teils wegen seiner depressiven Stimmungen, die sie als unreif und überzogen empfindet, vor allem aber wegen seines beruflichen Hintergrunds: Sie kann das Gefühl nicht loswerden, dass er, als Schriftsteller, viel zu große öffentliche Aufmerksamkeit genießt, gemessen an dem Beitrag zum Gemeinwohl, den er tatsächlich leistet. Der Gedanke, dass er sein stattliches Einkommen und seine erhebliche Bekanntheit allein der Tatsache verdankt, dass er erfundene Geschichten in die Welt setzt, kränkt sie, und wann immer er sich zu allem Überfluss noch über sein schweres Schicksal beklagt, das ihm vielleicht die Vollendung seiner schriftstellerischen Berufung versagen wird, ist sie von Ablehnung und Unverständnis erfüllt.

Herr Krogler betritt ihr Dienstzimmer und fragt nach seinen Testresultaten, mit den üblichen Anzeichen von Beklemmung und Resignation, die Dr. Wersten schon so oft an ihm beobachtet hat. Die bloße Vorstellung, einmal mehr einen seiner Nervenzusammenbrüche in ihrem Büro miterleben zu müssen, ist ihr zutiefst zuwider. Sie beschließt, dass sie keine weiteren tragischen Szenen mit diesem Patienten erleben möchte, der in ihren Augen verwöhnt und wehleidig ist. Ohne sich etwas von ihren tatsächlichen Informationen anmerken zu lassen, sagt sie: »Machen Sie sich keine Sorgen, Herr Krogler. Bei Ihnen ist alles in Ordnung, wie ich es erwartet hatte.« Sie muss ihm mehrmals versichern, dass es tatsächlich keinen Anlass zur Beunruhigung gebe. Schließlich glaubt er ihr und verlässt, für den Augenblick getröstet, ihr Dienstzimmer, um zu seiner Familie zurückzukehren.

Während der folgenden Monate verschlechtert sich Herrn Kroglers Gesundheitszustand zunehmend, ohne dass er selbst den Ernst der Lage erkennt. Dr. Wersten verschreibt ihm die notwendigen Medikamente zur Schmerzreduktion, und erst zwei Wochen vor der finalen Krise wird ihm die Wahrheit über seinen Zustand klar. Da er jedoch die vergangenen Monate in seiner gewohnten Langsamkeit gearbeitet hat, ist es nun definitiv zu spät, um jenes Buch zu vollenden, das er unbedingt schreiben wollte. Herr Krogler stirbt, ohne sein letztes Werk abgeschlossen zu haben, völlig entzweit mit sich selbst und der Welt und in der Überzeugung, umsonst gelebt zu haben.

Offensichtlich kommt es in dieser Geschichte zu einigen ungünstigen Ereignissen. Und dies gilt nicht nur in faktischer Hinsicht, etwa mit Blick auf die plötzliche Krebsdiagnose und den unvermeidlichen Tod, sondern auch in moralischer Hinsicht, insbesondere mit Blick auf das Verhalten der Ärztin. Die Frage ist aber, was genau hieran zu kritisieren ist bzw. empörend erscheint. Wofür genau sollte man Dr. Wersten Vorwürfe machen oder sie sogar zur Rechenschaft ziehen?

Um hierüber Klarheit zu gewinnen, wird die obige Grundform der Geschichte sukzessiv verändert werden. Die ersten beiden Absätze bleiben dabei in ihrer jetzigen Form bestehen, aber in den anschließenden drei Absätzen werden schrittweise Modifikationen vorgenommen. Insgesamt werden auf diese Weise drei Varianten der Geschichte entstehen. Indem man hierbei im Blick behält, was sich jeweils gegenüber der Grundform verändert, zeichnen sich bestimmte Komponenten im Handlungsverlauf ab, die für das moralische Urteil besonders maßgeblich sind.

Beispiel: Variante I

Dr. Wersten hat stets eine starke Antipathie gegen Herrn Krogler genährt – teils wegen seiner depressiven Stimmungen, die sie als unreif und überzogen empfindet, vor allem aber wegen seines beruflichen Hintergrunds: Sie kann das Gefühl nicht loswerden, dass er, als Schriftsteller, viel zu große öffentliche Aufmerksamkeit genießt, gemessen an dem Beitrag zum Gemeinwohl, den er tatsächlich leistet. Der Gedanke, dass er sein stattliches Einkommen und seine erhebliche Bekanntheit allein der Tatsache verdankt, dass er erfundene Geschichten in die Welt setzt, kränkt sie, und wann immer er sich zu allem Überfluss noch über sein schweres Schicksal beklagt, das ihm vielleicht die Vollendung seiner schriftstellerischen Berufung versagen wird, ist sie von Ablehnung und Unverständnis erfüllt.

Herr Krogler betritt ihr Dienstzimmer und fragt nach seinen Testresultaten, mit den üblichen Anzeichen von Beklemmung und Resignation, die Dr. Wersten schon so oft an ihm beobachtet hat. Die Erinnerung an seine beständigen Klagen untergräbt jedes Mitgefühl, das sie, angesichts seiner nun in der Tat hoffnungslosen Lage, vielleicht noch hätte aufbringen können. Sie beschließt, dass sie diesem Patienten, der in ihren Augen verwöhnt und wehleidig ist, nicht eine Wahrheit ersparen wird, die er ebenso wie jeder andere Mensch irgendwann einmal akzeptieren muss. Ohne weitere Umschweife erklärt sie: »Ich habe schlechte Nachrichten für Sie, Herr Krogler. Ich fürchte, dass Sie nur noch eine sehr kurze Zeit zu leben haben.« Obgleich Herr Krogler in der Vergangenheit immer wieder behauptet hat, seinen Tod vorauszuahnen, ist er von dieser Eröffnung zutiefst schockiert. Nach einigen halbherzigen Nachfragen, wie unvermeidlich sein Schicksal tatsächlich sei, verlässt er ihr Dienstzimmer, um zu seiner Familie zurückzukehren.

Während der folgenden Monate verschlechtert sich Herrn Kroglers Gesundheitszustand zunehmend, erleichtert allein durch die Medikamente, die Dr. Wersten ihm zur Schmerzreduktion verschreibt. Im Angesicht seines nahenden Todes gelingt es ihm jedoch, die Intensität und Geschwindigkeit seiner Arbeit merklich zu erhöhen und auf diese Weise tatsächlich noch jenes Buch zu vollenden, an dem er seit geraumer Zeit geschrieben hatte. Herr Krogler stirbt, nachdem er sein letztes Werk abgeschlossen hat, mit einem Gefühl der Erleichterung und der Versöhnung mit seinem eigenen Schicksal, das es ihm schließlich doch noch erlaubt hat, sein Leben zu der erhofften Erfüllung zu bringen.

Der erste Absatz ist der gleiche geblieben wie in der Grundform. In den beiden folgenden Absätzen hingegen sind signifikante Änderungen vor sich gegangen. Die Frage ist, worin diese Änderungen bestehen. Wie würde man sie zum Ausdruck bringen, wenn man sie möglichst kurz und prägnant, vielleicht nur in einem Wort, benennen sollte?

Beispiel: Variante II

Dr. Wersten hat Herrn Krogler stets bewundert – und zwar nicht allein wegen seiner künstlerischen Fähigkeiten, sondern auch wegen seiner Persönlichkeit und insbesondere wegen der Art und Weise, mit der er die schwierige Situation meistert, in welcher er sich seit nunmehr zehn Jahren befindet. Ungeachtet seiner depressiven Stimmungen hat sie großen Respekt davor, wie er sowohl mit seinem individuellen Leiden als auch mit der Verpflichtung seinem Werk gegenüber umgeht, und sie ist willens, ihm in seiner neuerlichen Krise bestmöglich beizustehen.

Herr Krogler betritt ihr Dienstzimmer und fragt nach seinen Testresultaten, mit den üblichen Anzeichen von Beklemmung und Resignation, die Dr. Wersten schon so oft an ihm beobachtet hat. Sie vergegenwärtigt sich einerseits das Leid, das die schlechte Nachricht ihm bereiten wird, andererseits aber auch die Aufrichtigkeit, die sie ihm als Patienten schuldet, und beschließt zuletzt, dass sie ihm die Wahrheit nicht vorenthalten darf. Nach einer behutsamen Hinführung erklärt sie: »Ich habe schlechte Nachrichten für Sie, Herr Krogler. Ich fürchte, dass Sie nur noch eine sehr kurze Zeit zu leben haben.« Obgleich Herr Krogler in der Vergangenheit immer wieder behauptet hat, seinen Tod vorauszuahnen, ist er von dieser Eröffnung zutiefst schockiert. Nach einigen halbherzigen Nachfragen, wie unvermeidlich sein Schicksal tatsächlich sei, verlässt er ihr Dienstzimmer, um zu seiner Familie zurückzukehren.

Während der folgenden Monate verschlechtert sich Herrn Kroglers Gesundheitszustand zunehmend, erleichtert allein durch die Medikamente, die Dr. Wersten ihm zur Schmerzreduktion verschreibt. Zudem aber paralysiert das Wissen um seinen nahen Tod seine Arbeitskraft und löst schließlich eine so tiefe Depression aus, dass er nicht einmal mehr in der Lage ist, das Schlusskapitel seines Buchs zu vollenden – das letzte fehlende Stück, das er, unter normalen Umständen, leicht innerhalb weniger Wochen hätte fertigstellen können. Herr Krogler stirbt, ohne sein letztes Werk abgeschlossen zu haben, völlig entzweit mit sich selbst und der Welt und in der Überzeugung, umsonst gelebt zu haben.

Wieder gibt es einige Übereinstimmungen, aber auch einige fundamentale Unterschiede zu den bisherigen Versionen der Geschichte. Wie wären diese Unterschiede, aber auch die Übereinstimmungen, möglichst präzise zu benennen?

Beispiel: Variante III

Dr. Wersten hat Herrn Krogler stets bewundert – und zwar nicht allein wegen seiner künstlerischen Fähigkeiten, sondern auch wegen seiner Persönlichkeit und insbesondere wegen der Art und Weise, mit der er die schwierige Situation meistert, in welcher er sich seit nunmehr zehn Jahren befindet. Ungeachtet seiner depressiven Stimmungen hat sie großen Respekt davor, wie er sowohl mit seinem individuellen Leiden als auch mit der Verpflichtung seinem Werk gegenüber umgeht, und sie ist willens, ihm in seiner neuerlichen Krise bestmöglich beizustehen.

Herr Krogler betritt ihr Dienstzimmer und fragt nach seinen Testresultaten, mit den üblichen Anzeichen von Beklemmung und Resignation, die Dr. Wersten schon so oft an ihm beobachtet hat. Sie vergegenwärtigt sich das Leid, das die schlechte Nachricht ihm bereiten muss, und die nutzlose Trauer und unproduktive Verzweiflung, in die sie ihn voraussichtlich stürzen würde, und beschließt zuletzt, ihm die Wahrheit zu ersparen. In beruhigendem Tonfall sagt sie: »Machen Sie sich keine Sorgen, Herr Krogler. Bei Ihnen ist alles in Ordnung, wie ich es erwartet hatte.« Sie muss ihm mehrmals versichern, dass es tatsächlich keinen Anlass zur Beunruhigung gebe. Schließlich glaubt er ihr und verlässt, für den Augenblick getröstet, ihr Dienstzimmer, um zu seiner Familie zurückzukehren.

Während der folgenden Monate verschlechtert sich Herrn Kroglers Gesundheitszustand zunehmend, ohne dass er selbst den Ernst der Lage erkennt. Dr. Wersten verschreibt ihm die notwendigen Medikamente zur Schmerzreduktion, und erst zwei Wochen vor der finalen Krise wird ihm die Wahrheit über seinen Zustand klar. Die vergleichsweise unbeschwerte Zeit jedoch, die ihm bis dahin vergönnt war, hat es ihm ermöglicht, das Schlusskapitel seines Buchs zu vollenden – und damit das große Ziel zu erreichen, das ihn die vergangenen Jahre hindurch erfüllt hat. Herr Krogler stirbt, nachdem er sein letztes Werk abgeschlossen hat, mit einem Gefühl der Erleichterung und der Versöhnung mit seinem eigenen Schicksal, das es ihm schließlich doch noch erlaubt hat, sein Leben zu der erhofften Erfüllung zu bringen.

Einmal mehr gibt es Gemeinsamkeiten und Differenzen gegenüber den bisherigen Versionen der Geschichte. Wie lassen sich diese klar und prägnant fassen?

2.1.2 Drei Komponenten

In jedem der drei Absätze, aus denen die Varianten zusammengesetzt sind, steht jeweils eine Komponente der Geschichte im Mittelpunkt. Zugleich sind es diese Komponenten, deren genauer Inhalt sich zwischen den verschiedenen Versionen der Geschichte verschiebt und deren jeweilige Kombination das wesentliche Profil einer bestimmten Version ausmacht.

Im ersten Absatz geht es vorrangig um die *Motivation* von Dr. Wersten: um ihre Einstellung, ihre Haltung, ihren Charakter, ihre Gesinnung. Im zweiten Absatz ist vor allem ihre aus dieser Motivation entspringende *Handlung* das Thema: ihr Tun, ihr Unterlassen, ihr Agieren. Der dritte Absatz schließlich befasst sich schwerpunktmäßig mit der *Konsequenz* jener Handlung: den entstehenden Folgen, dem erzielten Zustand, dem Ergebnis, dem Ausgang, dem Resultat.

Diese drei Komponenten sind für eine moralische Beurteilung von Ereignissen, und damit auch für die ethische Reflexion solcher Beurteilungen, von zentraler Bedeutung. Der Ökonom und Moralphilosoph Adam Smith hat ihre Relevanz in der folgenden Passage auf den Punkt gebracht:

»Welches Lob oder welcher Tadel auch immer einer Handlung gebühren mag, beides muß sich entweder erstens auf die Absicht und die innerste Gesinnung richten, aus der sie hervorgeht, oder zweitens auf die äußere Tat oder die Körperbewegung, welche durch diese Gesinnung veranlaßt wurde, oder schließlich auf die guten oder bösen Folgen, die wirklich und tatsächlich aus ihr hervorgehen. Diese drei verschiedenen Momente enthalten das ganze Wesen und alle bedeutungsvollen Umstände der Handlung, und in ihnen muß darum die Grundlage für jede gute oder schlechte Beschaffenheit liegen, die man der Handlung zuerkennen kann« (Smith 1759/90, Teil II, Abschnitt 3, 137 f.).

Die einzelnen Versionen der Geschichte von Dr. Wersten und Herrn Krogler entstehen dadurch, dass verschiedene Kombinationen von Motivationen, Handlungen und Konsequenzen zusammengesetzt werden. Das ›Rohmaterial‹ hierfür sind folgende Grundbausteine, die für sich allein genommen jeweils als moralisch negativ bzw. als moralisch positiv einzuschätzen wären:

Als *negative Motivation* erscheint die Ablehnung der Ärztin (ihr Neid, ihre Verachtung), als *positive Motivation* ihre Freundlichkeit (ihr Mitgefühl, ihre Hilfsbereitschaft). Diese Einstufung mag freilich ein Stück weit davon abhängen, wie Herrn Kroglers Verhalten in der Vergangenheit genauer aussah. Aber im Grundsatz wird man die abgründigen Gefühle von Dr. Wersten negativer einschätzen dürfen als ihre zugewandten Gefühle.

Als *negative Handlung* kommt das Aussprechen einer Lüge vor (dass dem Patienten angeblich nichts fehle), als *positive Handlung* das Sagen der Wahrheit (dass er schwer krank ist). Hierzu ist anzumerken, dass Dr. Wersten als Ärztin natürlich eine rechtsrelevante Pflicht zur wahrhaftigen Auskunft gegenüber Herrn Krogler als ihrem Patienten hat. Ihre Lüge wäre daher nicht allein ethisch zu beanstanden, sondern könnte durchaus juristische Konsequenzen nach sich ziehen, selbst in dem Fall, wo sie gut gemeint ist.

Als *negative Konsequenz* tritt ein Misserfolg auf (ein künstlerischer Fehlschlag sowie eine entsprechende Verzweiflung), als *positive Konsequenz* ein Erfolg (soweit er unter den gegebenen Umständen möglich ist, d. h. als Vollendung des Kunstwerks und als Tod in Versöhnung). Diese Resultate mögen in gewissem Umfang in Herrn Kroglers Macht stehen, so dass es möglich schiene, seine sehr unterschiedlichen Reaktionen an diesem Punkt ihrerseits einer moralischen Beurteilung zu unterziehen. Darüber hinaus ist aber in jedem Fall angemessen, Erfolg oder Misserfolg zumindest teilweise als psychologische Effekte von Dr. Werstens Verhalten aufzufassen und daher in eine moralische Beurteilung ihres Tuns einzubeziehen.

	Motivation	Handlung	Konsequenz
Grundform	Ablehnung	Lügen	Misserfolg
Variante I	Ablehnung	Wahrheit sagen	Erfolg
Variante II	Freundlichkeit	Wahrheit sagen	Misserfolg
Variante III	Freundlichkeit	Lügen	Erfolg

Zuweilen waren die Textabsätze, auch wenn sie auf ein und dieselbe Kernkomponente wie etwa ›Lüge‹ oder ›Erfolg‹ hinausliefen, nicht völlig identisch. Dies liegt daran, dass in diesen Absätzen auch der Übergang vom jeweils vorangehenden Absatz hergestellt werden musste und dieser Übergang unterschiedlich zu gestalten war, je nachdem welche Komponente dort vorlag. Der *Übergang von der Motivation zur Handlung* geschieht aufgrund bestimmter psychologischer Prozesse im Denken und Fühlen von Dr. Wersten, und diese Prozesse müssen verschieden sein, je nachdem ob die Lüge aus der Ablehnung (Grundform) oder aus der Freundlichkeit (Variante III) entspringt bzw. ob die Wahrheit aufgrund der Ablehnung (Variante I) oder aufgrund der Freundlichkeit (Variante II) gesagt wird: Zur Erklärung ist hier jeweils die Achtlosigkeit, das Mitgefühl, die Brutalität bzw. die Aufrichtigkeit von Dr. Wersten anzuführen, und diese abweichenden Erklärungen sind für die Unterschiede in den jeweils zweiten Absätzen verantwortlich. Der *Übergang von der Handlung zur Konsequenz* wiederum geschieht entlang gewisser psychologischer Prozesse auf Seiten von Herrn Krogler, und auch diese Prozesse sind unterschiedlich, je nachdem ob der Misserfolg aus der Lüge (Grundform) oder aus der Wahrheit (Variante II) entsteht bzw. ob sich der Erfolg aufgrund der Lüge (Variante III) oder aufgrund der Wahrheit (Variante I) einstellt: Hier liegt die Begründung jeweils in der Ahnungslosigkeit, in der Lähmung, in der Unbeschwertheit bzw. in der Zielstrebigkeit von Herrn Krogler, und diese Begründungen machen die Unterschiede in den jeweils dritten Absätzen aus. Übrigens enthalten die vier Beispiele zwar alle möglichen Komponentenpaare, die sich aus Motivation und Handlung bzw. aus Handlung und Konsequenz bilden lassen, aber nicht sämtliche Dreierkombinationen, die man aus ihnen zusammenfügen kann: Es gibt vier weitere Kombinationen, die aus diesen Bausteinen erzeugt werden können, darunter nicht zuletzt eine durchweg positive Kombination, in der aus Freundlichkeit die Wahrheit gesagt wird und sich der Erfolg einstellt.

Es gibt nicht viele Beispiele, in denen sich alle drei Komponenten derart frei variieren und zu beliebigen Kombinationen zusammensetzen lassen, wie es in dieser Geschichte der Fall ist. Oft führt eine gegebene Motivation mehr oder weniger zwangsläufig zu einer entsprechenden Handlung, und einer vollzogenen Handlung folgt mehr oder weniger unausweichlich die zugehörige Konsequenz. Aber selbst wenn die drei Komponenten auf solche Weise eng miteinander *verknüpft* sind, lassen sie sich doch immer noch voneinander *unterscheiden*. Und um ihre Identifikation zu erleichtern, ist eine Geschichte hilfreich, in der sie sich besonders einfach erkennen lassen, nämlich durch den Vergleich alternativer Kombinationen.

Es zeichnen sich somit drei wesentliche Komponenten menschlicher Interaktion ab, nämlich Motivation, Handlung und Konsequenz. Diese Differenzierung ist bedeutsam, weil es einen erheblichen Unterschied machen kann, auf welche dieser drei Komponenten man den Fokus der Beurteilung richtet. Dies ist nicht weiter spürbar, solange die drei Komponenten als gleichermaßen schlecht oder als gleichermaßen gut eingestuft werden können, wie in der durchweg negativen Grundform oder in der durchweg positiven Alternative: Schließlich würden hier die unterschiedlichen Fokussierungen im Gesamturteil immer noch übereinstimmen. Aber sobald die Wertigkeiten voneinander abweichen, wie in den anderen Kombinationen, spielt es eine bedeutende Rolle, welcher Sichtweise man sich anschließt: Je nachdem ob man auf die Motivation, auf die Handlung oder auf die Konsequenz fokussiert, wird sich das Gesamturteil beträchtlich verschieben.

2.2 Tugendethik, Deontologie und Teleologie

Motivation, Handlung und Konsequenz bilden die maßgeblichen Anknüpfungspunkte für moralische Urteile, und verschiedene Moralen weichen nicht zuletzt darin voneinander ab, auf welche dieser Komponenten sie besonderen Wert legen. Gleiches gilt für die ethischen Theorien, die jene Moralen bevorzugen oder begründen, denn auch Ethiken variieren damit, welchen Bestandteil sie in den Vordergrund stellen. Auf diese Weise ist eine sehr grundlegende und wichtige Klassifikation gewonnen worden, nach der sich

Moralansätze bzw. Ethiktypen einteilen lassen und an die sich die folgende Terminologie knüpft: Ethiken, die ihren Fokus auf die Motivation richten, werden als *Tugendethiken* bezeichnet. Ethiken, die den Schwerpunkt auf die Handlung als solche legen, nennt man *Deontologien*. Ethiken, die die Konsequenzen ins Zentrum rücken, heißen *Teleologien*. Dabei leitet sich das Wort Deontologie von dem altgriechischen *to deon* her (›das Erforderliche‹, ›das Schickliche‹, ›das Geschuldete‹). Das Wort Teleologie stammt von dem altgriechischen *telos* (›Ziel‹, ›Ausgang‹, ›Erfolg‹).

2.2.1 Klassische Ansätze

Drei in der Philosophiegeschichte besonders wichtige Ethikansätze lassen sich diesem Schema mehr oder weniger eindeutig zuordnen.

(1) Nach *Aristoteles* liegt der Kerngedanke der Ethik darin, dass der Mensch bestimmte *moralische Tugenden* ausbilden sollte. Hierbei handelt es sich um charakterliche Dispositionen, die sich genauer dadurch auszeichnen, dass sie eine rechte Mitte zwischen zwei falschen Extremen darstellen. Beispielsweise ist Tapferkeit die rechte Mitte zwischen Feigheit und Tollkühnheit. Ähnlich ist Freigiebigkeit die rechte Mitte zwischen Geiz und Verschwendungssucht. Nicht zuletzt findet sich auch die Freundlichkeit im Kanon von Aristoteles' Tugenden – gerade jene Disposition, die Dr. Wersten in den negativen Varianten vermissen lässt (vgl. Aristoteles, *Nikomachische Ethik*, Buch II, Kap. 5–7, 1106a–1108b).

(2) Bei *Immanuel Kant* wird das moralische Zentralprinzip, wie bereits im ersten Theoriekapitel erwähnt, durch einen Kategorischen Imperativ zum Ausdruck gebracht. Der Inhalt dieses Imperativs besagt, dass die Maximen von Handlungen sich durch Verallgemeinerbarkeit auszeichnen müssen, d. h. dass man wollen können muss, dass sie von jedem befolgt werden. Diese Forderung wird nicht von allen Maximen erfüllt. Beispielsweise ist die Maxime, zur Erreichung gegebener Ziele zu lügen, nicht verallgemeinerbar. Denn wenn jeder dieser Maxime folgen würde, so würde niemand mehr ernsthaft die Wahrhaftigkeit von Aussagen voraussetzen. Dann könnte aber auch niemand seine Ziele durch Lügen erreichen, so dass die Maxime ihrer eigenen Möglichkeitsgrundlage beraubt wäre. Die Maxime des Lügens beruht gerade darauf, dass sie nicht von allen befolgt wird. Lügen ist gewissermaßen parasitär, da es nur in einer Umgebung der Wahrhaftigkeit, nicht aber in einer Umgebung des Lügens selbst bestehen kann. Genau diese mangelnde Verallgemeinerbarkeit macht nach Kant den unmoralischen Charakter des Lügens aus – jenes Akts, den Dr. Wersten in den negativen Varianten vollzieht (Kant 1785, Akad.-Ausg. 413–424).

(3) Für *John Stuart Mill* besagt der oberste Grundsatz, den die Ethik begründen kann, dass jede menschliche Handlung den *größtmöglichen Nutzen* in der Welt hervorbringen sollte. Dies ist das Prinzip des sogenannten Utilitarismus, zu dessen prominentesten Vertretern Mill gehört. Genauer fordert diese Theorie, dass die Summe an Glück aller Betroffenen zu maximieren sei. Glück wiederum bestehe in der Differenz aus Lust und Unlust. Da neben Menschen auch andere Lebewesen zu solchen Glücksempfindungen fähig sind, fällt es dem Utilitarismus besonders leicht, speziell Tiere in den Gegenstandsbereich der Moral mit einzubeziehen (s. Kap. II.3.2.2.1 u. 3.3.2). Hier ist allein wichtig, dass der Handelnde nach Mill mit seinem Tun dafür sorgen sollte, die Gesamtmenge des Glücks über alle Betroffenen hinweg möglichst groß werden zu lassen. Insbesondere sollte er unnöti-

ges Leid vermeiden – genau jenes Resultat, das Dr. Wersten in den negativen Varianten herbeiführt (Mill 1861/71, Kap. 2, 11–36).

Diese Kurzcharakterisierungen sind notgedrungen ungenau und vermitteln allein die wesentlichen Tendenzen der drei Autoren. Insbesondere darf man die Zuordnungen – Aristoteles als Tugendethiker, Kant als Deontologe und Mill als Teleologe – nicht so verstehen, als würden ihre Theorien sich überhaupt nicht um die jeweils anderen Komponenten kümmern. Auch für einen Tugendethiker muss nicht bedeutungslos sein, welche Handlungen tatsächlich vollzogen werden oder welche Konsequenzen daraus entstehen. Ein Deontologe kann sich allemal für die Motivation und die Konsequenzen von Handlungen interessieren. Und ein Teleologe kann in sein Urteil mit einbeziehen, aus welcher Motivation heraus und aus welcher Handlung her gewisse Effekte entstehen. Es geht lediglich darum, auf welcher Komponente der *primäre Fokus* der Beurteilung liegt.

Zudem sind die Systeme von Aristoteles, Kant und Mill *nur Beispiele* für jene drei Ethiktypen. Es gibt viele weitere Möglichkeiten, die entsprechenden Schwerpunkte zu setzen, so dass andere Tugendethiken, Deontologien und Teleologien von den obigen Konzeptionen – Charakterbildung anhand einer rechten Mitte, Maximenbemessung hinsichtlich ihrer Verallgemeinerbarkeit bzw. Folgenoptimierung gemäß der größten Nutzensumme – erheblich abweichen können. Insbesondere folgen nicht nur elaborierte philosophische Systeme dieser Einteilung, sondern ebenso alltägliche Moralurteile. Auch sie beziehen sich auf Motivationen, Handlungen oder Konsequenzen. Auch sie verlangen Mitgefühl, Wahrheitstreue oder Glücksbeförderung. Entsprechend unterschiedlich können intuitive Stellungnahmen zur obigen Fallgeschichte ausfallen, je nachdem ob sie das zentrale Problem in der zugrunde liegenden Ablehnung, in der hieraus entspringenden Lüge oder im dadurch bewirkten Misserfolg sehen.

Aus genau diesem Grund ist es aber wichtig, die drei Komponenten zu kennen und sorgfältig auseinanderzuhalten. Denn oftmals beruht die Uneinigkeit über die moralische Beurteilung gegebener Ereignisse darauf, dass die Diskussionsteilnehmer ihre Urteile auf unterschiedliche Komponenten stützen. Und solange sie sich über diese Differenz nicht im Klaren sind, laufen sie Gefahr, aneinander vorbeizureden. Es kann dann geschehen, dass sie sich über ein Gesamturteil streiten, ohne zu bemerken, dass sie überhaupt nicht dieselbe Sache diskutieren. Solch eine Debatte wird wenig ertragreich sein und stattdessen anhaltende Missverständnisse und fruchtlose Auseinandersetzungen produzieren. Erst wenn die Teilnehmer in der Lage sind zu erkennen, auf welche der drei Komponenten sich ihre Urteile jeweils beziehen, kann es ihnen gelingen, die verschiedenen Positionen überhaupt trennscharf zu artikulieren, einen entsprechend gehaltvollen Diskurs zu führen und sich auf dieser Grundlage vielleicht irgendwann auch in der Gesamteinschätzung einander anzunähern.

Ein Beispiel aus der Politik: Militäreinsatz

Als Beispiel für solche unterschiedlichen Urteile kann der Militäreinsatz eines demokratischen Landes gegen ein stark tyrannisches, aber derzeit nicht expansives Regime eines anderen Staates dienen. Hier finden sich *tugendethische* Argumente pro und contra, insofern ein solcher Einsatz als Zeichen von Entschlusskraft und Opferbereitschaft, oder aber von Egoismus und Aggressivität eingestuft werden mag. Unterschiedliche *deontologische* Positionen können anführen, dass ein militärisches Einschreiten gegen schlimme diktatorische Regime prinzipiell geboten sei, gleich aus welchen Beweggründen und mit welchen Erfolgsaussichten, oder aber gegenteilig dafürhalten, dass derartige Aktionen sich so lange kategorisch verbieten, wie der fragliche Staat nicht seinerseits Krieg gegen andere führt. Schließlich sind auch gegensätzliche *teleologische* Argumente formulierbar, indem einerseits auf eine mögliche Verbesserung der politischen Situation in dem angegriffenen Land verwiesen wird oder andererseits die erhebliche Gefahr der mittelfristigen Destabilisierung vielleicht einer gesamten Region betont wird.

Das Beispiel zeigt, dass auch bei Fokussierung auf ein und dieselbe Komponente immer noch erhebliche Uneinigkeit herrschen kann. Welcher der beiden deontologischen Regeln soll man beispielsweise folgen: der interventionistischen oder der nicht-interventionistischen? Immerhin kann ein solcher Streit aber fruchtbar sein, weil er erstens die wesentlichen Differenzen kenntlich macht, die zwischen den Beteiligten vorliegen, und sie zweitens im weiteren Verlauf dazu zwingt, ihre Überzeugungen zu begründen. Wenig ertragreich ist es hingegen, wenn der eine Diskutant die fragwürdige Motivation tadelt, während der andere Teilnehmer die günstigen Konsequenzen lobt: Hier wird man nicht weiterkommen, als sich gegenseitig widersprechende Endurteile vorzutragen.

2.2.2 Vollständigkeit, Kontextabhängigkeit

Der Gedanke liegt nahe, dass moralische Urteile erst dann vollständig sind, wenn sie *alle drei Komponenten* im Blick haben: Motivation, Handlung und Konsequenz. Aber erstens würde dies nichts daran ändern, dass es sich bei ihnen um separate Bestandteile handelt, aus denen sich moralische Situationen zusammensetzen. Auch wenn man sie alle gleichermaßen im Blick behalten wollte, hätte man es also immer noch mit drei getrennten Entitäten zu tun. Entsprechend wichtig bliebe es, sie in dieser Getrenntheit wahrzunehmen, um ein bewusstes und strukturiertes Gesamturteil zu fällen. Zweitens spricht einiges dafür, dass man in diesem Gesamturteil nicht umhin kommt, eine gewisse Schwerpunktsetzung vorzunehmen, welche Komponente man als vordringlich erachtet. Sowohl im alltäglichen moralischen Argumentieren als auch in ausgearbeiteten ethischen Theorien ist daher eine solche Schwerpunktsetzung in der Regel zu beobachten. Das bedeutet nicht, dass die anderen Perspektiven völlig ausgeblendet werden, aber es läuft darauf hinaus, dass einer von ihnen grundsätzlich Vorrang eingeräumt wird.

Auch drängt sich der Eindruck auf, dass die drei Moral- bzw. Ethiktypen *in unterschiedlichen Kontexten* unterschiedlich einschlägig sind: dass es Situationen gibt, in denen die eine oder die andere Komponente größere Beachtung verdient. Zum Beispiel ist bei kollektiven Akteuren, vor allem wenn sie die Größenordnung von ganzen Staaten erreichen, mitunter schwer einzusehen, wie sich die Motivation für eine Handlung überhaupt eindeutig bestimmen lassen sollte. Hieraus könnte man schließen, dass tugendethische Argumente für die Beurteilung von politischen Vorgängen wenig geeignet sind. Bei der moralischen Wertschätzung einzelner Personen hingegen, zumal wenn sie einem besonders nahestehen, scheint der Charakter oft herausragende Bedeutung zu haben, weitaus mehr als die tatsächlich vollzogenen Taten oder die hieraus entspringenden Folgen. Entsprechend mögen in diesem Bereich tugendethische Positionen sogar eine dominante Rolle spielen. Schließlich lässt sich feststellen, dass viele Gesetze innerhalb staatlicher Gemeinschaften sich auf feste Handlungstypen beziehen, während Motivationen oder Konsequenzen allein sekundär relevant sind oder überhaupt keine Rolle spielen. Es hat somit den Anschein, dass die Rechtsgestaltung in einem Gemeinwesen vielfach deontologisch geprägt ist.

Ein Beispiel aus der Forschungsethik: Datenfälschung

Auch in den folgenden Anwendungskapiteln dieses Buches ist die hier vorgestellte Dreiteilung von Bedeutung, um Argumente zu klassifizieren. In Kapitel II.1 geht es beispielsweise um gute wissenschaftliche Praxis, und dabei unter anderem um das Problem der Datenfälschung. Es besteht kein Zweifel, dass Datenfälschung innerhalb der Forschung ein gravierendes moralisches Problem darstellt. Aber einmal mehr gibt es hierfür unterschiedliche Begründungen: Man kann *tugendethisch* auf das überzogene wissenschaftliche Geltungsbedürfnis eines Fälschers verweisen, auf Ruhmsucht oder Geldgier, die ihn bewogen haben mögen und die man an sich selbst als schlechte Eigenschaften einschätzt. In *deontologischer* Perspektive lässt sich anführen, dass es sich bei der Fälschung um eine spezielle Form der Lüge handelt, die als solche unerlaubt ist. Schließlich ist Datenfälschung *teleologisch* zu beanstanden, weil sie Schaden anrichtet, nämlich eine Verschwendung von Ressourcen nach sich zieht, wenn andere Forscher die gefälschten Ergebnisse ihrer eigenen Arbeit zugrunde legen, oder sogar Gefährdungen heraufbeschwört, falls jene Ergebnisse in technische oder medizinische Anwendungen überführt werden.

2.2.3 Identifikation, Abgrenzung

In manchen Situationen ist nicht offensichtlich, wie man die drei Komponenten genau identifizieren und gegeneinander abgrenzen soll. Vor allem die präzise Formulierung der Handlung, im Gegensatz zur Motivation und zur Konsequenz, kann mitunter strittig werden.

Die obige Fallgeschichte ist in dieser Hinsicht vergleichsweise unproblematisch. Dort besteht die Handlung eindeutig in einer Lüge, und eine solche Lüge hat klare Grenzen: Was die Ärztin tut, ist eine Äußerung bestimmter Wörter, und diese Äußerung stellt, unter den gegebenen Umständen und auf der Grundlage üblicher sprachlicher Konventionen, eine Verheimlichung der Wahrheit dar. Deutlich getrennt hiervon sind die Beweggründe, die sie zu diesem Handeln bringen, wie auch die Effekte, die sie hierdurch bei ihrem Patienten auslöst.

In anderen Fällen kann die Identifikation und Abgrenzung der drei Komponenten sehr viel zweifelhafter werden. Man betrachte etwa das Beispiel eines Mordes, genauer eines Raubmordes, der aus Habgier mit einer Schusswaffe an einem Geldboten verübt wird. Eine naheliegende Auffassung könnte hierbei die *Handlung* im Abgeben des Schusses erkennen, die *Motivation* in der erwähnten Habgier und die *Konsequenz* im Tod des Geldboten. Damit würde der Begriff ›Mord‹ alle drei Komponenten beinhalten, Handlung, Motivation und Konsequenz. Diese Vielschichtigkeit eines zentralen moralischen Begriffs könnte als Beleg dafür betrachtet werden, dass das moralische Denken mitunter alle drei skizzierten Komponenten zugleich in den Blick nimmt. Einmal mehr würde dies freilich nichts daran ändern, dass sich die drei Komponenten immer noch voneinander unterscheiden und als unterschiedlich bedeutsam betrachten ließen.

Nun lässt sich nicht von der Hand weisen, dass der Begriff ›Mord‹ tatsächlich komplex ist. Insbesondere setzt er eine Absicht zur Tötung voraus, weil sonst nicht von Mord, sondern etwa nur von fahrlässiger Tötung die Rede sein könnte. Und natürlich impliziert er das Vorliegen eines Toten, weil sonst kein Mord, sondern höchstens ein versuchter Mord stattgefunden hätte. Dennoch mag man die obige Zuordnung von Handlung, Motivation und Konsequenz als künstlich und verengt einschätzen. Insbesondere wirkt die Handlung, als bloßes Abgeben eines Schusses, stark unterbestimmt. Entsprechend erschiene eine deontologische Perspektive, die sich allein auf dieses Abgeben eines Schusses fokussieren sollte, seltsam leer und verkürzt. Vielleicht sollte man die *Handlung* besser im Mord als Ganzem sehen, während man *Motivation* und *Konsequenz* in anderen Bestandteilen zu suchen hätte. Die Vielschichtigkeit des Begriffs ›Mord‹ würde damit nicht bestritten, aber auf eine entsprechende Vielschichtigkeit des Konzepts ›Handlung‹ zurückgeführt.

So könnte man zunächst den Tod, der bisher der Konsequenz zugerechnet wurde, mit in die Handlung einbeziehen. Auf diese Weise würde die eigentliche Handlung nicht mehr in einem bloßen Schießen, sondern in einem Töten bestehen. Als hieran anschließende Konsequenz wären dann die *ferneren entspringenden Folgen* aufzufassen, etwa die Vernichtung sämtlicher Lebenspläne des Geldboten oder das Leid seiner Freunde und Angehörigen. Diese Darstellung hat nicht zuletzt deshalb etwas für sich, weil erst mit dem Umbringen des Opfers der Akt des Täters vollständig vollzogen zu sein scheint. Die weiteren genannten Folgen wirken demgegenüber deutlich abgetrennt, was sich nicht zuletzt darin niederschlägt, dass ihr Eintreten oder zumindest ihre genaue Gestalt mit Unsicherheiten behaftet sein kann.

Vielleicht gehört aber auch bereits die Habgier, die oben der Motivation zugeordnet wurde, zu einer vollständigen Charakterisierung der Handlung selbst. Hiernach wäre die Handlung in ihrem spezifischen Wesen nicht ein Töten, sondern ein Morden. Als vorausliegende Motivation ließe sich ihr gegenüber die *dauerhafte charakterliche Disposition* des Täters abgrenzen, etwa eine grundsätzliche Missachtung des Lebens anderer Menschen oder eine rücksichtslose Bereitschaft zur Durchsetzung eigener Interessen. Diese Auffassung könnte geltend machen, dass der Akt des Täters erst dann richtig spezifiziert ist, wenn man die vorsätzliche Ausführung und den konkreten Antrieb mit darin aufnimmt. Diese stellten keine separaten psychischen Vorereignisse dar, sondern gehörten als inhärente Wesensbestandteile zum Vollzug der Handlung selbst.

Folgt man dieser Darstellung, so hätte sich eine *Tugendethik* der generellen charakterlichen Verrohung des Täters zuzuwenden (die schwerwiegend genug war, um sich schließlich in einem Mord zu entladen, aber ohne dass dieser Mord selbst im Zentrum der Betrachtung stünde). Eine *Deontologie* könnte sich damit befassen, wie der Mord als solcher zu beurteilen ist (bräuchte sich also nicht auf das Töten oder gar auf das Schießen zu beschränken, sondern könnte den gesamten Vollzug in seiner Absichtlichkeit und Vollständigkeit erfassen, ohne aber auf die tieferliegenden Hintergründe oder die ferneren Folgeeffekte einzugehen). Eine *Teleologie* schließlich hätte sich damit zu beschäftigen, welches Unglück bei dem Opfer und seinem Umfeld entstanden ist (oder auch damit, welchen Schaden sich der Täter selbst beigefügt hat, aber weniger damit, dass dies durch einen Akt geschah, der als Mord einzustufen ist, und nicht etwa durch eine unterlassene Hilfeleistung, eine schuldhafte Achtlosigkeit oder Ähnliches).

Das Beispiel zeigt, dass die Identifikation und Abgrenzung von Motivation, Handlung und Konsequenz selbst in gewöhnlichen Fällen nicht trivial ist und auf unterschiedliche Weisen vorgenommen werden kann. Diese Mehrdeutigkeiten verstärken sich, wenn Ereignisse sich über längere Zeiträume erstrecken oder mehrere Akteure dabei zusammenwirken.

Verwendete Literatur

Aristoteles: *Nikomachische Ethik* [ca. 330 v. Chr.]. Hg. von Günther Bien. Hamburg [4]1985.

Castro, Leonardo D. de: Ethical Issues in Human Experimentation. In: Helga Kuhse/Peter Singer (Hg.): *A Companion to Bioethics*. Oxford/Malden, Mass. 1998, 379–389.

Edsall, Geoffrey: A Positive Approach to the Problem of Human Experimentation. In: Paul A. Freund (Hg.): *Experimentation with Human Subjects*. New York 1969, 276–292.
Jonas, Hans: Philosophical Reflections on Experimenting with Human Subjects. In: Paul A. Freund (Hg.): *Experimentation with Human Subjects*. New York 1969, 1–31.
Kant, Immanuel: *Grundlegung zur Metaphysik der Sitten* [1785]. Hg. von Karl Vorländer. Hamburg ³1965.
Mill, John Stuart: *Der Utilitarismus* [1861/71]. Hg. von Dieter Birnbacher. Stuttgart 2000.
Smith, Adam: *Theorie der ethischen Gefühle* [1759/90]. Hg. von Walther Eckstein. Hamburg 2004.
Zion, Deborah: ›Moral Taint‹ or Ethical Responsibility? Unethical Information and the Problem of HIV Clinical Trials in Developing Countries. In: *Journal of Applied Philosophy* 15/3 (1998), 231–239.

Weiterführende Literatur

Andersen, Svend: *Einführung in die Ethik* [2000]. Berlin/New York ²2005.
Baron, Marcia W./Pettit, Philip/Slote, Michael: *Three Methods of Ethics: A Debate*. Malden, Mass. 1997.
Beauchamp, Tom L.: *Philosophical Ethics. An Introduction to Moral Philosophy* [1982]. New York ³2001.
Copp, David (Hg.): *The Oxford Handbook of Ethical Theory*. Oxford 2006.
Düwell, Marcus/Hübenthal, Christoph/Werner, Micha (Hg.): *Handbuch Ethik* [2002]. Stuttgart ²2006.
Horster, Detlef: *Ethik*. Stuttgart 2009.
Kutschera, Franz v.: *Grundlagen der Ethik* [1982]. Berlin/New York ²1999.
LaFollette, Hugh (Hg.): *The Blackwell Guide to Ethical Theory*. Malden, Mass. 2000.
Pauer-Studer, Herlinde: *Einführung in die Ethik*. Wien 2003.
Singer, Peter (Hg.): *A Companion to Ethics* [1991]. Oxford 1993.
Thiroux, Jacques: *Ethics. Theory and Practice* [1977]. Upper Saddle River, NJ ⁶1998.
Wyller, Truls: *Geschichte der Ethik. Eine systematische Einführung*. Paderborn 2002.

Dietmar Hübner

3. Aspekte von Handlungen

In der Struktur von Handlungen gibt es eine fundamentale Unterscheidung, die für ihre moralische Beurteilung von großer Bedeutung sein kann. Das vorliegende dritte Theoriekapitel erarbeitet diese Unterscheidung in zwei Hauptschritten (3.1) und bringt sie dann mit den Differenzierungen des zweiten Theoriekapitels in Verbindung (3.2).

3.1 Zwecke, Mittel und Nebeneffekte

Verschiedene Elemente einer Handlung lassen sich danach gruppieren, ob sie den *Zweck* der Handlung darstellen, ob sie das *Mittel* zu seiner Erreichung bilden oder ob sie ein bloßer *Nebeneffekt* sind, der seinerseits von dem gewählten Mittel oder auch von dem erreichten Zweck ausgeht. Dabei spricht einiges dafür, dass die moralische Beurteilung einer Handlung erheblich davon abhängen kann, welches Element welche dieser drei Funktionen erfüllt.

3.1.1 Intendiertes und Nicht-Intendiertes I: Die Differenz von Zweck und Nebeneffekt

Man betrachte hierfür zunächst die folgenden beiden Fälle: Im ersten Fall verfolgt ein Arzt als *Zweck* die Heilung seines Patienten, verabreicht ihm als *Mittel* hierfür ein bestimmtes Medikament und führt dabei den *Nebeneffekt* eines schweren Unwohlseins herbei. Diese Konstellation ist im Rahmen medizinischen Handelns keine Seltenheit, jedenfalls bei entsprechend gravierenden Erkrankungen und fehlenden alternativen Behandlungsmöglichkeiten. Im zweiten Fall hingegen hat ein Arzt, bei äußerlich gleichem Tun, gerade das Unwohlsein seines Patienten zum *Zweck*, setzt als *Mittel* hierfür wiederum das fragliche Medikament ein und nimmt die Heilung lediglich als *Nebeneffekt* hin. Dies ist sicherlich ein ungewöhnliches Szenario, aber kein undenkbares, und es führt auf eine Differenzierung hin, die in diesem Kapitel erläutert und vertieft werden soll.

So erscheint es nicht unplausibel, dass die moralische Bewertung der beiden Fälle stark voneinander abweichen sollte: Schließlich leitet der erste Arzt eine *Heilungsprozedur* ein, während der zweite schlichtweg eine *Grausamkeit* begeht. Diese Differenz ist, trotz des äußerlich identischen Vollzugs, erkennbar. Und sie beruht auf der vertauschten Zuweisung von Zweck bzw. Nebeneffekt in den beiden Handlungen, die in der folgenden Tabelle kurz notiert ist:

	Zweck	Mittel	Nebeneffekt
Arzt 1	Heilung des Patienten	Gabe des Medikaments	Unwohlsein des Patienten
Arzt 2	Unwohlsein des Patienten	Gabe des Medikament	Heilung des Patienten

Die *Differenz von Zweck und Nebeneffekt* gewinnt ihr Gewicht aufgrund des folgenden Zusammenhangs: Der Zweck einer Handlung wie auch das Mittel zu seiner Erreichung sind beide in dieser jeweiligen Funktion *intendiert*. Was man sich als Zweck setzt, darauf ist das eigene Streben ausdrücklich ausgerichtet. Und was man als Mittel wählt, das bejaht man mit diesem Entschluss ebenfalls. Vielleicht hätte man ein anderes Mittel bevorzugt, wenn es zur Verfügung gestanden hätte. Aber unter den gegebenen Umständen hat man sich für das Mittel entschieden und es bewusst ergriffen. Ein Nebeneffekt hingegen definiert sich dadurch, dass man ihn nur in seinem faktischen Auftreten *hinnimmt*. Das heißt nicht, dass er unvorhersehbar oder unerwartet sein müsste. Oftmals sind die Nebeneffekte einer Handlung in ihrem Auftreten völlig sicher und dem Handelnden vollständig bewusst. Dennoch sind sie nicht intendiert, wie es bei Zweck und Mittel der Fall ist. Vielmehr nimmt man sie lediglich in Kauf, sei es billigend, widerstrebend oder auch gleichgültig.

Die Trennung zwischen dem Intendierten (Zweck und Mittel) und dem Nicht-Intendierten (Nebeneffekt) wird von zahlreichen Philosophen unterschiedlichster Denkrichtungen anerkannt und hervorgehoben. Neben vielen anderen zählt hierzu *Jeremy Bentham*. Dies ist insofern bemerkenswert, als Bentham dem Utilitarismus angehört und utilitaristische Autoren zumeist nur auf die Gesamtheit der vorhersehbaren Konsequenzen schauen, ohne einen Unterschied zwischen tatsächlich intendierten und lediglich hingenommenen Resultaten zu machen. Bentham aber bezieht diese Differenzierung ein, wenngleich er eine andere Terminologie verwendet und sie mit einer speziellen Deutung versieht. So spricht er davon, dass manches direkt (*directly*) und manches nur mittelbar (*obliquely*) beabsichtigt werde. Der Unterschied bestehe darin, dass ersteres eine kausale Rolle im psychischen Prozess der Handlungsentscheidung spiele, letzteres hingegen nicht (Bentham 1789/1823, Kap. VIII, § VI, 84).

Das obige Beispiel legt nahe, dass es zumindest manchmal einen erheblichen moralischen Unterschied machen könnte, ob man etwas als Zweck intendiert oder nur als Nebeneffekt hinnimmt: Das Unwohlsein eines Patienten als Nebeneffekt zu dulden, erscheint grundsätzlich legitim. Es sich als Zweck zu setzen, dürfte hingegen völlig inakzeptabel sein. Die Handlung des ersten Arztes wirkt vertretbar, die des zweiten verwerflich.

Die Schwierigkeit ist freilich, dass sich nicht immer klar erkennen lässt, was jemand dezidiert als Zweck intendiert und was er lediglich als Nebeneffekt hinnimmt: In dem Beispiel war sogar ausdrücklich vorausgesetzt, dass sich das Tun der beiden Ärzte äußerlich nicht unterscheidet. Welche der beiden Handlungen sie jeweils ausführen, scheint daher nicht ohne Weiteres feststellbar zu sein. Folglich könnte man in Frage stellen, ob es irgendeine Rechtfertigung dafür gibt, den ersten Arzt zu loben und den zweiten zu tadeln. Auf diesen konkreten Zweifel kann man eine generelle Skepsis gründen, ob es sich bei der Differenz von Zweck und Nebeneffekt um eine Unterscheidung handelt, die fruchtbar für die moralische Urteilsbildung sein kann: Wo es sich kaum verhindern zu lassen scheint, dass der Handelnde den Zweck und den Nebeneffekt seines Tuns so deklariert, wie es ihm gerade passt, ist es womöglich wenig sinnvoll, die Bewertung seines Handelns von der Zuordnung beider abhängig zu machen.

Hierauf lassen sich allerdings zwei Entgegnungen vorbringen:

(1) Erstens müssen Moral und Ethik sich nicht nur mit Dingen befassen, die man zweifelsfrei von außen feststellen kann. Es ist eine Sache, ob eine Unterscheidung als relevant zu gelten hat, es ist eine andere Sache, ob und wie diese Unterscheidung im Einzelfall getroffen werden kann. Vielleicht hat man in dem Beispiel keine Handhabe, dem zweiten Arzt sein Fehlverhalten nachzuweisen, aber das heißt nicht, dass man ein Verhalten der beschriebenen Art nicht als verfehlt betrachten könnte. Außerdem teilen manche Handelnden ihrer Umgebung ehrlich mit, wie ihre Intentionen beschaffen sind. Andere würden sich zumindest in ihrem eigenen Tun davon leiten lassen, was Zweck und was allein Nebeneffekt sein darf.

(2) Zweitens ist es auch für äußere Beobachter mitunter durchaus möglich, die jeweiligen Zuordnungen zu treffen. Dies ist insbesondere dann der Fall, wenn Handlungsalternativen zur Wahl stehen. Lässt sich etwa in dem obigen Beispiel der gleiche Heilungserfolg auch durch ein weniger belastendes Medikament erreichen, so würde der erste Arzt es höchstwahrscheinlich anwenden, der zweite hingegen nicht. Es könnte also nach wie vor sein, dass zwei Ärzte auf den ersten Blick gleiche Handlungen vollziehen, indem sie ein nebenwirkungsreiches Medikament verabreichen. Aber wenn sich bei genauerem Hinsehen zeigt, dass einem von ihnen genauso gut das harmlosere Medikament zur Verfügung stand, könnte er kaum mehr glaubhaft machen, einzig den Zweck der Heilung verfolgt und das Unwohlsein nur als Nebeneffekt geduldet zu haben.

Ein Gegner der Unterscheidung könnte hierauf Folgendes erwidern: Die Differenzierung sei nur sinnvoll, wenn sie sich auf die beschriebene Weise von außen vollziehen lasse. Nur bei Vorliegen von geeigneten Alternativen könne man sie anwenden, ohne in Beliebigkeit zu enden. In diesem Moment aber brauche man sie auch nicht mehr, weil die einzig relevante Norm ein Gebot der Leidensminimierung sei. Dieses Gebot schreibe die bestmögliche Heilung mit dem harmlosesten Medikament vor, ohne die Unterscheidung zwischen Zweck und Nebeneffekt überhaupt bemühen zu müssen. Befürworter und Gegner stehen sich somit wie folgt gegenüber: Der Befürworter hält die Unterscheidung für fundamental. Situationen mit Alternativen liefern für ihn lediglich äußere Anhaltspunkte, wie man diese Unterscheidung verlässlich treffen kann. Der Gegner hingegen hält allein die Norm der Leidensminimierung für moralisch bedeutsam. Die Unterscheidung ist für ihn nur eine irrelevante Zusatzüberlegung, die in Situationen mit Alternativen äquivalente Ergebnisse liefert.

Ein Beispiel aus der Forschungsethik: Humanexperiment und Heilversuch

Die Trennung von Zweck, Mittel und Nebeneffekt wird auch in den weiteren Kapiteln dieses Buchs wiederbegegnen und mitunter hilfreich sein, moralisch bedeutsame Unterscheidungen zu treffen. Dies ist etwa in Kapitel II.2 der Fall, wo die Forschung an Menschen behandelt und u. a. die wichtige Differenzierung zwischen Humanexperiment und Heilversuch eingeführt wird. Dabei ist genau jene Verschiebung relevant, die auch dem Beispiel der beiden Ärzte zugrunde liegt: Das Mittel ist jeweils identisch, nämlich ein bestimmtes Tun an einer Person X, etwa die Verabreichung eines Medikaments. Zweck und Nebeneffekt sind jedoch umgekehrt verteilt: Beim Humanexperiment ist der Zweck ein theoretischer Erkenntnisgewinn, der seinerseits irgendwann der Behandlung anderer Personen dienen kann. Allein als Nebeneffekt mag sich zudem ein Heilungserfolg bei Person X ergeben (sofern diese überhaupt erkrankt ist). Beim Heilversuch hingegen ist genau dieser Heilungserfolg bei Person X der Zweck, zu dem das Mittel eingesetzt wird. Der theoretische Erkenntnisgewinn ist demgegenüber allein ein Nebeneffekt (falls er sich überhaupt einstellt). Die Frage, anhand welcher Kriterien und mit welcher Verlässlichkeit beide Fälle voneinander unterscheidbar sind, wird in Kapitel II.2.2 genauer untersucht. Ganz offensichtlich aber besteht eine große moralische Differenz darin, ob man ein Humanexperiment oder einen Heilversuch durchführt, ob man X also als Proband oder als Patient behandelt. Im ersten Fall nämlich droht eine *Instrumentalisierung* stattzufinden, weil der Eingriff bei X das Mittel ist, um einen externen Zweck zu erreichen. Im zweiten Fall hingegen dient dieser Eingriff seiner Intention nach dazu, X selbst zu heilen, auch wenn sich hieraus später zusätzlich Hilfsoptionen für andere ergeben sollten. Das bedeutet nicht, dass Humanexperimente immer illegitim und nur Heilversuche legitim wären. Aber es formuliert ein spezielles Problem, das Humanexperimente gegenüber Heilversuchen aufweisen und dem man durch besondere Vorkehrungen begegnen muss.

3.1.2 Intendiertes und Nicht-Intendiertes II: Die Lehre von der Doppelwirkung

Bislang ging es darum, ob es einen moralischen Unterschied macht, wenn der Zweck und der Nebeneffekt sich gegeneinander verschieben, während das Mittel konstant bleibt. Dies war zumindest in dem diskutierten Beispiel nicht unplausibel, und es hatte seinen Grund darin, dass der Zweck intendiert, der Nebeneffekt demgegenüber nur hingenommen ist. Nun ist aber neben dem Zweck auch das Mittel stets intendiert. Somit stellt sich die Frage, ob sich eine solche moralische Differenz auch ergibt, wenn der Zweck gleich bleibt, aber Mittel und Nebeneffekt unterschiedlich zugeordnet werden. Vollständig vertauschen, wie Zweck und Nebeneffekt, lassen sich diese beiden zwar in der Regel nicht. Aber immerhin kann der Nebeneffekt zuweilen an die Stelle des Mittels rücken, während andere Elemente seinen Platz einnehmen.

Wenn beispielsweise ein Angreifer im Begriff ist, einem Menschen das Leben zu nehmen, so besteht der *Zweck* der Selbstverteidigung des potentiellen Opfers darin, das eigene Leben zu retten. Nun kann im einen Fall als *Mittel* zu diesem Zweck die Nutzung einer Waffe dienen, mit der sich der drohende Angriff vom eigenen Körper abwehren lässt. Der hierdurch ausgelöste *Nebeneffekt* mag der Tod des Angreifers sein, wenn dieser durch die Nutzung der Waffe umkommt. In einem anderen Fall hingegen kann jener Tod des Angreifers das *Mittel* sein, das zur eigenen Rettung eingesetzt wird. Der *Nebeneffekt* mag demgegenüber in irgendwelchen weiteren Ereignissen liegen, die hier nicht spezifiziert werden müssen. Wieder kommt es also zu einer fundamentalen Verschiebung, indem im ersten Fall etwas lediglich hingenommen wird, was im zweiten Fall ausdrücklich intendiert ist, nämlich der Tod des Angreifers:

	Zweck	Mittel	Nebeneffekt
Selbstverteidigung 1	Rettung des eigenen Lebens	Nutzung einer Waffe	Tod des Angreifers
Selbstverteidigung 2	Rettung des eigenen Lebens	Tod des Angreifers	(weitere Ereignisse)

Die Einschätzung, dass zwischen diesen beiden Handlungen eine moralische Differenz besteht, ist der wesentliche Inhalt der sogenannten *Lehre von der Doppelwirkung*. Ihr Name erklärt sich daraus, dass ein und dasselbe Mittel zwei Arten von Wirkungen haben kann, nämlich zum einen den intendierten Zweck, zum anderen den hingenommenen Nebeneffekt. Gemäß der Lehre von der Doppelwirkung kann es legitim sein, ein bestimmtes schlechtes Handlungselement als Nebeneffekt geschehen zu lassen, während es zugleich illegitim wäre, dieses Element als Mittel einzusetzen. Im vorliegenden Beispiel bedeutet dies, dass man den Tod des Angreifers zwar als Nebeneffekt dulden, nicht aber gezielt als Mittel verwenden darf.

Vor allem *Thomas von Aquin* spricht sich dafür aus, dass zwischen den beiden Fällen ein wesentlicher moralischer Unterschied vorliegt. Nach Thomas ist es generell illegitim, bestimmte Wirkungen wie etwa den Tod eines anderen Menschen zu intendieren, selbst wenn es sich dabei um einen schuldhaften Angreifer handeln sollte. Völlig indiskutabel wäre es, ihn sich als Zweck zu setzen, aber ebenfalls verboten ist es, ihn als Mittel zu wählen. Es kann jedoch vertretbar sein, diesen Tod als Nebeneffekt in Kauf zu nehmen, etwa im hier diskutierten Fall der Notwehr. Hierzu ist lediglich erforderlich, dass die fragliche Handlung durch einen legitimen Zweck geleitet ist, was im Falle der Rettung des eigenen Lebens außer Frage steht. Zudem muss der Nebeneffekt in einem vertretbaren Verhältnis zum gesetzten Zweck stehen, was ebenfalls zutrifft, wenn das eigene Leben gegen das des Angreifers steht (Thomas von Aquin, *Summa Theologica*, II-II, Quaestio 64, Art. 7, 172–176).

Auf diese Weise kann man Selbstverteidigung mit Todesfolge rechtfertigen, zugleich aber an einem absoluten Verbot festhalten, einen anderen Menschen zu töten. Man erstreckt nämlich jenes absolute Verbot nur auf die intendierten Handlungselemente, also auf Zweck und Mittel, nicht auf die lediglich hingenommenen Bestandteile, d. h. auf den Nebeneffekt. Selbstverteidigung in der ersten Form, bei welcher der Tod allein geduldet wird, ist damit zulässig. Selbstverteidigung in der zweiten Form, bei welcher der Tod selbst angestrebt wird, ist hingegen zu verwerfen.

Ob diese Betrachtungsweise schlüssig ist, ist freilich noch umstrittener als bei der vorherigen Unterscheidung. Der Grund liegt vor allem darin, dass sich die Zuordnung diesmal womöglich nicht einmal mehr dem Handelnden selbst vollständig erschließt: In der Regel weiß man recht genau, ob man etwas nur als Nebeneffekt akzeptiert oder ob man es als Zweck anzielt, also welche Art von Arzt man in dem obigen Beispiel ist. Ob man aber etwas als Nebeneffekt hinnimmt oder ob man es als Mittel einsetzt, also welche Form von Selbstverteidigung man im vorliegenden Beispiel übt, wüsste man womöglich selbst nicht eindeutig zu sagen.

Auf diesen Einwand treffen Entgegnungen zu, die ihrer Struktur nach ähnlich wie die im Abschnitt 3.1.1 gestaltet sind, dabei aber weniger zwingend als diese erscheinen mögen:

(1) Erstens liefert die bemängelte Unsicherheit wiederum kein Argument dafür, dass die getroffene Unterscheidung moralisch irrelevant sein müsste. Insbesondere mag es wichtige moralische Differenzierungen geben, die auch für den Handelnden selbst nicht unmittelbar zugänglich sind. Vielleicht liefern sogar gerade solche schwierigen Unterscheidungen, die vor einem selbst ein Stück weit verborgen sind, die bedeutsamsten Anstöße dafür, sich über das eigene Handeln klarer Rechenschaft abzulegen. Womöglich stellen sich die stärksten Formen der Selbsterkenntnis ein, wenn man sich an solchen problematischen Fragen abarbeitet wie der, ob man etwas wirklich nur als Nebeneffekt geduldet oder eigentlich doch als Mittel eingesetzt hat. Selbst wenn man hierauf für einen gegebenen Fall keine eindeutige Antwort finden sollte, mag allein die Fragestellung zu einer größeren Bewusstheit und Sorgfalt im künftigen eigenen Handeln führen.

(2) Zweitens könnte es auch für die Zuordnung von Mittel und Nebeneffekt zuweilen verlässliche Anhaltspunkte geben, und zwar nicht nur für den Handelnden selbst, sondern auch für seine Umgebung. Hierzu gehört wiederum vor allem das Verhalten bei Alternativen. Im obigen Beispiel könnte es etwa sein, dass sich der Angriff mithilfe der Waffe abwehren lässt, auch ohne den Angreifer dabei zu töten. Dann würde derjenige, der den Tod nur als Nebeneffekt hinnimmt, diesen weniger fatalen Einsatz seines Mittels wahrscheinlich bevorzugen, weil er hierdurch immer noch alle seine Intentionen verwirklichen könnte. Hingegen mag derjenige, der den Tod als Mittel einsetzt, eine größere Beharrlichkeit aufweisen und bei seiner Version bleiben, eben weil man leichter von etwas Nicht-Intendiertem wie einem Nebeneffekt abrückt als von etwas Intendiertem wie einem Mittel. Es könnte also geschehen, dass man zwei zunächst gleich anmutende Handlungen betrachtet, die jeweils in einer tödlichen Waffennutzung zur Selbstverteidigung bestehen.

Wenn sich dann aber herausstellt, dass es in der einen Situation eine harmlose Methode gegeben hätte, das eigene Leben zu schützen, so scheint es naheliegend, dass hier der Tod des Angreifers nicht nur als Nebeneffekt akzeptiert, sondern als Mittel eingesetzt wurde.

Auch hier entzündet sich der Streit zwischen Befürwortern und Gegnern der Unterscheidung also an folgender Frage: Besteht ein grundsätzlicher Unterschied zwischen Mittel und Nebeneffekt, deren Zuordnung in Situationen mit Alternativen lediglich besser zu entscheiden ist? Wird hier eine Differenz nachweisbar, die tatsächlich in sämtlichen Fällen wichtig ist? Oder gibt es nur eine einzige bedeutsame Vorschrift, nämlich möglichst wenig Schaden anzurichten? Und ist die Differenz von Mittel und Nebeneffekt allein eine gelegentliche Begleiterscheinung dieser eigentlich maßgeblichen Vorschrift? Für den Befürworter der Unterscheidung sind Situationen mit Alternativen natürlich ein zentrales Instrument der Gewissensprüfung: Wenn es tatsächlich Alternativen gibt, können diese ganz unmittelbar verraten, wie die wirksamen Intentionen beschaffen sind. Dies gilt für eigene Handlungen nicht weniger als für die Handlungen anderer. Wenn es keine Alternativen gibt, kann man immerhin noch durchspielen, wie wohl gehandelt würde, wenn es Alternativen gäbe. Dieses fiktive Verfahren ist für die Handlungen anderer natürlich mit großen Ungewissheiten behaftet, kann aber für eigene Handlungen bei entsprechender Aufrichtigkeit gegenüber sich selbst durchaus aufschlussreich sein.

Zwei Beispiele aus der Medizinethik: Palliativmedizin und Schwangerschaftsabbruch

Die Lehre von der Doppelwirkung ist in zwei medizinischen Anwendungsfeldern ein geradezu klassisches, allerdings auch umstrittenes Argumentationsinstrument, nämlich in den Debatten um Palliativmedizin und Schwangerschaftsabbruch. Hintergrund ist jeweils der Gedanke, dass es mit der ärztlichen Moral grundsätzlich unverträglich sei, den Tod eines Menschen zu intendieren. Dieses absolute Verbot lässt sich mit der Verabreichung von Medikamenten, die schmerzlindernd sind, aber zugleich mit einem erhöhten Risiko von lebensverkürzenden Folgeerkrankungen einhergehen, in Einklang bringen, falls man die Lehre von der Doppelwirkung heranzieht: Die Schmerzlinderung kann dann als Zweck eingestuft werden, die Verabreichung als Mittel, die mögliche Lebensverkürzung hingegen als nicht intendierter, sondern allein in Kauf genommener Nebeneffekt. Falsch würde der Arzt nach dieser Auffassung lediglich handeln, wenn er die Verkürzung des Lebens *als Mittel* einsetzen würde, *um hierdurch* die Schmerzen zu lindern.

Ähnlich kann, unter der Lehre von der Doppelwirkung, jenes absolute Verbot beachtet werden, wenn ein medizinisch indizierter Schwangerschaftsabbruch ansteht, ohne den die Mutter nicht überleben würde: Die Rettung der Mutter erscheint dann als Zweck, der erforderliche Eingriff als Mittel, der Tod des Fötus demgegenüber allein als nicht intendierter, obwohl in seinem Eintreten durchaus vorhergesehener Nebeneffekt. Gegen das Verbot verstieße man nach dieser Auffassung lediglich, wenn man die Tötung des Fötus *als Mittel* einsetzen würde, *um hierdurch* die Mutter zu retten. Falls einem diese Unterscheidungen letztlich unhaltbar erscheinen, so muss man das zugrunde gelegte absolute Verbot aufgeben (jedenfalls sofern man in den genannten Fällen Palliativmedizin und Schwangerschaftsabbruch für legitim hält). Es muss dann dem Arzt eben doch erlaubt sein, den Tod eines Menschen zu intendieren (um dessen erhebliche Schmerzen zu lindern bzw. um die gefährdete Mutter zu retten).

3.1.3 Intendiertes und Nicht-Intendiertes III: Zusatzbemerkungen

Bislang wurden Verschiebungen zwischen *Zweck und Nebeneffekt* sowie zwischen *Mittel und Nebeneffekt* behandelt. Nun drängt sich, quasi der Vollständigkeit halber, die Frage auf, ob sich auch *Zweck und Mittel* gegeneinander verschieben lassen und inwieweit dies für die Beurteilung relevant sein könnte. Ein vollständiger Positionentausch ist dabei, wie schon zwischen Mittel und Nebeneffekt, kaum schlüssig konzipierbar. Aber natürlich ist es möglich, dass etwas, was im einen Fall ein Zweck ist, im anderen Fall nur Mittel zum Erreichen eines anderen Zwecks darstellt. Oben konnte ein Nebeneffekt an die Stelle des Mittels rücken, indem weitere Ereignisse seine Stelle besetzten. Hier nun kann ein Zweck die Stelle des Mittels einnehmen, um weiteren Ereignissen als neuem Zweck Platz zu machen.

Unterschiede dieser Art können moralisch wichtig werden, etwa wenn es darum geht, ob man bestimmte Zuwendungen zu anderen Menschen tatsächlich als Zweck ansieht, der für sich selbst Bestand hat, oder nur als Mittel einsetzt, um andere Zwecke zu erreichen. Ob man beispielsweise Höflichkeit gegenüber seinen Mitmenschen tatsächlich um ihrer selbst willen übt oder nur in Absicht auf nachfolgende Vorteile, macht gerade aus, ob es sich um echte Freundlichkeit oder um bloße Berechnung handelt. Bei genauerem Hinsehen zeigt sich allerdings, dass sich diese Verschiebung zwischen Zweck und Mittel aus den beiden bereits behandelten Verschiebungen zusammensetzen lässt. Entsprechend ist auch ihr problematischer Charakter bereits in jenen moralischen Bedenklichkeiten enthalten, die sich aus der Differenz von Zweck und Nebeneffekt bzw. aus der Lehre von der Doppelwirkung ergeben, so dass keine wirklich neue Form von moralisch relevanter Verschiebung entsteht.

Man betrachte hierfür zunächst den Fall 1, dass jemand den Zweck verfolgt, einem Bekannten eine Freude zu machen, hierfür das Mittel anwendet, ihm ein Geschenk zu geben, und aufgrund dessen als Nebeneffekt gewisse Annehmlichkeiten erfährt, sei es von dem Bekannten selbst oder sei es von anderen Personen. Dieser Akt der Freundlichkeit ist sicherlich moralisch unproblematisch, auch wenn der vorteilhafte Nebeneffekt vielleicht durchaus zu erwarten war. Hieraus lässt sich durch eine Vertauschung von Zweck und Nebeneffekt zunächst der Fall 2 konstruieren. Hier stellen die eigenen Annehmlichkeiten den intendierten Zweck dar, die Freude des Bekannten bildet allein noch einen hingenommenen Nebeneffekt, während das Geschenk weiterhin als Mittel dient. Diese Verteilung der Intentionen wäre sicherlich ein moralisch zu beanstandender Akt der Berechnung. Wendet man hierauf noch einmal die Verschiebung zwischen Mittel und Nebeneffekt an, so ergibt sich der Fall 3. Hier bleiben die eigenen Annehmlichkeiten unverändert der Zweck, aber die Freude des Bekannten rückt in den Status des Mittels, während als Nebeneffekt weitere, bislang nicht beachtete Ereignisse genannt werden müssten, etwa der Gewinn des Händlers, bei dem man das Geschenk gekauft hat o. Ä. Auch dieser Fall 3 erscheint moralisch fragwürdig, nämlich wiederum als Akt der Berechnung.

In der Tat realisiert Fall 3, im Vergleich mit Fall 1, genau jene Verschiebung zwischen Zweck und Mittel, die hier untersucht werden soll: Was in Fall 1 der Zweck war (die Freude des Bekannten), ist in Fall 3 allein noch das Mittel. Stattdessen ist ein anderes Element an die Stelle des früheren Zwecks gerückt, nämlich das, was in der ersten Version lediglich einen Nebeneffekt darstellte (die eigenen Annehmlichkeiten). Wahrscheinlich ist es immer möglich, eine Verschiebung zwischen Zweck und Mittel auf diese Weise aus den beiden bereits behandelten Verschiebungen zusammenzufügen. Zugleich zeigt sich, dass die moralische Problematik im Wesentlichen bereits aus der ersten Verschiebung entsteht: Fall 2 realisiert die zu beanstandende Berechnung ebenso sehr wie Fall 3, denn schon dort wird der Bekannte instrumentalisiert, indem es gar nicht um seine Freude geht, wenn man ihm das Geschenk gibt, sondern nur um die eigenen Annehmlichkeiten. Dass diese Freude dann noch vom Status des Nebeneffekts in den des Mittels rückt, ist für die moralische

Beurteilung kaum mehr erheblich. In dieser Weise reduziert sich die Problematik einer Verschiebung zwischen Zweck und Mittel im Wesentlichen auf die Problematik einer Vertauschung von Zweck und Nebeneffekt.

3.2 Bezug zu den Unterscheidungen aus dem zweiten Theoriekapitel

In diesem und im vorangegangenen Theoriekapitel sind zwei verschiedene Einteilungen vorgestellt worden: Im zweiten Kapitel ging es um die Unterscheidung von *Motivation*, *Handlung* und *Konsequenz*. Hier ging es um die Trennung von *Zweck*, *Mittel* und *Nebeneffekt*. Die Frage liegt nahe, in welchem Verhältnis diese beiden Einteilungen zueinander stehen: Immerhin werden in beiden Fällen verschiedene Handlungskomponenten bzw. -elemente gegeneinander abgegrenzt. Falls diese Abgrenzungen aufeinander bezogen werden könnten, so wäre beispielsweise zu erwarten, dass es tiefere Verbindungen zwischen tugendethischen, deontologischen bzw. teleologischen Ansätzen einerseits und Zwecken, Mitteln bzw. Nebeneffekten andererseits gäbe.

Auf den ersten Blick mag es nun wirken, als würde sich der Zweck am ehesten in der Motivation abbilden, das Mittel die eigentliche Handlung darstellen und der Nebeneffekt allein als Konsequenz anzusehen sein. Dies könnte vor allem deshalb plausibel erscheinen, weil in beiden Einteilungen eine parallele zeitliche Ordnung anklingt, in der die drei Elemente den Handlungsentschluss bestimmen bzw. in der die drei Komponenten im Handlungsvollzug aufeinander folgen: Man setzt sich zunächst einen Zweck, wählt dann ein geeignetes Mittel und lässt daraufhin bestimmte Nebeneffekte entstehen, und ebenso hat man anfangs eine Motivation, vollzieht nachfolgend eine entsprechende Handlung und hat hierauf bestimmte Konsequenzen zu gewärtigen. Allerdings stellen sich die Zusammenhänge bei genauerem Hinsehen komplizierter dar.

3.2.1 Zweck und Motivation

Gewiss schlägt sich die *Motivation* einer Handlung oftmals gerade darin nieder, was der Handelnde als Zweck verfolgt. Aber sie kann durchaus auch darin zum Ausdruck kommen, was er hierfür als Mittel einzusetzen und was er als Nebeneffekt hinzunehmen bereit ist. Bei den beiden Ärzten im obigen Beispiel spricht beispielsweise manches dafür, dass es sich um zwei völlig unterschiedliche Charaktere handelt, einen wohlwollenden und einen sadistischen, und ähnlich lassen die beiden Formen der Notwehr darauf schließen, dass zwei sehr unterschiedliche Charaktere involviert sind, ein eher behutsamer und ein eher berechnender. Diese Charaktere tun sich aber in der vollständigen Verteilung von Zwecken, Mitteln und Nebeneffekten kund, nicht nur in der Zwecksetzung.

Insgesamt wären diese konkreten Äußerungen eines Charakters für eine *Tugendethik* indessen nur von nachgeordneter Bedeutung. Ihr eigentlicher Gegenstand ist dieser Charakter selbst, noch vor aller konkreten Realisierung in Zwecksetzungen, Mittelwahlen und Effektakzeptanzen. Somit kann der Gesamtkomplex von Zwecken, Mitteln und Nebeneffekten für eine Tugendethik zwar sicher in sekundärem Sinne relevant werden, insofern abweichende Zuordnungen als Symptome für unterschiedliche Motivationen bzw. charakterliche Dispositionen gelten dürfen. Die primäre Bedeutung für tugendethische Betrachtungen läge aber bei jenen Dispositionen selbst.

3.2.2 Mittel und Handlung

Die *Handlung* als solche scheint zunächst vor allem dadurch definiert zu sein, welches Mittel eingesetzt wird. Zu ihrer vollständigen Beschreibung dürfte aber auch der damit verbundene Zweck gehören, selbst wenn er zuletzt unerreicht bleiben sollte, und vielleicht sogar der Nebeneffekt, den man bewusst in Kauf nimmt. So entstehen in den obigen Beispielen, je nach der Zuordnung von Zweck, Mittel und Nebeneffekt, unterschiedliche Beschreibungen nicht nur der Gesamtsituation, sondern der fraglichen Handlungen selbst. Bei den beiden Ärzten besteht die Handlung entweder in einem Heilen oder in einem Quälen, bei den beiden Selbstverteidigungen in einer Gefahrenabwehr oder in einem Präventivschlag.

Die Frage, um welche dieser Handlungen es sich jeweils genauer handelt, kann für eine *Deontologie* allemal ausschlaggebend sein. Ihre Gebote werden sich sogar bevorzugt auf solche präzisen Fassungen stützen, unter Einbeziehung von Zweck, Mittel und Nebeneffekt, und sehr unterschiedlich ausfallen, je nach der genauen Zuordnung dieser drei. Eine pragmatische Frage ist, wie im Einzelfall die korrekte Identifikation der drei Aspekte vorgenommen werden kann. Aber in ethischer Hinsicht ist es jederzeit möglich und auch naheliegend, ihre Unterscheidung in die Formulierung von deontologischen Regeln aufzunehmen.

3.2.3 Nebeneffekt und Konsequenz

Schließlich wird man unter die *Konsequenz* einer Handlung zunächst den Nebeneffekt rechnen können, der durch sie entsteht, aber natürlich ebenso ihren Zweck, jedenfalls sofern er erreicht wird, und sogar das Mittel lässt sich mitunter als Teil der Konsequenz darstellen, falls es hinreichend konkret und dauerhaft ist. So könnte ein Arzt die Medikamentengabe nicht selbst vornehmen, sondern lediglich anordnen, womit sie als eine Konsequenz seiner eigentlichen Handlungen darstellbar wäre. Im Beispiel der Selbstverteidigung gab es eine Zuordnung, in welcher der Tod des Angreifers als Mittel, die Rettung des eigenen Lebens als Zweck und weitere, nicht spezifizierte Wirkungen als Nebeneffekt erschienen. Zumindest in dieser Rekonstruktion könnten alle drei Komponenten als Bestandteile einer entsprechend vielgestaltigen Konsequenz aufgefasst werden, auch das Mittel, das hier im Tod des Angreifers besteht und als solches sicherlich als Konsequenz konzipierbar ist.

Nun ist nicht prinzipiell ausgeschlossen, dass eine *Teleologie* zwischen diesen verschiedenen Bestandteilen der Konsequenz einen Unterschied macht, sie also gewissermaßen mit einem Index versieht, je nachdem ob sie Zweck, Mittel oder Nebeneffekt der Handlung darstellen, und sie gemäß diesem Index unterschiedlich wertet. Für gewöhnlich wird eine Teleologie diese Unterscheidung aber nicht für relevant erachten, sondern einfach das, was geschieht, in ihre Bilanz aufnehmen. Ob es als Zweck, als Mittel oder als Nebeneffekt auftritt, könnte sekundär bedeutsam werden, insofern es in diesen Fällen mit unterschiedlichen Wahrscheinlichkeiten zu erwarten wäre. Von primärer Bedeutung für das teleologische Urteil bliebe aber eben dieses Eintreten als solches.

Verwendete Literatur

Bentham, Jeremy: *The Principles of Morals and Legislation* [1789/1823]. New York 1988.

Thomas von Aquin: *Summa Theologica* [1265/66–1273]. Hg. von der Albertus-Magnus-Akademie Walberberg bei Köln. Heidelberg/München/Graz/Wien/Salzburg 1953.

Weiterführende Literatur

Anscombe, Gertrude E.M.: *Intention* [1957]. Ithaca, NY ²1985.

Aulisio, Mark P.: Double Effect, Principle or Doctrine of. In: Stephen G. Post (Hg.): *Encyclopedia of Bioethics* [1978]. New York ³2004, 685–690.

Boyle, Joseph (Hg.): Intentions, Christian Morality, and Bioethics: Puzzles of Double Effect. In: *Christian Bioethics* 3/2 (1997).

Cavanaugh, Thomas A.: *Double-Effect Reasoning. Doing Good and Avoiding Evil.* Oxford 2006.

Foot, Philippa: The Problem of Abortion and the Doctrine of Double Effect [1967]. In: Bonnie Steinbock/Alastair Norcross (Hg.): *Killing and Letting Die.* New York 1994, 266–279.

Runggaldier, Edmund: *Was sind Handlungen? Eine philosophische Auseinandersetzung mit dem Naturalismus.* Stuttgart 1996.

Dietmar Hübner

4. Stufen der Verbindlichkeit

In diesem vierten und letzten Theoriekapitel geht es um die Frage, welche Dringlichkeit verschiedenen moralischen Normen zukommt. Diese Frage ist vor allem wichtig, wenn Normen in Konkurrenz miteinander geraten und entschieden werden muss, welcher von ihnen der Vorzug zu geben ist. Solche moralischen Konfliktsituationen treten immer wieder auf, und ethische Theorien können wichtige Grundsätze für ihre Auflösung formulieren. Im Folgenden wird eine elementare Verbindlichkeitsstufung vorgestellt, die für moralische Normen gilt (4.1), und es werden fundamentale Abwägungsregeln erläutert, die sich hieran anknüpfen (4.2).

4.1 Supererogatorisches, Tugendpflichten und Rechtspflichten

Es leuchtet ein, dass nicht jede moralische Vorschrift gleichermaßen dringlich ist: Im Notfall menschliches Leben zu retten, ist zweifellos wichtiger, als im Alltag Höflichkeit zu üben. Einen Mord zu begehen, ist ersichtlich schlimmer, als ein adäquates Maß an Dankbarkeit vermissen zu lassen. Die Frage ist, worauf diese Unterschiede zurückgehen und ob ihnen eine grundsätzlichere Einteilung zugrunde liegt.

Es gibt eine Gliederung moralischer Normen, die sehr umfassend ist und Dringlichkeitsgrade der skizzierten Art verständlich machen kann: Ihr zufolge zeichnen manche Normen ein Verhalten vor, das lediglich *lobenswert* ist, andere ein Verhalten, das nicht nur lobenswert, sondern auch *geboten* ist, und wieder andere ein Verhalten, das nicht nur lobenswert und geboten, sondern sogar *einklagbar* ist. Mit dieser Einteilung ist der gesamte Raum moralischer Normen erfasst. Zudem kommt in ihr eine zunehmende Verbindlichkeit zum Ausdruck, anhand derer sich die unterschiedliche Dringlichkeit einzelner Normen gut erklären lässt.

4.1.1 Supererogatorisches

Das sogenannte *Supererogatorische* bezeichnet jene Stufe moralischer Normen, welche die geringste Verbindlichkeit aufweisen. Sie zu befolgen, ist zwar moralisch *lobenswert*, aber nicht geboten. Der Begriff leitet sich von den lateinischen Wörtern *super* (darüber hinaus, mehr als) und *erogare* (ausgeben, verausgaben) ab. Zusammengefügt kennzeichnen sie eine Leistung, die über alles geforderte Maß hinausgeht. Nach allgemeinem Verständnis kann man zum Supererogatorischen vor allem Taten großer Selbstlosigkeit zugunsten anderer Menschen rechnen: Das eigene Leben hinzugeben, um ein fremdes Leben zu retten, ein Dasein in Armut zu führen, um den Wohlstand anderer zu ermöglichen, sind typische Beispiele supererogatorischen Verhaltens.

Supererogatorische Handlungen sind moralisch keineswegs neutral, sondern hochgradig respektwürdig. Es setzt sich aber niemand einem moralischen Vorwurf aus, der sich nicht zu ihnen entschließen kann. In beidem dokumentiert sich gleichermaßen die geringe moralische Verbindlichkeit des Supererogatorischen: Denn je weniger dringlich eine Norm ist, desto *achtbarer* ist ihre Befolgung und desto *verzeihlicher* ist ihre Vernachlässigung. Somit gründen die Ehrfurcht, die man supererogatorischen Handlungen entgegenbringt, wie auch das Verständnis, mit dem man auf ihre Unterlassung reagiert, in dem gleichen Charakteristikum, dass es keine Pflicht gibt, solche Handlungen auszuführen. Viele zentrale moralische Begriffe, wie Gebot, Vorschrift oder Sollen, sind daher für diesen Normbereich bereits zu streng und verfehlen seinen besonderen Gehalt.

4.1.2 Tugendpflichten

Die *Tugendpflichten* stellen eine Stufe moralischer Normen dar, denen bereits eine erheblich höhere Verbindlichkeit zukommt. Sie betreffen ein Verhalten, das in moralischem Sinne *geboten* ist, allerdings noch nicht in so nachdrücklicher Weise, dass es auch als einklagbar gelten könnte. Tugendpflichten sind typischerweise Normen, die Handlungen aus Hilfsbereitschaft oder Dankbarkeit vorschreiben: Seinen Mitmenschen angemessene Unterstützung zukommen zu lassen oder eine erwiesene Gefälligkeit bei Gelegenheit zu erwidern, dürfte unter normalen Umständen moralisch angezeigt sein, ohne dass aber die Nutznießer einen so starken Anspruch auf dieses Verhalten hätten, dass sie es von anderen verlangen könnten.

Der Name der Tugend*pflichten* zeigt an, dass mit ihnen der Bereich der *Pflichten* betreten worden ist, in den das Supererogatorische noch nicht gehörte. Trotzdem ist ihre Verbindlichkeit noch nicht stark genug, als dass man jemanden zu ihrer Befolgung nötigen dürfte. Der Grund hierfür liegt darin, dass ihre Erfüllung oder ihr Versäumnis niemandes Rechte berührt, wie es weiter unten bei den Rechtspflichten der Fall sein wird. Die Verbindlichkeitsstufe der Tugend*pflichten* darf dabei nicht mit dem Ethiktyp einer Tugend*ethik* verwechselt werden, von der im zweiten Theoriekapitel die Rede war. Dort ging es um eine moralische Grundperspektive, welche die motivationale Seite menschlichen Verhaltens in den Vordergrund stellte. Hier geht es um eine moralische Verbindlichkeitsstufe, welche bereits von Pflichten zu sprechen erlaubt, sich aber noch auf keine korrespondierenden Rechte gründet.

4.1.3 Rechtspflichten

Die *Rechtspflichten* bilden jene Stufe moralischer Normen, welchen die höchste Verbindlichkeit eignet. Ihre Erfüllung ist nicht nur lobenswert, auch nicht allein geboten, sondern darüber hinaus *einklagbar*. Unzweideutige Beispiele sind etwa die negative Pflicht, Leben und Gesundheit anderer Menschen nicht zu beeinträchtigen, oder die positive Pflicht, anderen Menschen bei existenzieller Gefahr zur Hilfe zu kommen. Auch die Unterlassung von Diebstahl oder die Einlösung von Verträgen sind Erfordernisse, die in den Bereich der Rechtspflichten gehören.

Werden supererogatorische Normen nicht befolgt, so ist dies womöglich bedauerlich, aber nicht tadelnswert. Werden Tugendpflichten vernachlässigt, so ist dies Anlass zur Kritik, liefert aber keine Legitimation zum Einschreiten. Drohen hingegen Rechtspflichten verletzt zu werden, so ist dies ein Vorgang, dem man entgegenwirken darf, ja, der sogar verhindert werden muss. Dies gründet darin, dass *Rechts*pflichten, wie die Bezeichnung andeutet, Pflichten sind, denen *Rechte* anderer korrespondieren. Jene Rechte dürfen und müssen mit geeigneten Mitteln vor Verletzungen geschützt werden. Vor allem ist es Aufgabe der staatlichen Gemeinschaft, die diesen Rechten entsprechenden Rechts*pflichten* in Form von Gesetzen festzuschreiben und im Namen der betroffenen Rechts*inhaber* zur Not mit Zwangsgewalt durchzusetzen.

	Supererogatorisches	Tugendpflichten	Rechtspflichten
Inhalt	Gutes ohne Pflicht	Pflichten ohne korrespondierende Rechte	Pflichten mit korrespondierenden Rechten
Status	lobenswert	geboten	einklagbar

4.1.4 Abwehrrechte, Anspruchsrechte und Partizipationsrechte

Auch für die Forschungsethik ist der Bereich der Rechtspflichten am wichtigsten. Denn auch forschungsethische Fragen haben dort die größte Dringlichkeit, wo jemandes Rechte betroffen sind. Beispielsweise sind die Normen guter wissenschaftlicher Praxis vor allem da bedeutsam, wo die Rechte anderer Wissenschaftler oder die Rechte außerakademischer Personenkreise berührt sind. Ähnlich sind die Normen für Humanexperimente vornehmlich dort relevant, wo sie sich auf die Rechte von Probanden beziehen und ins Verhältnis zu den Rechten der beteiligten Forscher sowie zu den Rechten möglicher Patienten setzen.

Es gibt allerdings sehr unterschiedliche Arten von Rechten. Und diese Arten zu kennen und bei Bedarf zu identifizieren, ist hilfreich, um ein genaueres Verständnis von ihrem Wesen zu entwickeln und in Konfliktfällen geeignete Abwägungen zwischen ihnen vornehmen zu können. Deshalb folgt nun eine kurze Übersicht über die verschiedenen Rechtstypen, die, nicht zuletzt in forschungsethischen Fragen, betroffen sein können. Auf der höchsten Ebene begegnet man dabei einer neuerlichen Dreiteilung, unterhalb ihrer gibt es noch einmal weiterführende Unterscheidungen.

Den ersten Rechtstyp bilden die *Abwehrrechte*. Diese sind negativer Art, d. h. sie beziehen sich darauf, dass ihren Inhabern gewisse Dinge nicht widerfahren sollten – und zwar weder von anderen Personen noch von der staatlichen Gemeinschaft. Man kann ihren Objektbereich, in einem hinreichend weiten Sinne, mit dem Begriff der *Freiheiten* beschreiben, sofern man dabei sowohl physische (körperliche, bewegungsbezogene) als auch nicht-physische (geistige, soziale) Formen von Freiheit im Blick behält. Überdies können diese Freiheiten von zweierlei Art sein: Zum einen kann es um eine *Freiheit von fremden Eingriffen* gehen, also darum, dass die Integrität einer Person nicht beeinträchtigt wird (etwa durch Körperverletzung, Tötung, schwere Beleidigung, psychische Folter) oder ihr Eigentum nicht in Mitleidenschaft gezogen wird (etwa durch Beschädigung, Diebstahl, Sabotage, Plagiat). Zum anderen kann es um eine *Freiheit zu eigenen Handlungen* gehen, also darum, dass eine Person in ihren unterschiedlichen Aktivitäten (Bewegungsvollzügen, Meinungsäußerungen, Ortswahl, Berufswahl) keine Einschränkungen durch behindernde Maßnahmen erfährt (Hausarrest, Publikationsverbot, Nötigung, Erpressung).

Den zweiten Rechtstyp stellen die *Anspruchsrechte* dar. Sie haben einen positiven Charakter, indem sie fordern, dass ihre Träger etwas bekommen sollten. Ihr Gegenstandsbereich besteht, in einem hinreichend allgemeinen Sinne, in der Übertragung von *Gütern*, seien diese materieller (Produkte, Geld) oder immaterieller (Leistungen, Zeit) Natur. Jene Güter können dem Inhaber eines Anspruchsrechts von zweierlei Seiten zustehen: Zum einen kann es sich um *andere Personen* handeln, zu denen er in bestimmten dauerhaften (Vertragspartnerschaften, Familienbindungen) oder punktuellen (Unfälle, Notsituationen) Sozialbeziehungen steht. Zum anderen kann es die *staatliche Gemeinschaft* sein, die bestimmte Versorgungsleistungen für ihn zu erbringen hat (Sozialunterstützung, Gesundheitsversorgung) oder ihm geeignete Aufsichtsleistungen mit Blick auf das Verhalten anderer Personen schuldet (Polizei, Justiz) – und zwar sowohl was deren abwehrrechtliche als auch was deren anspruchsrechtliche Verpflichtungen betrifft.

Der dritte Rechtstyp schließlich umfasst die *Partizipationsrechte*. In ihnen geht es um den Gedanken einer demokratischen Gestaltung der staatlichen Gemeinschaft. Sie garantieren dem Individuum die Möglichkeit politischer *Teilhabe* am Kollektiv, insbesondere in Form von Wahlrecht und Kandidaturrecht. Dieser dritte Rechtssektor ist für das Thema der Forschungsethik nur von untergeordneter Bedeutung, er gehört aber zu einer vollständigen Auflistung derjenigen Rechte, die Einzelpersonen gegenüber der Gemeinschaft geltend machen können. Insbesondere bildet er das dritte Glied jener Trias von Grundrechten, die in juristischer Literatur häufig zu finden sind und dort speziell die Rechte von Individuen gegenüber dem Staat bezeichnen. Dies sind die bürgerlichen *Abwehrrechte gegen* den Staat (etwa gegen Eigentumseingriffe, Freiheitsbeschränkungen usw.), die sozialen *Anspruchsrechte gegenüber* dem Staat (auf grundlegende Versorgungsleistungen) und die politischen *Partizipationsrechte am* Staat (mit Blick auf Teilhabe an der demokratischen Willensbildung und Entschlussfassung).

	Abwehrrechte	Anspruchsrechte	Partizipationsrechte
Gegenstand	Freiheiten	Güter	Teilhabe
Einteilung	Freiheiten von fremden Eingriffen (Eingriffsfreiheit)	Ansprüche gegenüber anderen Personen aufgrund dauerhafter oder punktueller Sozialbeziehungen	Wahlrecht
	Freiheiten zu eigenen Handlungen (Handlungsfreiheit)	Ansprüche gegenüber der staatlichen Gemeinschaft auf zentrale Versorgungs- und Aufsichtsleistungen	Kandidaturrecht

4.1.5 Bezüge zu den Einteilungen der bisherigen Theoriekapitel

Es stellt sich die Frage, wie diese neuerlichen ethischen Einteilungen zu jenen Unterscheidungen stehen, die in den Theoriekapiteln 2 und 3 eingeführt worden sind. Dabei zeigt sich, dass die nun angesprochene Frage der Dringlichkeit bzw. Verbindlichkeit weitgehend unabhängig ist von den *Typen ethischer Theorien* oder den *Aspekten von Handlungen*, von denen bislang die Rede war.

Erstens können *Motivationen, Handlungen und Konsequenzen* gleichermaßen in den Gebieten des Supererogatorischen, der Tugendpflichten oder auch der Rechtspflichten relevant werden. Bei den Motivationen mag man zwar zunächst skeptisch sein, inwiefern eine charakterliche Disposition die Rechte anderer Menschen berühren kann. Man sollte sich aber daran erinnern, dass es sich hierbei allein um eine Fokussierung des moralischen Urteils handelt, welches sich seinerseits auf beliebige Ereignisse richten mag, nicht zuletzt auf solche, die einen Rechtsbezug aufweisen. So können Tugendethiken beispielsweise Motivationen in Fällen von Mord oder Diebstahl thematisieren und hierdurch, ebenso wie

Deontologien oder Teleologien, in den Bereich der Rechtspflichten vorstoßen, statt auf das Supererogatorische oder die Tugendpflichten beschränkt zu bleiben.

Zweitens spricht nichts dagegen, dass die Unterscheidung von *Zwecken, Mitteln und Nebeneffekten* einen Einfluss darauf hat, wie moralische Normen in den Bereichen des Supererogatorischen, der Tugendpflichten oder der Rechtspflichten genauer auszuformulieren sind. Bei den Rechtspflichten mag dies zwar weniger zwingend erscheinen, da die Rechte anderer Menschen primär durch die tatsächlichen Ereignisse tangiert werden, egal ob diese als Zwecke, als Mittel oder als Nebeneffekte einer Handlung zustande kommen. Entsprechend werden auch die Abwägungsregeln, die im folgenden Abschnitt für den Bereich der Rechtspflichten formuliert werden, von dieser Unterscheidung keinen Gebrauch machen. Das bedeutet aber nicht, dass es nicht weitere Differenzierungen im Bereich der Rechtspflichten geben könnte, die auf der Zuweisung von Zweck, Mittel oder Nebeneffekt aufbauen, also beispielsweise Unterschiede dahingehend machen, ob ein Handelnder die Beeinträchtigung von jemand anderem intendiert oder nur hingenommen hat.

4.2 Abwägungsregeln

Mit der Unterscheidung von Supererogatorischem, Tugendpflichten und Rechtspflichten sowie mit der weiteren Aufgliederung der Rechte in Abwehrrechte, Anspruchsrechte und Partizipationsrechte sind die wichtigsten Gruppierungen der moralischen ›Bestände‹ gewonnen, die im Bereich der Ethik vorliegen. Nun kann es in einer gegebenen Situation leicht dazu kommen, dass verschiedene solche ›Bestände‹ miteinander in Konflikt geraten und man zwischen ihnen abwägen muss. Beispielsweise mag es geschehen, dass man jemandem in einer akuten Notsituation nur helfen kann, indem man zugleich eine vertragliche Verpflichtung gegenüber jemand anderem nicht einhält. Hier stünden zwei konkurrierende Anspruchsrechte einander gegenüber. Oder es mag sein, dass die Gemeinschaft Unterstützungsleistungen für bestimmte Personen nur erbringen kann, wenn sie die hierfür notwendigen Ressourcen in Form von Steuern oder Abgaben bei anderen Personen einzieht. Hier lägen Anspruchsrechte und Abwehrrechte in Widerstreit miteinander. Schließlich mag die Meinungsfreiheit des einen mit dem Persönlichkeitsschutz des anderen kollidieren. Dies wäre eine Konfliktsituation zwischen zwei Abwehrrechten, einmal eine Handlungsfreiheit und einmal eine Eingriffsfreiheit betreffend.

Es würde zu weit führen, in diesem Kapitel alle möglichen Konstellationen solcher Konflikte durchzuspielen und die maßgeblichen Abwägungen für sie zu erörtern. Auch besteht in vielen Fällen keine Einigkeit, wie die angemessene Entscheidung aussieht. Es gibt allerdings ein paar einfache Regeln, die für dergleichen Probleme verlässlich sind und mit denen sich zumindest einige wichtige Streitfälle auflösen lassen. Diese Regeln beruhen zum einen auf einer Hierarchisierung der drei ethischen Grundbereiche, zum anderen auf Abstufungen innerhalb der Rechtspflichten.

4.2.1 Hierarchisierung der drei Bereiche

Kommt es zu einer Konkurrenz zwischen zwei moralischen Normen aus unterschiedlichen der drei Bereiche, so ist grundsätzlich eine *Rechtspflicht vor einer Tugendpflicht* und eine *Tugendpflicht vor einer supererogatorischen Norm* zu befolgen. Dies liegt darin begründet, dass diese drei Bereiche immer stärkere Verbindlichkeit aufweisen und prinzipiell die jeweils stärkere Verbindlichkeit im Konfliktfall Vorrang vor der schwächeren Verbindlichkeit haben muss. Beispielsweise mag es geschehen, dass man einen Geldbetrag auf drei verschiedene Weisen verwenden kann, nämlich indem man entweder eine selbstlose Spende damit leistet oder eine erwiesene Gefälligkeit damit entgegnet oder aber bestehende Schulden damit begleicht. In dieser Situation wäre die Schuldenbegleichung die richtige Entscheidung. Denn erstens hat man, anders als bei der Spende, hierzu eine Pflicht, eben als Schuldner. Und zweitens hat jemand anderes, im Unterschied zur Entgegnung der Gefälligkeit, hierauf ein Recht, nämlich der Empfänger. Es ist also genau die formale Charakterisierung einer Rechtspflicht, die ihr den Vorrang gegenüber einer Tugendpflicht verschafft. Und die formale Bestimmung einer Tugendpflicht sorgt dafür, dass sie ihrerseits Vorzug gegenüber dem Supererogatorischen erhält.

Diese Hierarchisierung der drei Bereiche schlägt sich nicht zuletzt darin nieder, dass nur die Stufe der *Rechtspflichten* zum Gegenstand von *Zwangsgesetzen* in einem Staat gemacht werden darf. Denn solche Zwangsgesetze bewirken, dass Menschen zu dem fraglichen Verhalten genötigt werden und bei Überschreitung mit entsprechenden Sanktionen zu rechnen haben. Die Einschränkungen, die sie hierdurch in ihren Rechten erfahren, genauer in ihren Abwehrrechten, lassen sich nur rechtfertigen, wenn diese Einschränkungen ihrerseits den Rechten anderer zugutekommen, d. h. deren Abwehr-, Anspruchs- oder Partizipationsrechten. Denn sonst würde der Staat eine Rechtspflicht, nämlich zur Respektierung der Freiheiten seiner Bürger, zugunsten einer bloßen Tugendpflicht oder einer supererogatorischen Norm übergehen, was der Hierarchisierung der drei Bereiche zuwiderliefe.

Rechtliche Erzwingbarkeit darf somit nur dort geschaffen werden, wo moralische Einklagbarkeit besteht. Beispielsweise kann es keine legitimen Gesetze gegen Undankbarkeit oder Unhöflichkeit geben. Sobald indessen Rechtspflichten im Spiel sind, müssen sie durch geeignete Gesetze durchgesetzt werden, um die Rechte der Betroffenen zu schützen. Gesetzliche Maßnahmen gegen vorsätzliche Körperverletzung oder unterlassene Hilfeleistung, gegen Diebstahl oder Betrug sind daher nicht nur erlaubt, sondern erforderlich.

4.2.2 Abstufungen innerhalb der Rechtspflichten

Besonders wichtig für das Zusammenleben in einer staatlichen Gemeinschaft ist die korrekte Entscheidung von Konfliktfällen, in denen unterschiedliche Rechtspflichten einander gegenüberstehen, also bestimmte Rechte nur auf Kosten anderer Rechte befriedigt werden können. Hier wird die Abwägung letztlich immer davon abhängen, wie elementar die Freiheiten oder Güter sind, die von jenen Rechten geschützt bzw. zugesprochen werden, d. h. welche *Betroffenheitstiefe* bei den verschiedenen Beteiligten vorliegt. Hilfe zu leisten in einem Notfall, bei dem es um Leben oder Tod geht, ist auch dann angezeigt, wenn hierdurch ein Vertrag gebrochen wird, dies aber nur zu einer geringfügigen Einbuße führt. Aus einer ähnlichen Logik heraus darf der Staat gewisse Geldbeträge von hinreichend einkommensstarken Bürgern einziehen, um damit fundamentale Unterstützungsleistungen für weniger finanzkräftige Menschen bereitzustellen. In vergleichbarer Weise findet die freie Meinungsäußerung dort ihre Grenze, wo sie die persönliche Integrität einer Person beschädigt. All diese Abwägungen innerhalb von bzw. zwischen den verschiedenen Abwehr- und Anspruchsrechten beruhen darauf, dass die fraglichen

Freiheiten bzw. Güter für ihre Inhaber unterschiedlich wesentlich sind, und können sich entsprechend umkehren, sobald sich die Betroffenheitstiefe verschiebt.

Interessant sind dabei Fälle, in denen man davon ausgehen darf, dass diese Betroffenheitstiefe bei den Beteiligten exakt gleich ist, etwa wenn es bei allen Beteiligten um die physische Existenz oder um das finanzielle Überleben geht. In solchen Fällen geben die genaueren Einteilungen der Rechte die Entscheidung vor. So gilt bei den Abwehrrechten, dass die *Freiheit zu eigenen Handlungen* an der *Freiheit von äußeren Eingriffen* ihre Grenze findet, wenn es für beide Beteiligte um einen gleich bedeutsamen Sachverhalt geht. Bei den Anspruchsrechten haben die Verpflichtungen aus den *dauerhaften Sozialbeziehungen* stärkere Verbindlichkeit als die Verpflichtungen aus den *punktuellen Sozialbeziehungen*, falls die Leistungen in beiden Fällen gleich wichtig sind. Im Falle eines Aufeinandertreffens von Abwehr- und Anspruchsrechten schließlich überwiegen *Abwehrrechte* gegenläufige *Anspruchsrechte*, sofern die Betroffenheitstiefe gleich ist.

Folglich sind Abwehrrechte durchaus nicht immer stärker als Anspruchsrechte, wie zuweilen fälschlich behauptet wird. Beispielsweise ist es, wie erwähnt, allemal legitim, einigen Menschen einen entbehrlichen Teil ihres Einkommens fortzunehmen, um damit den existenziellen Bedarf anderer Menschen an Versorgungsleistungen zu decken. Wenn aber ein Abwehrrecht und ein Anspruchsrecht die gleiche Betroffenheitstiefe aufweisen, dann ist es in der Tat nicht statthaft, das erstere zu verletzen, um dem letzten zu entsprechen. Beispielsweise darf ein Arzt nicht einen seiner Patienten umbringen, um mit dessen Organen einem anderen Patienten das Leben zu retten. Diese Regel ist zudem stabil, egal wie die Zahlenverhältnisse von Opfern und Nutznießern zueinander stehen. So darf man auch nicht einen einzelnen Menschen umbringen, um eine beliebig große Anzahl von anderen Menschen zu retten.

4.2.3 Fragen der Einordnung

Nicht zuletzt mit Blick auf solche Abwägungsregeln ist von elementarer Bedeutung, ob man es im vorliegenden Fall mit einem supererogatorischen Verhalten, mit einer Tugendpflicht oder aber mit einer Rechtspflicht zu tun hat. Insbesondere die Frage, ob jemandes Rechte berührt sind und welcher Art diese genauer sind, ist für korrekte Konfliktentscheidungen fundamental. Schließlich hat man es im Fall von Rechten mit dem Bereich der höchsten moralischen Dringlichkeit zu tun, und es wäre legitim und angezeigt, entsprechende Zwangsgesetze zu schaffen. Die genaue Bestimmung jener Rechte wäre weiterhin wichtig, um den adäquaten Inhalt solcher Gesetze, im Abgleich mit den Rechten anderer Betroffener, festzulegen.

In vielen politischen Grundsatzdebatten geht es genau um dieses zentrale Problem. Sobald nicht nur pragmatische Fragen diskutiert werden, wie ein gegebenes Ziel am besten erreicht werden kann, sondern wirklich moralische Uneinigkeit herrscht, dann besteht diese in aller Regel darin, ob Rechte betroffen sind, welchen genauen Inhalt sie haben und in welchem Verhältnis sie zueinander stehen: Gibt es einen Anspruch auf ein minimales Einkommen? Gibt es ein Recht auf freie Arztwahl? Wie ist die Freiheit der Presse gegenüber dem Schutz der Privatsphäre abzustecken? Wie ist das Recht auf öffentliche Versammlung gegen Interessen der allgemeinen Sicherheit abzuwägen? Die in diesem Kapitel vorgestellten Differenzierungen helfen zwar nicht bei der Entscheidung, ob in solchen Zusammenhängen Rechte vorliegen oder nicht. Aber sie geben Klarheit darüber, welche Folgen aus den entsprechenden Antworten entstehen würden, indem sie die dann einschlägigen Abwägungsmechanismen vorzeichnen.

Ein Beispiel aus der Forschungsethik: Embryonenforschung

Nicht zuletzt im Bereich der Forschungsethik kommt es mitunter zu grundsätzlichen Auseinandersetzungen, ob bestimmte Lebewesen überhaupt Rechte haben oder nicht. Dies gilt etwa für den Bereich der Embryonenforschung (s. Kap. III.3). Falls Embryonen keine Rechte haben sollten, wäre es schwerlich legitim, ihre Verwendung in der Forschung und insbesondere ihre Tötung zu Forschungszwecken zu verbieten. Denn solche Verbote wären dann gesetzliche Zwangsregelungen in einem Bereich, der nicht den Rechtspflichten zugehörte: Sie würden die Rechte der Forscher auf ungehinderte Ausübung ihrer Forschungsfreiheit beeinträchtigen, und möglicherweise auch die Rechte von künftigen Patienten, denen mit entsprechenden Forschungsergebnissen irgendwann geholfen werden könnte. Es würden aber niemandes Rechte durch diese Rechtsbeschneidungen geschützt, sondern höchstens Tugendbelange befriedigt, und eine solche Bilanz wäre, wie oben erläutert, nicht akzeptabel. Falls hingegen Embryonen vollumfängliche Rechte haben, wäre es nicht hinnehmbar, sie zu Forschungszwecken zu töten. Dann hätten sie nämlich ein Abwehrrecht gegen diese Tötung, das schwerer wöge als die Rechte der Forscher auf ungehinderte Tätigkeit und auch als die möglichen Rechte künftiger Patienten: Auf Seiten der Forscher wäre lediglich die Freiheit zu einer bestimmten Handlung berührt, und die Freiheit von dem tödlichen Eingriff auf Seiten der Embryonen wäre schon bei gleicher Betroffenheitstiefe vorrangig; umso mehr gälte dies angesichts des weitaus existenzielleren Einschnitts, der ihnen droht. Bei den Patienten wiederum handelte es sich um ein Anspruchsrecht auf Hilfeleistung, das bestenfalls gleich elementar wäre wie das Abwehrrecht der Embryonen, nämlich ebenfalls die Frage von Leben und Tod beträfe, und in diesem Fall einer gleichen Betroffenheitstiefe wäre dem Abwehrrecht gegenüber dem Anspruchsrecht der Vorrang zu geben; dies gälte erst recht, falls für die Patienten keine Lebensrettung, sondern nur eine Gesundheitsverbesserung in Aussicht stünde oder falls der Heilungserfolg mit erheblichen Fragwürdigkeiten behaftet wäre.

Weiterführende Literatur

Alexy, Robert: *Theorie der Grundrechte* [1985]. Frankfurt a. M. ²1994.
Brieskorn, Norbert: *Rechtsphilosophie*. Stuttgart 1990.
Feinberg, Joel: Duties, Rights, and Claims. In: *American Philosophical Quarterly* 3/2 (1966), 137–144.
Gewirth, Alan: Political Justice. In: Richard B. Brandt (Hg.): *Social Justice*. Englewood Cliffs, NJ 1962, 119–169.
Höffe, Otfried: *Gerechtigkeit. Eine philosophische Einführung* [2001]. München ³2007.
Horn, Christoph: *Einführung in die Politische Philosophie*. Darmstadt 2003.
Hübner, Dietmar: *Die Bilder der Gerechtigkeit. Zur Metaphorik des Verteilens*. Paderborn 2009.
Kersting, Wolfgang: *Recht, Gerechtigkeit und demokratische Tugend. Abhandlungen zur praktischen Philosophie der Gegenwart*. Frankfurt a. M. 1997.
Kramer, Matthew H./Simmonds, Nigel E./Steiner, Hillel: *A Debate over Rights. Philosophical Enquiries* [1998]. Oxford ²2000.
O'Neill, Onora: *Tugend und Gerechtigkeit. Eine konstruktive Darstellung des praktischen Denkens*. Berlin 1996 (engl. 1996).

Dietmar Hübner

II. Dimensionen der Forschung

1. Gute wissenschaftliche Praxis

Der Wissenschaft als Praxis liegen bestimmte interne Normen zugrunde. Als Verstöße gegen diese Normen des Wissenschaftsbetriebs gelten insbesondere das Plagiat und die Fälschung. Insgesamt lassen sich die in den Wissenschaften wirksamen Regeln für gutes wissenschaftliches Verhalten als Ethos der Wissenschaften beschreiben. Dieses Ethos der Wissenschaften weist kulturell und historisch Variationen auf. Fragt man nach der Begründung dieses Ethos bzw. der normativen Regeln des Wissenschaftsbetriebs, so kommen mehrere ethische Theorieansätze in Frage. Verstöße gegen diese normativen Regeln haben die Institutionen der Forschung und Forschungsförderung in der zweiten Hälfte der 1990er Jahre erstmals dazu veranlasst, sich in Deutschland zu einer wirksamen Selbstkontrolle zu verpflichten. Das verstärkte Interesse an kommerziellen Nutzungen wissenschaftlicher Resultate verschärft indes die Gefahr, dass Regeln guter wissenschaftlicher Praxis missachtet werden.

1.1 Hinführung: Plagiat und Fälschung als Verstöße gegen Normen des Wissenschafttreibens

Als Wissenschaft bezeichnet man nicht nur den Schatz des systematisch geordneten Wissens, sondern auch das methodische Bemühen, dieses Wissen zu präzisieren und zu erweitern. Oftmals verbindet dieses Bemühen mehrere einzelne Forscher/innen zu einer gemeinsamen Tätigkeit. Stets knüpft es an den Stand des Wissens an und baut auf vorhandenem Wissen auf. Von einem Wissenschaftler wird erwartet, dass er diese Voraussetzung nicht nur allgemein anerkennt und eingesteht, sondern im Einzelnen kenntlich macht. Gedanken, die nicht die des Autors sind, müssen ihren eigentlichen Urheber benennen, sprachliche Übernahmen haben als Zitat zu erscheinen. Wo dies nicht geschieht, wird geistiges Eigentum verletzt, wir sprechen von einem Plagiat. ›Plagium‹ bezeichnet im Lateinischen einen Menschenraub, er wird durch den *plagiarius* begangen. Als solchen bezichtigte der römische Dichter Martial am Ende des 1. Jahrhunderts Fidentinus, weil jener Martials Gedichte, seine ›Kinder‹, als eigene ausgegeben hatte. Ein Plagiat ist nicht nur in der Kunst, sondern auch in der Wissenschaft illegitim.

Neben dem Plagiat stellt die Fälschung von Forschungsresultaten die zweite große Gruppe wissenschaftlichen Betrugs bzw. Fehlverhaltens dar. Innerhalb dieser Gruppe wird manchmal zwischen der bloßen Erfindung von Daten und Resultaten und ihrer Korrektur und Schönung unterschieden. Aufsehenerregende Fälle von Fälschungen haben Ende der 1990er Jahre zu einer intensiven Befassung mit dem Thema in den großen deutschen Forschungsorganisationen geführt. Zwei prominenten Krebsspezialisten wurde vorgeworfen, eine Vielzahl von Forschungsarbeiten gefälscht zu haben und auf diese Fälschungen Teile ihrer akademischen Karriere gegründet zu haben. Auf der Grundlage falscher Angaben und gefälschter Vorarbeiten hätten sie umfangreiche Drittmittel eingeworben (DFG 1998; Finetti/Himmelrath 1999). Die Max-Planck-Gesellschaft hat in dieser Zeit einen Katalog erarbeitet, der, genährt durch Erfahrungen mit Fehlverhalten, neben der Fälschung und dem Plagiat auch die Sabotage der Arbeiten anderer und den Bereich der Mitverantwortung aufführt:

»Verfahrensordnung bei Verdacht auf wissenschaftliches Fehlverhalten: beschlossen vom Senat der Max-Planck-Gesellschaft am 14. November 1997, geändert am 24. November 2000«

Katalog von Verhaltensweisen, die als Fehlverhalten anzusehen sind

I. Wissenschaftliches Fehlverhalten liegt vor, wenn in einem wissenschaftserheblichen Zusammenhang bewußt oder grob fahrlässig Falschangaben gemacht werden, geistiges Eigentum anderer verletzt oder sonstwie deren Forschungstätigkeit beeinträchtigt wird.

Als Fehlverhalten kommen insbesondere in Betracht:

Falschangaben
1. das Erfinden von Daten;
2. das Verfälschen von Daten, z. B.
    a) durch Auswählen und Zurückweisen unerwünschter Ergebnisse, ohne dies offenzulegen,
    b) durch Manipulation einer Darstellung oder Abbildung;
3. unrichtige Angaben in einem Bewerbungsschreiben oder einem Förderantrag (einschließlich Falschangaben zum Publikationsorgan und zu in Druck befindlichen Veröffentlichungen);

Verletzung geistigen Eigentums
4. in Bezug auf ein von einem anderen geschaffenes urheberrechtlich geschütztes Werk oder von anderen stammende wesentliche wissenschaftliche Erkenntnisse, Hypothesen, Lehren oder Forschungsansätze
    a) die unbefugte Verwertung unter Anmaßung der Autorschaft (Plagiat),
    b) die Ausbeutung von Forschungsansätzen und Ideen, insbesondere als Gutachter (Ideendiebstahl),
    c) die Anmaßung oder unbegründete Annahme wissenschaftlicher Autor- oder Mitautorschaft,
    d) die Verfälschung des Inhalts oder
    e) die unbefugte Veröffentlichung und das unbefugte Zugänglichmachen gegenüber Dritten, solange das Werk, die Erkenntnis, die Hypothese, die Lehre oder der Forschungsansatz noch nicht veröffentlicht ist;
5. die Inanspruchnahme der (Mit-)Autorschaft eines anderen ohne dessen Einverständnis;

> **Beeinträchtigung der Forschungstätigkeit anderer**
> 6. die Sabotage von Forschungstätigkeit (einschließlich der Beschädigung, Zerstörung oder Manipulation von Versuchsanordnungen, Geräten, Unterlagen, Hardware, Software, Chemikalien oder sonstiger Sachen, die ein anderer zur Durchführung eines Experiments benötigt).
>
> **Mitverantwortung**
> II. Eine Mitverantwortung kann sich unter anderem ergeben aus
> 1. aktiver Beteiligung am Fehlverhalten anderer;
> 2. Mitwissen um Fälschungen durch andere;
> 3. Mitautorschaft an fälschungsbehafteten Veröffentlichungen;
> 4. grober Vernachlässigung der Aufsichtspflicht.
>
> Letztentscheidend sind jeweils die Umstände des Einzelfalles.

Nicht jedes unmoralische Verhalten im Feld der Wissenschaften ist zugleich ein wissenschaftliches Fehlverhalten. Vielmehr kann wissenschaftliches Fehlverhalten als Teilmenge des Fehlverhaltens in der Wissenschaft verstanden werden. Sexuelle Belästigung im Labor oder Mobbing oder das Entwenden von Filzstiften aus dem Institutssekretariat sind Fehlverhalten im Bereich der Wissenschaft, das Erzeugen falscher Daten oder das Verfälschen von Daten sowie das Plagiat hingegen sind wissenschaftliches Fehlverhalten. Auch Verfehlungen im Bereich der Begutachtung von Wissenschaft und Forschung werden üblicherweise zum Bereich des wissenschaftlichen Fehlverhaltens im engeren Sinne gezählt ebenso wie die Sabotage.

Aber was macht das wissenschaftliche Fehlverhalten zum Fehlverhalten? Und was macht das Fehlverhalten in der Wissenschaft zum wissenschaftlichen Fehlverhalten? Ist gute wissenschaftliche Praxis schon allein durch die Abwesenheit von Fehlverhalten gegeben? Oder ist über die Vermeidung absichtlicher Täuschung wie Fälschung und Plagiat hinaus auch Sorgfalt bei der Qualitätskontrolle der eigenen Arbeit gefordert? Und wie ließe sich solch eine Forderung begründen?

1.2 Soziologische Betrachtung: das Ethos der Wissenschaften

Auffällig ist, dass die vielen Fälle von Fälschungen und Plagiaten, die in den 1990er Jahren und seither durch die Wissenschaften selbst oder die Medien öffentlich gemacht wurden, zwar zu einer Krise des Vertrauens in die Wissenschaft führen konnten, nicht aber zu Zweifeln daran, dass es sich wirklich um Verfehlungen handelte. Der Skandal war als Skandal unstrittig (vgl. etwa *Frankfurter Allgemeine Zeitung*, 18.2.2005, S. 10, wo der Fall eines Anthropologen an der Universität Frankfurt berichtet wird, der wegen des Vorwurfs von Fälschungen in Publikationen in den einstweiligen Ruhestand versetzt wurde). Dies deutet auf den Verstoß gegen Üblichkeiten hin, die als solche Verbindlichkeit beanspruchen. Solche moralisch verbindlichen Üblichkeiten in einer Gruppe oder Gesellschaft nennt man ein Ethos (gr. *éthos*: Gewohnheit, Gewöhnung sowie gr. *ethos*: Sitte, Sinnesart, Charakter). »Unter einem Ethos«, so formuliert Julian Nida-Rümelin, »verstehen wir ein grundsätzlich empirisch zugängliches, normatives Gefüge aus Rollenerwartungen, Gratifikationen und Sanktionen, handlungsleitenden Überzeugungen, Einstellungen, Dispositionen und Regeln, die die Interaktionen der betreffenden Referenzgruppe, in der dieses Ethos wirksam ist, leiten« (Nida-Rümelin 1996, 780). Diese Regeln fügen sich zu einem Ganzen: »Unter Ethos versteht man eine Gesamtheit von Einstellungen, Überzeugungen und Normen, die in Form eines mehr oder minder kohärenten, in sich gegliederten Musters von einem einzelnen Handelnden oder von einer sozialen Gruppe als verbindliche Orientierungsinstanz guten und richtigen Handelns betrachtet wird« (Honnefelder 2002, 492).

Der klassische Text, der versucht, für die Wissenschaft ein bestimmtes Ethos zu beschreiben, stammt nicht von einem philosophischen Ethiker, sondern von dem Wissenschaftssoziologen Robert K. Merton. Mertons Darstellung aus der Mitte des 20. Jahrhunderts ist mit anderen funktionalistischen Ansätzen innerhalb der Soziologie verwandt. In der deutschen Soziologie ist es vor allem die Systemtheorie von Niklas Luhmann (1927–1998), die einen ähnlichen, funktionalistischen Ansatz verfolgt. Wie Luhmann beschreibt auch Merton Wissenschaft als einen der Teilbereiche der Gesellschaft, die internen Gesetzmäßigkeiten bzw. Regeln unterworfen sind. Wo ein gesellschaftliches Teilsystem mit anderen gesellschaftlichen Teilsystemen in Berührung kommt, kann es zu Konflikten kommen, d. h. die Gesetzmäßigkeiten der verschiedenen Teilsysteme geraten in einen Widerstreit.

Merton sagt, die Regeln, welche er für die Wissenschaft beschreiben will, seien verbindlich, »weil sie für richtig und gut gehalten werden [because they are believed right and good]. Sie seien sowohl moralische wie technische Vorschriften [They are moral as well as technical prescriptions]« (Merton 1972, 48; Merton 1968, 607). Dass die internen Regeln gelten, ergibt sich für Merton offenbar aus ihrer tatsächlichen Befolgung bzw. aus den internen Rechtfertigungsbemühungen in all den Fällen, in denen sie von außen in Zweifel gezogen oder bedroht werden. Merton erklärt, die Regeln seien bei den Wissenschaftlern in unterschiedlichem Maße verinnerlicht: Sie können aus einem moralischen Konsens der Wissenschaftler hergeleitet werden (vgl. Merton 1968, 605), wie er in Gebrauch und Gewohnheit ausgedrückt werde, aber auch aus der moralischen Entrüstung über Verletzungen des Ethos.

Der maßgebliche Beitrag Mertons besteht darin, dass er vier Prinzipien genannt hat, die ihm als Zusammenfassungen des wissenschaftlichen Ethos erscheinen. Sie durchziehen gewissermaßen jede wissenschaftliche Methodologie. Diese vier Prinzipien sind ›Universalismus‹ (*universalism*), ›Kommunismus‹ (*communism*), ›Uneigennützigkeit‹ (*disinterestedness*) und ›organisierter Skeptizismus‹ (*organized scepticism*).

Vier Prinzipien des wissenschaftlichen Ethos (Merton 1972)

»*Universalismus* findet seinen unmittelbaren Ausdruck in der Vorschrift, daß Wahrheitsansprüche unabhängig von ihrem Ursprung vorgängig gebildeten unpersönlichen Kriterien unterworfen werden müssen: Übereinstimmung mit Beobachtung und mit bereits bestätigtem Wissen. Die Annahme oder Ablehnung der Ansprüche hängt nicht von personalen oder sozialen Eigenschaften ihrer Protagonisten ab; seine Rasse, Nationalität, Religion, Klassenzugehörigkeit oder persönlichen Qualitäten sind als solche irrelevant. Objektivität schließt Partikularismus aus.

[...] Wissenschaftliche Karrieren aufgrund anderer Kriterien als dem Mangel an Fähigkeiten einzuschränken, gefährdet den Wissensfortschritt. Der freie Zugang zu wissenschaftlichem Arbeiten ist ein funktionaler Imperativ. Zweckmäßigkeit und Moralität fallen zusammen.«

»*Kommunismus* im nicht-technischen und ausgedehnten Sinn des allgemeinen Eigentums an Gütern ist das zweite wesentliche Element des wissenschaftlichen Ethos. Die materiellen Ergebnisse der Wissenschaft sind ein Produkt sozialer Zusammenarbeit und werden der Gemeinschaft zugeschrieben. Sie bilden ein gemeinschaftliches Erbe, auf das der Anspruch des einzelnen Produzenten erheblich eingeschränkt ist. Mit dem Namen ihres Urhebers belegte Gesetze oder Theorien gehen nicht in seinen oder seiner Erben Besitz über, noch erhalten sie nach den geltenden Regeln besondere Nutzungsrechte. Eigentumsrechte sind in der Wissenschaft aufgrund der wissenschaftlichen Ethik auf ein bloßes Minimum reduziert. [...] Die institutionelle Vorstellung von Wissenschaft als Teil der öffentlichen Sphäre ist mit dem Zwang zur Kommunikation von Resultaten verknüpft. Geheimhaltung ist die Antithese dieser Norm, vollständige und offene Kommunikation ihre Erfüllung. Der Zwang zur Verbreitung von Resultaten wird durch das institutionelle Ziel der Erweiterung des Wissens sowie durch den Anreiz der Anerkennung verstärkt, die natürlich von der Veröffentlichung abhängt.«

»Die Wissenschaft schließt, wie alle Professionen, die *Uneigennützigkeit* als ein grundlegendes institutionelles Element ein. Uneigennützigkeit ist nicht mit Altruismus gleichzusetzen, genausowenig wie interessiertes Handeln mit Egoismus. [...]

Wissenschaftliche Forschung, die auf die Verifizierung von Resultaten abzielt, unterliegt der unumgänglichen, genauen Prüfung durch Fachkollegen.«

»Wie wir im vorangegangenen Abschnitt gesehen haben, ist *organisierter Skeptizismus* vielfältig mit den anderen Elementen des wissenschaftlichen Ethos verbunden.

[...] Der Forscher hält sich nicht an die scharfe Trennung zwischen dem Sakralen und dem Profanen, zwischen Erscheinungen, die des unkritischen Respekts bedürfen und solchen, die objektiv analysiert werden können.«

1.3 Historische Vertiefung: Kulturelle und historische Variationen des wissenschaftlichen Ethos

Merton kann zeigen, dass viele Regeln des Wissenschaftsbetriebs und der Anerkennung im Wissenschaftsbetrieb durch die vier Prinzipien eine Fundierung erfahren. Allerdings wird man nicht jede Gestalt von Wissenschaft in gleichem Maße als Entsprechung zu Mertons Ideal ansehen. Mertons Ausführungen stehen unter dem Eindruck der Abwehr des Wissenschaftssystems gegen Versuche nationalistischer oder totalitaristischer Vereinnahmung. Wissenschaft könne sich angesichts des universalen Geltungsanspruchs nicht auf die Parteinahme für ein Volk oder eine Klasse verpflichten. Doch auch wenn es Merton gelingt, Beispiele für die Resistenz der Wissenschaft zu zeigen, so wird man Wandlungen nicht nur in der wissenschaftlichen Praxis, sondern auch in den Leitbildern und Idealen von Wissenschaft zugestehen müssen.

In vielerlei Hinsicht atmet Merton den Geist der Methoden- und Erkenntnislehre Francis Bacons (1561–1626). Bacon hatte zur Erneuerung der Philosophie und der Wissenschaften aufgerufen und erwartete den Erkenntnisfortschritt durch experimentelle Forschung. Empirie sollte an die Stelle bloßer intellektueller Spekulation treten. Zu Bacons empiristischem Programm gehört eine Kritik der verschiedenen Arten von Vorurteilen (*idola*, lat. für Trugbilder). Die *idola specus*, die dem Einzelnen durch Erziehung und Gewohnheit innewohnen, die *idola tribus*, die als Neigung, allen Wesen menschliche Eigenschaften zu unterstellen (Anthropomorphismus), der Gattung Mensch zu eigen sind, die *idola fori*, die durch die Fallstricke unserer Sprache bedingt sind, und die *idola theatri*, die uns als Dogmen der Geistesgeschichte in Bann halten. All diese Vorurteile können nur überwunden werden, wenn es keine Sphären der Meinung und des Wissens gibt, die der Kritik und Prüfung nicht unterworfen werden können. Diese Kritik der Vorurteile kann man in Mertons Konzept des organisierten Skeptizismus wiedererkennen.

Doch nicht nur die empiristische Tradition der neuzeitlichen Wissenschaftstheorie, für die Francis Bacon steht und die die zentrale Rolle der Sinne für die Erkenntnis betont, findet ihren Niederschlag in Mertons Vorstellung. Auch der Slogan, mit dem René Descartes (1596–1650) in der rationalistischen Tradition wissenschaftliche Wahrheit an die subjektive Gewissheit und die Forderung band, dass als gewiss nur gelten solle, was als klare und bestimmte Idee dargelegt werden könne, stellt eine für die neuzeitliche Wissenschaft grundlegende Norm dar: Was klar und deutlich (*clare et distincte*) erkannt werden kann, kann durch jeden erkannt und nachvollzogen werden. Intersubjektiv überprüfbar sind insofern nicht nur empirische Daten, sondern auch begrifflich-rationale Einsichten.

Teilweise finden sich die von Bacon und Descartes geforderten Standards wissenschaftlichen Arbeitens bereits im mittelalterlichen Wissenschaftsbetrieb, das heißt in der Scholastik. Die Verwissenschaftlichung des Bildungswesens und die Entstehung von Universitäten, wie sie für die Scholastik kennzeichnend sind, setzen bereits hohe Rationalitätsstandards voraus, die vor allem in den Methoden des Streitgesprächs, der Sammlung kontroverser Meinungen und in logisch stringenten Herleitungsverfahren ihren Ausdruck finden.

Zugleich allerdings wird in diesem Typus von Wissenschaft das Erkenntnisobjekt so in den Mittelpunkt gerückt, dass die Originalität des einzelnen Forschers weit geringer geschätzt wird und jedenfalls nicht in gleicher Weise herausgestellt wird wie im zeitgenössischen Wissenschaftsbetrieb. Das Gleichnis von den Zwergen auf den Schultern von Riesen, möglicherweise dem antiken Mythos von Kedalion nachempfunden, der auf den Schultern des blinden Riesen Orion saß und ihn führte, entfaltet in diesem Rahmen seine belehrende Wirkung.

Metalogicon von Johannes von Salisbury (zit. nach Merton 1980, 46)

Dicebat Bernardus Carnotensis nos esse quasi nanos gigantium humeris insidentes, ut possimus plura eis et remotiora videre, non utique proprii visus acumine, aut eminentia corporis, sed quia in altum subvenimur et extollimur magnitudine gigantea	Bernhard von Chartres sagte, wir seien gleichsam Zwerge, die auf den Schultern von Riesen sitzen, um mehr und Entfernteres als diese sehen zu können – freilich nicht dank eigener scharfer Sehkraft oder Körpergröße, sondern weil die Größe der Riesen uns zu Hilfe kommt und uns emporhebt.

Bernhard von Chartres, der das Gleichnis um 1130 als erster verwendet haben soll, denkt hier an die Gelehrten der Antike. Ihre Würdigung und die eigene Bescheidenheit müssen die mittelalterlichen Wissenschaftler indes nicht hindern, einen Fortschritt der Erkenntnis zumindest für möglich zu halten.

Auch in diesem frühen Kontext der Verwissenschaftlichung durch kritische Rezeption antiken Wissens wird die Rationalität als überindividuell und allgemein verstanden. Der bloße Hinweis auf Autoritäten als Argumente verliert an Überzeugungskraft. Die hierarchische Struktur von Wissenschaftsinstitutionen im Mittelalter, wie auch heute noch, bedingt allerdings, dass bei der Beurteilung eines Arguments vielfach nicht gänzlich von der Person abgesehen wird, die es vertritt. Wissenschaftliche Diskurse sind daher nicht immer symmetrisch, wie in Mertons Ideal gedacht.

In Gesellschaften, die insgesamt stärker an Traditionen und Autoritäten ausgerichtet sind, gilt dies in gesteigertem Maße: so etwa in manchen asiatischen Kulturen, die viel vorsichtiger mit dem Widerspruch gegen renommierte Professoren umgehen als westliche Universitäten. So lassen sich Konzepte der Wissenschaft als Bildungsvermittlung und der Wissenschaft als Forschung kontrastieren. Geht es in der Forschung um kritische Revision und Innovation, bleiben Teile etwa der chinesischen Wissenschaftstradition eher einem Bildungsideal verpflichtet, in dem das Ziel der Gelehrsamkeit in der Aneignung kanonischen Wissens besteht. Es geht darum, sich mühelos und elegant in den Gleisen einer Denktradition zu bewegen und nicht darum, diese zu überschreiten.

Die scholastische Wissenschaft kann als Paradigma des Übergangs und der Vermittlung der beiden genannten Wissenschaftskonzepte gelten: In ihr bestehen die Bemühung um Bewahrung und Pflege von Bildungsgütern und die Aneignung des Wissens und der Einsichten von Kirchenvätern, großen Rechtsgelehrten oder Lehrern der Medizin neben dem Streben nach Erweiterung dieses Wissens durch Reflexion, Naturbeobachtung oder dialogische Problemerörterung. Der eigene Gedanke wird deshalb zumeist als Ergebnis produktiver Aneignung der Tradition dargestellt. Nur wenige Autoren der scholastischen Tradition legen Wert auf die Betonung des eigenen innovativen Anteils oder überbetonen diesen sogar auf Kosten anderer. In diesem Kontext ist der Anreiz zum Plagiat geringer als in heutigen Wissenschaftssystemen. Auch wenn also in diesem Rahmen die Anforderungen an den einzelnen Wissenschaftler von den heutigen abweichen, so ist doch unter den Mertonschen Prinzipien zumindest die Idee, wissenschaftliches Wissen als Gemeinbesitz zu betrachten, in der Scholastik bereits klar ausgeprägt.

Umgekehrt scheint es gerade die neuzeitliche Idee des Nutzens der Wissenschaft für die Wohlfahrt des Menschen zu sein, die die Eigenständigkeit der Wissenschaft gefährdet. Dies ist in heutigen Zusammenhängen besonders am Prinzip des Gemeinbesitzes von Forschungsresultaten ablesbar. Zwar ist es dem Fortgang und Fortschritt des Wissens zuträglich, wenn nicht nur die Kritik der Resultate, sondern auch ihre Nutzung für eigene Fragestellungen allen möglich ist. Allerdings kann mitunter ein bestimmter finanzieller Aufwand für die Forschung nur durch die frühe möglichst alleinige kommerzielle Nutzung der Resultate gerechtfertigt werden. Daraus ergeben sich Spannungen zwischen dem wissenschaftlichen Gebot der Veröffentlichung und dem Wunsch von Sponsoren, die Ergebnisse allein auswerten zu können (s. auch Kap. III.5.2.1).

In diesem Konfliktfeld wird insbesondere die Geheimhaltung von Forschungsresultaten vor dem Hintergrund des wissenschaftlichen Ethos scharf kritisiert. Auch andere forschungsethische Gesichtspunkte spielen hier mitunter eine Rolle, etwa wenn die unterbleibende Publikation negativer Wirkungen bei Arzneimittelstudien zu problematischen Fehleinschätzungen führt. Kontrovers ist die wissenschaftsethische Diskussion um die Wirkung des Patentschutzes auf die Zugänglichkeit wissenschaftlicher Resultate für konkurrierende Wissenschaftler und Forschergruppen (s. Kap. III.2.1.3).

Auch wenn also Merton einen bestimmten neuzeitlichen Wissenschaftstypus vor Augen hat, in dem es auf empirische, experimentelle Erhebungen und ihre Reproduzierbarkeit ankommt, so können doch ungeachtet der in der Wissenschaftsgeschichte entstandenen

Vielzahl von Leitbildern die von ihm genannten Prinzipien als Prinzipien von Wissenschaftlichkeit schlechthin und als allgemeine Ziele von Verwissenschaftlichungsprozessen angesehen werden. Diese Prinzipien erfahren allerdings in den hermeneutischen und den praktischen Wissenschaften wie der Literaturwissenschaft oder der Jurisprudenz eine andere Konkretisierung als in den empirischen Natur- und Sozialwissenschaften. Dominieren in den empirischen Wissenschaften die Regeln für den Umgang mit Daten, so sind es Konventionen der Zitation und der Auslegung, die das Ethos der hermeneutischen Wissenschaften prägen.

In allen Disziplinen geht es aber darum, dass bestimmte Sorgfaltsstandards gebildet und beachtet werden. Dass diese Herausbildung von Standards und die Verhinderung von Schlamperei weitgehend Sache der Wissenschaft selbst und der Gemeinschaft der Angehörigen der einzelnen Disziplinen ist, wird auch durch das Rechtssystem weitgehend so gesehen. Das Ethos der Wissenschaft ist in der Perspektive des Rechts weder Ergebnis von Verträgen zwischen einzelnen Parteien, noch Resultat staatlicher Gesetzgebung, vielmehr spricht man von einer privaten Rechtsetzung (vgl. Löwer 2000, 224).

1.4 Ethische Begründung der Regeln des Wissenschaftsbetriebs

Für Mertons soziologischen Ansatz ist kennzeichnend – und dies auch im Unterschied zu anderen systemtheoretischen Modellen –, dass die Üblichkeiten und Regeln im Subsystem Wissenschaft als moralische Regeln qualifiziert werden (zum Vergleich s. Kap. III.4.1). Entsprechend beschreibt der Wissenschaftsphilosoph Jürgen Mittelstraß im Anschluss an Merton eine Verknüpfung zwischen der Wahrheitsforderung und dem Wahrhaftigkeitsgebot:»Wahrheit bestimmt die wissenschaftliche Form des Wissens, Wahrhaftigkeit die moralische Form der Wissenschaft, die auf diese Weise zur Lebensform des Wissenschaftlers, seinem Ethos, gehört« (Mittelstraß 2006, 101). Wahrhaftigkeit als Anforderung an die Person des Handelnden kann als eine Verhaltensdisposition aufgefasst werden, die man in der traditionellen Ethik als Tugend bestimmt hat. In der Tat stellt die Tugendethik (s. Kap. I.2.2) eine mögliche Form der Stilisierung und ethischen Fundierung moralischer Standards des Wissenschaftstreibens dar. Liest man die Verlautbarungen von Repräsentanten der Wissenschaft zu Forschungsskandalen, wie dem oben genannten um die beiden deutschen Krebsforscher, so sind es in der Tat die Persönlichkeit der Forschers, seine Redlichkeit und Wahrhaftigkeit, die hier gefordert sind, und die notfalls erzieherisch allererst zu formen sind. In neueren systematischen Ausführungen zum Wissenschaftsethos, sowohl den wissenschaftssoziologischen wie den wissenschaftsethischen, ist diese tugendethische Auffassung allerdings kaum ausgearbeitet. Und es mag auch zweifelhaft sein, ob die tugendhafte Persönlichkeit überhaupt ein geeigneter Ansatzpunkt ist, um zu beschreiben, was die Besonderheit der Wissenschaft ausmacht. Bei Merton heißt es deshalb sogar explizit, dass die Annahme, Wissenschaftler entstammten einem Personenkreis mit einer besonders großen moralischen Integrität, keine hinreichenden Beweise für sich habe (vgl. Merton 1968, 559; vgl. Merton 1972, 53).

Wegen dieser Plausibilitätsprobleme eines tugendethischen Verständnisses hat Carl Friedrich Gethmann das Ethos der Wissenschaft als ein spezifisches *Ethos der rationalen Kommunikation* rekonstruiert. Als Zwecke der diskursiven Kommunikation fasst er Verständlichkeit und Verlässlichkeit auf. »Wissenschaftliche Kommunikation läßt sich im gegebenen Rahmen als solche auszeichnen, deren Diskurse auf Fundierungsverfahren abzielen, gemäß denen Behauptungen parteieninvariant, d. h. ohne Ansehung der Person gelten, so daß jedermann Proponent oder Opponent sein könnte, ohne daß sich an der Geltung der Proposition etwas ändert« (Gethmann 2000, 35 f.). Gethmann formuliert zwei einfache Regeln, wobei er wiederum zwischen dem Begründenden (Proponent) und dem Zweifler (Opponent) unterscheidet: »Behaupte nur, was du auch als Opponent verstehen könntest! [...] Behaupte nur dasjenige, dem du auch als Opponent zustimmen könntest!« (ebd., 36). Ob man dieser Stilisierung des Ethos folgt, wie sie Gethmann im Ausgang von einer Theorie der Redehandlungen bzw. Sprechakte (*speech acts*) entwickelt, oder auch nicht, deutlich ist jedenfalls, dass hier eine Darstellung der moralischen Dimension des Wissenschafttreibens gegeben ist, in die sich die traditionelle Darstellung von Forschertugenden wie Redlichkeit, Wahrhaftigkeit oder auch Sorgfalt übersetzen lässt.

Auch für Julian Nida-Rümelin, der von einem *Ethos epistemischer Rationalität* spricht (von gr. *epistéme*: Wissen, Wissenschaft), treten dessen Regeln zu den lebensweltlich etablierten Normen des Kommunikationsverhaltens hinzu. Nida-Rümelin legt den Akzent indes nicht auf den gehobenen Anspruch an die Begründung eigener Behauptungen und damit auf Mertons Prinzipien der Universalität und des Skeptizismus, sondern auf Mertons sogenannten Kommunismus. Die Regeln des Wissenschaftsbetriebes seien nämlich, obschon sie auf große interne Akzeptanz stoßen, keineswegs als trivial anzusehen: »So groß die Gefährdung dieses zentralen ersten Prinzips des wissenschaftlichen Ethos sein mag und wie weit verbreitet eine Übertretung und Mißachtung auch ist, zunächst sollte man im Auge behalten, wie ungewöhnlich dieses Charakteristikum des wissenschaftlichen Ethos ist, wenn man es mit anderen gesellschaftlichen Handlungsfeldern vergleicht« (Nida-Rümelin 1996, 781). Das Ungewöhnliche liegt gerade darin, dass die Wissenschaft sich in einer durch das Privateigentum charakterisierten Gesellschaft als eine besondere Sphäre ausweist. Für Nida-Rümelin ist es das Gebot des epistemischen Universalismus, also das Bemühen, Resultate umfassender Kritik auszusetzen und in ihrer Geltung dennoch allgemein durchzusetzen, das die Forderung nach dem Gemeinbesitz wissenschaftlichen Wissens nach sich zieht: »Nur wenn alle, die sich an diesem Unternehmen beteiligen, auf dem neuesten Stand wissenschaftlicher Forschung sind, ist zu erwarten, daß unhaltbare Hypothesen auch als solche rasch erkannt werden« (ebd., 782). Dazu aber müssen nicht nur die Hypothesen, sondern auch ihre Datengrundlagen allen einsehbar sein.

Nida-Rümelin betont nun zwar, dass die von ihm hervorgehobenen Prinzipien für das Unternehmen Wissenschaft vorteilhaft sind. Für den Einzelnen können Verstöße gleichwohl Vorteile bringen. Indes verzichtet er darauf, moralische Gründe aufzuzeigen und ethisch auszuweisen, die den Einzelnen von solchen Verstößen abhalten sollen. Seine Begründung für das Ethos beschränkt sich damit auf den von ihm konstatierten prinzipiellen Konsens.

Demgegenüber spricht Carl Friedrich Gethmann in dem bereits zitierten Beitrag vor dem Hintergrund der oben erwähnten Skandale von einer *Krise des Ethos* und sucht deshalb auch nach Gründen, die Stärkung und Wiedergewinnung des teilweise verlorenen Ethos zu fordern. Für Gethmann ist die Wissenschaft als Institution um ihrer Glaubwürdigkeit willen dazu aufgerufen, geeignete Instrumente zu entwickeln, durch die das Ethos der Wissenschaft wieder wirksam wird. Er plädiert für die Pflege von Symbolen und Riten, die die Gruppenidentität nach außen und innen zeigen (vgl. Gethmann 2000, 38).

1.5 Verfahren zur Sicherung guter wissenschaftlicher Praxis

Immer wieder hat es in der Geschichte der Wissenschaft Fälle von Fälschungen und Diebstahl geistigen Eigentums gegeben. Auch prominente Forscher standen oder stehen unter Verdacht. Mit dem Aufkommen der *big science*, dem Wachstum der Institutionen und öffentlicher Förderung vor allem seit dem Ende des Zweiten Weltkrieges, kam es auch zu einer Vermehrung von Fällen wissenschaftlichen Fehlverhaltens. In den USA wurde durch die Fusion des Office of Scientific Integrity (OSI) in den National Institutes of Health (NIH) und dem Office of Scientific Integrity Review (OSIR) im Office of the Assistant Secretary for Health, Department of Health & Human Services (HHS) im Mai 1992 das Office of Research Integrity geschaffen, das bei Verdachtsfällen Forschungseinrichtungen aufsucht und im Stile einer Staatsanwaltschaft ermittelt (zum rechtlichen Hintergrund vgl. Stegemann-Boehl 1994). Im Internet werden Namen überführter Betrüger veröffentlicht. In den skandinavischen Ländern wurden außerhalb der Forschungseinrichtungen Komitees zur Prüfung von vermeintlicher Unredlichkeit etabliert. In Dänemark wurden 1992 erstmalig in Europa Verfahrensregeln für den Umgang mit Forschungsbetrug und -fälschung erarbeitet. Das zuständige Danish Committee on Scientific Dishonesty untersteht dem Forschungsministerium.

In Deutschland ging man lange davon aus, dass die Instrumente der Evaluation ausreichen, um eine kleine Zahl von schwarzen Schafen ausfindig zu machen bzw. an Täuschungen zu hindern. Der Skandal, der sich Mitte der 1990er Jahre in der deutschen Krebsforschung ereignete, schien zunächst auch nur die Fälschungen und den Missbrauch gutachterlichen Wissens durch einige wenige Forscher zu betreffen, die zudem noch privat verbunden waren. Doch zogen sich die Verfehlungen krasser Art durch ganze steile Karrieren und hatten damit viele Prüfungen ohne Zweifel überstanden. Eine Kommission der Max-Planck-Gesellschaft, deren Ergebnisse oben bereits zitiert wurden, hatte ihre Tätigkeit bereits vor Bekanntwerden dieser Fälle aufgenommen, erhielt aber durch sie weit größeres Gewicht. Für die Deutsche Forschungsgemeinschaft (DFG) wurde der Skandal zum Anlass, sehr grundsätzlich über den zeitgenössischen Wissenschaftsbetrieb und seine Spielregeln nachzudenken. Die Empfehlungen, die aus dieser Reflexion hervorgingen, sind nach wie vor beachtenswert.

Empfehlungen der Kommission »Selbstkontrolle in der Wissenschaft« (Deutsche Forschungsgemeinschaft 1998)

Vorbemerkung
[…] Bei allen Promotionen, Habilitationen und Berufungen wurden die gängigen Kontrollmechanismen der Selbstergänzung der wissenschaftlichen Gemeinschaft ohne formale Fehler in Tätigkeit gesetzt, ohne daß Unregelmäßigkeiten entdeckt wurden. Gleiches galt für Anträge auf Fördermittel bei der DFG und bei anderen Förderungsorganisationen über lange Zeit.

Weitere Fragen schlossen sich an: Ist ein Eingreifen des Staates, sind neue Regelungen erforderlich, um die staatlich finanzierte Wissenschaft und die auf ihre Ergebnisse angewiesene Öffentlichkeit vor mißbräuchlichen Praktiken zu schützen? Unredlichkeit kann in der Wissenschaft so wenig vollständig verhindert oder ausgeschlossen werden wie in anderen Lebensbereichen. Man kann und muß aber Vorkehrungen gegen sie treffen. Dafür bedarf es keiner staatlichen Maßnahmen. Erforderlich ist aber, daß nicht nur jeder Wissenschaftler und jede Wissenschaftlerin, sondern vor allem auch die Wissenschaft in ihren verfaßten Institutionen – Hochschulen, Forschungsinstitute, Fachgesellschaften, wissenschaftliche Zeitschriften, Förderungseinrichtungen – sich die Normen guter wissenschaftlicher Praxis bewußt macht und sie in ihrem täglichen Handeln anwendet.

Empfehlung 1
Regeln guter wissenschaftlicher Praxis sollen – allgemein und nach Bedarf spezifiziert für die einzelnen Disziplinen – Grundsätze insbesondere für die folgenden Themen umfassen:
- allgemeine Prinzipien wissenschaftlicher Arbeit, zum Beispiel
- lege artis zu arbeiten,
- Resultate zu dokumentieren,
- alle Ergebnisse konsequent selbst anzuzweifeln,
- strikte Ehrlichkeit im Hinblick auf die Beiträge von Partnern, Konkurrenten und Vorgängern zu wahren,
- Zusammenarbeit und Leitungsverantwortung in Arbeitsgruppen (Empfehlung 3),
- die Betreuung des wissenschaftlichen Nachwuchses (Empfehlung 4),
- die Sicherung und Aufbewahrung von Primärdaten (Empfehlung 7),
- wissenschaftliche Veröffentlichungen (Empfehlung 12).

Empfehlung 2
Hochschulen und außeruniversitäre Forschungsinstitute sollen unter Beteiligung ihrer wissenschaftlichen Mitglieder Regeln guter wissenschaftlicher Praxis formulieren, sie allen ihren Mitgliedern bekanntgeben und diese darauf verpflichten. Diese Regeln sollen fester Bestandteil der Lehre und der Ausbildung des wissenschaftlichen Nachwuchses sein. […]

Empfehlung 4
Der Ausbildung und Förderung des wissenschaftlichen Nachwuchses muß besondere Aufmerksamkeit gelten. Hochschulen und Forschungseinrichtungen sollen Grundsätze für seine Betreuung entwickeln und die Leitungen der einzelnen wissenschaftlichen Arbeitseinheiten darauf verpflichten. […]

Empfehlung 5
Hochschulen und Forschungseinrichtungen sollen unabhängige Vertrauenspersonen/Ansprechpartner vorsehen, an die sich ihre Mitglieder in Konfliktfällen, auch in Fragen vermuteten wissenschaftlichen Fehlverhaltens, wenden können. […]

Empfehlung 7
Primärdaten als Grundlagen für Veröffentlichungen sollen auf haltbaren und gesicherten Trägern in der Institution, wo sie entstanden sind, für zehn Jahre aufbewahrt werden. […]

Empfehlung 8
Hochschulen und Forschungseinrichtungen sollen Verfahren zum Umgang mit Vorwürfen wissenschaftlichen Fehlverhaltens vorsehen […]

Empfehlung 11
Autorinnen und Autoren wissenschaftlicher Veröffentlichungen tragen die Verantwortung für deren Inhalt stets gemeinsam. Eine sogenannte »Ehrenautorschaft« ist ausgeschlossen. […]

Empfehlung 15
Förderorganisationen sollen ihre ehrenamtlichen Gutachter auf die Wahrung der Vertraulichkeit der ihnen überlassenen Antragsunterlagen und auf Offenlegung von Befangenheit verpflichten. Sie sollen die Beurteilungskriterien spezifizieren, deren Anwendung sie von ihren Gutachtern erwarten. Unreflektiert verwendete quantitative Indikatoren wissenschaftlicher Leistung (z. B. sogenannte impact-Faktoren) sollen nicht Grundlage von Förderungsentscheidungen werden. […]

Die Empfehlungen zielen darauf, wissenschaftliches Fehlverhalten wirksam bekämpfen zu können. Sie zwingen die Hochschulen und Forschungseinrichtungen, welche Fördermittel der DFG beziehen wollen, Verfahrensregeln für den Umgang mit Verdachtsfällen von Fehlverhalten zu etablieren. Dabei ist ein zweistufiges Verfahren nahegelegt, dessen erste Stufe darauf angelegt ist, Personen, die einen Verdacht kundtun (*whistle-blower*) vor Repressalien zu schützen, bevor es bei Erhärtung des Verdachts zu einem eigentlichen Prüf- und Sanktionsverfahren kommt. Die Verpflichtung zur Archivierung der Forschungsdaten erfolgt zum Zwecke der Aufklärung von Fälschungsverdächtigungen. Das Verbot der Ehrenautorschaft (s. u.) soll die Zuschreibung von Verantwortung erleichtern.

Die Empfehlungen gehen aber darüber weit hinaus. Es geht um Strukturen, die Fehlverhalten möglich machen oder gar befördern, und um viele Praktiken, die eher einer Grauzone zuzuordnen sind als der Sphäre absichtlichen Betrugs. Dazu zählen Praktiken wie die Mehrfachpublikation oder die Aufsplitterung von Studienergebnissen in eine Mehrzahl von Publikationen. Auch das Verbot der Ehrenautorschaft ist ein gutes Beispiel für die Schaffung von Standards im Bereich akzeptierter oder geduldeter Grauzonen. Das Verbot zielt auf eine Praxis, die keineswegs Anlass für Skandale war, sondern auch noch nach Verabschiedung der Empfehlungen weit verbreitet ist. Die Kommissionen, welche die Betrugsskandale der 90er Jahre untersuchen sollten, standen vor der Schwierigkeit, Urheber von Fälschungen auszumachen, weil viele genannte Autoren der kritisierten Publikationen einen eigenen Beitrag abstritten und teils sogar die Kenntnis der Paper verneinten. Die Praxis, Personen als Autoren zu nennen, die keinen oder keinen signifikanten Beitrag zum Werk geleistet haben, ist aus Sicht der DFG eine Strategie im Rahmen eines Bewertungsprozesses von wissenschaftlichen Leistungen, der sich an der Quantität von Publikationen orientiert und nicht an der Qualität.

Die Deutsche Forschungsgemeinschaft und die maßgeblichen Gremien der sich selbst verwaltenden Wissenschaft in Deutschland haben den Willen zu schnell wirksamen Maßnahmen demonstriert. Inzwischen haben die Hochschulen und Forschungseinrichtungen Ombudspersonen (schwedisch *ombudsman*, d. i. jemand, der aufgrund staatlichen Mandates die Beschwerden von Bürgern gegenüber der Verwaltung vorträgt) berufen und Verfahren zum Umgang mit Verdachtsfällen festgelegt. Staatliche Stellen verzichteten deshalb auf externe Prüfmechanismen. Somit wirken zunächst die Sanktionssysteme, welche die Institutionen der Wissenschaft selbst errichtet haben. Arbeits- und dienstrechtliche Maßnahmen sowie das Strafrecht spielen eher eine sekundäre Rolle. Allerdings wird man fragen müssen, ob die Selbstkontrolle problemlos funktioniert. Verständlich ist, dass Universitäten nur sehr vorsichtig mit der Aberkennung akademischer Grade umgehen, denn es handelt sich um Sanktionen von eminenter Härte »ohne Chance auf Nachsicht durch Zeitablauf« (Löwer 2000, 221).

Zweifel sind angebracht, dass die großen Skandale nur eine Episode der Wissenschaftsgeschichte darstellen. Vielmehr ist zu erörtern, ob nicht das beschriebene Ethos unter einem zunehmenden Druck steht, der durch die gesellschaftliche Forderung nach schneller Verwertung des Wissens, durch langjährige existenzielle Abhängigkeiten von Forscherinnen und Forschern, durch zunehmende Konkurrenz zwischen den Forschungseinrichtungen und durch die Versteigung quantitativer Leistungsbewertung noch verstärkt wird. Das Ethos eines gesellschaftlichen Subsystems bedarf in einer Zeit, in der sich dieses System und die Überlagerung mit anderen Subsystemen verändern, einer beständigen Reflexion und Vergegenwärtigung in Lehre und Praxis.

1.6 Interessenkonflikte im Wissenschaftsbetrieb

Die institutionelle Vorstellung von Wissenschaft als Teil der öffentlichen Sphäre, von der Robert Merton spricht, trifft nicht auf alle Formen der Forschung zu. Militärforschung und Industrieforschung folgen zwar vielen Regeln, die die einzelnen hier relevanten Wissenschaften etabliert haben, sind aber vornehmlich nicht an Veröffentlichung, sondern an Geheimhaltung vieler Prozesse und Ergebnisse interessiert. Militärforschung und Industrieforschung akzeptieren daher nicht das Mertonsche Ideal des Kommunismus. Wenn man dieses als konstitutiv ansieht, so können sie daher nicht als Forschung im eigentlichen Sinne angesehen werden. Allerdings ist dieses Ideal auch allgemeiner bedroht und auch andere Standards wissenschaftlichen Arbeitens können durch finanzielle Anreize gefährdet sein. Auch außerhalb der Industrieforschung können Sponsoren Einfluss nicht nur auf die Auswahl von Forschungsgegenständen und Themen nehmen, sondern auch auf die Durchführung und die Standards. Sponsoren können zwar selbst ein Interesse daran haben, dass die von ihnen veranlasste Forschung nach hohen wissenschaftsinternen Standards erfolgt, doch ist dies nicht zwingend der Fall. »Wo es um Geld und Ehre geht, wird getäuscht«, schreibt der Experte für Wissenschaftsrecht Wolfgang Löwer (Löwer 2000, 222). Löwer sieht Gründe anzunehmen, dass eine steigende Wettbewerbsintensität bei quantitativem Wachstum des Wissenschaftsbetriebs zu einer Zunahme von Fällen wissenschaftlicher Unredlichkeit führt. Die Anreize durch Geld und durch Ehre seien miteinander verquickt (vgl. ebd., 222–224).

Der Einfluss finanzieller Anreize auf die Inhalte der Forschung wird allgemein unter dem Stichwort des Interessenkonflikts (*conflict of interest*) behandelt. Gemeint sind also nicht allgemein Wertkonflikte oder Pflichtenkollisionen bei der Ausrichtung und Durchführung von Forschung wie auch nicht die mit bestimmten Disziplinen oder Wissensbereichen insgesamt verbundenen erkenntnisleitenden Interessen (vgl. Habermas 1968). Vielmehr geht es um Interessen, die gegenüber dem eigentlichen Ziel der Wissensgenerierung und seiner Nutzung als sekundär ausgewiesen werden können. Emanuel und Thompson unterscheiden für die Forschung zwischen dem primären Interesse an der Integrität der Forschung und sekundären Interessen wie dem Profit oder der Reputation. Sekundäre Interessen seien einem Forscher nur dann vorzuwerfen, wenn sie tendenziell gegenüber dem primären Interesse stärkeres Gewicht erhielten. Allerdings sei bereits die entsprechende Tendenz, nicht erst das tatsächliche Übergewicht der sekundären Interessen problematisch (Emanuel/Thompson 2008, 761).

Drohende Interessenkonflikte haben in vielen Bereichen der Forschung dazu geführt, dass die allgemeine Skepsis der Kollegen gegenüber Forschungsresultaten als nicht hinreichend empfunden wird. Der organisierte Skeptizismus hat daher zusätzliche Regeln zum Umgang mit Interessenkonflikten entwickelt. Interessenkonflikte, die gute wissenschaftliche Praxis gefährden, sollen offengelegt und ausgeschlossen werden. Insgesamt ist die Offenbarung von sekundären Interessen in diesem Bereich das wichtigste und am häufigsten genutzte Instrument, welches etwa von wissenschaftlichen Zeitschriften angewandt wird. In manchen Fällen ist es aber auch zum gezielten Ausschluss von finanziellen Anreizen durch Verbote gekommen (Emanuel/Thompson 2008, 765). Wo ein entsprechender Ausschluss von Experten aufgrund ihrer speziellen Expertise nicht gangbar erschien, sind Verfahren wie die Hinzuziehung unabhängiger Personen etwa für die Prüfung von Daten oder für das Aufklärungs- und Einwilligungsverfahren von Probanden bei Studien angewandt worden.

Ein Arbeitskreis des Wissenschaftlichen Rates der Max-Planck-Gesellschaft hat sich mit solchen Konfliktfällen intensiv auseinandergesetzt. Der Kreis begrüßt grundsätzlich den Technologietransfer: »Die Konflikte lassen sich nicht durch den Rückzug in den Elfenbeinturm umgehen, zumal der politische Wille bei den maßgeblichen Institutionen der Wissenschaft (z.B. MPG und DFG) und der Politik (z.B. den zuständigen Ministerien des Bundes und der Länder) auf effektiven Technologietransfer mit weitreichenden Folgen einschließlich Ausgründungen aus den Instituten der Grundlagenforschung drängt« (MPG 2000, 103). Solcher Transfer solle aber dem Auftrag der Wissensgenerierung nachgeordnet sein. Besonders konkrete Vorschläge betreffen den Fall, wenn Firma und Forscher identisch sind: Wissenschaftler, die im Falle einer Ausgründung ihr Forschungsinstitut nicht verlassen, sollen nach den Vorstellungen des Arbeitskreises »nicht am operativen Geschäft der Firma teilnehmen, sondern allenfalls als Berater (mit Nebentätigkeitsgenehmigung) zur Verfügung stehen. Die beiden Bereiche sollen möglichst klar getrennt sein, so dass auch Dritte nicht vermuten können, dass eine Vermischung der Interessen stattfindet. Auf keinen Fall soll ein Mitarbeiter in einer Doppelrolle mit sich selbst kontrahieren, d.h. Verträge mit der Firma abschließen, in der er direkt oder indirekt eine beherrschende Position innehat« (ebd., 105).

Interessenkonflikte betreffen über den Forscher und die Forschungsinstitution hinaus auch andere Personen im Forschungsprozess. Im Falle der Forschung am Menschen muss sichergestellt sein, dass die Mitglieder der Forschungsethikkommission primär das Ziel verfolgen, Probanden vor moralisch problematischen Vorhaben zu schützen. Finanzielle Anreize für das Mitglied, die Ethikkommission als ganze oder für die Forschungseinrichtung, an der die Kommission angesiedelt ist, dürfen dieses Ziel nicht kompromittieren. Im Bereich der medizinischen Forschung hat auch die Verlässlichkeit ordentlichen wissenschaftlichen Arbeitens einen besonderen Stellenwert. Forscher und Probanden müssen sich auf die bisherigen Resultate der entsprechenden Forschung verlassen können, und auch Ärzte und ihre Patienten müssen davon ausgehen können, dass Standards wissenschaftlicher Arbeit eingehalten wurden, wenn man die Behandlungswahl an ihren Ergebnissen ausrichtet. Hier ist ein Bereich berührt, in dem über die Selbstregulation der Wissenschaft hinaus auch strafrechtliche Konsequenzen nicht auszuschließen sind, zumal hier Leben und körperliche Integrität bedroht sind (vgl. Senat der Albert-Ludwigs-Universität Freiburg 1998, 487).

Verwendete Literatur

Deutsche Forschungsgemeinschaft (DFG): *Vorschläge zur Sicherung guter wissenschaftlicher Praxis: Denkschrift.* Empfehlungen der Kommission »Selbstkontrolle in der Wissenschaft« [Proposals for Safeguarding Good Scientific Practice. Recommendations of the Commission on Professional Self Regulation in Science]. Weinheim 1998. In: http://www.dfg.de/aktuelles_presse/reden_stellungnahmen/download/empfehlung_wiss_praxis_0198.pdf (10.2.2010).

Emanuel, Ezekiel J./Thompson, Dennis F.: The Concept of Conflicts of Interest. In: Ezekiel J. Emanuel/Christine Grady/Robert A. Crouch/Reidar Lie/Franklin G. Miller/David Wendler (Hg.): *The Oxford Textbook of Clinical Research Ethics.* Oxford 2008, 758–766.

Finetti, Marco/Himmelrath, Armin: *Der Sündenfall. Betrug und Fälschung in der deutschen Wissenschaft.* Stuttgart 1999.

Gethmann, Carl Friedrich: Die Krise des Wissenschaftsethos. Wissenschaftsethische Überlegungen. In: Max-Planck-Gesellschaft (Hg.): *Max-Planck Forum 2: Ethos der Forschung. Ringberg-Symposium Oktober 1999.* München 2000, 25–41.

Habermas, Jürgen. *Erkenntnis und Interesse.* Frankfurt a.M. 1968.

Honnefelder, Ludger: Sittlichkeit/Ethos. In: Marcus Düwell/Christoph Hübenthal/Micha H. Werner (Hg.): *Handbuch Ethik* [2002]. Stuttgart/Weimar ²2006, 491–496.

Johannes von Salisbury (Ioannes Saresberiensis): *Metalogicon.* Hg. von John Barrie Hall und Katharine S.B. Keats-Rohan. Turnhout 1991.
Löwer, Wolfgang: Normen zur Sicherung guter wissenschaftlicher Praxis. Die Freiburger Leitlinien. In: *Wissenschaftsrecht* 33 (2000), 219–242.
Max-Planck-Gesellschaft: *Verantwortliches Handeln in der Wissenschaft. Analysen und Empfehlungen.* München 2000.
Merton, Robert King: *Social Theory and Social Structure.* New York 1968.
Merton, Robert King: Wissenschaft und demokratische Sozialstruktur. In: Peter Weingart (Hg.): *Wissenschaftssoziologie I. Wissenschaftliche Entwicklung als sozialer Prozess.* Frankfurt a. M. 1972, 45–59.
Merton, Robert King: *Auf den Schultern von Riesen. Ein Leitfaden durch das Labyrinth der Gelehrsamkeit.* Frankfurt a. M. 1980.
Mittelstraß, Jürgen: Wahrheit und Wahrhaftigkeit in der Wissenschaft. In: Manfred Popp/Christina Stahlberg (Hg.): *Vertrauen und Kontrolle in der Wissenschaftsförderung: Vorträge des Symposiums »Vertrauen und Kontrolle in der Wissenschaftsförderung« der Karl Heinz Beckurts-Stiftung Bonn [16.2.2005].* Stuttgart 2006, 85–102.
Nida-Rümelin, Julian: Wissenschaftsethik. In: Ders. (Hg.): *Angewandte Ethik. Die Bereichsethiken und ihre theoretische Fundierung. Ein Handbuch.* Stuttgart 1996, 778–805.
Senat der Albert-Ludwigs-Universität Freiburg: Selbstkontrolle in der Wissenschaft: verabschiedet vom Senat in seiner Sitzung am 16. Dezember 1998. In: Ludger Honnefelder/Christian Streffer (Hg.): *Jahrbuch für Wissenschaft und Ethik.* Bd. 5. Berlin/New York 2000, 475–487.
Stegemann-Boehl, Stefanie: *Fehlverhalten von Forschern. Eine Untersuchung am Beispiel der biomedizinischen Forschung im Rechtsvergleich USA-Deutschland.* Stuttgart 1994.

Weiterführende Literatur
Dutton, Denis: Plagiarism and Forgery. In: Ruth Chadwick (Hg.): *Encyclopedia of Applied Ethics.* Bd. III. San Diego 1998, 503–510.
Eser, Albin: Wahrheit und Wahrhaftigkeit in der Wissenschaft. In: Ludger Honnefelder/Christian Streffer (Hg.): *Jahrbuch für Wissenschaft und Ethik.* Bd. 5. Berlin/New York 2000, 35–52.
European Commission [Directorate-General for Research]: *Commission Recommendation of 11 March 2005 on the European Charter for Researchers and on a Code of Conduct for the Recruitment of Researchers.* Luxembourg 2005.
Frühwald, Wolfgang/Wahl, Rainer: Forschung/Forschungsfreiheit. In: Wilhelm Korff/Lutwin Beck/Paul Mikat (Hg.): *Lexikon der Bioethik.* Gütersloh 1998, 757–765.
Fuchs, Michael: Wissenschaftsethik. In: *Lexikon für Theologie und Kirche.* Bd. 10. Freiburg i. Br. ³2001, 1250–1251.
Gethmann, Carl Friedrich: Wissenschaftsethik. In: Jürgen Mittelstraß (Hg.): *Enzyklopädie Philosophie und Wissenschaftstheorie.* Bd. 4. Stuttgart/Weimar 1996, 724–726.
Höffe, Otfried: Forschungsethik. In: Wilhelm Korff/Lutwin Beck/Paul Mikat (Hg.): *Lexikon der Bioethik.* Gütersloh 1998, 765–769.
Kluxen, Wolfgang: Der Begriff der Wissenschaft. In: Peter Weimar (Hg.): *Der Begriff der Wissenschaften im 12. Jahrhundert.* Zürich 1981, 273–293.
Schmidt, Thomas E.: Ein Land sucht Sinn. In: *Die Zeit* 9 (2007), 40.
Sponholz, Gerlinde: Wissenschaftliches Fehlverhalten. Und was dann? In: *Ethik in der Medizin* 16/2 (2004), 170–173.
Wolfrum, Rüdiger: Ethos der Forschung: Neue Ziele – neue Grenzen? Ethische und rechtliche Konflikte angesichts innovativer Forschungsprozesse. In: *Forum TTN [Fachzeitschrift des Instituts Technik-Theologie-Naturwissenschaften an der Ludwig-Maximilians-Universität München]* (2000), 2–15.

Michael Fuchs

2. Medizinische Forschung am Menschen

Biomedizinische Humanexperimente stellen ein zentrales Problem der Forschungsethik dar. In diesem Kapitel werden zunächst einige wenige Stationen der geschichtlichen Entwicklung der medizinischen Forschung am Menschen nachgezeichnet (2.1). Daran anschließend werden die ethischen Probleme thematisiert, die mit Humanexperimenten verbunden sind, sowie Ansätze, die im Laufe der Zeit zur Lösung dieser Probleme entwickelt worden sind. Dabei wird zuerst die zentrale Unterscheidung von Humanexperimenten und Heilversuchen, die bereits im dritten Theoriekapitel (s. Kap. I.3.1.1) kurz zur Sprache gekommen ist, näher beleuchtet (2.2), um dann auf spezifische Prinzipien und Regeln einzugehen, die bei der medizinischen Forschung am Menschen einschlägig sind. Hier wird die Frage im Vordergrund stehen, wie sich relevante ethische Prinzipien begründen und zu Regeln für die Forschungspraxis konkretisieren lassen (2.3).

2.1 Historische Einführung

Die Geschichte der Ethik der medizinischen Forschung am Menschen reicht zurück bis in die Mitte des 19. Jahrhunderts. Seit dieser Zeit arbeiten vor allem Mediziner, Juristen, Theologen und Philosophen daran, Bedingungen zu formulieren, unter denen medizinische Humanexperimente ethisch vertretbar sind. Die Menge der Beiträge, die in dieser Zeit entstanden ist, lässt sich kaum noch überblicken. Verglichen mit der Geschichte der medizinischen Ethik handelt es sich jedoch um einen recht kurzen Zeitraum. Schon das ›Corpus Hippocraticum‹ – entstanden etwa zwischen dem 4. Jahrhundert v. Chr. und dem 1. Jahrhundert n. Chr. – enthält mit dem ›Hippokratischen Eid‹ einen wichtigen und wirkmächtigen Beitrag zur *medizinischen Ethik*. Darüber hinaus prägen die Regeln ›primo nil nocere‹ (›Zuerst, füge keinen Schaden zu‹) und ›salus aegroti suprema lex‹ (›Das Wohl des Patienten ist das oberste Gebot‹) seit Jahrhunderten das ärztliche Ethos. Dass die Ausbildung einer eigenen *Ethik der Forschung am Menschen* in der Medizin vergleichsweise spät stattgefunden hat, hängt vor allem damit zusammen, dass die naturwissenschaftlich-experimentelle Methodik, die durch Galileo Galilei, Francis Bacon, René Descartes und andere im 16. und 17. Jahrhundert entwickelt worden ist, lange Zeit kaum Beachtung in der Medizin fand. Anders als in Physik, Chemie und anderen Naturwissenschaften bleibt das ›strenge‹ Experiment zur Überprüfung von Forschungshypothesen in der Medizin des 18. Jahrhunderts noch weitgehend bedeutungslos. Erst im Laufe des 19. Jahrhunderts setzt es sich als methodischer Standard durch.

Das ›strenge‹, d. h. den Maßgaben der neuzeitlichen Wissenschaftsmethodologie verpflichtete Experiment muss als das wichtigste Forschungsinstrument der (neuzeitlichen) empirischen Wissenschaften angesehen werden. Mehr noch, Wissen gilt – zumindest in den empirischen Disziplinen – nur (noch) dann als ›wirkliches‹, d. h. als gültig anerkanntes Wissen, wenn für die ihm zugrunde liegenden empirischen Tatsachen die Bedingungen der experimentellen Reproduzierbarkeit angegeben werden können. In künstlich herbeigeführten Situationen, die so angelegt werden, dass sie durch Reduktion und Variation eine möglichst weitgehende Kontrolle aller für den zu erforschenden Zusammenhang relevanten Faktoren zulassen, wird die Natur gezielt ›befragt‹, und die so erhaltene Antwort gilt dann und nur dann als glaubhaft, wenn sie unter den gleichen Bedingungen jederzeit und von jedem aufs Neue provoziert werden kann. Als einer der ersten hat Francis Bacon zentrale Gedanken für die experimentelle Methode im Sinne der neuzeitlichen Wissenschaftstheorie in seinem *Novum Organum* formuliert:

> »Es ist aber nicht nur eine größere Anzahl von Versuchen anzustreben und neu vorzubereiten, wie auch eine andere Art, als sie bisher betrieben worden ist, sondern eine völlig andere Methode, Anordnung und ein anderer Ablauf ist bei der Entwicklung der Erfahrung einzuführen. Denn eine planlose und sich selbst überlassene Erfahrung ist, wie bereits erwähnt, ein bloßes Umhertappen im Dunklen, das die Menschen eher verdummt als belehrt. Wenn aber die Erfahrung eindeutig und stetig nach einer sicheren Regel voranschreitet, läßt sich Besseres für die Wissenschaft erhoffen« (Bacon 1620, Teilband I, Nr. 100, 219; vgl. auch Teilband I, Nr. 70, 147 ff. und Nr. 82, 175 ff.).

Schon bei Leonardo da Vinci deutet sich die Hinwendung zur neuzeitlich-experimentellen Methode an, wenn er schreibt:

> »Sagst du, die Wissenschaften, die vom Anfang bis zum Ende im Geist bleiben, hätten Wahrheit, so wird dies nicht zugestanden, sondern verneint aus vielen Gründen, und vornehmlich deshalb, weil bei solchem reingeistigen Abhandeln die Erfahrung (oder das Experiment) nicht vorkommt; ohne diese aber gibt sich kein Ding mit Sicherheit zu erkennen« (da Vinci, zitiert nach Grewenig/Letze 1995, 85).

In einer klassischen Passage der *Kritik der reinen Vernunft* verwendet Immanuel Kant schließlich die Metapher der »richterlichen Befragung« zur Beschreibung des Experiments:

> »Die Vernunft muß mit ihren Prinzipien, nach denen allein übereinstimmende Erscheinungen für Gesetze gelten können, in einer Hand und mit dem Experiment, das sie nach jenen ausdachte, in der anderen an die Natur gehen, zwar um von ihr belehrt zu werden, aber nicht in der Qualität eines Schülers, der sich alles vorsagen läßt, was der Lehrer will, sondern eines bestallten Richters, der die Zeugen nötigt, auf die Fragen zu antworten, die er ihnen vorlegt« (Kant 1781/87, B XIII).

Beispiele medizinischer Humanexperimente im 18. Jahrhundert

Dem Medizinhistoriker Charles Lichtenthaeler zufolge sind im Hinblick auf die Entwicklung der Medizin das 17. sowie das 19. Jahrhundert »genial«, zwischen ihnen nehme sich, so Lichtenthaeler, das 18. Jahrhundert »wie eine Talsohle« aus (Lichtenthaeler 1987, 475). Mit Bezug auf medizinische Humanexperimente ist es aber dennoch dieser Zeitraum, in den die ersten nennenswerten Ereignisse fallen: 1721 lässt Lady Montagu, angeregt durch Beobachtungen in Konstantinopel, an ihrer Tochter durch den Chirurgen Charles Maitland einen Immunisierungsversuch gegen Pocken vornehmen, es folgen Experimente an Schwerverbrechern und Waisenkindern (Porter 2000, 277 f.). Edmund Stone verabreicht im Jahr 1763 50 Personen mit rheumatischem Fieber Silberweidenrinde. Seine Hoffnung auf einen therapeutischen Effekt basierte auf der damals verbreiteten Überzeugung, dass Gott dort Heilpflanzen wachsen lasse, wo Krankheiten entstünden: Die Silberweide wächst in feuchten Gegenden, wo auch Fiebererkrankungen oft beobachtet wurden (ebd., 272). Der Marinearzt James Lind formuliert 1753 die Hypothese, dass Zitrusfrüchte ein wirksames Mittel gegen Skorbut sind, und untermauert diese im folgenden Jahr durch »die weltweit erste ›klinische Arzneimittelprüfung‹ an Bord der HMS Salisbury« (ebd., 298). Schließlich behandelt der englische Arzt Edward Jenner 1796 einen achtjährigen Jungen mit Material aus einer Kuhpockenpustel einer Magd, in der Hoffnung, so eine Immunität gegen die eigentlichen Pocken zu erreichen. Da der Krankheitsverlauf von Kuhpocken beim Menschen gutartig ist, bestand die Erwartung, dass dieses Verfahren (Vakzination) gegenüber der durch Charles Maitland eingeführten Variolation (Impfung mit pockenvirushaltigem Krankheitsmaterial) eine sicherere Immunisierungsmethode darstellen würde.

Im Jahr 1865 veröffentlicht der französische Physiologe Claude Bernard dann sein einflussreiches Werk *Introduction à l'étude de la médecine expérimentale* (»Einführung in das Studium der experimentellen Medizin«), in dem er programmatisch die Übernahme der naturwissenschaftlichen Methodik auch in der Medizin fordert (s. Kap. II.3.1).

»In unserer Zeit hat dank der beachtlichen Entwicklung und der wertvollen Hilfe der physikalisch-chemischen Wissenschaften das Studium der Lebenserscheinungen im normalen wie im pathologischen Zustand überraschende Fortschritte gemacht, die sich täglich vermehren. Daraus wird für jeden nicht voreingenommenen Geist klar, daß die Medizin endgültig auf dem Weg zur Wissenschaft ist. Aber die wissenschaftliche Medizin kann sich ebenso wie andere Wissenschaften nur auf dem Wege des Experiments entwickeln, d. h. durch die unmittelbare, strenge Anwendung der Logik auf die Tatsachen, die uns Beobachtung und Experiment liefern« (Bernard 1961, 15).

In der zweiten Hälfte des 19. Jahrhunderts gewinnt die neuzeitlich-experimentelle Methode schnell an Bedeutung, und inzwischen ist sie aus dem Forschungsalltag nicht mehr wegzudenken. Die Folge war die Entwicklung neuer Therapieformen, welche die effektive Behandlung bislang unheilbarer Krankheiten ermöglichte. Heute sind wir an die ›naturwissenschaftliche‹ Forschung in der Medizin so sehr gewöhnt, dass es schwer fällt, sich den revolutionären Wandel im 19. Jahrhundert vorzustellen.

Allerdings verlief die Übernahme der experimentellen Methode nicht ohne Probleme: Zweifelhafte und zum Teil sogar verbrecherische Experimente haben die medizinische Forschung am Menschen immer wieder belastet und zum Teil auch nachhaltig diskreditiert. Vor allem durch die Gräueltaten in deutschen Konzentrationslagern in der Zeit des Nationalsozialismus haftet dem Begriff ›Humanexperiment‹ für viele nach wie vor ein bedrohlicher Unterton an.

Beispiele von Verbrechen im Namen des medizinischen Fortschritts

Die Geschichte medizinischer Humanexperimente ist auch eine Geschichte von schweren ethischen Verfehlungen, und die Entwicklung ethischer Prinzipien verlief, wenn auch keineswegs völlig parallel, so doch zumindest teilweise entlang von Skandalen:
Der Fall Neisser: Der Arzt Albert Neisser hatte im Jahr 1892 Versuche zur Serumtherapie bei Syphilis durchgeführt, die er im Jahr 1899 in einer Festschrift unter dem Titel *Was wissen wir von einer Serumtherapie bei Syphilis und was haben wir von ihr zu erhoffen?* veröffentlichte. In seinen Versuchen hatte er insgesamt acht Mädchen bzw. jungen Frauen – die Jüngste war zehn Jahre alt –, aufgeteilt in zwei Gruppen, ein Serum von Syphilispatienten injiziert. Bei vier der acht Frauen, die Neisser durch die Abkürzung P.p. (= puella publica) als Prostituierte auswies, kam es während der Nachbeobachtungszeit zu einer Syphiliserkrankung, die Neisser jedoch auf ›natürliche‹ Ursachen zurückführte. Gleichzeitig schloss er, dass das Serum keine immunisierende Wirkung habe. Nach heftigen Protesten, die sogar die Kammern des Preußischen Parlaments erreichten, wurde Neisser angeklagt und von einem Gericht verurteilt, weil er es versäumt hatte, eine Einwilligung der Frauen zur Durchführung der experimentellen Serumtherapie einzuholen.
Humanexperimente in deutschen und japanischen Konzentrationslagern: Die Experimente, die von Ärzten in deutschen Konzentrationslagern zur Zeit des Nationalsozialismus durchgeführt wurden, bilden zweifellos das dunkelste Kapitel medizinischer Forschung. In Unterdruck- und Unterkühlungsversuchen wurden beispielsweise physiologische Belastungsgrenzen erforscht, die besonders für die Luftwaffe von Interesse waren. Andere Versuche zielten auf die Entwicklung eines Fleckenfieber-Impfstoffs ab, hatten die Therapie von Wundinfektionen mit Sulfonamiden zum Gegenstand oder betrafen die Trinkbarmachung von Meerwasser. Bei vielen der vorgenommenen Versuche wurde eine mögliche Gefährdung der Probanden nicht nur bil-

ligend in Kauf genommen, vielmehr bildete die aktive Schädigung oder sogar der Tod der Probanden häufig einen integralen Bestandteil der Experimente. Auch in japanischen Kriegslagern, vor allem in der berüchtigten Unit 731 in Harbin, wurden menschenverachtende Humanexperimente während des Zweiten Weltkriegs durchgeführt, u. a. Versuche zur Erforschung von Krankheitserregern wie Tuberkulose, Cholera und Pest oder Versuche zu nicht-biologischen Kampfstoffen und Unterkühlungsversuche.

Jewish Chronic Disease Hospital Case & Willowbrook State School: Im Jahr 1966 veröffentlichte der angesehene Medizinprofessor Henry K. Beecher im *New England Journal of Medicine* einen Artikel mit dem Titel »Ethics and Clinical Research«, in dem er 22 »Examples of Unethical or Questionably Ethical Studies« beschreibt, die er Fachmagazinen entnommen hatte. Zwei der von Beecher erwähnten Fälle (Example 16 und 17) erregten besonderes Aufsehen und Empörung in der US-amerikanischen Öffentlichkeit: der ›Jewish Chronic Disease Hospital Case‹ und die Experimente an der Willowbrook State School. Im erstgenannten Fall hatten im Jahr 1963 drei Ärzte 22 älteren und chronisch kranken Patienten ohne deren Wissen Krebszellen subkutan injiziert, um immunologische Effekte zu studieren. Im zweiten Fall hatten Ärzte im Jahr 1956 damit begonnen, geistig behinderte Kinder absichtlich mit Hepatitis zu infizieren, um den Verlauf der Krankheit zu erforschen.

Tuskegee Syphilis Study: Im Juli 1972 berichtete die *New York Times* von einem Fall schweren Missbrauchs, der unter dem Titel »Tuskegee Syphilis Study« in die Geschichte der Medizin eingegangen ist. Über 40 Jahre hinweg, also seit 1932, wurden im US-amerikanischen Ort Tuskegee (Alabama) 399 an Syphilis erkrankte Männer, allesamt Farbige aus sozial schwachen Verhältnissen, vorsätzlich nicht nach dem Stand der Wissenschaft behandelt, um den Verlauf der Krankheit zu studieren. Weder wurde den Männern mitgeteilt, dass sie an Syphilis erkrankt waren – man sagte ihnen, sie hätten ›bad blood‹ – noch dass sie Teil eines Forschungsexperiments waren, und auch nicht, dass eine Behandlung möglich gewesen wäre. Zu dem Zeitpunkt, als die Studie an die Öffentlichkeit kam, lebten noch 74 der unbehandelten Versuchspersonen.

Schon Bernard war sich der ethischen Tragweite seiner Forderung durchaus bewusst: »Zuerst ergibt sich die Frage, ob man das Recht hat, Versuche und Vivisektionen am Menschen auszuführen« (Bernard 1961, 146). Damit formuliert er die zentrale Frage der Ethik der Foschung am Menschen. Bernard war allerdings der Auffassung, dass die tradierten Prinzipien der medizinischen Ethik ausreichen, um auch die neue Problemlage zu bewältigen. Erst im Laufe der folgenden Jahrzehnte wurde deutlich, dass dies nicht der Fall ist: Geht man nämlich davon aus, dass der Arzt ausschließlich dem Wohl des einzelnen Patienten verpflichtet ist und nichts tun darf, was dessen Wohl gefährdet, dann ist medizinische Forschung am Menschen, die in erster Linie auf Erkenntnisgewinn abzielt – der freilich mittelbar wieder Patienten, nicht unbedingt aber dem einzelnen Versuchsteilnehmer nutzt – nicht zu rechtfertigen. Noch deutlicher wird das Problem bei Experimenten an gesunden Probanden: Ein unmittelbarer medizinischer Nutzen für die Versuchsteilnehmer ist hier prinzipiell ausgeschlossen, der Arzt richtet sein Handeln also nicht an deren individuellem Wohl aus, wie es das ärztliche Ethos fordert. Auch wenn die medizinische Ethik einerseits, die Ethik der Forschung am Menschen andererseits also voneinander unterschieden werden können und müssen, so ist doch auch klar, dass in der Praxis eine klare Zuordnung mitunter schwierig sein kann.

Ein nicht unerheblicher Teil der forschungsethischen Diskussion dreht sich daher auch um die Frage, anhand welcher Kriterien eine Handlung als Forschung klassifiziert werden kann. Nur wenn diese Frage überzeugend beantwortet wird, ist es überhaupt sinnvoll, von einer eigenständigen Ethik der Forschung am Menschen zu sprechen. Lässt sich hingegen der Gegenstandsbereich der Ethik der Forschung am Menschen nicht gegenüber der ärztlichen Praxis abgrenzen, dann muss auch der Versuch, spezifische forschungsethische Prinzipien zu formulieren, von vornherein scheitern. Besonders deutlich wird das Problem der Handlungsklassifizierung, wenn man es vor dem Hintergrund der Überlegungen aus dem dritten Theoriekapitel betrachtet: Dort hatte sich ergeben, dass die Struktur von Handlungen für die ethische Bewertung von zentraler Wichtigkeit ist (s. Kap. I.3).

2.2 Heilbehandlung, Heilversuch und Humanexperiment

Eine eigenständige Ethik der Forschung am Menschen steht und fällt mit einer überzeugenden Unterscheidung zwischen medizinischer Forschung einerseits und medizinischer Praxis andererseits. Wie bereits erwähnt, war man nach der Übernahme der wissenschaftlichen Methodik in der Medizin im 19. Jahrhundert zunächst der Auffassung, dass sich die Durchführung von medizinischen Experimenten nahtlos in das Handlungsspektrum des Arztes einfügen ließe und folglich auch die Prinzipien des tradierten ärztlichen Ethos ausreichten, um die neuen ethischen Probleme der medizinischen Forschung zu lösen. Anders als die ärztliche Praxis mit ihren vier Elementen Diagnose, Therapie, Prävention und Palliation zielt das Experiment jedoch nicht auf die Wiederherstellung oder Erhaltung des Wohls bzw. die Linderung von Schmerzen des individuellen Patienten ab. Der Patient wird hier vielmehr zum Mittel zur Erkenntniserweiterung; Ziel ist die Aufdeckung von Gesetzmäßigkeiten, die im weiteren Verlauf genutzt werden können, um neue diagnostische, therapeutische, präventive und palliative Maßnahmen zu entwickeln und anzuwenden. Gleichzeitig sind medizinische Experimente aber häufig in die medizinische Praxis eingebunden. Wenn sich etwa bei einem Patienten alle Standardverfahren als wirkungslos erwiesen haben, dann kann der Arzt ein neues, noch nicht erprobtes Verfahren anwenden. Im Zuge der Anwendung wird er dann womöglich auch Erkenntnisse über dieses neue Verfahren gewinnen und so einen Beitrag zur Wissenschaft erbringen. Ist seine Handlung dann als medizinische Praxis oder als Forschung einzustufen?

Zur Lösung dieser Problematik sind in der Geschichte der Ethik der Forschung am Menschen zahlreiche Ansätze und Begriffe eingeführt worden. Es ist mitunter schwierig, in einschlägigen Texten den Überblick zu bewahren, weil oftmals unterschiedliche Begriffe verwendet werden, oder aber gleiche Begriffe von verschiedenen Autoren mit unterschiedlichen Bedeutungen belegt werden. In Deutschland gibt es zudem eine gewisse Diskrepanz zwischen der ethischen und der juristischen Terminologie. Einvernehmen besteht zumindest darüber, dass der Begriff *Heilbehandlung* die Anwendung von diagnostischen, therapeutischen, präventiven und palliativen Maßnahmen, die ausschließlich dem *Wohl eines individuellen Patienten* dienen, bezeichnet. Der Arzt entscheidet – in den Grenzen von standesrechtlichen und anderen Vorgaben – darüber, welche Maßnahmen indiziert sind. Wird hingegen ein Verfahren angewendet, um *wissenschaftliche Erkenntnisse* zu gewinnen, dann handelt es sich um ein *Humanexperiment*.

Von besonderer Bedeutung im Rahmen biomedizinischer Forschung sind sogenannte randomisierte klinische Studien (engl. *randomised clinical trials*, RCT). Mit dem Begriff ›klinische Studie‹ bezeichnet man prospektive experimentelle Längsschnittstudien. Unter ›Randomisierung‹ versteht man die zufällige Aufteilung von Probanden auf verschiedene Gruppen innerhalb einer klinischen Studie. Im einfachsten Fall erhält eine Gruppe von Probanden eine neuartige Therapieform, deren Wirksamkeit überprüft werden soll (Verumgruppe), während eine andere Probandengruppe mit der etablierten Therapieform behandelt wird oder ein Placebo erhält (Kontrollgruppe). Es sind aber auch Studien mit mehr als zwei Gruppen oder ›Armen‹ möglich. Die randomisierte Zuweisung erfolgt – wiederum im einfachsten Fall – mit Hilfe von Zufallszahlen. Sie dient dazu, Fehler durch unbekannte externe Faktoren sowie durch eine (bewusste oder unbewusste) Voreingenommenheit der Forscher zu minimieren. Das Konzept der Randomisierung wird ergänzt durch das der ›Verblindung‹. Damit wird der Umstand bezeichnet, dass entweder nur die Patienten-Probanden (›blind‹) oder auch die Arzt-Forscher und das Pflegepersonal (›doppelblind‹) nicht erfahren, welche Gruppe das Verum erhält und welche die Standardtherapie oder ein Placebo. Das Verfahren der zufälligen Zuweisung von Patienten an zwei Gruppen, wobei eine das zu testende Verum, die andere eine bereits verfügbare Standardtherapie oder ein Placebo erhält, stellt also ein methodisches Instrument dar, das sowohl Fehler durch zufällige Störfaktoren als auch durch die Voreingenommenheit des Forschers minimieren kann. Zugleich erlaubt es die Anwendung statistischer Analyseverfahren zur quantitativen Fehlerkontrolle (ausführlich zum Konzept der RCT und ihrer Geschichte Heinrichs 2006, 287–292). Mittlerweile gelten randomisierte (Doppelblind-) Studien – zumindest in der Arzneimittelprüfung – als methodischer ›gold standard‹. Sie stellen – so sehen es viele, wenngleich keineswegs alle Forscher – den ultimativen Prüfstein für neue Therapieansätze dar (kritisch dazu Grossmann/Mackenzie 2005). Zu bedenken ist allerdings, dass die oftmals auch in ethischen Debatten im Vordergrund stehenden randomisierten klinischen Studien nur ein methodisches Instrument neben vielen anderen darstellen (vgl. dazu den Überblick in Schaffner 2004, Figure 1, 2331).

Klinische Studien Phase I–IV (http://www.clinicaltrials.gov/ct/info/glossary)

Anknüpfend an eine ursprünglich durch die US-amerikanische Food and Drug Administration (FDA) im Jahr 1977 eingeführte Definition werden heutzutage bei klinischen Studien vier Phasen (I bis IV) unterschieden, die jeweils spezifische methodische Abschnitte im Rahmen der Prüfung eines neuen Medikaments bzw. Medizinprodukts bezeichnen. Eine prägnante Charakterisierung der einzelnen Phasen gibt die Internetsite *clinicaltrials.gov*, die von den US-amerikanischen National Institutes of Health betrieben wird:
»*Phase I:* Initial studies to determine the metabolism and pharmacologic actions of drugs in humans, the side effects associated with increasing doses, and to gain early evidence of effectiveness; may include healthy participants and / or patients.
Phase II: Controlled clinical studies conducted to evaluate the effectiveness of the drug for a particular indication or indications in patients with the disease or condition under study and to determine the common short-term side effects and risks.
Phase III: Expanded controlled and uncontrolled trials after preliminary evidence suggesting effectiveness of the drug has been obtained, and are intended to gather additional information to evaluate the overall benefit-risk relationship of the drug and provide an adequate basis for physician labeling.
Phase IV: Post-marketing studies to delineate additional information including the drug's risks, benefits, and optimal use.«

Neuerdings ist diese Einteilung durch eine Phase 0 ergänzt worden. In dieser bislang nicht verbindlich vorgeschriebenen Phase klinischer Studien werden sehr geringe Dosen eines Wirkstoffes, die weit unter der Schwelle für einen pharmakologischen Effekt liegen, an gesunde Probanden verabreicht, um Aufschluss über die Wirkstoffverteilung, den Wirkstoffabbau sowie über Abbauprodukte zu erhalten. Man bezeichnet dieses Verfahren auch als ›Microdosing‹.

Mit Blick auf die eingangs aufgeworfene Frage nach einer überzeugenden Abgrenzung von medizinischer Forschung und Praxis lassen sich einige Formen von klinischen Studien recht einfach zuordnen. So ist es unkontrovers, dass sog. Phase I-Studien der klinischen Prüfung, in denen die Toxizität von neuen Medikamenten erstmals an einer kleinen Gruppe von (zumeist gesunden) Probanden getestet wird, Humanexperimente darstellen. Schwieriger allerdings ist die Zuordnung von Phase II- und Phase III-Studien. Hier haben die Probanden in der Regel auch selbst einen direkten medizinischen Nutzen von der Teilnahme. Zur Abgrenzung gegenüber Humanexperimenten nennen einige Autoren solche Handlungen ›Experimente mit therapeutischem Nutzen‹ oder allgemeiner ›mit medizinischem Nutzen‹. Ein anderer, oft gebrauchter Begriff ist der des *Heilversuchs*. Gelegentlich wird dieser Begriff bedeutungsgleich mit ›Experiment mit therapeutischem Nutzen‹ verwendet. Dagegen wird er aber auch benutzt, um die Anwendung unerprobter Verfahren bei einem einzelnen Patienten zu bezeichnen. In diesem Fall hätte er gar nichts mit Forschung zu tun, sondern würde in die medizinische Praxis gehören. Denn unter den Vorzeichen der ärztlichen Therapiefreiheit ist es eine legitime Vorgehensweise des Arztes, im Einverständnis mit dem Patienten neue unerprobte Verfahren anzuwenden, vor allem wenn Standardverfahren erfolglos waren. Wie wichtig eine klare Zuordnung ist, wird nicht zuletzt dadurch deutlich, dass abhängig davon, wie man eine Handlung einordnet, eine Begutachtung durch eine Ethikkommission erforderlich ist.

Eine mögliche und von vielen akzeptierte Lösung für die Unterscheidung zwischen medizinischer Praxis und medizinischer Forschung orientiert sich an dem Zweck, der hinter einer Handlung steht: Wird eine medizinische Handlung in erster Linie durchgeführt, um das Wohl eines individuellen Patienten zu befördern, zu erhalten oder wiederherzustellen oder Schmerzen zu lindern, dann handelt es sich diesem Ansatz zufolge um eine *Heilbehandlung*; kommen dabei bislang unerprobte Verfahren zum Einsatz, dann handelt es sich um einen *Heilversuch*, wobei nicht ausgeschlossen ist, dass ein Heilversuch als Nebeneffekt auch wissenschaftliche Erkenntnisse zutage fördert. Wird eine medizinische Handlung hingegen in erster Linie durchgeführt, um einen wissenschaftlichen Beitrag zu erbringen, dann handelt es sich um ein *Humanexperiment*, wobei wiederum nicht ausgeschlossen ist, dass sich ein direkter medizinischer Nutzen für die beteiligten Probanden ergibt. Anders formuliert: Bei diesem Ansatz wird eine Grenze entlang des Zwecks, der mit einer Handlung verfolgt wird, gezogen. Auf der einen Seite dieser Grenze liegen die *Heilbehandlung* (Behandlung mit Standardverfahren) und der *Heilversuch* (Behandlung mit bislang unerprobten Verfahren), auf der anderen das *Humanexperiment* (mit oder ohne direkten medizinischen Nutzen für die Probanden).

Der Rückgriff auf den Zweck zur Bestimmung eines Handlungstyps wurde bereits im dritten Theoriekapitel besprochen. Schon die dortigen allgemeinen Überlegungen hatten deutlich gemacht, dass die Orientierung an Zwecken zur Klassifizierung von Handlungen einige Probleme aufwirft (s. Kap. I.3.1). Im vorliegenden Fall weisen Kritiker darauf hin, dass die Trennung zwischen Humanexperiment (mit direktem medizinischem Nutzen) und Heilversuch in der Praxis mitunter schwer zu vollziehen ist, nicht zuletzt, weil Zwecksetzungen dem unzugänglichen Inneren einer Person angehören und durch Dritte niemals mit letzter Sicherheit bestimmt werden können. Genau besehen, vermag dieser Einwand aber nicht die Sinnhaftigkeit der Unterscheidung in Zweifel zu ziehen, fraglich wird durch ihn allein ihre Praktikabilität. Tatsächlich braucht man in Zweifelsfällen objektive Kriterien, die auf die Absicht schließen lassen. Für die Unterscheidung zwischen Humanexperiment (Zweck: Erkenntnisgewinn) und Heilversuch (Zweck: Wohl eines individuellen Patienten) lassen sich zumindest einige Kriterien benennen: ein standardisiertes Forschungsprotokoll, insbesondere wenn es die oben erwähnten Methoden der Randomisierung und Verblindung beinhaltet, und eine formelle Rekrutierung. Sind diese Bedingungen erfüllt, dann handelt es sich in der Regel um ein Humanexperiment. Folgt man diesen Überlegungen, dann stellen klinische Studien fast immer Humanexperimente dar, auch wenn die beteiligten Probanden (wie bei Phase III-Studien üblich) einen direkten Nutzen aus der Teilnahme ziehen.

Die genannten Kriterien greifen allerdings nicht bei allen Arten von Humanexperimenten gleichermaßen gut: Während bei Studien zu Arzneimitteln oder Medizinprodukten anhand der Kriterien ›standardisiertes Forschungsprotokoll‹ und ›formelle Rekrutierung‹ recht verlässlich zwischen Humanexperimenten und Heilversuchen unterschieden werden kann, ist dies beispielsweise in der Chirurgie sehr viel schwieriger. Hier werden oftmals ›informelle Forschungsstrategien‹ angewendet, die die genannten Kriterien unterlaufen. Als weiteres Kriterium kann dann die wiederholte Anwendung einer bislang nicht erprobten Methode hinzugenommen werden: Wenn ein Chirurg etwa eine neuartige Operationsmethode in einem relativ kurzen Zeitraum mehrere Male anwendet, dann spricht einiges dafür, dass er dies nicht (nur) getan hat, weil jeweils das individuelle Wohlergehen seiner Patienten die Anwendung dieser Methode angeraten erscheinen ließ, sondern weil er (auch) herausfinden wollte, ob diese Methode dem Standardverfahren überlegen ist. Im letzteren Fall wäre zumindest auch ein Erkenntnisinteresse handlungsmotivierend gewesen.

Ein weiteres Problem besteht darin, dass es durchaus möglich ist, dass eine Handlung auf mehrere Zwecke zugleich ausgerichtet ist: Ein Arzt-Forscher kann durch die Aufnahme eines Patienten in eine klinische Studie sowohl das Wohl der individuellen Person befördern als auch einen Erkenntnisgewinn erzielen wollen. Zu sagen, es handele sich bei dem einen oder anderen lediglich um einen Nebeneffekt, der gleichsam billigend in Kauf genommen wird, erscheint hier unangemessen. Müsste man demnach nicht doch einräumen, dass eine klare Unterscheidung letztlich unmöglich ist? Eine einfache Überlegung zeigt, dass dies nicht der Fall ist: Was würde nämlich geschehen, wenn die individuelle Verfassung des Patienten ein Abweichen vom strikten Forschungsprotokoll nahelegen würde, etwa eine individuelle Dosisanpassung? Der Arzt müsste sich spätestens dann entscheiden, welchen der beiden Zwecke er vorrangig verfolgen will, oder anders formuliert, welcher der primäre Zweck seiner Handlung ist. Mit dieser Entscheidung wird dann aber auch – endgültig – klar, um welchen Typ Handlung es sich handelt.

Zusammenfassend kann also festgehalten werden, dass man zwischen Humanexperimenten einerseits und Heilversuchen andererseits sinnvoll unterscheiden kann: Bei ersteren steht der medizinische Erkenntnisgewinn im Vordergrund, wobei nicht ausgeschlossen ist, dass beteiligte Probanden einen direkten medizinischen Nutzen aus der Teilnahme ziehen; bei letzteren hingegen steht das Wohlergehen eines individuellen Patienten im Vordergrund, wobei wiederum nicht ausgeschlossen ist, dass sich wichtige Erkenntnisse für die Medizin insgesamt einstellen. Diese Unterscheidung ist unmittelbar normativ relevant: Die normative Bewertung von Heilversuchen fällt in den Bereich der medizinischen Ethik, die normative Bewertung von Humanexperimenten hingegen ist Gegenstand der Ethik der Forschung am Menschen. Für die jeweiligen Handlungen sind unterschiedliche ethische Prinzipien einschlägig bzw. ihre jeweilige Konkretisierung und Gewichtung variiert.

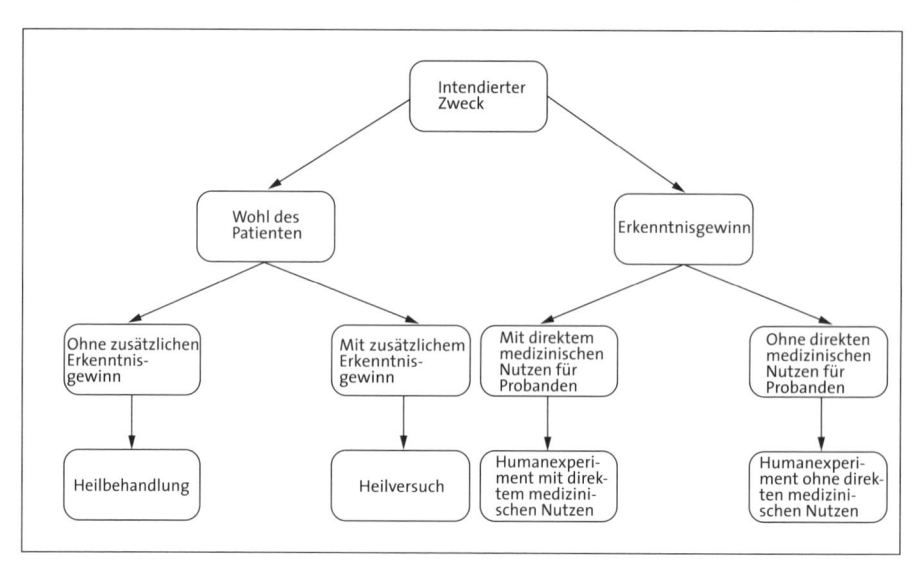

```
                    ┌──────────────┐
                    │ Intendierter │
                    │    Zweck     │
                    └──────┬───────┘
              ┌────────────┴────────────┐
              ▼                         ▼
      ┌──────────────┐          ┌──────────────────┐
      │   Wohl des   │          │ Erkenntnisgewinn │
      │  Patienten   │          │                  │
      └──────┬───────┘          └─────────┬────────┘
     ┌───────┴────────┐            ┌──────┴───────┐
     ▼                ▼            ▼              ▼
┌──────────┐  ┌──────────────┐ ┌──────────┐ ┌──────────────┐
│Ohne zu-  │  │Mit zusätzl.  │ │Mit direk-│ │Ohne direkten │
│sätzlichem│  │Erkenntnis-   │ │tem med.  │ │medizinischen │
│Erkenntnis│  │gewinn        │ │Nutzen für│ │Nutzen für    │
│gewinn    │  │              │ │Probanden │ │Probanden     │
└────┬─────┘  └──────┬───────┘ └────┬─────┘ └──────┬───────┘
     ▼               ▼              ▼              ▼
┌──────────┐  ┌──────────────┐ ┌──────────┐ ┌──────────────┐
│Heilbe-   │  │ Heilversuch  │ │Humanexp. │ │Humanexp.     │
│handlung  │  │              │ │mit direk-│ │ohne direk-   │
│          │  │              │ │tem med.  │ │ten med.      │
│          │  │              │ │Nutzen    │ │Nutzen        │
└──────────┘  └──────────────┘ └──────────┘ └──────────────┘
```

Unterscheidung verschiedener Handlungsarten im Bereich der Medizin

2.3 Prinzipien und Regeln der Ethik der Forschung am Menschen

Welche ethischen Prinzipien sind es nun, die bei medizinischen Humanexperimenten beachtet werden müssen? Man kann diese Fragen auf unterschiedliche Weisen zu beantworten versuchen: Zunächst kann man prüfen, welche Prinzipien und Regeln national und international anerkannt sind und sich in internationalen forschungsethischen Kodizes und nationalen Gesetzen niedergeschlagen haben. Ein solcher Zugang würde jedoch nur *faktisch anerkannte Normen* auflisten können, ohne eine wirkliche Begründung für ihre *normative Geltung* beizubringen. Daher sollen im Folgenden einige grundlegende Überlegungen angestellt werden, welche Prinzipien für die Forschung am Menschen bedeutsam sein könnten. Ein Abgleich dieser Prinzipien mit einschlägigen forschungsethischen Kodizes (s. das Internetangebot zu diesem Buch) zeigt, dass die *faktisch geltenden Normen* durchaus gut begründet sind, dass es darüber hinaus aber weitere wichtige Prinzipien gibt, die bisher faktisch weniger Beachtung finden.

Als Ausgangspunkt für diese Überlegung bietet sich eine moralische Grundauffassung an, über die ein weitreichender Konsens besteht: Dieser Auffassung zufolge sollten wir andere Menschen niemals ausschließlich als Mittel zur Realisierung unserer eigenen Zwecke verwenden. Man kann dies auch folgendermaßen formulieren: Menschen dürfen nicht darauf reduziert werden, *Objekte* zu sein wie andere Objekte, etwa Stühle, Steine oder dergleichen. Sie sind immer auch *Subjekte*. Als solche verdienen sie *Respekt*. Denn während Objekte (Dinge) allein nach ihrem *instrumentellen Wert* bemessen werden können, ist es ein zentrales Gebot der Ethik, Subjekten (Menschen) nicht nur einen (instrumentellen) Wert zuzuerkennen, sondern ihre *Würde* anzuerkennen. Dieser Gedanke, den Immanuel Kant in seiner Moralphilosophie maßgeblich entwickelt hat und der hier abkürzend als *Würdeprinzip* bezeichnet werden soll, hat Eingang in nationale Verfassungen (wie in das Deutsche Grundgesetz, Art. 1 Abs. 1) und internationale Dokumente, nicht zuletzt in die Universal Declaration of Human Rights der Vereinten Nationen (United Nations General Assembly 1948, Preamble, Art. 1), gefunden. Er kann als ein weithin anerkanntes normatives Fundament für spezifischere Regeln und Normen gelten. Als eine operationalisierte Form des Würdeprinzips kann man das *Instrumentalisierungsverbot* begreifen, das besagt, man soll Menschen niemals *nur* als Mittel, sondern immer *auch* als Zweck ansehen.

In den Theoriekapiteln ist schon kurz auf die Ethik Kants eingegangen worden (s. Kap. I.1 und I.2.2 f.). Die Gegenüberstellung von Wert und Würde entwickelt Kant in seiner Schrift *Grundlegung zur Metaphysik der Sitten*:

> »Im Reiche der Zwecke hat alles entweder einen Preis, oder eine Würde. Was einen Preis hat, an dessen Stelle kann auch etwas anderes als Äquivalent gesetzt werden; was dagegen über allen Preis erhaben ist, mithin kein Äquivalent verstattet, das hat eine Würde. Was sich auf die allgemeinen menschlichen Neigungen und Bedürfnisse bezieht, hat einen Marktpreis; das, was, auch ohne ein Bedürfniß vorauszusetzen, einem gewissen Geschmacke, d. i. einem Wohlgefallen am bloßen zwecklosen Spiel unserer Gemüthskräfte, gemäß ist, einen Affectionspreis; das aber, was die Bedingung ausmacht, unter der allein etwas Zweck an sich selbst sein kann, hat nicht bloß einen relativen Werth, d. i. einen Preis, sondern einen innern Werth, d. i. Würde« (Kant 1785, 58).

Was bedeutet es aber nun konkret, einen Menschen im Rahmen eines medizinischen Experiments nicht ausschließlich als Mittel zu benutzen? Experimente zeichnen sich nicht zuletzt dadurch aus, dass die daran beteiligten Probanden als *Mittel zum Erkenntnisgewinn* herangezogen werden. Dies ist nach den vorangegangenen Überlegungen moralisch dann und nur dann nicht zu beanstanden, wenn die beteiligten Probanden nicht *vollständig* darauf reduziert werden, ein Mittel im experimentellen Vollzug zu sein, also nicht *vollständig instrumentalisiert* werden. Die entscheidende Frage der Ethik der Forschung am Menschen lässt sich demnach auch folgendermaßen formulieren: Was muss getan werden, damit Probanden im Rahmen von medizinischen Humanexperimenten nicht *vollständig instrumentalisiert* werden?

Um diese Frage zu beantworten, ist es hilfreich zu überlegen, was Menschen in ihrem Wesen ausmacht – eine zugegeben schwierige Frage, deren Beantwortung zumindest teilweise von kulturell geprägten Deutungen abhängig ist. Für den vorliegenden Zusammenhang reicht es indes aus, einige sehr grundlegende Wesensmerkmale des Menschen, die kulturellen Interpretationen weitgehend entzogen sind, zu bedenken: (1) Menschen sind Wesen, die sich selbst Zwecke setzen und diese Zwecke aktiv verfolgen; (2) Menschen sind psychophysische Wesen; (3) Menschen sind soziale Wesen, die in gesellschaftlichen Verbänden leben. Nimmt man diese sehr allgemeinen menschlichen Wesensmerkmale, dann lassen sich einige fundamentale ethische Prinzipien formulieren: (1) das Selbstbestimmungsprinzip; (2) das Nichtschadenprinzip und (3) das Gerechtigkeitsprinzip. Diese drei Prinzipien markieren gleichsam Bereiche, in denen die Würde von Menschen bedroht ist und verletzt werden kann: Menschen können demnach in ihrer Selbstbestimmung behindert werden, sie können in psychischer und physischer Hinsicht Schaden nehmen und sie können innerhalb der gesellschaftlichen Verbände ungerecht behandelt werden. Diese Prinzipien bzw. die Gefährdungsbereiche, die durch sie markiert werden, sind natürlich noch nicht spezifisch genug, um zu klären, welche konkreten Regeln und Normen bei Humanexperimenten zu beachten sind, um die Würde der beteiligten Probanden nicht zu verletzen. Hierzu fehlt ein letzter gedanklicher Schritt: Bei Humanexperimenten handelt es sich um Handlungen, die grundsätzlich die Gefahr bergen, gegen alle drei Prinzipien in je spezifischer Weise zu verstoßen. Führt man sich dies vor Augen, dann lassen sich aus den genannten drei Prinzipien folgende Regeln ableiten, die mögliche Verstöße verhindern sollen: (1) die informierte Einwilligung; (2) eine sorgfältige Schaden-Nutzen-Abwägung und (3) eine gerechte Probandenauswahl. Damit sind Regeln formuliert, welche unmittelbar bei der praktischen Durchführung von Humanexperimenten bedeutsam sind. Im Übrigen handelt es sich, wie sich im weiteren Verlauf zeigen wird, um ethische Prinzipien, die seit langem in forschungsethischen Kodizes festgeschrieben sind.

Der »Belmont Report«

Eine ähnliche Systematik findet sich schon im sog. »Belmont Report«, den die US-amerikanische National Commission for the Protection of Human Subjects of Biomedical and Behavioral Research im Jahr 1978 veröffentlicht hat. In diesem für die Ethik der Forschung am Menschen sehr einflussreichen Bericht werden drei grundlegende ethische Prinzipien (*respect for persons, beneficence and justice*) benannt. Diese werden dann durch Anwendung auf das Handlungsfeld ›Humanexperimente‹ zu den drei oben genannten Bedingungen spezifiziert. Eine Rückbindung an ein übergeordnetes Prinzip wie das Würdeprinzip sieht der »Belmont Report« allerdings nicht vor. Im Original heißt es:

»The codes consist of rules, some general, others specific, that guide the investigators or the reviewers of research in their work. Such rules often are inadequate to cover complex situations; at times they come into conflict, and they are frequently difficult to interpret or apply. Broader ethical principles will provide a basis on which specific rules may be formulated, criticized and interpreted. [...] The expression ›basic ethical principles‹ refers to those general judgments that serve as a basic justification for the many particular ethical prescriptions and evaluations of human actions. Three basic principles, among those generally accepted in our cultural tradition, are particularly relevant to the ethics of research involving human subjects: the principles of respect of persons, beneficence and justice. [...] Applications of the general principles to the conduct of research leads to consideration of the following requirements: informed consent, risk/benefit assessment, and the selection of subjects of research.«
(National Commission 1978, 1, 3, 10)

Sowohl die drei Prinzipien als auch die konkreteren Bedingungen werden im »Belmont Report« noch eingehender erläutert, insgesamt sind die Ausführungen aber recht knapp. Die beiden US-amerikanischen Bioethiker Tom L. Beauchamp und James F. Childress haben den Ansatz des »Belmont Report« zu einer umfassenderen Theorie ausgearbeitet und unter dem Titel *Principles of Biomedical Ethics* (Oxford ^{6}2009) publiziert. Sie gehen von insgesamt vier Prinzipien aus: Sie unterscheiden zwischen *beneficence* und *nonmaleficence*, die im »Belmont Report« unter einem Begriff zusammengefasst werden. Für die Ethik der Forschung am Menschen erweist sich das Nichtschadenprinzip (nonmaleficence) als das wesentlich wichtigere. Der ›principlism‹ von Beauchamp und Childress ist einer der bekanntesten und einflussreichsten bioethischen Theorieansätze, allerdings wirft er auch einige sehr grundsätzliche Probleme auf und wird deshalb innerhalb der Bioethik kontrovers diskutiert.

Im Folgenden sollen die drei genannten Regeln in ihrer praktischen Bedeutung für forschungsethische Entscheidungen näher beleuchtet werden.

2.3.1 Informierte Einwilligung

Wie gezeigt, besteht ein wesentliches Merkmal des Menschseins in der Fähigkeit, sich selbst Zwecke zu setzen und diese aktiv zu verfolgen. Das Prinzip der Selbstbestimmung knüpft daran an, indem es fordert, dass jeder Mensch in einem Kernbereich freie Entscheidungen treffen kann. Allerdings findet das Recht auf Selbstbestimmung des einen eine Grenze am Recht auf Selbstbestimmung des anderen. Das Prinzip der Selbstbestimmung hat also sowohl eine Freiheit-ermöglichende als auch eine Freiheit-limitierende Dimension. Wenn nun ein Arzt einen Patienten ohne dessen Wissen beispielsweise in eine Arzneimittelstudie aufnehmen würde, dann würde dies gegen das Recht des Patienten auf Selbstbestimmung verstoßen. Die Entscheidung über die Teilnahme muss, nach den gerade angestellten Überlegungen, dem Patienten selbst überlassen sein. Der Arzt muss den Patienten also fragen, ob er teilnehmen möchte. Das allein reicht aber noch nicht aus. Es muss sichergestellt sein, dass auch eine ablehnende Antwort des Patienten vom Arzt akzeptiert wird und keine negativen Konsequenzen nach sich zieht. Anders formuliert: Die Einwilligung des Patienten muss *frei* sein, um wirklich als Realisierung des Rechts auf Selbstbestimmung gelten zu können. Es gilt aber noch einen weiteren Aspekt zu berücksichtigen: Selbst wenn der Patient die Frage aus freien Stücken positiv beantworten sollte, ist noch nicht hinreichend sichergestellt, dass es wirklich seinem Willen entspricht, an der Studie teilzunehmen. Es könnte nämlich sein, dass dem Patient nicht klar geworden ist, dass die Teilnahme mit gewissen Risiken und Belastungen verbunden ist. Womöglich hätte er auf der Grundlage eines umfassenderen Verständnisses des in Rede stehenden Experiments seine Teilnahme verweigert. Die unvermittelte Einwilligung wäre dementsprechend nicht als tatsächliche Realisisierung des Selbstbestimmungsrechts aufzufassen. Tatsächlich kommt es in nicht wenigen Fällen vor, dass Probanden, die an einer klinischen Studie teilnehmen, davon überzeugt sind, die Medikation orientiere sich an ihren individuellen medizinischen Bedürfnissen und erfolge nicht aufgrund eines festgelegten Forschungsprotokolls (*therapeutic misconception*). Als weitere Bedingung verlangt man daher, dass die Einwilligung des Probanden *informiert* ist. Voraussetzung für eine solche informierte Einwilligung (*informed consent*) ist, dass potentielle Probanden über ›Wesen, Bedeutung und Tragweite‹ – diese Formulierung hat der Bundesgerichtshof in verschiedenen Entscheidungen zum Thema geprägt – eines Experiments vorab informiert werden.

Dass der Aufklärungsprozess bei klinischen Studien, insbesondere mit Blick auf die Gefahr der ›therapeutic misconception‹, nach wie vor deutlich verbessert werden muss, belegt eine Untersuchung, die Lidz, Appelbaum, Grisso und Renaud im Jahr 2004 veröffentlicht haben. Die Autoren haben insgesamt 155 Probanden aus 40 verschiedenen klinischen Studien, die an zwei verschiedenen medizinischen Zentren in den USA durchgeführt wurden, bezüglich ihrer Risikowahrnehmung befragt. Lediglich 13,5% der Probanden konnten Risiken benennen, die sich aus dem experimentellen Design ergaben, wie etwa die Unmöglichkeit einer individuellen Dosisanpassung, oder den Umstand, dass der Prüfarzt aufgrund der Verblindung nicht weiß, welches Medikament sie tatsächlich bekommen (vgl. Lidz et al. 2004).

Die Aufklärung sollte *in schriftlicher und mündlicher Form* geschehen: Während schriftliche Informationsmaterialien einem potentiellen Probanden zwar erlauben, sich in Ruhe mit einem geplanten Experiment zu beschäftigen, bleiben die Informationen notwendigerweise allgemein. Darüber hinausgehende individuelle Fragen können nur in einem persönlichen Gespräch geklärt werden. Beide Formen der Informationsvermittlung müssen sich daher ergänzen. Eine zentrale Bedeutung kommt auch der Informationsaufbereitung zu: Empirische Untersuchungen belegen, dass abhängig davon, wie beispielsweise über etwaige Risiken informiert wird, ein ganz unterschiedlicher Kenntnisstand bei potentiellen Probanden erzielt wird. Weder mit oberflächlichen Informationen noch mit Aufklärungsmaterialien, die in medizinischer Fachterminologie abgefasst sind, wird das eigentliche Ziel – potentielle Probanden in den Stand zu setzen, eine selbstbestimmte Entscheidung zu treffen – erreicht. Bei der Konzeption der Informationsvermittlung ist es daher von größter Wichtigkeit zu bedenken, dass es in der Regel medizinische Laien sind, denen vermittelt werden muss, worum es in einem Experiment geht, was eine Teilnahme für praktische Konsequenzen hat und welche Risiken sie mit einer Teilnahme in Kauf nehmen. Die Erfahrung zeigt, dass insbesondere statistische Aussagen Laien oftmals vor Verständnisprobleme stellen. Hier können Vergleiche hilfreich sein, die etwa das Auftreten einer bestimmten Nebenwirkung mit dem Auftreten eines lebensweltlichen Ereignisses in Beziehung setzen.

CIOMS-Liste der zu kommunizierenden Informationen (2002)

Es stellt sich die Frage, welche Informationen genau potentiellen Probanden mitgeteilt werden müssen. Der Council for International Organizations of Medical Sciences (CIOMS) hat in seiner Richtlinie zur Forschung am Menschen eine Liste von Einzelaspekten formuliert, die bei Aufklärungen zu medizinischen Humanexperimenten beachtet werden sollten (ausführlicher unter IV.3). Sie umfasst im Einzelnen:

1. »that the individual is invited to participate in research, the reasons for considering the individual suitable for the research, and that participation is voluntary;
2. that the individual is free to refuse to participate and will be free to withdraw from the research at any time without penalty or loss of benefits to which he or she would otherwise be entitled;
3. the purpose of the research, the procedures to be carried out by the investigator and the subject, and an explanation of how the research differs from routine medical care;
4. for controlled trials, an explanation of features of the research design (e.g., randomization, double-blinding), and that the subject will not be told of the assigned treatment until the study has been completed and the blind has been broken;
5. the expected duration of the individual's participation (including number and duration of visits to the research centre and the total time involved) and the possibility of early termination of the trial or of the individual's participation in it;
6. whether money or other forms of material goods will be provided in return for the individual's participation and, if so, the kind and amount;
7. that, after the completion of the study, subjects will be informed of the findings of the research in general, and individual subjects will be informed of any finding that relates to their particular health status;
8. that subjects have the right of access to their data on demand, even if these data lack immediate clinical utility (unless the ethical review committee has approved temporary or permanent non-disclosure of data, in which case the subject should be informed of, and given, the reasons for such non-disclosure);
9. any foreseeable risks, pain or discomfort, or inconvenience to the individual (or others) associated with participation in the research, including risks to the health or well-being of a subject's spouse or partner;
10. the direct benefits, if any, expected to result to subjects from participating in the research;

11. the expected benefits of the research to the community or to society at large, or contributions to scientific knowledge;
12. whether, when and how any products or interventions proven by the research to be safe and effective will be made available to subjects after they have completed their participation in the research, and whether they will be expected to pay for them;
13. any currently available alternative interventions or courses of treatment;
14. the provisions that will be made to ensure respect for the privacy of subjects and for the confidentiality of records in which subjects are identified;
15. the limits, legal or other, to the investigators' ability to safeguard confidentiality, and the possible consequences of breaches of confidentiality;
16. policy with regard to the use of results of genetic tests and familial genetic information, and the precautions in place to prevent disclosure of the results of a subject's genetic tests to immediate family relatives or to others (e. g., insurance companies or employers) without the consent of the subject;
17. the sponsors of the research, the institutional affiliation of the investigators, and the nature and sources of funding for the research;
18. the possible research uses, direct or secondary, of the subject's medical records and of biological specimens taken in the course of clinical care;
19. whether it is planned that biological specimens collected in the research will be destroyed at its conclusion, and, if not, details about their storage (where, how, for how long, and final disposition) and possible future use, and that subjects have the right to decide about such future use, to refuse storage, and to have the material destroyed;
20. whether commercial products may be developed from biological specimens, and whether the participant will receive monetary or other benefits from the development of such products;
21. whether the investigator is serving only as an investigator or as both investigator and the subject's physician;
22. the extent of the investigator's responsibility to provide medical services to the participant;
23. that treatment will be provided free of charge for specified types of research-related injury or for complications associated with the research, the nature and duration of such care, the name of the organization or individual that will provide the treatment, and whether there is any uncertainty regarding funding of such treatment;
24. in what way, and by what organization, the subject or the subject's family or dependants will be compensated for disability or death resulting from such injury (or, when indicated, that there are no plans to provide such compensation);
25. whether or not, in the country in which the prospective subject is invited to participate in research, the right to compensation is legally guaranteed;
26. that an ethical review committee has approved or cleared the research protocol.«

Solche Listen sind sicherlich hilfreich, sie dürfen indes nicht davon ablenken, dass es jeweils das *individuelle Informationsbedürfnis* eines potentiellen Probanden ist, das bei der Aufklärung maßgeblich ist.

Beispiel: »Obtaining Informed Consent« nach Epstein/Lasagna

Als ein nahezu klassischer Beleg für die Bedeutung der Informationsaufbereitung kann die Studie »Obtaining Informed Consent« von Epstein/Lasagna aus dem Jahr 1969 gelten. Die beiden Forscher hatten das Einwilligungsverhalten von Probanden anhand einer fingierten Studie untersucht, wobei verschiedene Gruppen Informationsmaterialien von unterschiedlicher Ausführlichkeit ausgehändigt bekamen. Im Ergebnis zeigte sich, dass kurze und konzise Darstellungen am ehesten geeignet sind, die Probanden über die Umstände einer Studie zu informieren, während bei sehr detaillierten Ausführungen entscheidende Informationen eher verdeckt werden. Schon damals kamen die Autoren zu dem Ergebnis:»The results of this study reveal how important the way in which information is presented can be in determining comprehension and providing truly ›informed‹ consent.« Wie schwierig es ist, dieses Ziel zu erreichen und vor allem ein adäquates Verständnis der Risiken einer Studie zu vermitteln, wird daraus ersichtlich, dass 21 der 66 Studienteilnehmer sich weigerten, zwei Tabletten des ›neuartigen Kopfschmerzmittels‹ einzunehmen, nachdem sie die Informationsmaterialien zur Kenntnis genommen hatten. Tatsächlich handelte es sich bei dem ›neuartigen Mittel‹ um Aspirin und das ausgehändigte Informationsmaterial enthielt die Beschreibungen möglicher Nebenwirkungen von Aspirin aus einem pharmakologischen Standardwerk. Im Nachhinein befragt äußerten alle 66 Studienteilnehmer die Auffassung, bei Aspirin handele es sich um ein ›sicheres Medikament‹. Man kann also davon ausgehen, dass die schriftlichen Informationsmaterialien nicht dazu geeignet waren, die Risiken auf eine für die potentiellen Probanden fassliche Weise darzustellen, d. h. die für eine wahrhaft informierte Einwilligung erforderliche Transparenz herzustellen (vgl. Epstein/Lasagna 1969).

Neben der Informiertheit besteht, wie bereits kurz erwähnt, eine zweite wichtige Komponente einer vollgültigen Einwilligung in der *Freiwilligkeit*. Nun dürfte es selten vorkommen, dass ein Proband direkt zur Teilnahme an einer Studie gezwungen wird. Durchaus realistisch sind aber subtilere Formen von Druck, die die Entscheidung eines Patienten beeinflussen können. Besonders wichtig ist hier der Fall, dass ein potentieller Proband zugleich auch Patient eines Arztes ist, der an der Studie beteiligt ist. Der Patient könnte fürchten, wenn er seine Teilnahme verweigert, nicht mehr von diesem Arzt oder zumindest mit weniger Engagement behandelt zu werden. Dies könnte dazu führen, dass der Patient sich zur Teilnahme genötigt fühlt. Im Rahmen der Aufklärung muss daher auch vermittelt werden, dass eine Ablehnung der Teilnahme *keinerlei negative Konsequenzen* nach sich ziehen wird. Die Freiwilligkeit der Teilnahme kann natürlich auch durch *positive Anreize*, etwa eine hohe finanzielle Aufwandsentschädigung oder gar eine Bezahlung, beeinträchtigt werden. Dieses Problem kann besonders schwerwiegend werden, wenn eine Studie in einem Land mit einem schlechten medizinischen Versorgungssystem, insbesondere in Entwicklungsländern, durchgeführt wird. Die Aussicht, in den Genuss einer guten medizinischen Betreuung im Rahmen der Studie zu gelangen, kann die Freiwilligkeit der Teilnahme an einem medizinischen Humanexperiment faktisch unterlaufen.

Ein Proband, der sich durch eine informierte Einwilligung bereit erklärt hat, an einem Humanexperiment teilzunehmen, verpflichtet sich dadurch keineswegs unwiderruflich. Denn es handelt sich bei der Einwilligung nicht um einen Vertrag, der Forscher und Proband zur gegenseitigen Erbringung von Leistungen verpflichtet. Eine Einwilligung kann dementsprechend ohne Angabe von Gründen jederzeit zurückgenommen werden. Das Recht auf Selbstbestimmung beinhaltet mithin auch das *Recht auf jederzeitige Rücknahme einer einmal erteilten Einwilligung*. Das Recht auf jederzeitige Rücknahme der Einwilligung muss dem Probanden im Zuge der Aufklärung natürlich erläutert werden: In diesem Zusammenhang muss wiederum klargestellt werden, dass ein vorzeitiges Ausscheiden keine negativen Konsequenzen nach sich zieht. Allerdings kann es sein, dass es im gesundheitlichen Interesse eines Probanden ist, beispielsweise ein neues Medikament, das im Rahmen einer klinischen Studie getestet wird, schrittweise abzusetzen. Bei der Rücknahme einer Einwilligung müsste man in diesem Fall unverzüglich mit der Absetzung beginnen.

Ein Problem im Hinblick auf die informierte Einwilligung ergibt sich bei potentiellen Probanden, die nicht in der Lage sind, eine vollgültige informierte Einwilligung zur Teilnahme an einem Humanexperiment zu erteilen, wie etwa Kinder, geistig Behinderte oder Demenzpatienten. Ist Forschung mit solchen Personen grundsätzlich ethisch unvertretbar? Eine abschlägige Antwort wäre zumindest nicht unproblematisch, würde sie doch implizieren, dass etwa Medikamente speziell für Kinder nur mithilfe von aufwendigen und wissenschaftlich weniger ergiebigen ex-post-Analysen individueller Heilversuche erforscht werden könnten. Tatsächlich handelt es sich bei der Frage nach der ethischen Vertretbarkeit von Forschung an sog. *Einwilligungsunfähigen* um eines der schwierigsten Probleme der Ethik der Forschung am Menschen überhaupt. Sie wird auf nationaler und internationaler Ebene seit langem kontrovers diskutiert. Im Folgenden soll ein Lösungsmodell skizziert werden, das zumindest von vielen als akzeptabel angesehen wird. Es basiert im Kern darauf, dass man die fehlende persönliche Einwilligung durch andere Schutzvorschriften zu kompensieren versucht. Zunächst gelten Experimente mit Einwilligungsunfähigen überhaupt nur dann als vertretbar, wenn sie nicht genauso gut mit Einwilligungsfähigen durchgeführt werden könnten (s. Abschnitt 2.3.3). Des Weiteren beschränkt man Forschung an Einwilligungsunfähigen in der Regel auf solche Experimente, die mit nur *minimalen Risiken* und *minimalen Belastungen* verbunden sind. Zudem fordert man die *stellvertretende Einwilligung* der Eltern, Erziehungsberechtigten, von gesetzlichen Betreuern oder einem Vormundschaftsgericht (*proxy consent*). Schließlich wird verlangt, dass die Betroffenen selbst, abhängig von ihren individuellen Fähigkeiten, an der Entscheidung beteiligt werden. Im Unterschied zur Einwilligung, fordert man ihre Zustimmung (*assent*). Ob diese Schutzmaßnahmen wirklich ausreichen, um Einwilligungsunfähige vor einer würdeverletzenden Instrumentalisierung zu schützen, ist allerdings nach wie vor umstritten.

Noch zwei abschließende Bemerkungen:

(1) Die informierte Einwilligung dient dazu, dass ein fundamentales Grundrecht, nämlich das Recht auf Selbstbestimmung, bei der Durchführung von medizinischen Humanexperimenten beachtet wird. Um sicherzustellen, dass in einer Willensäußerung eines Probanden auch dessen tatsächlicher Wille zum Ausdruck kommt, erfolgt vorab eine ausführliche Aufklärung über das Experiment. Nun ist der Fall denkbar, dass ein potentieller Proband von sich aus auf detaillierte Informationen verzichtet – man spricht in diesem Zusammenhang auch von *waiver* (Verzichtserklärung). Auch das kann man als selbstbestimmte Entscheidung begreifen. Allerdings wird man diesem Vorgehen in der Praxis enge Grenzen setzen müssen, nicht zuletzt zum Schutz der Forscher, die sich ihrerseits darauf verlassen können müssen, dass sie von einem Probanden im Nachhinein nicht beschuldigt werden, mangelhaft über eine Experiment aufgeklärt zu haben. Umgekehrt dürfen an die Ablehnung der Teilnahme durch den Probanden keinerlei formale und inhaltliche Bedingungen geknüpft werden.

Die Asymmetrie zwischen informierter Einwilligung (*informed consent*) und uninformierter Ablehnung (*uninformed refusal*) wirkt zunächst womöglich erstaunlich. Vor dem Hintergrund der Ausführungen im vierten Theoriekapitel über die unterschiedlichen Stufen der Verbindlichkeit ist sie indessen leicht zu erklären (s. Kap. I.4). Zwar ist strittig, ob die Teilnahme an einem Humanexperiment eher als *Tugendpflicht* oder als *supererogatorischer Akt* eingestuft werden muss. Jedenfalls handelt es sich nicht um eine *Rechtspflicht*, d.h. um keine Art von Handlung, zu der man einen anderen nötigen oder gar zwingen kann. Insofern ist auch die Ablehnung – selbst wenn sie ›objektiv‹ nicht wünschenswert und vielleicht sogar moralisch tadelnswert ist – nicht begründungsbedürftig. Andererseits handelt es sich bei der Respektierung der Selbstbestimmung um eine so grundlegende Rechtspflicht, dass eine Nichterfüllung unbedingt vermieden werden muss. Die Asymmetrie lässt sich also durch unterschiedliche Typen von Pflichten leicht begründen.

(2) Das Selbstbestimmungsrecht erstreckt sich auch auf persönliche Daten – das Bundesverfassungsgericht hat im sog. Volkszählungsurteil dazu den Begriff der informationellen Selbstbestimmung geprägt. Für medizinische Humanexperimente folgt aus diesem wichtigen Grundrecht insbesondere die Forderung nach *Datenschutz*. Auch wenn die *Anonymisierung* bzw. *Pseudonymisierung von Daten* sehr aufwendig sein kann, stellt sie bei den meisten Versuchsformen eine unerlässliche Bedingung für die ethische Vertretbarkeit von Humanexperimenten dar. Besondere Bedeutung gewinnt dieser Aspekt bei epidemiologischer Forschung, die in ethischer Hinsicht zunächst womöglich eher unproblematisch erscheinen könnte, da keine invasiven Maßnahmen oder dergleichen zum Einsatz kommen. Gleichwohl kann auch schon die Verwendung von persönlichen Daten einen rechtfertigungsbedürftigen Eingriff in den geschützten Bereich von Personen darstellen. Bei epidemiologischer Forschung stellen sich daher nicht unbedingt weniger, sondern eher andere ethische Anforderungen und zwar vor allem solche, die auf den Schutz der informationellen Selbstbestimmung abzielen.

2.3.2 Schaden-Nutzen-Abwägung

Neben dem Prinzip der Selbstbestimmung ist oben das Nichtschadenprinzip als besonders wichtiges ethisches Prinzip benannt worden. Näher besehen, stehen beide Prinzipien in einem Spannungsverhältnis zueinander, da das Recht auf Selbstbestimmung sich auch auf selbstschädigendes Handeln erstrecken kann. Und tatsächlich ist die Teilnahme an einem Humanexperiment, das mit Risiken für die Gesundheit der Probanden verbunden ist, eine Handlung, bei der der Handelnde zumindest eine mögliche Schädigung seiner psychophysischen Integrität selbstbestimmt in Kauf nimmt. Dennoch wäre es falsch, unter Verweis auf das Nichtschadenprinzip solche Handlungen grundsätzlich zu verbieten. Denn ein solches Vorgehen würde bedeuten, dass das Nichtschadenprinzip dem Selbstbestimmungsprinzip grundsätzlich übergeordnet und damit das genannte Spannungsverhältnis einseitig aufgelöst wird. Eine differenziertere Herangehensweise besteht darin, beide Prinzipien zugleich in ihrer Geltung anzuerkennen, was praktisch bedeutet, dass sich beide Prinzipien wechselseitig begrenzen. So sind medizinische Humanexperimente bei Vorliegen einer informierten Einwilligung der Probanden grundsätzlich ethisch nicht bedenklich, allerdings muss sichergestellt sein, dass der mögliche Schaden, der mit ihnen verbunden ist, ›angemessen‹ ist. Was bedeutet aber nun ›angemessen‹? Zunächst wird man fordern, dass Experimente mit Beteiligung menschlicher Probanden mit Bezug auf die wissenschaftliche Fragestellung als Methode *alternativlos* sind. Wenn nämlich hinreichend aussagekräftige Ergebnisse auch im Tierexperiment oder an Zellkulturen erzielt werden können, dann erscheint ein Gefährdungsrisiko für menschliche Probanden inakzeptabel (zur ethischen Problematik der Verwendung von Tieren in der Forschung s. Kap. II.3). Überdies muss das *wissenschaftliche Design* eines Versuchs, etwa die Wahl der statistischen Auswertungsmethoden und davon abhängig die festgelegte Anzahl von Probanden, einwandfrei sein. Ist dies nicht der Fall, dann ist der Erkenntnisgewinn, zu dessen Zweck ein Experiment durchgeführt wird, nicht gewährleistet. Folglich wird man selbst eine geringe Gefährdung der Probanden ablehnen müssen. Schließlich wird man verlangen, dass Experimente nicht mit großer Wahrscheinlichkeit zu *schweren oder dauerhaften gesundheitlichen Schäden* der Probanden oder sogar zu deren *Tod* führen werden. Bei allen drei Bedingungen handelt es sich gewissermaßen um *absolute Grenzen*, die unabhängig von der Beschaffenheit eines konkreten Experiments gelten.

Vor dem Hintergrund des Nichtschadenprinzips gibt es zusätzlich noch eine *relative Grenze* zu beachten: Der erwartete Nutzen, der mit einem Experiment verbunden ist, muss in einem *ausgewogenen Verhältnis* zu möglichen Schädigungen der beteiligten Probanden stehen. Hierbei ist sowohl der allgemeine Erkenntnisgewinn als auch der direkte medizinische Nutzen für den Probanden zu beachten. Allerdings muss zwischen beiden klar unterschieden werden. Steht nämlich ein gewichtiger direkter medizinischer Nutzen für die Probanden in Aussicht – etwa weil sie an einer schweren Krankheit leiden, für die es keine Standardtherapien gibt –, dann wird man sicher ein höheres Gefährdungsrisiko für akzeptabel halten als bei gesunden Probanden, die an einer Phase I-Studie teilnehmen, in der es ausschließlich darum geht, einen medizinisch-wissenschaftlichen Erkenntnisgewinn zu erzielen. Die oben angestellten Überlegungen zu den Handlungstypen hatten allerdings ergeben, dass es sich in beiden Fällen um Humanexperimente handelt. Folglich lassen sich zwar *quantitativ unterschiedliche Regulierungen* begründen, nicht jedoch *qualitative*.

Individualnutzen vs. Gruppennutzen nach AMG

Das deutsche Arzneimittelgesetz (AMG) kennt neben dem *direkten medizinischen Nutzen für die Probanden* (Individualnutzen) und dem *allgemeinen Nutzen durch Erkenntnisgewinn* noch eine dritte Kategorie, den *Gruppennutzen*.

Für eine klinische Studie an gesunden Probanden schreibt § 40 Abs. 1 Nr. 2 vor, dass »die vorhersehbaren Risiken und Nachteile gegenüber dem Nutzen für die Person, bei der sie durchgeführt werden soll (betroffene Person), und der voraussichtlichen Bedeutung des Arzneimittels für die Heilkunde ärztlich vertretbar sind«. Für Studien an gesunden Minderjährigen wird zudem in § 40 Abs. 4 Nr. 1 gefordert: »Das Arzneimittel muss zum Erkennen oder zum Verhüten von Krankheiten bei Minderjährigen bestimmt und die Anwendung des Arzneimittels nach den Erkenntnissen der medizinischen Wissenschaft angezeigt sein, um bei dem Minderjährigen Krankheiten zu erkennen oder ihn vor Krankheiten zu schützen. Angezeigt ist das Arzneimittel, wenn seine Anwendung bei dem Minderjährigen medizinisch indiziert ist.« Demgegenüber verlangt der § 41 Abs. 1, der klinische Studien mit Personen regelt, die an einer Krankheit leiden: »1. Die Anwendung des zu prüfenden Arzneimittels muss nach den Erkenntnissen der medizinischen Wissenschaft angezeigt sein, um das Leben dieser Person zu retten, ihre Gesundheit wiederherzustellen oder ihr Leiden zu erleichtern, oder 2. sie muss für die Gruppe der Patienten, die an der gleichen Krankheit leiden wie diese Person, mit einem direkten Nutzen verbunden sein.«

Analog legt § 41 Abs. 2 für minderjährige Probanden, die an einer Krankheit leiden, fest: »1. Die Anwendung des zu prüfenden Arzneimittels muss nach den Erkenntnissen der medizinischen Wissenschaft angezeigt sein, um das Leben der betroffenen Person zu retten, ihre Gesundheit wiederherzustellen oder ihr Leiden zu erleichtern, oder 2. (a) die klinische Prüfung muss für die Gruppe der Patienten, die an der gleichen Krankheit leiden wie die betroffene Person, mit einem direkten Nutzen verbunden sein, (b) die Forschung muss für die Bestätigung von Daten, die bei klinischen Prüfungen an anderen Personen oder mittels anderer Forschungsmethoden gewonnen wurden, unbedingt erforderlich sein, (c) die Forschung muss sich auf einen klinischen Zustand beziehen, unter dem der betroffene Minderjährige leidet und (d) die Forschung darf für die betroffene Person nur mit einem minimalen Risiko und einer minimalen Belastung verbunden sein; die Forschung weist nur ein minimales Risiko auf, wenn nach Art und Umfang der Intervention zu erwarten ist, dass sie allenfalls zu einer sehr geringfügigen und vorübergehenden Beeinträchtigung der Gesundheit der betroffenen Person führen wird; sie weist eine minimale Belastung auf, wenn zu erwarten ist, dass die Unannehmlichkeiten für die betroffene Person allenfalls vorübergehend auftreten und sehr geringfügig sein werden.«

Das hier verwendete Konzept des Gruppennutzens ist nicht unumstritten, geht es doch davon aus, dass die Zugehörigkeit zu einer Gruppe – wobei nicht völlig klar ist, welche Merkmale überhaupt eine Gruppe in diesem Sinne konstituieren können – normativ relevant ist. Ob aber bspw. die Indienstnahme eines minderjährigen Probanden, der selbst keinen direkten medizinischen Nutzen durch die Teilnahme an einem Experiment hat, tatsächlich dadurch gerechtfertigt werden kann, dass andere Minderjährige davon profitieren werden, ist fraglich.

Nicht nur die Art des zu erwartenden Nutzens muss hier ins Kalkül gezogen werden, sondern auch der *Status der beteiligten Probanden*. Handelt es sich beispielsweise um Kinder, Demenzpatienten oder andere besonders *vulnerable Personen*, dann muss man deutlich engere Grenzen anlegen. Wo genau diese Grenzen verlaufen, lässt sich nur schwer festlegen. Hier ist das sorgfältige Urteil von Forschern und Ethikkommissionen gefragt, die im Einzelfall entscheiden müssen, ob die Risiken, die mit einem Humanexperiment verbunden sind, als ethisch zu rechtfertigen erscheinen.

Zum Begriff ›minimales Risiko‹ (nach ZEKO 2004)

Im Zusammenhang mit dem Problem der Forschung an Einwilligungsunfähigen ist oben bereits der Begriff ›minimales Risiko‹ gefallen. Die Zentrale Ethikkommission bei der Bundesärztekammer (ZEKO) hat sich in ihrer Stellungnahme »Forschung an Minderjährigen« bemüht, die Begriffe ›minimales‹ und ›niedriges Risiko‹ durch Beispiele zu erhellen. Sie führt dort aus: »Anders sind die Belastungen und Risiken zu beurteilen, die sich nicht aus der untersuchten Methode selbst ergeben, auch und besonders in fremdnützigen Forschungsvorhaben (pädiatrische Grundlagenforschung). Hier darf es sich höchstens um minimale Belastungen und Risiken handeln. Sie sind unter anderem mit allgemeinen klinischen Beobachtungen und nichtinvasiven Untersuchungstechniken, der Erhebung morphometrischer und psychometrischer Daten, der nichtinvasiven Sammlung von Ausscheidungsprodukten oder geringen zusätzlichen Blutentnahmen bei ohnehin liegendem Zugang verbunden. Außerhalb der pädiatrischen Grundlagenforschung dürfen Minderjährige dagegen überhaupt keinen nichttherapeutischen/nichtdiagnostischen Risiken und Belastungen ausgesetzt werden. Sind bei eigen- und gruppennützigen Forschungsvorhaben mehr als minimale (höchstens aber ›niedrige‹) Risiken und Belastungen zu erwarten, dann darf die Ethikkommission dem Vorhaben in besonderen Einzelfällen zustimmen, wenn sie das Nutzen-Risiko-Verhältnis für vertretbar hält. Dazu muss das Studienprotokoll den Grad der Belastung und des Risikos genau spezifizieren. Mit niedrigen Risiken und Belastungen gehen in Einzelfällen schon Punktionen peripherer Venen, Ultraschall- und MRT-Untersuchungen einher. Mehr als niedrige Risiken sind beispielsweise verbunden mit der Punktion von Arterien oder des Knochenmarks, mit Kontrastmitteluntersuchungen oder zentralen Venenkathetern.«

Eine wichtige Unterscheidung ist bisher noch nicht zur Sprache gekommen, nämlich die zwischen *Schäden* und *Belastungen*. Während man unter den Begriff ›Schäden‹ (eher ›objektive‹) negative Auswirkungen auf die Gesundheit eines Probanden fasst, bezeichnet der Begriff ›Belastungen‹ (eher ›subjektive‹) Störungen des Gesamtbefindens. Diese müssen bei der Bewertung eines Humanexperiments unbedingt gesondert in Rechnung gestellt werden. Es ist nämlich möglich, dass mit einem Experiment kaum oder gar keine Gefahren verbunden sind, dass die Belastung für Versuchsteilnehmer aber durchaus erheblich ist. So können etwa langwierige Untersuchungen durchaus als höchst unangenehm empfunden werden. Dies gilt es natürlich zu berücksichtigen; eine Fokussierung auf mögliche ›objektive‹ Schäden ist daher unzureichend.

Im Zusammenhang mit dem Nichtschadenprinzip muss ferner erwähnt werden, dass eine Bewertung von Risiken und Belastungen *vor* Versuchsbeginn zumindest in Teilen spekulativ ist. Genauere Erkenntnisse über ein neues Medikament, Medizinprodukt oder ein neues Verfahren werden gerade erst durch das Experiment gewonnen. Insbesondere bei Studien, bei denen signifikante Risiken nicht ausgeschlossen werden können – sei es in Form von Nebenwirkungen, sei es dadurch, dass ein neues Mittel doch deutlich schlechter ist als ein etabliertes –, ist es daher angezeigt, die experimentellen Daten einer Zwischenauswertung zu unterziehen. Diese Aufgabe übernehmen eigens dafür eingerichtete unabhängige *Data Monitoring Committees*. Ihre Ergebnisse können im Extremfall zum Abbruch eines Experiments führen; möglich ist aber etwa auch, dass eine neue Probandenaufklärung durchgeführt wird, in der die Zwischenergebnisse berücksichtigt werden.

Ein letzter Punkt ist im Zusammenhang mit dem Nichtschadenprinzip wichtig: Natürlich können Schädigungen durch die Teilnahme an einem medizinischen Humanexperiment niemals völlig ausgeschlossen werden. Daher muss gewährleistet sein, dass Probanden, die einen Schaden erleiden, abgesichert sind. Dafür gibt es sog. *Probandenversicherungen*, deren Abschluss im Rahmen von Arzneimittelstudien in Deutschland nach dem Arzneimittelgesetz (AMG) gesetzlich verpflichtend ist.

2.3.3 Gerechte Probandenauswahl

Das Gerechtigkeitsprinzip fordert, dass Nutzen und Lasten innerhalb eines Gemeinwesens ›fair‹ verteilt werden müssen. Mit Bezug auf Humanexperimente heißt das zunächst einmal, dass auch hier Nutzen und Lasten nicht einseitig verteilt werden dürfen. Für eine weitere Konkretisierung dieser Forderung im Hinblick auf medizinische Humanexperimente ist es sinnvoll, zwei Ebenen zu unterscheiden: Auf einer ›individuellen‹ Ebene fordert das Gerechtigkeitsprinzip, dass bei der Probandenauswahl nur sachliche Erwägungen (und nicht etwa Sympathieerwägungen des Forschers) zum Tragen kommen. Die Entscheidung darf allein aufgrund von *Einschluss- und Ausschlusskriterien* gefällt werden, die vor Rekrutierungsbeginn im Forschungsprotokoll niedergelegt werden müssen. Auf einer ›sozialen‹ Ebene gestaltet sich die Konkretisierung schwieriger: Fraglich ist, ob es bestimmte gesellschaftliche Gruppen gibt, die bevorzugt an Humanexperimenten beteiligt werden sollten oder die generell unberücksichtigt bleiben müssen?

Eine Antwort auf diese Frage kann anhand der folgenden Regel erfolgen: Probanden aus vulnerablen Gruppen sollen nur dann an Humanexperimenten beteiligt werden, wenn das experimentelle Design dies zwingend erforderlich macht. So sollte man beispielsweise Kinder oder Demenzpatienten nur zu Experimenten rekrutieren, die speziell Kinderkrankheiten oder der Demenzforschung gewidmet sind und auch nur an dieser Gruppe erforscht werden können. Handelt es sich hingegen um einen Versuch, der ebenso gut mit einwilligungsfähigen Erwachsenen durchgeführt werden kann, dann ist deren Rekrutierung ethisch geboten. Man spricht in diesem Zusammenhang auch vom *Subsidiaritätsprinzip*.

Beispiel: Vulnerabilität und medizinischer Fortschritt

Wie gravierend die Folgen der Zurechnung zur Gruppe vulnerabler Personen sein können, illustriert das folgende Beispiel: Lange Zeit war es üblich, Humanexperimente ausschließlich mit männlichen Probanden durchzuführen. Dies geschah nicht zuletzt aus der Sorge, bei Frauen könnte eine Schwangerschaft vorliegen und ein Experiment könnte Schäden beim ungeborenen Kind verursachen. Frauen wurden somit gewissermaßen als ›vulnerabel‹ eingestuft. Dieses Vorgehen hat dazu geführt, dass viele neue Medikamente nicht an Frauen getestet wurden. Da der Metabolismus von Männern und Frauen aber nicht völlig identisch ist, waren Frauen mit Blick auf die Versorgung mit neuen Medikamenten systematisch benachteiligt. Frauengruppen haben daher gegen den prinzipiellen Ausschluss aus Medikamentenstudien protestiert. Die bereits erwähnten CIOMS Richtlinien aus dem Jahr 2002 enthalten nun die folgende Maßgabe:

»Investigators, sponsors or ethical review committees should not exclude women of reproductive age from biomedical research. The potential for becoming pregnant during a study should not, in itself, be used as a reason for precluding or limiting participation. However, a thorough discussion of risks to the pregnant woman and to her fetus is a prerequisite for the woman's ability to make a rational decision to enrol in a clinical study. In this discussion, if participation in the research might be hazardous to a fetus or a woman if she becomes pregnant, the sponsors/investigators should guarantee the prospective subject a pregnancy test and access to effective contraceptive methods before the research commences. Where such access is not possible, for legal or religious reasons, investigators should not recruit for such possibly hazardous research women who might become pregnant« (CIOMS 2002).

Dieses Beispiel macht deutlich, dass die Klassifizierung als vulnerabel durchaus problematisch sein kann, nämlich dann, wenn sie eine ›überprotektionistische‹ Haltung nach sich zieht, die den entsprechenden Personenkreis vom medizinischen Fortschritt auszuschließen droht. Dieses Problem stellt sich heute besonders mit Blick auf Minderjährige, für die nach wie vor weit weniger Medikamente erprobt und zugelassen sind als für Erwachsene. Auch in diesem Fall besteht ein Grund darin, dass man minderjährige Probanden vor den Gefahren der Teilnahme an Humanexperimenten schützen möchte.

2.3.4 Prozedurale Prinzipien

Die bisher besprochenen Prinzipien geben *inhaltlich* vor, unter welchen Bedingungen ein medizinisches Humanexperiment als ethisch vertretbar gelten kann. Im Laufe der Geschichte der Forschung am Menschen hat sich gezeigt, dass es sinnvoll ist, diese Prinzipien durch *prozedurale* Bestimmungen zu ergänzen.

Das in der Forschungspraxis vermutlich spürbarste dieser prozeduralen Prinzipien ist die *Begutachtung durch Ethikkommissionen*. Jedes Humanexperiment muss demnach vor seiner Durchführung einem unabhängigen Gremium zur Begutachtung vorgelegt werden. In Deutschland sind diese Gremien entweder an den Universitätskliniken angesiedelt, von den Landesärztekammern oder den Bundesländern bestellt. Seit der Novelle des Arzneimittelgesetzes (AMG) im Jahr 2004 ist nicht mehr nur eine beratende Stellungnahme, sondern ein positives Votum einer Ethikkommission als Voraussetzung für die Durchführung einer Medikamentenstudie gesetzlich vorgeschrieben.

Entwickelt hat sich das Prinzip der unabhängigen Begutachtung von Forschungsprotokollen zunächst in den USA. Schon in den 1950er Jahren haben sich dort vereinzelt solche Kommissionen gebildet. Im Jahr 1966 machte der U.S. Surgeon General für jene Forschungsprojekte, die mit Mitteln des staatlichen Public Health Service gefördert wurden, die Begutachtung durch »a committee of [the investigator's] associates« zur Voraussetzung. Das erste internationale Dokument, in dem Ethikkommissionen als prozedurales Prinzip Erwähnung finden, ist die »Declaration of Helsinki« in ihrer revidierten Fassung aus dem Jahr 1975. In Deutschland begann die Einrichtung von Ethikkommissionen in den 1970er Jahren. Im Jahr 1994 wurde durch die 5. Novelle des Arzneimittelgesetzes dafür eine gesetzliche Grundlage geschaffen. Mittlerweile ist die externe Begutachtung von Forschungsprotokollen durch eine Ethikkommission als verbindliche Maßgabe in allen wichtigen forschungsethischen Kodizes verankert.

Ihrer Entstehungsgeschichte nach waren Ethikkommissionen zunächst standesinterne Beratungsgremien, die den forschenden Arzt bei der Überprüfung der ethischen Vertretbarkeit seines Forschungsvorhabens unterstützen sollten. Dieses Verfahren der kritischen Prüfung eigener Denkansätze durch andere, insbesondere Fachkollegen, stellt ein konstitutives Element kritischer Wissenschaft überhaupt dar. Die Einrichtung von Ethikkommissionen kann – zumindest in der ursprünglichen Form der Kollegialberatung – als Institutionalisierung dieses Prinzips verstanden werden. Es handelt sich demnach um Gremien, in denen ein Grundsatz guter wissenschaftlicher Praxis auf die Prüfung ethischer Aspekte von medizinischen Forschungsprotokollen angewendet wird: Der antragstellende Forscher bzw. das Forscherteam müssen nicht nur die medizinisch-naturwissenschaftlichen Hintergründe ihres Projekts einer kritischen Prüfung durch andere unterwerfen, sondern auch seine ethische Vertretbarkeit. Die externe Begutachtung stellt also ein Verfahren dar, durch das die Beachtung der inhaltlichen Prinzipien der Ethik der Forschung am Menschen sichergestellt werden soll. Im kritischen Dialog unter Kollegen sollen auf der Grundlage etablierter Prinzipien Maßnahmen für einen optimalen Probandenschutz im jeweils konkreten Fall erörtert und schließlich ins Werk gesetzt werden – was im Zweifel auch die Zurückweisung eines Protokolls bedeuten kann. Der Probandenschutz wird somit der akademischen bzw. ärztlichen Selbstkontrolle anheimgestellt. Schon früh hat man den Kreis der Mitglieder, der anfangs nur aus Medizinern bestand, um andere Fachrichtungen, insbesondere Juristen, aber auch Geisteswissenschaftler ergänzt. Nur ein interdisziplinär zusammengesetztes Gremium schien der gestellten Aufgabe gerecht werden zu können (›interdisciplinary professional review model‹). Vor allem in den USA sind im Laufe der Zeit Laien als Kommissionsmitglieder hinzugekommen. Damit trat ein anderes Modell als Vorlage hinzu, nämlich das ›jury model‹ oder, hiermit verwandt, das ›representative model‹. Gerade im Hinblick darauf, was aus der Perspektive von Probanden wichtig ist, kann, so die Überlegung, die Einschätzung von ›Experten‹ leicht fehlgehen. In Deutschland wird die Beteiligung von Laien zwar ebenfalls verschiedentlich gefordert, bildet in der Praxis jedoch nach wie vor eher die Ausnahme.

Weitere prozedurale Prinzipien sind das *Dokumentations- und das Publikationsprinzip*. Das erste fordert, dass alle wesentlichen Schritte eines Humanexperiments – vom Studiendesign über die Probandenaufklärung und das Auftreten von unerwarteten Nebeneffekten bis hin zu den Ergebnissen – schriftlich dokumentiert werden. Dies entspricht schlicht dem Gebot, dass in der Wissenschaft alles grundsätzlich der kritischen Überprüfung zugänglich sein sollte (s. Kap. II.1). Zudem kann es in Zweifelsfällen auch Forscher vor unberechtigten Anschuldigungen schützen.

Während das Dokumentationsprinzip mittlerweile auch positiv-rechtlich kodifiziert ist und damit, zumindest für bestimmte Formen von medizinischen Humanexperimenten, verbindlich ist, findet das mit ihm sachlich eng verbundene Publikationsprinzip in der Praxis nach wie vor weniger Beachtung. Es fordert, dass alle wichtigen Ergebnisse eines Humanexperiments veröffentlicht werden. Dies ist aus ethischer Sicht allein schon deshalb geboten, weil sonst die oben formulierte Forderung der Schaden-Nutzen-Abwägung nur unzureichend durchgeführt werden kann. Ist nämlich ein Experiment bereits einmal durchgeführt, ohne dass die Ergebnisse publiziert wurden, so besteht die Gefahr, dass ein gleiches oder ähnliches Experiment erneut durchgeführt wird. Probanden würden so einer unnötigen Gefährdung ausgesetzt. Empirische Untersuchungen zeigen allerdings, dass Studien, in denen keine signifikanten Ergebnisse erzielt werden konnten (›Negativresultate‹), häufiger nicht publiziert werden (vgl. dazu Krzyzanowska/Pintilie/Tannock 2003).

Einen wichtigen Schritt hin zur praktischen Umsetzung des Publikationsprinzips hat das International Committee of Medical Journal Editors (ICMJE) im Jahr 2004 vollzogen, indem es eine *trials-registration policy* in Geltung gesetzt hat. Demnach werden von Juli 2005 an von den beteiligten Fachzeitschriften – darunter das *Journal of the American Medical Association* (JAMA), das *New England Journal of Medicine* (NEJM) sowie *The Lancet* – nur noch Ergebnisse von klinischen Studien zur Publikation angenommen, wenn diese vor Studienbeginn in einem öffentlichen Studienregister angemeldet wurden. Die Herausgeber legen kein bestimmtes Register fest, nennen jedoch Kriterien, die ein Register im Sinne ihrer Richtlinie erfüllen muss: Öffentlicher und kostenloser Zugang, Verfügbarkeit für alle zukünftigen Studien und Verwaltung durch eine Non-Profit-Organisation. Ferner wird ein Mechanismus zur Überprüfung der Daten gefordert sowie das Vorhandensein einer elektronischen Suchfunktion. Mit Blick auf die Informationen über eine Studie, die ein Register mindestens enthalten muss, fordern die Herausgeber

> »[…] a unique identifying number, a statement of the intervention (or interventions) and comparison (or comparisons) studied, a statement of the study hypothesis, definitions of the primary and secondary outcome measures, eligibility criteria, key trial dates (registration date, anticipated or actual start date, anticipated or actual date of last follow-up, planned or actual date of closure to data entry, and date trial data considered complete), target number of subjects, funding source, and contact information for the principal investigator« (De Angelis et al. 2004).

Durch diese Maßnahme erhofft sich das ICMJE, die Praxis des ›selective reporting‹ einzudämmen.

Das CONSORT-Statement

Dokumentation und Publikation sollten sich nicht auf die Ergebnisse von Experimenten beschränken. Neben den Resultaten müssen die methodischen Hintergründe eines Experiments offengelegt werden, da sonst der epistemische Status der Ergebnisse – oder ihr Informationswert – unklar bleibt. Diese Einsicht hat eine Reihe von Autoren dazu veranlasst, im Jahr 1996 das CONSORT-Statement (*Consolidated Standards of Reporting Trials*) zu veröffentlichen, in dem für den Bereich randomisierter klinischer Studien festgeschrieben wird, welche methodischen Fakten bei der Veröffentlichung einer Studie dargelegt werden müssen.

Die mittlerweile von vielen Fachzeitschriften verwendete Checkliste umfasst in der revidierten Fassung aus dem Jahr 2001 unter anderem folgende Punkte: Art der Zuordnung zu Therapiegruppen, wissenschaftlicher Hintergrund, Einschlusskriterien, Ort der Durchführung, Ausgangshypothese, primäre und sekundäre Zielkriterien, geplante Zwischenanalysen, Randomisierungs- und Verblindungsmethoden, statistische Auswertungsverfahren, Anzahl der Probanden, Zeitraum der Rekrutierung, demographische und klinische Charakteristika aller Gruppen, Anzahl der ausgewerteten Probanden, Ergebnisse und Schätzmethoden, unerwünschte Wirkungen, Generalisierbarkeit, Diskussion und Interpretation der Ergebnisse sowie eine Bewertung der Evidenz. Auch wenn nicht für alle Arten von (Human-)Experimenten eine vergleichbare Checkliste ohne Weiteres festgeschrieben werden kann, so sollte doch generell gelten, dass bei der Veröffentlichung von Ergebnissen auch die methodischen Hintergründe transparent gemacht werden, so dass eine adäquate Einschätzung von Ergebnissen ermöglicht wird (vgl. Moher/Schulz/Altman 2001).

2.3.5 Forschungsethische Kodizes

Im Internetangebot zu diesem Buch finden Sie Auszüge aus drei besonders wichtigen forschungsethischen Kodizes, der »Declaration of Helsinki« der World Medical Association, den »International Ethical Guidelines for Biomedical Research Involving Human Subjects« des Council for International Organizations of Medical Sciences (CIOMS) sowie dem »Additional Protocol to the Convention on Human Rights and Biomedicine, concerning Biomedical Research« des Europarats. Alle drei Dokumente sind für die praktische Forschungsarbeit von Bedeutung, so verlangen beispielsweise viele internationale Fachzeitschriften, dass im Rahmen einer Publikation erklärt wird, dass die »Declaration of Helsinki« beachtet wurde. Die Prinzipien und Regeln, die im Vorangegangenen entwickelt wurden, finden sich in allen Dokumenten wieder. Allerdings gibt es durchaus erhebliche Abweichungen im Detail. Natürlich enthalten die Dokumente zudem weitergehende Bestimmungen, die hier aus Platzgründen nicht berücksichtigt werden können. Vor dem Hintergrund der Überlegungen dieses Kapitels sollte der Sinn der einzelnen Bestimmungen jedenfalls leicht klar werden.

Verwendete Literatur
Bacon, Francis: *Neues Organon* [1620]. Hg. von Wolfgang Krohn. Hamburg 1990.
Beauchamp, Tom/Childress, James: *Principles of Biomedical Ethics* [1979]. Oxford ^{6}2009.
Beecher, Henry K.: Ethics and Clinical Research. In: *The New England Journal of Medicine* 274/24 (1966), 1354–1360.
Bernard, Claude: *Einführung in das Studium der experimentellen Medizin*. Leipzig 1961 (frz. 1865).
Council for International Organizations of Medical Sciences (CIOMS): *International Ethical Guidelines for Biomedical Research Involving Human Subjects*. 2002. In: http://www.cioms.ch/frame_guidelines_nov_2002.htm (11.2.2010).
De Angelis, Catherine/Drazen, Jeffrey M./Frizelle, Frank A./Haug, Charlotte/Hoey, John/Horton, Richard/Kotzin, Sheldon/Laine, Christine/Marusic, Ana/Overbeke, A. John P.M./Schroeder, Torben V./Sox, Hal C./Van Der Weyden, Martin B.: Clinical Trial Registration: A Statement from the International Committee of Medical Journal Editors. In: *New England Journal of Medicine* 351/12 (2004), 1250–1251.

Epstein, Lynn C./Lasagna, Lois: Obtaining Informed Consent. Form or Substance. In: *Archives of Internal Medicine* 123/6 (1969), 682–688.
Grewenig, Maria/Letze, Otto (Hg.): *Leonardo da Vinci. Künstler. Erfinder. Wissenschaftler*. Ostfildern 1995.
Grossman, Jason/Mackenzie, Fiona J.: The Randomized Controlled Trial: Gold Standard, or Merely Standard? In: *Perspectives in Biology and Medicine* 48/4 (2005), 516–534.
Heinrichs, Bert: *Forschung am Menschen. Elemente einer ethischen Theorie biomedizinischer Humanexperimente*. Berlin 2006.
Kant, Immanuel: *Grundlegung zur Metaphysik der Sitten*. [1785]. Hg. von Karl Vorländer. Hamburg ^{7}1990.
Kant, Immanuel: *Kritik der reinen Vernunft* [1781/87]. Hg. von Raymund Schmidt. Hamburg ^{3}1990.
Krzyzanowska, Monika K./Pintilie, Melania/Tannock, Ian F.: Factors Associated with Failure to Publish Large Randomized Trials Presented at an Oncology Meeting. In: *Journal of the American Medical Association [JAMA]* 290 (2003), 495–501.
Lichtenthaeler, Charles: *Geschichte der Medizin. Die Reihenfolge ihrer Epochen-Bilder und die treibenden Kräfte ihrer Entwicklung. Ein Lehrbuch für Studenten, Ärzte, Historiker und geschichtlich Interessierte* [1975]. Köln ^{4}1987.
Lidz, Charles W./Appelbaum, Paul S./Grisso, Thomas/Renaud, Michelle: Therapeutic Misconception and the Appreciation of Risks in Clinical Trials. In: *Social Science & Medicine* 58/9 (2004), 1689–1697.
Moher, David/Schulz, Kenneth F./Altman, Douglas G.: The CONSORT Statement: Revised Recommendations for Improving the Quality of Reports of Parallel-Group Randomized Trials. In: *Annals of Internal Medicine* 134/8 (2001), 657–662.
National Commission for the Protection of Human Subjects of Biomedical and Behavioral Research: *The Belmont Report. Ethical Principles and Guidelines for the Protection of Human Subjects of Research*. Washington, D.C. 1978.
Porter, Roy: *Die Kunst des Heilens. Eine medizinische Geschichte der Menschheit von der Antike bis heute*. Heidelberg 2000.
Schaffner, Kenneth F.: Research Methodology: I. Conceptual Issues. In: Stephen G. Post (Hg.): *Encyclopedia of Bioethics*. Bd. 4. New York ^{3}2004, 2326–2334.
United Nations General Assembly: Universal Declaration of Human Rights. Doc. A/RES/217 (III) (1948). In: General Assembly: *Resolutions adopted by the General Assembly during its third session*. New York 1948, 71–77.
Zentrale Ethikkommission zur Wahrung ethischer Grundsätze in der Medizin und ihren Grenzgebieten bei der Bundesärztekammer (ZEKO): Zum Schutz nicht-einwilligungsfähiger Personen in der medizinischen Forschung. In: *Deutsches Ärzteblatt* 94/15 (1997), A1011–A1012.
Zentrale Ethikkommission zur Wahrung Ethischer Grundsätze in der Medizin und ihren Grenzgebieten bei der Bundesärztekammer (ZEKO): Forschung mit Minderjährigen. In: *Deutsches Ärzteblatt* 101/22 (2004), A1613–A1617.

Weiterführende Literatur

Annas, George J./Grodin, Michael A. (Hg.): *The Nazi Doctors and the Nuremberg Code. Human Rights in Human Experimentation*. New York 1992.
Foster, Claire: *The Ethics of Medical Research on Humans*. Cambridge 2001.
Grodin, Michael A./Glantz, Leonhard H. (Hg.): *Children as Research Subjects. Science, Ethics, and Law*. New York 1994.
Häyry, Matti/Takala, Tuija/Herissone-Kelly, Peter (Hg.): *Ethics in Biomedical Research. International Perspectives*. Amsterdam 2007.
Helmchen, Hanfried/Lauter, Hans (Hg.): *Dürfen Ärzte mit Demenzkranken forschen? Analyse des Problemfeldes Forschungsbedarf und Einwilligungsproblematik*. Stuttgart 1995.
Koren, Gideon (Hg.): *Textbook of Ethics in Pediatric Research*. Malabar 1993.

Loue, Sana: *Textbook of Research Ethics. Theory and Practice.* New York 2000.
Macklin, Ruth: *Double Standards in Medical Research in Developing Countries.* Cambridge 2004.
Maio, Giovanni: *Ethik der Forschung am Menschen. Zur Begründung der Moral in ihrer historischen Bedingtheit.* Stuttgart-Bad Cannstatt 2002.
Vanderpool, Harold Y. (Hg.): *The Ethics of Research Involving Human Subjects. Facing the 21st Century.* Frederick, MD 1996.
Weisstub, David N. (Hg.): *Research on Human Subjects. Ethics, Law and Social Policy.* Oxford 1998.
Wiesing, Urban (Hg.): *Die Ethik-Kommissionen. Neuere Entwicklungen und Richtlinien.* Köln 2003.

Bert Heinrichs

3. Forschung an Tieren

In diesem Kapitel werden die verschiedenen Grundpositionen, die in der Philosophie zum moralischen Status von Tieren vertreten werden, vorgestellt und diskutiert. Die Kernfrage lautet: Sind Tiere um ihrer selbst willen schützenswert? Wer diese Frage beantworten will, muss eine Theorie darüber haben, was ein Wesen um seiner selbst willen (und nicht nur als ›Umwelt‹ oder ›natürliche Lebensgrundlage‹ für den Menschen) schützenswert macht. Sind es bestimmte Eigenschaften, wie Intelligenz oder Fähigkeit zum moralischen Handeln, die den moralischen Status eines Lebewesens ausmachen? Die Frage wird anhand von drei Positionen (3.2) und der Einwände (3.3), die gegen sie erhoben werden, diskutiert. Danach wird die gesetzliche Lage zu Tierversuchen vorgestellt (3.4). Unter welchen Umständen sind Tierversuche gesetzlich vorgeschrieben, unter welchen Umständen müssen sie genehmigt werden, und welche Voraussetzungen müssen erfüllt sein, damit eine Behörde einen Tierversuch genehmigt? Abschließend wird die derzeitige Genehmigungspraxis vor dem Hintergrund des 2002 eingeführten Staatsziel Tierschutz (3.4.2.3) kritisch beleuchtet.

3.1 Einleitung

Seit alters her beruhen wesentliche Erkenntnisse der Naturwissenschaften und der Medizin – wie z. B. die Entdeckung des Blutkreislaufs durch William Harvey (1578–1657) – auf den Ergebnissen von Versuchen an lebenden Tieren. Solche Versuche wurden in zunehmender Anzahl durchgeführt, nachdem zu Beginn des 19. Jahrhunderts durch François Magendie (1783–1855) und seinen Schüler Claude Bernard (1813–1878) die experimentelle Methodik als grundlegend für den systematischen Erkenntnisgewinn in der Medizin und Pharmakologie erkannt worden war (s. auch Kap. II.2.1). Bis heute sind wissenschaftliche Medizin und Arzneimittelkunde ohne die Durchführung von Tierversuchen kaum denkbar. Im Rahmen der Arzneimittelprüfung sind solche Versuche gesetzlich vorgeschrieben und stellen eine Voraussetzung für die Zulassung eines Medikamentes zur Anwendung beim Menschen dar. Dennoch werden Tierversuche keineswegs allgemein akzeptiert, und es gibt zahlreiche Menschen, die die Durchführung solcher Versuche grundsätzlich ablehnen. Die heftigen und oftmals emotional geführten Diskussionen über die Zulässigkeit von Tierversuchen beruhen zum einen auf unterschiedlichen Vorstellungen über den moralischen Status von Tieren und zum anderen auf Zweifeln am Nutzen von Tierversuchen.

Die Tierversuche, die vor der Einführung von Narkosemethoden ohne jegliche Betäubung durchgeführt wurden, waren überaus grausam. Deshalb ist es nicht verwunderlich, dass schon in der Mitte des 17. Jahrhunderts in Frankreich, Deutschland und England einzelne Stimmen laut wurden, die die Durchführung solcher Versuche für ethisch nicht akzeptabel hielten. Im ersten Drittel des 19. Jahrhunderts nahm mit der Anzahl von Tierversuchen auch die Zahl der Tierversuchsgegner (›Antivivisektionisten‹) zu. Zur gleichen Zeit wehrte sich eine größere Gruppe von Menschen voll Abscheu gegen Hahnenkämpfe und andere, in Europa weitverbreitete Formen der Grausamkeit gegen Tiere. Es entstanden die ersten Tierschutzbewegungen. So wurde in England schon 1824 die Society for the Prevention of Cruelty to Animals gegründet (French 1975, 26 ff.). Nicht zuletzt deren Aktivitäten ist es zu verdanken, dass das britische Parlament bereits 1835 einen »Cruelty to Animals Act« erließ, der seit 1876 Regelungen für die Durchführung von Tierversuchen enthielt. In diesem Gesetz, das bis 1986 galt und dann durch ein spezielleres ersetzt wurde, wurde vorgeschrieben, dass Tierversuche der staatlichen Genehmigung bedürfen und einer strengen behördlichen Kontrolle unterliegen. Entsprechende, zum Teil sehr detaillierte gesetzliche Regelungen zum Schutz der Tiere und insbesondere zur Durchführung von Tierversuchen sind im Laufe des 20. Jahrhunderts in zahlreichen Ländern erlassen worden.

Die international und national geltenden Regelungen werden jedoch von vielen Tierversuchsgegnern als nicht weitgehend genug empfunden. Den Argumenten der Tierversuchsgegner liegen vor allem ethische Bedenken zugrunde, die auch in anderem Zusammenhang, z. B. bei der Tierhaltung oder bei Tiertransporten, relevant sind. Aber auch der Nutzen von Tierversuchen wurde immer wieder in Frage gestellt.

Zweifel an der Übertragbarkeit der Ergebnisse von Tierversuchen auf den Menschen

Seit im 19. Jahrhundert in größerem Umfang Tierversuche durchgeführt werden, gibt es eine Debatte über deren Nutzen. Dabei wird von Tierversuchsgegnern argumentiert, dass die am Tier gewonnenen Erkenntnisse nicht auf den Menschen übertragbar und deshalb überwiegend nutzlos seien. Dieser Vorwurf zielt sowohl auf die in der Grundlagenforschung (z. B. am Maus-Modell) gewonnenen Erkenntnisse als auch auf die Ergebnisse von Medikamentenprüfungen an Tieren. Zur Debatte stand und steht, ob unterschiedliche Spezies (wie Mensch und Maus) wegen der strukturellen und funktionellen Ähnlichkeit vieler Organe auf gleiche Stoffe gleich reagieren, oder ob die Wirkweise von Stoffen im Organismus in stärkerem Maße speziesspezifisch ist. Wäre letzteres der Fall, böten beispielsweise Stoffprüfungen am Tier nur eine vermeintliche Sicherheit.

Die Ergebnisse der Forschung mit Tieren liefern Belege für beide Auffassungen: So wurden verschiedentlich Forscher durch die Ergebnisse von Tierversuchen zu falschen Hypothesen verleitet, wie z. B. bei der Forschung an Poliomyelitis (Kinderlähmung). Der Infektionsweg der Poliomyelitis wäre womöglich schneller entdeckt worden, hätte nicht die tierexperimentelle Forschung, z. B. durch Simon Flexner, zu Beginn des 20. Jahrhunderts Leiter des Rockefeller Institute for Medical Research (New York, USA) und Verfechter der tierexperimentellen Methode, so eindeutig gegenüber der Untersuchung von Gewebeproben etc. dominiert (vgl. LaFolett/Shanks 1994, 195 ff.; Hawkins 1983).

Ebenfalls wurden Menschen durch die Prüfung der Produktsicherheit in falscher Sicherheit gewiegt, wie im Fall von Thalidomid (Contergan®) (s. ausführlich Kap. II.4.5). Die teratogene Wirkung des Schlafmittels Contergan wurde im Tierversuch nicht festgestellt, deshalb ziehen Tierversuchsgegner die ›Contergankatastrophe‹ gelegentlich als Beispiel für die Unzuverlässigkeit von Sicherheitsprüfungen am Tier heran. Tatsächlich jedoch wurde die schädigende Wirkung von Contergan deshalb im Tierversuch nicht festgestellt, weil zu jener Zeit noch keine Versuche an schwangeren Tieren durchgeführt wurden. Allerdings ergaben auch nachfolgende Tests an schwangeren Tieren kein eindeutiges Ergebnis: Mäuse und Ratten erwiesen sich als resistent gegen die teratogene Wirkung von Thalidomid, bei verschiedenen anderen Tierspezies – wie Kaninchen, Hamstern, Meerschweinchen, Hunden und Primaten – stellten sich nur in einigen Fällen Entwicklungsstörungen ein.

Eine gegenteilige Auffassung vertreten diejenigen, die aufgrund des Erkenntnisgewinns durch Tierversuche und durch die Erfolge, die bei der Entwicklung und Prüfung von Arzneimitteln gemacht wurden, der Ansicht sind, dass Tierversuche im Blick auf die Übertragbarkeit der Ergebnisse auf den Menschen gerechtfertigt sind. Die Deutsche Forschungsgemeinschaft (DFG), die zentrale Selbstverwaltungseinrichtung der Wissenschaft in Deutschland, geht davon aus, dass durch einen Tierversuch »erwünschte und etwa 70% der unerwünschten Wirkungen, die den Menschen betreffen«, vorhersagbar sind (DFG 2004, 18).

3.2 Grundpositionen zum moralischen Status von Tieren

Die Auseinandersetzung um den moralischen Status von Tieren wird im Folgenden anhand von drei unterschiedlichen Positionen und der Einwände, die jeweils dagegen erhoben werden, dargestellt: (1) Tiere haben keinen moralischen Status und sind folglich nicht um ihrer selbst willen schützenswert, (2) alle Lebewesen, seien es Menschen oder Tiere, die in gleicher Weise leidensfähig und fähig sind Interessen auszubilden, haben einen vergleichbaren moralischen Status und (3) Tiere haben zwar einen moralischen Status, dieser ist jedoch dem moralischen Status des Menschen nachgeordnet.

3.2.1 Tiere haben keinen moralischen Status

Lange Zeit wurde die Auffassung vertreten, dass Tiere in moralischer Hinsicht nicht zählen. Diese Auffassung beruhte unter anderem auf bestimmten erkenntnistheoretischen Annahmen über Tiere. So vertraten z. B. der französische Philosoph René Descartes (1596–1650) und sein Schüler Nicolas Malebranche (1638–1715) die These, Tiere empfänden weder Freude noch Schmerz. Descartes war der Auffassung, alles Verhalten der Tiere sei lediglich auf Reflexe zurückzuführen. Tiere verfügten nicht wie der Mensch über eine geistige Substanz (*res cogitans*), die es ihnen erlaube zu fühlen und zu denken, sondern seien lediglich materielle Körper (*res extensa*), die mechanisch auf Reize reagieren. Die Konsequenz, die Descartes und Malebranche aus ihrer These zogen, war, dass auch tierische Schmerzensschreie nicht Ausdruck erlebten Leidens seien, sondern lediglich bewusstlose Reflexe.

Die Auffassung, dem Menschen käme in moralischer Hinsicht ein Sonderstatus zu bzw. Menschen seien die einzigen Lebewesen mit einem sittlich verpflichtenden Eigenwert, hat im abendländischen Denken weit zurückreichende historische Wurzeln. So ist nach der Tradition des jüdisch-christlichen Glaubens der Mensch als Ebenbild Gottes geschaffen (Genesis 1, 26–28). Aber auch ohne Rückgriff auf die Theologie ist dem Menschen aufgrund seiner besonderen Vernunftnatur ein moralischer Sonderstatus zuerkannt worden. Immanuel Kant (1724–1804) z. B. sah den entscheidenden Unterschied zwischen Mensch und Tier darin, dass allein der Mensch zur Selbstverpflichtung fähig sei und als moralfähiges Wesen ein am Sittengesetz ausgerichtetes Leben führen könne. Wenn dem Menschen auf dieser Grundlage als einzigem Lebewesen ein besonderer moralischer Status zukommt, dann ist er Tieren gegenüber nicht um ihrer selbst willen zur Rücksichtnahme verpflichtet: Ihre Nutzung oder Schädigung verletzt keine ethischen Gebote, solange diese Handlungen nicht die Sittlichkeit des Menschen selbst verletzen. Aufgrund der letzteren Einschränkung können aber auch im Rahmen einer solch radikal *anthropozentrischen*, d. h. auf den Menschen konzentrierten, Sichtweise Pflichten in Bezug auf

Tiere begründet werden. Diese Pflichten bestehen dann allerdings nicht gegenüber den Tieren selbst (denn diese haben keinen moralischen Eigenwert), sondern es handelt sich um indirekte oder abgeleitete Pflichten, also um Pflichten, die der Mensch zwar in Bezug auf Tiere hat, die ihren Grund aber in Pflichten des Menschen gegen sich selbst oder gegen seine Mitmenschen haben.

Eine Begründung des Verbots der Tierquälerei ohne Rückgriff auf einen eigenen moralischen Status der Tiere liefert Immanuel Kant in einem Kapitel seiner *Metaphysik der Sitten* (§§ 16–18). Er begründet das Verbot der Tierquälerei nicht damit, dass derjenige, der Tiere quält, diesen Unrecht zufügt, sondern damit, dass der Tierquäler sich selbst in seiner Fähigkeit zum moralischen Handeln schwäche. So verletze er eine Pflicht, die er gegen sich selbst habe. Tierquälerei beeinträchtige zudem die Fähigkeit zur Empathie mit fremdem, letztlich auch mit menschlichem Leiden. Da diese Fähigkeit aber für das Zusammenleben von Menschen in einer Gemeinschaft ›sehr dienlich‹ sei, verletze derjenige, der sie mutwillig aufs Spiel setzt, eine Pflicht gegenüber seinen Mitmenschen. Derartige Argumente gegen Tierquälerei werden als Verrohungsargumente oder auch als pädagogische Argumente bezeichnet.

Die Auffassung von Immanuel Kant, dass die rohe und grausame Behandlung von Tieren nicht per se falsch sei, sondern nur mittelbar über die Folgen für die eigene moralische Persönlichkeit und das Zusammenleben der Menschen, ist früh kritisiert worden, so z. B. von Arthur Schopenhauer (1788–1860).

3.2.2 Tiere haben einen moralischen Status

Gegenwärtig herrscht indes die Auffassung vor, dass Handlungen, die mit der Schädigung empfindungsfähiger Tiere verbunden sind, aufgrund eines Eigenwertes dieser Tiere moralisch begründungsbedürftig sind. Die Argumente für diese Position stützen sich weniger auf den Gedanken der Barmherzigkeit, sondern auf den der Gerechtigkeit. Gerechtigkeit gegenüber Tieren setzt indes die Anerkennung eines moralischen Status, also eines sittlich verpflichtenden Eigenwertes von Tieren voraus. Begründungen für einen dem Menschen äquivalenten moralischen Status bestimmter Tiere stützen sich insbesondere auf die beiden Theoriemodelle der Interessen von Tieren und der Rechte von Tieren.

3.2.2.1 Tierinteressen

Peter Singer (geb. 1946) macht den moralischen Status von Lebewesen von deren Fähigkeit abhängig, Interessen – z. B. an Lebenserhaltung und Schmerzfreiheit – zu haben (vgl. Singer 1982). Seine Position ist durch den britischen Philosophen Jeremy Bentham (1748–1832), einem der Begründer des Utilitarismus, inspiriert. Die beiden Philosophen teilen die Auffassung, dass es bestimmte empirische Eigenschaften sind, die den moralischen Status eines Lebewesens ausmachen. Für Bentham ist Leidensfähigkeit die Eigenschaft, von der der moralische Status eines Lebewesens abhängt, für Singer hingegen ist es die Fähigkeit, Interessen zu haben. Das berühmteste und einflussreichste Zitat Benthams in diesem Zusammenhang lautet:

> »Der Tag mag kommen, an dem der Rest der belebten Schöpfung jene Rechte erwerben wird, die ihm nur von der Hand der Tyrannei vorenthalten werden konnten. Die Franzosen haben bereits entdeckt, dass die Schwärze der Haut kein Grund ist, ein menschliches Wesen hilflos der Laune

eines Peinigers auszuliefern. Vielleicht wird eines Tages erkannt werden, dass die Anzahl der Beine, die Behaarung der Haut oder die Endung des Kreuzbeins ebenso wenig Gründe dafür sind, ein empfindendes Wesen diesem Schicksal zu überlassen. Was sonst sollte die unüberschreitbare Linie ausmachen? Ist es die Fähigkeit des Verstandes oder vielleicht die Fähigkeit der Rede? Ein voll ausgewachsenes Pferd aber oder ein Hund ist unvergleichlich verständiger und mitteilsamer als ein einen Tag oder eine Woche alter Säugling oder sogar als ein Säugling von einem Monat. Doch selbst wenn es anders wäre, was würde das ausmachen? Die Frage ist nicht: können sie verständig denken? Oder: können sie sprechen? Sondern: können sie leiden?« (zitiert nach Singer 1982, 26 f.).

Singer diskutiert das Problem einer adäquaten Grenzziehung zwischen jenen, die *moralisch zählen* und jenen, die *moralisch nicht zählen*, unter dem Begriff ›Diskriminierung‹. Eine Diskriminierung ist nach gängigem Verständnis eine Verletzung des Prinzips der Gleichheit. Wenn zwei in moralischer Hinsicht gleiche Lebewesen ungleich behandelt werden, ist dies gegenüber dem Benachteiligten diskriminierend. Die Frage ist also, wer in moralischer Hinsicht als gleich gelten kann. Die Antwort hängt davon ab, welche Eigenschaften von Lebewesen als moralisch relevant anerkannt werden. Dass Hautfarbe, Intelligenz und sexuelle Orientierung nicht moralisch relevant sind, zählt zum Selbstverständnis heutiger moderner Gesellschaften. Die Benachteiligung von Menschen aufgrund solcher Eigenschaften gilt deshalb als Diskriminierung. Die Frage ist nun, ob auch die Spezieszugehörigkeit ein moralisch irrelevantes Merkmal darstellt. Singer vertritt diese Auffassung. Wenn, wie er ausführt, das einzige moralisch relevante Merkmal darin besteht, Interessen zu haben (z. B. ein Interesse an einer schmerzfreien Existenz), dann sind alle Lebewesen mit gleicher Interessefähigkeit in moralischer Hinsicht gleich, unabhängig davon, welcher Spezies sie angehören und welche Eigenschaften sie ansonsten aufweisen, z. B. Klugheit, Sprachfähigkeit oder Fähigkeit zu moralischem Handeln. Diese fundamentale Gleichheit macht für Singer die Nutzung von Tieren in der Nahrungsmittelindustrie oder in der biomedizinischen Forschung zu einer Diskriminierung. In Singers eigenen Worten:

»Rassisten verletzen das Prinzip der Gleichheit, indem sie bei einer Kollision ihrer eigenen Interessen mit denen einer anderen Rasse den Interessen von Mitgliedern ihrer eigenen Rasse größeres Gewicht beimessen. [...] Ähnlich messen jene, die ich Speziesisten nennen möchte, da, wo es zu einer Kollision ihrer eigenen Interessen mit denen von Angehörigen einer anderen Spezies kommt, den Interessen der eigenen Spezies größeres Gewicht bei. Menschliche Speziesisten erkennen nicht an, dass der Schmerz, den Schweine oder Mäuse verspüren, ebenso schlimm ist wie der von Menschen verspürte« (Singer 1994, 85 f.).

›Speziesismus‹ ist also der von Singer entwickelte Begriff für eine Form von Diskriminierung, bei der ohne das Vorliegen moralisch relevanter Gründe nichtmenschliche Lebewesen durch Menschen benachteiligt werden. In Singers Verständnis ist ›Speziesismus‹ eine Art Gruppenegoismus der Menschheit, der sich gegen nicht-menschliche Wesen richtet. Singers Position hat zwei Konsequenzen: eine – im Vergleich mit tradierten Auffassungen – Aufwertung des moralischen Status von interessefähigen Tieren und eine Abwertung des moralischen Status von nicht bzw. vermindert interessefähigen menschlichen Lebewesen.

3.2.2.2 Tierrechte

Gemäß der ›Position der Rechte‹, wie sie von ihrem Begründer Tom Regan bezeichnet wird, ist die wesentliche Eigenschaft, die ein Lebewesen aufweisen muss, um Träger von Rechten sein zu können, das »Subjektsein eines Lebens« (Regan 1988). Jedes Lebewesen, das über ein individuelles Wohlergehen verfügt, hat gemäß Regan einen Eigenwert (*inhärenten* Wert) und ist damit nicht nur ein Mittel für fremde Zwecke. Insoweit ähneln sich die Tierinteressenposition und die Tierrechtsposition. Mit der Forderung nach Tierrechten sind jedoch weiterreichende Konsequenzen intendiert als mit der Forderung, tierische Interessen ebenso wie menschliche Interessen zu berücksichtigen. Die Position der Tierrechte macht gegenüber der Tierinteressenposition geltend, dass alle Lebewesen als Subjekte durch individuelle Rechte geschützt sein sollten. Zur Debatte steht also die Frage, ob das Konzept der Rechte, wie es bezogen auf Menschen besteht, auf Teile der Tierwelt ausgeweitet werden kann und soll.

Gegen die Position der Rechte wird der Einwand erhoben, dass Rechte als solche nur durch ihre wechselseitige Anerkennung Bestand haben, zu der Tiere jedoch nicht fähig sind. Warum aber sollen Tiere Rechte haben, wenn ihnen die Einsicht in deren Bedeutung und die Möglichkeit, danach zu handeln, fehlen? Tierrechtler führen gegen diesen Einwand das ›Argument der Grenzfälle‹ an: Auch menschliche Wesen müssten nicht moralfähig und rational sein, um Träger von Rechten zu sein (wie etwa Säuglinge, geistig schwer Behinderte oder Komapatienten). In diesen Fällen werde der Schutz der Rechte durch eine Anwaltschaft sichergestellt.

3.2.3 Tiere haben gegenüber Menschen einen prinzipiell nachgeordneten moralischen Status

Eine weitere Position besagt, Tiere besäßen einen eigenen moralischen Status und ihnen gegenüber bestünden direkte moralische Pflichten, doch sei der moralische Status der Tiere dem moralischen Status von Menschen prinzipiell nachgeordnet. Diese Theorie wird gelegentlich als Doppelstandardtheorie bezeichnet. Der Begriff ›Doppelstandard‹ soll dabei zum Ausdruck bringen, dass es zwar Pflichten sowohl gegenüber Menschen als auch gegenüber Tieren gibt, dass die jeweiligen Pflichten aber verschieden sind. Obwohl der Doppelstandard in gewisser Weise schwer zu begründen ist (er entgeht beispielsweise nicht dem Vorwurf des ›Speziesismus‹), entspricht dieses Modell weitgehend dem vorherrschenden Alltagsverständnis vom Verhältnis zwischen Menschen und Tieren. Hiernach sind Tiere zwar um ihrer selbst willen schützenswert, ihre Interessen (an Schmerzfreiheit, Lebenserhaltung usw.) wären jedoch – falls sie mit menschlichen Interessen in Konkurrenz träten – nachrangig.

Einen Vorschlag, wie eine solche Position begründet werden kann, hat z. B. der Philosoph Jürgen Habermas (geb. 1929) unterbreitet (vgl. Habermas 1991, 224). Er gesteht Tieren einen genuin moralischen Status zu, der aber von dem Grad der sozialen Interaktion abhängig ist, in die Tiere mit den Menschen treten. Dies scheint die moralische Intuition gut abzubilden, dass menschliches Verhalten vor allem gegenüber hoch entwickelten Säugetieren moralisch relevant ist.

3.3 Konsequenzen der Grundpositionen zum moralischen Status

3.3.1 Konsequenzen einer fehlenden Statusanerkennung

Die Konsequenzen einer fehlenden Anerkennung des moralischen Status von Tieren können unterschiedlich sein. Wie oben am Beispiel des Begründungsansatzes von Immanuel Kant angedeutet wurde, führt eine fehlende Statusanerkennung nicht zwangsläufig zu einem gänzlich fehlenden Schutz von Tieren. Theoretisch lässt sich auf der Grundlage einer solchen Position sogar ein in der praktischen Ausgestaltung durchaus starker Tierschutz begründen. In der Regel allerdings folgt aus einer Auffassung, die bei Tieren keinen moralisch verpflichtenden Eigenwert anerkennt und mögliche Schutzpflichten nur aus anderen Pflichten ableitet, nur ein relativ schwacher Schutz von Tieren. Im Abwägungsfall gegen andere moralisch relevante Güter hätte dieser Tierschutz zurückzustehen.

3.3.2 Konsequenzen des Tierinteressen- und des Tierrechtskriteriums

3.3.2.1 Konsequenzen des Tierinteressenkriteriums

Peter Singer und andere Vertreter der Tierinteressenposition, die davon ausgehen, dass Tiere dem Menschen vergleichbare Interessen wie ein Interesse an Schmerzfreiheit haben, halten schmerzhafte Versuche an Tieren, etwa an Mäusen, für ein schwerwiegendes Übel. Hingegen stellt sich nach ihrer Auffassung etwa die Forschung an menschlichen Embryonen nicht als ethisches Problem dar, weil menschliche Embryonen aufgrund ihres Entwicklungsstandes im Gegensatz zu Tieren kein Interesse an Schmerzfreiheit oder Lebenserhaltung haben können (zur Forschung an Embryonen s. Kap. III.3).

Singer spricht sich allerdings nicht für ein absolutes Verbot von Tierversuchen aus. Um dies zu verstehen, muss man sich eine Eigenschaft des Utilitarismus vor Augen führen, die immer wieder auf Kritik gestoßen ist, z. B. durch John Rawls (1921–2002) (vgl. Rawls 1975, 44). Anders als deontologische Ansätze blickt der Utilitarismus, wenn er Handlungsweisen als moralisch gut oder schlecht ausweist, nicht nur auf Individuen, sondern auf das Kollektiv. Wenn die Summe der befriedigten Interessen in einer Gesellschaft, die Tierversuche durchführt, insgesamt größer ist als die Summe befriedigter Interessen in einer Gesellschaft, die keine Tierversuche oder beispielsweise Versuche an Menschen durchführt, dann wertet der Utilitarist (s. Kap. I.2.2) die Tierversuchsgesellschaft als die moralisch überlegene Option. Ähnlich argumentiert auch Singer: Aufgrund ihres Selbst- und Zukunftsbewusstseins haben nach seiner Einschätzung die meisten Menschen ein größeres Interesse daran, nicht als Forschungsobjekt benutzt zu werden, als dies bei Tieren der Fall ist. Zudem ist für Menschen aufgrund ihrer Zukunftsbezogenheit das eigene Weiterleben von wesentlich größerer Bedeutung als für Tiere. Aufgrund dieser weiterreichenden Interessen des Menschen ist nach Singer in gewissem Maße die Nutzung von Tieren in biomedizinischen Experimenten eher gerechtfertigt als die Nutzung von Menschen. Versuche an Menschen, die aufgrund fehlender kognitiver und emotionaler Fähigkeiten über eine eingeschränkte Interessensfähigkeit verfügen (z. B. Säuglinge oder geistig schwer Behinderte), wären aber nach Singer in moralischer Hinsicht mit bestimmten Tierversuchen vergleichbar.

Singers einflussreicher Ansatz blieb nicht unwidersprochen. Bonnie Steinbock etwa hat kritisiert, Singers Ansatz lege es nahe, die Gleichheit der Menschen als lediglich gleiche Empfindungs- bzw. Interessefähigkeit zu verstehen. Er suggeriere, dass Rassisten, Sexisten und Heterosexisten den Fehler begingen, Menschen zu diskriminieren, obwohl sie in der moralisch relevanten Eigenschaft Empfindungsfähigkeit bzw. Interessefähigkeit gleich seien. Dagegen führt sie aus, dass innerhalb der menschlichen Spezies rassen-, geschlechts- und sexualitätsübergreifend eine Gleichheit bestehe, die über bloß gleiche Empfindungs- bzw. Interessefähigkeit hinausgehe. Prinzipiell alle Menschen zeichneten sich durch ihre Fähigkeit zu moralischem, das heißt die Interessen anderer Lebewesen berücksichtigenden Handeln sowie durch den Wunsch nach Autonomie, Würde und Respekt aus. Derartige Eigenschaften unterschieden den Menschen vom Tier und seien moralisch relevant. Damit sei auch die Höherbewertung menschlicher Interessen keine Diskriminierung (vgl. Steinbock 1978).

In ähnlicher Absicht wird etwa von Heike Baranzke darauf verwiesen, dass die Gleichheit der Menschen überhaupt nicht auf einem von allen Menschen geteilten »Eigenschaftsset« beruhe, sondern gerade unabhängig von allen empirischen Eigenschaften sei (Baranzke 2002a). Der Fehler des Rassisten, Sexisten oder Heterosexisten sei nicht, dass er eine moralisch irrelevante Ungleichheit (Hautfarbe, Geschlecht, Sexualität) stärker gewichte als die wesentliche und allein moralisch relevante Gleichheit (Intelligenz, Fähigkeit zu Empathie). Der Rassist, Sexist oder Heterosexist begehe vielmehr den Fehler, den ›Wert‹ eines Menschen überhaupt von seinen Eigenschaften abhängig zu machen. ›Alle Menschen sind gleich‹ ist in diesem Sinne keine Feststellung, sondern eine Forderung. Der Kern des Gleichheitsgedankens ist nicht deskriptiv (beschreibend), sondern präskriptiv (vorschreibend). Wenn der Wert des Menschen aber nicht von seinen Eigenschaften abhängig ist, können keine Kriterien benannt werden, die nicht-menschliche Wesen erfüllen müssten, um in gleicher Weise wie Menschen berücksichtigenswert zu sein. Tierschutz muss dann anders – wie z. B. durch Kant (s. Abschnitt 3.2.1) – begründet werden (vgl. Baranzke 2002b).

3.3.2.2 Konsequenzen des Tierrechtskriteriums

Die Position der Tierrechte macht gegenüber der Tierinteressenposition geltend, dass alle Lebewesen, die als Subjekte aufzufassen sind, durch individuelle Rechte geschützt sein sollten. In diesem Fall wären Tierversuche auch dann ausgeschlossen, wenn sie einen herausragenden Nutzen versprechen – ebenso wie zwangsweise durchgeführte Versuche an Menschen unter allen Umständen unvertretbar sind, unabhängig vom Nutzen für die Allgemeinheit. Vertreter einer Position der Rechte lehnen deshalb Tierversuche ebenso wie den Verzehr von Fleisch generell ab.

In der philosophischen Literatur werden auf die Frage, welche Eigenschaften ein Lebewesen aufweisen muss, damit es ein Träger von Rechten (Rechtssubjekt) sein kann, verschiedene Antworten gegeben: z. B. Vernunft, Interessefähigkeit, Leidensfähigkeit, Sprachfähigkeit, Fähigkeit zur Empathie. Je nach Ansatz fallen einige Tierspezies in die Gruppe der möglichen Rechtssubjekte.

Eine Art Minimalforderung der Vertreter der Tierrechtsposition und der Tierinteressenposition besteht in der Zuschreibung von Menschenrechten für Menschenaffen. Demnach sollten Menschenaffen (Schimpansen, Gorillas, Orang-Utans) Rechtssubjekte sein, da sie sich durch besondere kognitive und emotionale Fähigkeiten – wie eine gewisse Form von Selbstbewusstsein und rudimentäre Fähigkeiten zum Sprachgebrauch – gegenüber anderen Tieren auszeichnen. Aufgrund dieser Fähigkeiten werden biomedizinische

Experimente an Menschenaffen als in höherem Maße ethisch bedenklich angesehen als Versuche an anderen Tierspezies. Das *Great Ape Project* fordert deshalb eine Ausweitung der Menschenrechte auf Menschenaffen. Schon heute sind Versuche an Menschenaffen in verschiedenen Ländern – z. B. in Neuseeland, den Niederlanden, Österreich und Schweden – per Gesetz verboten. In Deutschland werden seit 1991 keine Versuche an Schimpansen, Gorillas oder Orang-Utans mehr durchgeführt, ein entsprechendes rechtliches Verbot existiert jedoch nicht.

3.3.3 Konsequenzen eines nachgeordneten moralischen Status

Die Auffassung, dass Tiere zwar einen moralischen Status haben, dieser aber dem des Menschen nachgeordnet ist, wird von vielen Autoren vertreten, zugleich wird vielfach ein gewisses Begründungsdefizit dieser Position angemerkt. Mit dem Statusunterschied zwischen Menschen und Tieren wird die Auffassung verbunden, dass für die Durchführung von Tierversuchen – auch an leidensfähigen Tieren – kein Verbot per se besteht. Aufgrund der Anerkennung eines moralischen Status von Tieren muss allerdings für jeden konkreten Fall die Unerlässlichkeit und die Hochrangigkeit der mit dem Forschungsvorhaben verbundenen Ziele geprüft und sichergestellt werden, um unnötige Belastungen für die Tiere zu vermeiden. Wenn aus Tierversuchen ein hochrangiger Nutzen für den Menschen resultiert, der nicht mithilfe einer alternativen Methode gewonnen werden kann, können sie als ethisch gerechtfertigt oder sogar als ethisch geboten eingestuft werden. Allerdings wäre auch in diesem Fall das Gebot zu beachten, dass die Verwendung von Tieren so weit wie möglich vermieden und die Anzahl der pro Versuchsreihe benötigten Tiere und ihre Belastung durch den Versuch so weit wie möglich verringert werden muss – Forderungen, die wie unten noch ausgeführt in Gestalt des sogenannten 3R-Prinzips (*Replacement*, dt. Vermeidung; *Reduction*, dt. Verringerung; *Refinement*, dt. Verfeinerung) Einzug in die deutsche Gesetzgebung gehalten haben. Werden durch den Verzicht auf einen Tierversuch hingegen keine gravierenden menschlichen Interessen verletzt, ergibt sich gemäß der vorgestellten Position die Pflicht, Rücksicht auf die Tiere zu nehmen und den Tierversuch zu unterlassen. Diese Auffassung liegt den meisten Tierschutzgesetzen zugrunde.

3.4 Rechtslage

Viele Staaten haben im Verlauf der letzten Jahrzehnte rechtliche Vorschriften über die Zulässigkeit von Tierversuchen und zum Schutz der Versuchstiere erlassen. Dabei spielen die Hochrangigkeit des Versuchszwecks und die Vermeidung unnötiger Belastung der Tiere eine wichtige Rolle. Im Folgenden sollen die wichtigsten Vorschriften, die (1) in Europa und (2) speziell in Deutschland gelten, dargestellt werden. Eine Zusammenstellung sämtlicher in Deutschland geltender Rechtsvorschriften findet sich im »Tierschutzbericht 2007« der Bundesregierung (BMELV 2007).

3.4.1 Europa

3.4.1.1 Generelle Vorschriften

Auf europäischer Ebene haben sowohl der Europarat – mit derzeit 47 Mitgliedsländern – als auch die Europäische Union (EU) – mit 27 Mitgliedsstaaten – Vorschriften zum Schutz von Versuchstieren verabschiedet.

Der Europarat hat im Jahr 1986 das »Europäische Übereinkommen zum Schutz der für Versuche und andere wissenschaftliche Zwecke verwendeten Wirbeltiere« verabschiedet. Das Übereinkommen beruft sich auf die Überzeugung, dass für den Menschen eine »ethische Verpflichtung« besteht, die »Leidensfähigkeit« und das »Erinnerungsvermögen« von Tieren zu berücksichtigen, dass der Mensch aber gleichzeitig in seinem Streben nach »Wissen, Gesundheit und Sicherheit Tiere verwenden muss« (Präambel). Das Übereinkommen fordert u. a., dass Tierversuche nur dann durchgeführt werden, wenn keine alternativen Methoden zur Verfügung stehen, d. h. wenn das Versuchsziel nicht ohne den Einsatz von Versuchstieren erreicht werden kann (Art. 6). Zugleich fordert es, dass die Mitgliedsstaaten die Forschung auf dem Gebiet der Tierversuchsersatzmethoden vorantreiben, so dass im Laufe der Zeit immer mehr Tierversuche durch alternative Verfahren ersetzt werden können (Art. 6). Für Tierversuche, die länger anhaltende erhebliche Schmerzen für das Versuchstier erwarten lassen, wird eine besondere Genehmigungs- oder Anzeigepflicht festgeschrieben (Art. 9). Zur Vermeidung unnötiger Mehrfachversuche in der Produktprüfung verpflichten sich die Vertragsparteien zudem – so weit möglich – zur wechselseitigen Anerkennung von Prüfergebnissen (Art. 29). Das Übereinkommen wurde am 21.6.1988 von der Bundesrepublik Deutschland unterzeichnet und trat am 1.11.1991 in Kraft.

Auch die Europäische Union (EU) hat Vorschriften zum Umgang mit Versuchstieren verabschiedet. Die Organe der EU sind ermächtigt, in festgelegten Bereichen Entscheidungen zu treffen, die für die Mitgliedsstaaten verbindlich sind. Zum Erlassen von Tierschutzvorschriften ist die EU aber nur in begrenztem Umfang befugt, denn Tierschutz ist – anders als Umweltschutz – kein Gemeinschaftsziel der EU und wird deshalb von den Mitgliedsstaaten selbst geregelt. Die EU darf Tierschutzvorschriften, die für alle Mitgliedsstaaten verbindlich sind, nur dann erlassen, wenn hierdurch Handelshemmnisse und Wettbewerbsverzerrungen im europäischen Binnenmarkt verhindert werden. Wenn nämlich in den einzelnen EU-Ländern unterschiedlich strenge Vorschriften zur Haltung von Nutz- und Versuchstieren herrschten, wären Anbieter aus Ländern mit strengeren Vorschriften wegen der höheren Produktions- und Haltungskosten auf dem gemeinsamen Binnenmarkt benachteiligt. Um solchen Benachteiligungen entgegenzuwirken, kann die EU Tierschutzvorschriften erlassen, die für alle Mitgliedsstaaten verbindlich sind. Eine solche Binnenmarktrelevanz haben aber nicht alle Tierversuche, die durchgeführt werden. So stehen beispielsweise Tierversuche, die im Rahmen der Aus- und Weiterbildung oder in der Grundlagenforschung an den Universitäten nach EU-weiten Standards durchgeführt werden, nicht im Zusammenhang mit dem Binnenmarkt. Dementsprechend kann die EU in diesen Bereichen keine Vorschriften verabschieden. Maßgeblich für den Bereich Tierversuche ist die Richtlinie vom 24.11.1986 (RL 86/609/EWG). Bezüglich der Vorschriften zu Herkunft, Unterbringung und Pflege der Versuchstiere, der Anforderungen an Versuchsleiter und Institutionen, die Tierversuche durchführen, und der Anforderungen an die Versuchsdurchführung ist die Richtlinie stark an das Europaratsübereinkommen angelehnt. Auch die wechselseitige Anerkennung von Prüfergebnissen durch die Mitgliedsstaaten (Art. 22) und der Verzicht auf Tierversuche, insofern auch alternative

Methoden das angestrebte Ergebnis liefern können, werden gefordert (Art. 7). Die Vertragsparteien verpflichten sich zudem zur Förderung der Entwicklung und Bewertung alternativer Techniken (Art. 23). Der von der EU vorgeschriebene Tierschutzstandard liegt unter dem Niveau verschiedener nationaler Bestimmungen. Den Vertragsparteien bleibt deshalb die Möglichkeit strengerer nationaler Vorschriften vorbehalten (Art. 24). Die Richtlinie wurde in nationales Recht umgesetzt. Das deutsche Tierschutzgesetz entspricht den Anforderungen der Richtlinie.

Um dem Tierschutzgedanken Rechnung zu tragen, haben die im Rat vereinigten Regierungsvertreter der EU-Mitgliedsstaaten zeitgleich mit der Richtlinie 86/609/EWG eine Entschließung veröffentlicht. Diese soll gewährleisten, dass an die Durchführung von Tierversuchen, die nicht in den Anwendungsbereich der Tierversuchsrichtlinie fallen, wie z. B. Tierversuche im Rahmen der Aus- und Weiterbildung, nicht weniger strenge Maßstäbe angelegt werden. Die Entschließung fordert zudem, dass Tierversuche in den Mitgliedsstaaten nur für bestimmte Zwecke erlaubt sind und Tierversuche im Rahmen der Aus- und Weiterbildung hauptsächlich an Hochschulen oder anderen Lehreinrichtungen gleicher Stufe durchgeführt werden. Im Gegensatz zu einer Richtlinie der EU hat eine Entschließung jedoch nur empfehlenden und keinen rechtlich bindenden Charakter.

3.4.1.2 Rechtlich vorgeschriebene Tierversuche

Bevor bestimmte Produkte – z. B. Medikamente oder Schädlingsbekämpfungsmittel – oder Produktionsverfahren für den EU-Markt zugelassen werden, muss ihr Anbieter den Nachweis erbringen, dass ihre Anwendung der menschlichen Gesundheit sowie der Umwelt nicht schadet. Häufig ist vorgeschrieben, dass dieser Nachweis in Form von Tierversuchen zu erbringen ist. Sicherheitsprüfungen werden sowohl durch Gesetze der einzelnen Staaten als auch durch Richtlinien der EU vorgeschrieben. Das EU-Recht hat in solchen Fällen Vorrang vor nationalem Recht; Anbieter können deshalb durch die EU-Gesetzgebung zu Tierversuchen verpflichtet sein, auch wenn nationale Gesetze dies nicht fordern.

Damit die Sicherheitsprüfungen von Produkten, die international vertrieben werden sollen, nicht in jedem Land wiederholt werden müssen, einigen sich die Länder auf Standardverfahren, nach denen die Sicherheitsprüfungen erfolgen sollen. Wenn die Anbieter dann den Sicherheitsnachweis nach einem solchen Standardverfahren erbringen, können sie das Produkt ohne weitere Sicherheitsprüfungen in allen Ländern vertreiben, die dieses Verfahren akzeptieren. Viele EU-weit anerkannte Prüfverfahren für die Schädlichkeit und Umweltverträglichkeit von Stoffen und Produktionsverfahren finden sich im »Anhang V der Grundrichtlinie für gefährliche Stoffe« (RL 67/548/EWG).

Auch die Organisation für wirtschaftliche Zusammenarbeit und Entwicklung (OECD), eine über Europa hinausreichende internationale Handelsorganisation mit derzeit 32 Mitgliedsstaaten, hat Empfehlungen zu Stoffprüfungen verabschiedet, die »OECD Guidelines for the Testing of Chemicals«. Sicherheitsnachweise, die nach OECD-Standards erbracht wurden, werden in allen OECD-Mitgliedsstaaten akzeptiert.

3.4.1.3 Förderung von Alternativmethoden

In dem Bemühen, die Anzahl rechtlich vorgeschriebener Tierversuche zu reduzieren, fördern die Mitgliedsstaaten der EU die Forschung zur Entwicklung von Verfahren, die Tierversuche in Sicherheitsprüfungen ersetzen können (zu diesem Bemühen verpflichtet sie u. a. die Tierversuchsrichtlinie der EU (RL 86/609/EWG), Art. 29). Solche Verfahren sind beispielsweise In-vitro-Verfahren (Versuche an Zellkulturen) oder Computersimulationen. Um alternative Verfahren zu untersuchen, existieren auf nationaler und internationaler Ebene Validierungszentren. In Deutschland unterhält die 1989 vom Bundesamt für Risikobewertung gegründete Zentralstelle zur Erfassung und Bewertung von Ersatz- und Ergänzungsmethoden (ZEBET) eine Datenbank mit Alternativmethoden zu behördlich vorgeschriebenen Tierversuchen und validiert zudem alternative Testmethoden, d. h. sie prüft sie auf Relevanz und Reproduzierbarkeit. Auf europäischer Ebene wird die Validierung alternativer Verfahren durch das 1992 gegründete European Centre for the Validation of Alternative Methods (ECVAM) koordiniert, das auch dem Informationsaustausch dient und hierzu die Datenbank ›SIS‹ zur Verfügung stellt.

Validierungsstudien sind sehr zeit- und kostenintensiv. Schätzungsweise acht bis zehn Jahre dauert der Prozess der Validierung bis zur internationalen behördlichen Akzeptanz. Für die Durchführung von Validierungsstudien besteht ein einheitliches internationales Konzept: Erstens muss der Nachweis erbracht werden, dass das alternative Testverfahren in verschiedenen Laboratorien und über einen längeren Zeitraum reproduzierbare Ergebnisse liefert. Zweitens muss gezeigt werden, dass die Versuchsergebnisse des alternativen Verfahrens mit denen des etablierten Tierexperiments übereinstimmen, so dass sich das alternative Verfahren zur Risikobewertung für Mensch und Umwelt eignet. Im Jahr 2002 wurden erstmals vier Alternativmethoden in den »Anhang V der RL 67/548/EWG« aufgenommen; 2004 übernahm die OECD diese in die »OECD Guidelines for the Testing of Chemicals«.

3.4.2 Deutschland

3.4.2.1 Das Tierschutzgesetz

Das erste eigenständige deutsche Tierschutzgesetz wurde 1933 erlassen. Anders als das Verbot der öffentlichen Tierquälerei im Strafgesetzbuch des Deutschen Reiches von 1871 bekennt sich das Gesetz von 1933 zum »Schutz des Tieres um des Tieres willen«. Es finden sich erstmals Vorschriften zur Durchführung von Tierversuchen. Dabei wird die Genehmigung an eine Reihe von Bedingungen, wie z. B. die Sachkunde des Versuchsleiters, geknüpft.

Die Bestimmungen des Tierschutzgesetzes sind seit 1933 kontinuierlich erweitert worden, so dass das deutsche Gesetz in seiner Fassung von 2006 als im internationalen Vergleich relativ streng gilt (Tierschutzgesetz i. d. Fassung vom 18. Mai 2006 (BGBl. I, 1206, 1313)). So sind in Deutschland für bestimmte Forschungsziele, wie z. B. »zur Entwicklung oder Erprobung von Waffen, Munition und dazugehörigem Gerät« sowie »zur Entwicklung von Tabakerzeugnissen, Waschmitteln und Kosmetika« Tierversuche untersagt (§ 7 Abs. 4). Erlaubt sind sie hingegen (1) zur Erforschung von Krankheiten, (2) zum Erkennen von Umweltgefährdungen, (3) als Toxizitätstests und (4) in der Grundlagenforschung (§ 7 Abs. 2).

Versuche, die an Wirbeltieren durchgeführt werden sollen, stehen, sofern sie nicht durch Gesetze vorgeschrieben sind, unter einem Genehmigungsvorbehalt (§ 8). Sie müssen bei einer jeweils nach Landesrecht zuständigen Genehmigungsbehörde beantragt und von dieser genehmigt werden. Die zuständige Genehmigungsbehörde wird in ihrer Tätigkeit durch eine oder mehrere eigens eingerichtete Kommissionen unterstützt (§ 15). Versuche an wirbellosen Tieren sind nicht genehmigungspflichtig, doch besteht für bestimmte Fälle eine Anzeigepflicht. Die Träger einer Einrichtung, an der Versuche an Wirbeltieren durchgeführt werden, müssen einen oder mehrere Tierschutzbeauftragte bestellen und dies der Genehmigungsbehörde mitteilen (§ 8b).

Im Genehmigungsverfahren wird zunächst geprüft, ob der beantragende Forscher die für die Durchführung von Versuchen an Wirbeltieren erforderliche fachliche Eignung besitzt und ob die nach dem Gesetz geforderten organisatorischen und sonstigen Voraussetzungen gegeben sind (§ 8 Abs. 2). Sodann werden unter Beachtung des jeweiligen Standes der wissenschaftlichen Erkenntnisse insbesondere zwei Erfordernisse überprüft: Zum einen muss der geplante Tierversuch für das Erreichen des anvisierten Versuchszwecks »unerlässlich« sein (§ 7 Abs. 2), und zum anderen müssen die Belastungen der Versuchstiere im Hinblick auf die Hochrangigkeit des Versuchszwecks »ethisch vertretbar« sein (§ 7 Abs. 3).

Ein Tierversuch gilt als ›unerlässlich‹, wenn ein anvisiertes Versuchsziel nicht anders erreicht werden kann, d. h. wenn der Versuch unverzichtbar ist. Die verschiedenen Aspekte der Unerlässlichkeit eines Tierversuchs werden gemeinhin anhand des 3R-Prinzips der experimentellen Forschung mit Tieren illustriert: *Replacement* (dt. Vermeidung), *Reduction* (dt. Verringerung), *Refinement* (dt. Verfeinerung). Das ›3R-Prinzip‹ wurde von William Russel und Rex Burch im Jahr 1959 entwickelt (vgl. Russel/Burch 1959).

Übertragen auf eine geplante Versuchsreihe besagt das 3R-Prinzip Folgendes: Kann ein Versuchszweck auch ohne Tierversuch, z. B. durch den Einsatz von Zellkulturen oder Computersimulationen, erreicht werden, dann ist das Erfordernis der Unerlässlichkeit nicht erfüllt, weil der Tierversuch *vermeidbar* ist. Auch wenn der Versuch an einer niedriger stehenden Spezies als der vorgesehenen durchgeführt werden kann, gilt er in Bezug auf die höher stehende Spezies als vermeidbar. Sollte ein Teil einer Tierversuchsreihe durch ein verbessertes statistisches Design des Forschungsvorhabens überflüssig gemacht werden können, dann gilt dieser Teil des Versuches ebenfalls als vermeidbar; da die Anzahl der Versuchstiere *verringert* werden kann. Zudem müssen Tierversuche so wenig wie möglich belastend für die Tiere geplant werden – z. B. bei Versuchen, die ohne Betäubung der Tiere geplant werden, jedoch durch eine Anästhesie für die Versuchstiere weniger belastend gestaltet werden könnten. Solche Belastungen gelten als vermeidbar, weil das Verfahren noch *verfeinert* werden kann. Werden geplante Versuche an Wirbeltieren auf ihre Unerlässlichkeit hin untersucht, wird also überprüft, ob die Versuche mit Blick auf minimalen Tierverbrauch und minimale Belastung für die Versuchstiere optimal geplant sind.

Damit ist aber noch nichts darüber gesagt, ob der geplante Tierversuch im Hinblick auf seine Zielsetzung den Einsatz von Versuchstieren auch rechtfertigt. Auch ein vollkommen nutzloser Tierversuch kann optimal geplant sein. Das zweite Erfordernis, der geplante Tierversuch müsse ethisch vertretbar sein, zielt deshalb auf die Hochrangigkeit des Versuchszwecks. Versuche an Wirbeltieren, »die zu länger anhaltenden oder sich wiederholenden erheblichen Schmerzen oder Leiden« für die Versuchstiere führen, gelten nur dann als gerechtfertigt, wenn sie »für wesentliche Bedürfnisse von Mensch oder Tier einschließlich der Lösung wissenschaftlicher Probleme von hervorragender Bedeutung« sind (§ 7 Abs. 3). Dass ein Tierversuch nur dann durchgeführt werden darf, wenn er ›ethisch vertretbar‹ ist, ist seit 1986 gesetzlich vorgeschrieben. Es existieren einige Versuche zur Konkretisierung dieser relativ unspezifischen Forderung. So hat beispielsweise die Tierärztliche Vereinigung für Tierschutz e. V. (TVT) 1997 eine Empfehlung zur ethischen

Abwägung bei der Planung von Tierversuchen verabschiedet, die die Einschätzung von menschlichem Nutzen und Belastung für die Versuchstiere als ›gering‹, ›mittelgradig‹ und ›schwer‹ erleichtern soll (Tierärztliche Vereinigung für Tierschutz e. V, 1997). In verschiedenen Ländern finden sich zudem sog. Belastungskataloge (Schweregradtabellen), die Eingriffe am Tier entsprechend ihres Belastungsgrades gruppieren. Kontrovers wird diskutiert, ob und inwiefern schwere Belastungen für die Versuchstiere ethisch vertretbar sein können. So gehen z. B. die *Ethische[n] Grundsätze und Richtlinien für wissenschaftliche Tierversuche* der Schweizerischen Akademie der Medizinischen Wissenschaften und der Schweizerischen Akademie der Naturwissenschaften in der 3. Auflage (2005) davon aus, dass »bestimmte Versuchsanordnungen für Tiere voraussichtlich mit derart schwerem Leiden verbunden [sind], dass eine Güterabwägung immer zugunsten der Tiere ausfallen wird. Wenn es nicht gelingt, durch Änderung der zu prüfenden Aussage andere, weniger belastende und ethisch vertretbare Versuchsanordnungen zu finden, muss auf den Versuch und damit auf den erhofften Erkenntnisgewinn verzichtet werden« (Schweizerische Akademie der Medizinischen Wissenschaften/Akademie der Naturwissenschaften Schweiz 2005).

In der Auslegung des deutschen Tierschutzgesetzes hat sich die Frage als besonders strittig herausgestellt, ob ein Forscher die ethische Vertretbarkeit des geplanten Tierversuchs, ebenso wie dessen Unerlässlichkeit, gegenüber der Genehmigungsbehörde lediglich wissenschaftlich begründet darlegen muss, oder ob die Genehmigungsbehörde zusammen mit einer nach dem Gesetz eingerichteten Tierversuchskommission hierüber autonom entscheiden kann. Die Frage ist also, wer letztlich entscheidet, ob ein Tierversuch ethisch vertretbar ist – der bzw. die Forscher oder der Staat? Verschiedene Gerichte haben sich um eine angemessene Rekonstruktion des Willens des Gesetzgebers in diesem Punkt bemüht, ohne bisher zu einer einheitlichen Auffassung zu gelangen.

3.4.2.2 Tierschutzgesetz und Forschungsfreiheit

Es ist nicht nur fraglich, ob der Gesetzgeber beim Erlass des Tierschutzgesetzes tatsächlich wollte, dass der Staat als letzte Instanz über die ethische Vertretbarkeit von Tierversuchen entscheiden solle, sondern auch, ob er solche rechtlichen Festlegungen überhaupt treffen darf. Denn das Grundgesetz gewährt in Artikel 5 die Forschungsfreiheit als ein vorbehaltlos gewährleistetes Grundrecht, das nur in Konkurrenz mit einem anderen Verfassungsgut, nicht aber durch einfaches Gesetz eingeschränkt werden darf.

Bis 2002 war der Tierschutz kein Verfassungsgut und das Tierschutzgesetz nur ein einfaches Gesetz. War es also verfassungswidrig, weil es den Genehmigungsbehörden möglicherweise erlaubte, bestimmte Tierversuche zu verbieten? Schränkte es die Forschungsfreiheit in unzulässiger Weise ein? Die Frage wurde gerichtlich nicht geklärt, obwohl eine entsprechende Frage 1994 an das Bundesverfassungsgericht herangetragen wurde. Angesichts der Bedenken praktizierten die Behörden eine ›verfassungskonforme Auslegung‹ des Tierschutzgesetzes, d.h. sie prüften nicht autonom, sondern stellten fest, ob der Antragsteller die Unerlässlichkeit und die ethische Vertretbarkeit wissenschaftlich plausibel dargelegt habe (›qualifizierte Plausibilitätskontrolle‹). In Kommentaren zum Tierschutzgesetz wird die Meinung vertreten, dass sich die Aufgabe der Genehmigungsbehörden durch die Einführung des Staatsziels Tierschutz möglicherweise geändert habe.

3.4.2.3 Staatsziel Tierschutz

Seit 2002 ist Tierschutz ein Staatsziel. Staatsziele sind Zielvorgaben, die sich ein Staat setzt. Sie stellen ebenso wie Grundrechte Verfassungsgüter dar, unterscheiden sich aber von jenen dadurch, dass sie allgemeine Intentionen ausdrücken, aber kein subjektives Recht begründen und nicht einklagbar sind.

Artikel 20a des Grundgesetzes lautet nunmehr: »Der Staat schützt auch in Verantwortung für die künftigen Generationen die natürlichen Lebensgrundlagen und die Tiere im Rahmen der verfassungsmäßigen Ordnung durch die Gesetzgebung und nach Maßgabe von Gesetz und Recht durch die vollziehende Gewalt und die Rechtsprechung.« Die Formulierung »und die Tiere« wurden 2002 in den bereits existierenden Artikel aufgenommen, der vorher, das heißt von 1994 bis 2002, nur den »Schutz der natürlichen Lebensgrundlagen« zum Gegenstand hatte (Staatsziel Umweltschutz).

Nachdem Tierschutz in Deutschland als Staatsziel Verfassungsrang erlangt hat, stellt sich erneut die Frage, wer letztlich für die Entscheidung über die ethische Vertretbarkeit von Versuchen an Wirbeltieren entscheidet. Hat die Genehmigungsbehörde im Konflikt zwischen der grundgesetzlich garantierten Forschungsfreiheit und dem Staatsziel Tierschutz das Gesetz wie bisher auszulegen oder kann sie autonom entscheiden?

Einige Kommentare zum Tierschutzgesetz (und die Rechtsprechung durch das VG Gießen) gehen davon aus, dass mit der Staatszielbestimmung ›Tierschutz‹ die Hilfskonstruktion einer verfassungskonformen Auslegung des Tierschutzgesetzes entbehrlich wurde. Die entsprechenden Paragraphen sollen danach jetzt, auch ohne eine Änderung des Wortlauts des Gesetzes, im Sinne eines stärkeren Eingriffs in die Forschungsfreiheit gedeutet werden können. Die Behörden wären damit angehalten, die Unerlässlichkeit und ethische Vertretbarkeit von beantragten Tierversuchen einer autonomen Prüfung zu unterziehen und nicht mehr allein zu prüfen, ob der Antragsteller sie wissenschaftlich begründet dargelegt hat. Wenn sich diese Auffassung in der Genehmigungspraxis durchsetzt, ist denkbar, dass in Zukunft eine größere Zahl von Tierversuchen nicht genehmigt werden wird.

Dieser Auffassung wird entgegengehalten, dass der Wortlaut des Tierschutzgesetzes nach wie vor besagt, dass ein Versuch an Wirbeltieren immer dann zu genehmigen sei, wenn der Antragsteller dessen Unerlässlichkeit und ethische Vertretbarkeit wissenschaftlich begründet dargelegt habe. Zwar könne der Gesetzgeber nach der Verfassungsänderung strengere Vorschriften zum Tierschutz in der Forschung erlassen, es sei aber nicht möglich, den bestehenden Gesetzestext gegen seinen Wortlaut auszulegen.

Es bleibt daher abzuwarten, ob und wie sich nach der Einführung des Staatsziels Tierschutz die Genehmigungspraxis der Behörden ändern wird.

Verwendete Literatur

Baranzke, Heike: Alle Tiere sind gleich. Peter Singers Tierbefreiungsbewegung und ihre anthropologischen und ethischen Implikationen. In: Wojciech Boloz/Gerhard Höver (Hg): *Utilitarismus in der Bioethik: seine Voraussetzungen und Folgen am Beispiel der Anschauungen von Peter Singer*. Münster 2002a, 101–154.

Baranzke, Heike: *Würde der Kreatur. Die Idee der Würde im Horizont der Bioethik*. Würzburg 2002b.

Bundesministerium für Ernährung, Landwirtschaft und Verbraucherschutz (BMELV): *Tierschutzbericht 2007*. Bundestagsdrucksache 16/5044. In: http://www.bmelv.de/cae/servlet/contentblob/383104/publicationFile/22248/Tierschutzbericht_2007.pdf.

Deutsche Forschungsgemeinschaft (DFG): *Tierversuche in der Forschung.* Bonn 2004.
French, Richard D: *Antivivisection and Medical Science in Victorian Society.* Princeton 1975.
Habermas Jürgen: *Erläuterungen zur Diskursethik.* Frankfurt a. M. 1991.
LaFolette, Hugh/Shanks, Niall: Animal Experimentation: The Legacy of Claude Bernard. In: *International Studies in the Philosophy of Science* 8/3 (1994), 195–211.
Rawls, John: *Eine Theorie der Gerechtigkeit.* Frankfurt a. M. 1975 (engl. 1971).
Regan, Tom: *The Case for Animal Rights.* London 1988.
Russel, William/Burch, Rex: *The Principles of Humane Experimental Technique.* London 1959.
Schweizerische Akademie der Medizinischen Wissenschaften (SAMW) und Akademie der Naturwissenschaften Schweiz (SCNAT): *Ethische Grundsätze und Richtlinien für Tierversuche* (^{3}2005). In: http://www.bvet.admin.ch/themen/tierschutz/00777/index.html (10.2.2010).
Singer, Peter: *Befreiung der Tiere. Eine neue Ethik zur Behandlung der Tiere.* München 1982 (engl. 1975).
Singer, Peter: *Praktische Ethik* [1979]. Stuttgart ^{2}1994 (engl. 1993).
Steinbock, Bonnie: Speciesism and the Idea of Equality. In: *Philosophy* 53/204 (1978), 247–256.
Tierärztliche Vereinigung für Tierschutz e. V.: *Tierversuch: zur ethischen Abwägung bei der Planung von Tierversuchen.* Stand 1997. In: http://www.tierschutz-tvt.de/merkblaetter.html [Merkblatt 50] (5.2.2010).

Weiterführende Literatur
Ahne, Winfried: *Tierversuche im Spannungsfeld von Praxis und Bioethik.* Stuttgart 2007.
Birnbacher, Dieter: *Bioethik zwischen Natur und Interesse.* Frankfurt a. M. 2006.
Hoerster, Norbert: *Haben Tiere eine Würde? Grundfragen der Tierethik.* München 2004.
Ingensiep, Hans Werner/Baranzke, Heike: *Das Tier.* Stuttgart 2008.
Perler, Dominik/Wild, Markus (Hg.): *Der Geist der Tiere. Philosophische Texte zu einer aktuellen Diskussion.* Frankfurt a. M. 2005.

Verena Vermeulen

4. Forschung und Gesellschaft

Über den institutionellen und moralischen Charakter von Wissenschaft bestehen heute viele Unklarheiten. Wissenschaft – in den drei Handlungsformen der reinen Grundlagenforschung, der anwendungsorientierten Grundlagenforschung sowie der produktorientierten Anwendungsforschung (vgl. Mittelstraß 2006, 91) – wird häufig als Selbstzweck, als Produktions- und Wirtschaftsfaktor bzw. als Arbeitsfaktor in einer arbeitsteiligen Gesellschaft aufgefasst, die sich gerne mit dem Etikett einer Wissensgesellschaft auszeichnet. Gleichwohl scheint die Konzentration auf diese Sichtweisen ein zunehmendes Unbehagen hervorzurufen. Es mehren sich Indizien dafür, dass die vornehmliche Beachtung dieser Aspekte sowohl für die Wissenschaft als auch für die Gesellschaft mit problematischen Folgen verbunden sein könnte. Die Rede von der Glaubwürdigkeitskrise der Wissenschaften (vgl. Gethmann 1999, 25; Mittelstraß 2006, 101) verweist auf tieferliegende Probleme, für die einzelne Fälle von Forschungsfälschung lediglich – wenngleich beachtenswerte – Symptome darstellen (vgl. Gethmann 1999, 25). Die Sorge richtet sich auf eine Vernachlässigung bzw. einen kaum kontrollierbaren Prozess der Umgestaltung normativer Grundlagen der Wissenschaft. Dieser betrifft zum einen die Wissenschaft selbst, kann aber aufgrund der Funktion der Wissenschaft als eine moralisch und ethisch relevante gesellschaftliche Institution auf die Gesellschaft als ganze und auf deren normatives Gefüge rückwirken.

Im Folgenden werden die Beziehungen zwischen Wissenschaft und Gesellschaft analysiert. Dies erfolgt allerdings nicht (wie in der Mehrzahl thematisch einschlägiger Publikationen) aus wissenschaftssoziologischer Perspektive, sondern das Interesse bleibt auf den wissenschafts- und forschungs*ethischen* Aspekt fokussiert. Die Wissenschaftsethik versteht sich als ein Teil der philosophischen Ethik, der sich auf das durch bestimmte Erkenntnisformen charakterisierte Handlungsfeld der Wissenschaft bezieht. Sie befasst sich zum einen mit dem spezifischen Ethos der Wissenschaftlergemeinschaft und rekonstruiert die Orientierungen, an die der Wissenschaftler im Interesse der Wahrheitsfindung gebunden ist. Zum anderen beschäftigt sie sich mit dem Verhältnis von allgemeinen gesellschaftlichen moralischen Orientierungen zu den besonderen Problemen, die mit der Erzeugung und Verwendung wissenschaftlichen Wissens verbunden sind (vgl. Gethmann 1999, 27 ff.), somit mit einer kritischen angewandten Ethik, die die allgemeinen moralischen Orientierungen auf die besonderen Probleme fortschreibt. Nachfolgend werden dementsprechend zunächst verschiedene Perspektiven dargestellt, unter denen das Ethos der Wissenschaft beschrieben werden kann, und seine Leistungsfähigkeit in Bezug auf innerwissenschaftliche Beurteilungen und solche Beurteilungen, die im Schnittfeld zur Gesellschaft liegen, bestimmt (4.1). In bestimmten Konstellationen wird das Wissenschaftsethos für eine Orientierung nicht ausreichen. Denn die Wissenschaft kann insbesondere im Bereich der Biowissenschaften neuartige Handlungsfelder und Handlungsmöglichkeiten erschließen, die die Beurteilungskompetenz des Ethos der Wissenschaft überfordern. Wo dies der Fall ist, besteht oftmals Unsicherheit über die Anwendung bzw. Anwendbarkeit gesellschaftlich akzeptierter Normen. Die hierzu beitragenden Faktoren werden beschrieben (4.2) und die Verfahrensweise der angewandten Ethik als Instrumentarium für die normativen Bestimmungen einer gesellschaftlich verantworteten Wissenschaft dargelegt (4.3). In einem kurzen historischen Rückblick werden dann die unterschiedlichen Ausgangsbedingungen und unterschiedlichen Ergebnisse der angewandten Ethik im gesellschaftlichen Vergleich zwischen den USA und Kontinentaleuropa skizziert (4.4).

Die Auswirkungen solcher unterschiedlicher Ausgangspunkte und Herangehensweisen werden anschließend am Beispiel der Markteinführung von Thalidomid (Contergan®) in Deutschland und den USA verdeutlicht (4.5). Vor diesem Hintergrund werden schließlich die unterschiedlichen Pflichten- und Verantwortungsverhältnisse von Gesellschaft, Individuum und Forscher dargestellt (4.6).

4.1 Verschiedene Bestimmungen des Ethos des Wissenschaftlers

Im Hinblick auf eine Beurteilung des Verhältnisses von Wissenschaft und Gesellschaft unter wissenschaftsethischer Perspektive bestehen in der Literatur unterschiedliche Auffassungen über die Definierung der Ausgangslage und eine angemessene Problembeschreibung. Am Beispiel der nachfolgend dargestellten Ausführungen der Philosophen Julian Nida-Rümelin, Jürgen Mittelstraß und Carl Friedrich Gethmann (s. Kap. II.1.4) lässt sich als gemeinsamer Grundbestand zunächst festhalten, dass ein spezifisches Ethos der Wissenschaft existiert, das in Bezug auf seine Anwendung innerhalb der Wissenschaft eine relativ stabile handlungsleitende Funktion besitzt, jedoch in Feldern der Interaktion von Wissenschaft mit der Gesellschaft mit Fragen und Problemen moralischer Art konfrontiert ist, die auf die Wissenschaft selbst und ihr Ethos zurückwirken. Unter einem ›Ethos‹ (s. Kap. I.3.1 und II.1.2) wird verstanden »die Orientierung an meist implizit wirkenden und beachteten Regeln [...], die selbst und deren Befolgung als selbstverständlich und im Blick auf individuelle wie gesellschaftliche Handlungszusammenhänge als geboten gelten« (Mittelstraß 2006, 100) bzw. »ein grundsätzlich empirisch zugängliches, normatives Gefüge aus Rollenerwartungen, Gratifikationen und Sanktionen, handlungsleitenden Überzeugungen, Einstellungen, Dispositionen und Regeln, die die Interaktionen der betreffenden Referenzgruppe, in der dieses Ethos wirksam ist, leiten« (Nida-Rümelin 1996, 780) bzw. »implizites Regelwissen« (Gethmann 1999, 25). Nida-Rümelin (1996) entwickelt die Analyse der gegenwärtigen Ausgangslage des Wissenschaftsethos aus dem *historischen Prozess* der Emanzipierung von Wissenschaft von der Vormundschaft traditioneller kirchlicher und weltlicher Autoritäten und der Abwehr zukünftiger Eingriffe durch eine Abgrenzung der Wissenschaft als ein gesellschaftliches Subsystem, die zur Etablierung eines Kanons eigener Regeln innerhalb dieses Subsystems und zur Ausbildung eines Ethos der Wissenschaft führten. Das grundlegende Prinzip für das Ethos der Wissenschaft ist das des Gemeinbesitzes wissenschaftlichen Wissens (vgl. Nida-Rümelin 1996, 781). Im Unterschied zu anderen Bereichen der Gesellschaft, in denen Wissen wie gewöhnliche Ware zum Kauf angeboten oder bei momentaner Unverkäuflichkeit zurückgehalten wird, besteht innerhalb der Wissenschaft die gemeinsame Überzeugung, dass erarbeitetes Wissen jeder an der Wissenschaft interessierten Person zusteht. Damit verbunden ist die von allen Beteiligten geteilte Überzeugung, dass wissenschaftliche Ergebnisse nach bestimmten Regeln veröffentlicht werden müssen, dass ihre Erarbeitung anerkannten Regeln – etwa solchen der Objektivität und Reproduzierbarkeit – folgen muss und dass die erzielten Ergebnisse der Wissenschaftlergemeinde zur kritischen Überprüfung zur Verfügung gestellt werden müssen. Das hier skizzierte, historisch entwickelte Ethos ist in seinem Umfang daher ein *Ethos epistemischer Rationalität* (vgl. Nida-Rümelin 1996, 779 ff.), d. h. es bezieht sich in erster Linie auf innerwissenschaftliche Wahrheits- und Objektivitätsansprüche (s. Kap. II.1.4). Auf der Grundlage dieses Ethos hat die Wissenschaft ein komplexes System organisierter Kritik in Form von anerkannten Regeln wissenschaftlicher Beweisführung,

Zitierregeln, Rezensionen, Begutachtungsprozessen etc. etabliert. Die durch das Ethos der epistemischen Rationalität gegebene Handlungsorientierung ist für die Wissenschaft insofern konstitutiv, als Wissenschaft ohne diese Regeln in der heutigen Form nicht durchführbar wäre (vgl. Nida-Rümelin 1996, 784). Insofern ist dieses Ethos weitgehend unbestritten, auch wenn seine regulativen Vorgaben mitunter verletzt werden.

Jürgen Mittelstraß (2006) nähert sich der Frage nach dem Wissenschaftsethos anhand einer Unterscheidung verschiedener *funktionaler Bedeutungen* von Wissenschaft. Er differenziert eine *wissenschaftstheoretisch* bestimmte Bedeutung, nach der Wissenschaft eine Rationalitätskriterien – z. B. Wahrheits- und Objektivitätsansprüchen – folgende Form der Wissensbildung ist, von einer *institutionell* bestimmten Bedeutung, derzufolge Wissenschaft als gesellschaftliche Institution – z. B. ausweislich der gesellschaftlich sichtbaren und wirksamen Universitäten und außeruniversitären Forschungseinrichtungen – aufgefasst werden kann, und darüber hinaus von einer *moralischen* Bedeutung, in der Kriterien wie Uneigennützigkeit und Wahrhaftigkeit das Kriterium der Rationalität über methodische und theoretische Aspekte hinaus mit einer »moralischen Form« (Mittelstraß 2006, 87), und somit wissenschaftliche Verhaltensregeln mit moralischen Normen verbinden. In dieser letztgenannten Bedeutung ist Wissenschaft eine Idee, die das Vernunftwesen des Menschen und seine leitenden moralischen Orientierungen betrifft (ebd., 86 ff.). Da Wissenschaft – insbesondere die biomedizinische Wissenschaft – die ethischen Fragen, die sie durch ihre Forschung aufwirft, auf der Grundlage ihres eigenen empirischen Methodenspektrums nicht selbst lösen kann, kann der ethische Maßstab für die Problemlösung nur in den Normen einer gesellschaftlich akzeptierten allgemeinen Ethik gefunden werde, die auf die besonderen Bedingungen der wissenschaftlichen Praxis übertragen werden; darin gründet dann ein Ethos des Wissenschaftlers, wie ein solches z. B. im Berufsethos des Mediziners seit langem gesellschaftlich wirksam realisiert ist (ebd., 98).

Carl Friedrich Gethmann (1999) schließlich greift die Frage nach der Ausgangslage des Wissenschaftsethos aus einer *diskurstheoretischen Perspektive* auf. Das Handeln des Wissenschaftlers steht in einem funktionellen sozialen Kontext. Es besteht ein grundsätzliches Recht der Gesellschaft, die Kreditierbarkeit der Wissenschaft zu kontrollieren, und sie hat die Pflicht, die zu diesem Zwecke geeigneten Instrumente zu schaffen (vgl. Gethmann 1999, 28). Dieses Kontrollrecht stößt aber gerade im Bereich der Wissenschaft auf das sogenannte »Expertendilemma« (ebd., 37), nämlich das Problem, dass Wissenschaftler und ihre wissenschaftlichen Ergebnisse in kompetenter Weise nur durch Wissenschaftler überprüft werden können. Dem Prinzip der Kontrolle durch die Gesellschaft sind im Falle des Wissenschaftlers daher enge operationale Grenzen gesetzt, die die Moralität des Wissenschaftlers mehr noch als in anderen Bereichen der Gesellschaft zu einem unabdingbaren Prinzip des Funktionierens der Wissenschaft macht (vgl. ebd., 29). Moralität äußert sich in Glaubwürdigkeit, und letztere ist durch diskursive Verständlichkeit und Verlässlichkeit definiert (vgl. ebd., 35). Vor diesem Hintergrund ergeben sich zwei Forderungen: Im Hinblick auf die Gesellschaft als außer-wissenschaftliche Öffentlichkeit ist zu fordern, dass auch die Laien in der Lage sind, diskursive Prozeduren zu kontrollieren. Denn nur eine Gesellschaft, die die Erzeugung wissenschaftlichen Wissens prozedural nachvollzieht, kann von der Wissenschaft profitieren. Als noch wichtiger aber ist die sich an die Binnenstruktur der Wissenschaftlergemeinschaft richtende Forderung nach Glaubwürdigkeit anzusehen, die ein wenigstens partiell intaktes Ethos voraussetzt. Vor dem Hintergrund des diskursiven Prozesses bedarf ein solches Standesethos der systematischen Ausbildung und der Unterstützung durch Staat und Gesellschaft. In Fällen besonderer Wichtigkeit muss es sich zu institutionellen Prozeduren verdichten und hierin verstetigen (vgl. ebd., 37 ff.).

In Bezug auf die Binnenstruktur der Wissenschaft, so kann eine Zwischenbilanz lauten, gehen alle drei skizzierten, sich aus unterschiedlichen Perspektiven nähernden Ansätze von der Notwendigkeit eines Ethos der Wissenschaft aus und sehen ein solches Ethos auch im Prinzip funktional etabliert, wenngleich seine Wirksamkeit in der modernen Wissenschaft gefährdet erscheint. Ein Ersatz des Ethos der Wissenschaft durch gesetzgeberische Maßnahmen und juridische Sanktionen scheitert daran, dass das Ethos epistemischer Rationalität kaum juridisch kodifizierbar ist und Sanktionierungsmaßnahmen für eine Aufrechterhaltung dieses Ethos nur eine untergeordnete Rolle spielen (vgl. Nida-Rümelin 1996, 784) und ferner das »Expertendilemma« durch solche Maßnahmen nicht gelöst würde (vgl. Gethmann 1999, 38). Jedoch scheint die Leistungsfähigkeit dieses Ethos an der Schnittstelle zwischen dem gesellschaftlichen Subsystem Wissenschaft und der Gesellschaft als ganze in Frage zu stehen. Wie nachfolgend dargestellt wird, konstatieren alle drei Ansätze dieses Ergebnis, divergieren jedoch ihrer unterschiedlichen Herangehensweisen entsprechend sowohl in Bezug auf die Problemdarstellung als auch den Entwurf von Lösungsmöglichkeiten.

Die Frage nach einer über das Gebot der Objektivität und Nachprüfbarkeit der Ergebnisse hinaus gehenden Verantwortung der Wissenschaft gegenüber der Gesellschaft beantwortet Nida-Rümelin (1996) mit der Untersuchung einer Ausweitung des Ethos epistemischer Rationalität auf ein *Ethos wissenschaftlicher Verantwortung* (vgl. Nida-Rümelin 1996, 786). Diese Ausweitung steht ebenfalls in einem historischen Kontext, nämlich dem des zunehmenden Handlungscharakters von Wissenschaft etwa durch die Einführung von Forschung an Menschen, von Experimenten an Tieren oder umwelt- und lebensraumrelevanter Großversuche, sowie durch die Entwicklung und Verflechtung der Wissenschaft als politisch, wirtschaftlich und gesellschaftlich relevantes Subsystem. In dieser Rolle hat Wissenschaft spezifische Verantwortung zu übernehmen, die über den durch das Ethos epistemischer Rationalität geforderten Verantwortungsbereich weit hinausgehen kann. Diese Verantwortung kann nicht delegiert werden, etwa durch eine Aufteilung in interne Verantwortungsbereiche, die durch die Wissenschaft im Sinne des genannten Ethos epistemischer Rationalität geregelt werden, und externe Verantwortungsbereiche, die außerwissenschaftlich einer Regelung durch politische bzw. gesellschaftliche Instanzen vorbehalten bleiben. Denn bereits die hohen öffentlichen Aufwendungen für Forschung, ohne die heute Wissenschaft kaum zu betreiben ist, stellen die Wissenschaft in ein Verantwortungsverhältnis gegenüber der Öffentlichkeit. Ferner ist – wie bereits unter dem Begriff des Expertendilemmas dargestellt – die Evaluierung wissenschaftlicher Vorhaben und Ergebnisse von der Gesellschaft mangels Fachkenntnis nicht zu leisten, jedoch unter dem Aspekt der Verantwortung für Folgen, die mit den Vorhaben und Ergebnissen verbunden sein können, notwendig, d. h. die Verantwortung verbleibt zum großen Teil im Subsystem Wissenschaft. Zudem steht das Subsystem Wissenschaft zur Gesellschaft in einem Verhältnis vielfältiger wechselseitiger Abhängigkeiten, das nicht nur durch das Recht, sondern auch durch gesellschaftlich relevante Ethosnormen gestützt werden muss. Und schließlich kann die moralische Einheit der Person des Wissenschaftlers nicht in eine Aufsplitterung in unterschiedliche wissenschaftliche, öffentliche und private Bereiche gezwungen werden (vgl. Nida-Rümelin 1996, 789 ff.).

Alle diese Gründe sprechen für eine Ausweitung des Ethos epistemischer Rationalität hin auf ein Ethos wissenschaftlicher Verantwortung. Damit aber wird eine Frage aufgeworfen, die Nida-Rümelin als »das zentrale Problem der Wissenschaftsethik« (vgl. ebd., 798) bezeichnet, nämlich die Frage nach der Bestimmung des Verhältnisses zwischen dem Ethos epistemischer Rationalität einerseits und dem Ethos wissenschaftlicher Verantwortung andererseits. Ein erstes Problem wird darin erkannt, dass das Ethos der wissenschaftlichen Verantwortung, insbesondere wenn es um Folgen der Wissenschaft geht, vorwiegend kollektiv wahrgenommen werden muss. Hierin unterscheidet es sich vom Ethos epistemischer Rationalität, das zu einem wesentlichen Teil, etwa in Form wahrheitsgemäßer Angaben des einzelnen Wissenschaftlers zur Verfahrensweise und Anzahl durchgeführter Versuche, individualisierbar ist. Kollektive Verantwortungswahrnehmung stützt sich in der Regel auf juridische Normen. Wissenschaftliche Forschung könne jedoch bereits auf Grund ihrer Dynamik durch legislative Prozesse nicht adäquat begleitet und kontrolliert werden. Zudem gefährde eine ausschließlich gesetzliche Abstützung kollektiver Verantwortungswahrnehmung die Autonomie der Wissenschaft und damit nicht zuletzt das Ethos epistemischer Rationalität (vgl. Nida-Rümelin 1996, 799 ff.). Mit der Frage nach der wissenschaftlichen Folgenverantwortung hängt ein zweites Problem eng zusammen, nämlich die Frage nach der Wahl der Ziele und Gegenstände der Forschung (Frage der Finalisierung). Im Gegensatz zum Ethos epistemischer Rationalität, dessen Forderungen sich auf von allen Teilnehmern akzeptierte Regeln beziehen, ist die Wahl der Forschungsziele keinem gemeinsamen Ethos verpflichtet. Zwar können sich bestimmte Ziele von Forschungsvorhaben am Ethos epistemischer Rationalität orientieren, etwa wenn eine Lücke in einem wissenschaftlichen Nachweis zu schließen oder theoretische Extrapolationen durch empirische wissenschaftliche Ergebnisse zu ersetzen sind, jedoch können Forschungsziele auch durch ganz andere Kriterien, etwa durch Unternehmensstrategien, festgelegt werden (vgl. Nida-Rümelin 1996, 801). Die Wahl solcher Handlungs- und Forschungsziele orientiert sich vor allem an persönlichen Wertorientierungen, die in weitem Rahmen divergieren können. Während sich hinsichtlich des Ethos epistemischer Rationalität ein breiter Konsens erkennen lässt, sind im Hinblick auf ein Ethos wissenschaftlicher Verantwortung daher zunächst wohl eher Minimalkonsense zu erwarten (vgl. ebd., 802).

Jürgen Mittelstraß (2006) erkennt die Grundlage des Ethos der Wissenschaft in den Normen einer gesellschaftlich akzeptierten allgemeinen Ethik. Gesellschaftlich relevant wird dieses Ethos besonders mit der Frage, wie die Wissenschaft als Institution selbst orientierend in die Gesellschaft hineinwirkt. Viele Bereiche der modernen Wissenschaften, insbesondere die Biowissenschaften, werfen bei der Lösung ihrer spezifischen Fragestellungen neue ethische Fragen und Probleme auf. Etwa in der Reproduktionsmedizin oder Gentechnik erzeugt die Forschung ethische Fragen, die sie selbst nicht lösen kann, und die Beurteilungen unterliegen, die sie nicht kontrollieren kann (vgl. Mittelstraß 2006, 97). Der Gedanke einer speziellen Wissenschaftsethik im Sinne einer wissenschaftsimmanenten Spezialethik ist schon aus dem Grund zurückzuweisen, dass Ethik nicht nach Disziplinen oder gesellschaftlichen Subsystemen teilbar ist, sondern als »Bürgerethik« (ebd.) allgemeingültig für die gesamte Gesellschaft Verbindlichkeit beansprucht (vgl. ebd.). Vielmehr liege der Ansatz für die Lösung konkreter ethischer Fragen, die die Wissenschaft aufwirft, gerade in dem universellen Geltungsanspruch einer Ethik und eines Ethos in der Wissenschaft, die freilich »überhaupt erst wieder in das wissenschaftliche Bewußtsein zu bringen« sind (ebd., 100).

Carl Friedrich Gethmann (1999) sieht eine wichtige Verbindung zwischen Wissenschaft und Gesellschaft im Einbezug beider Bereiche in eine Diskursgemeinschaft. Vor allem wenn Interaktions- und Kommunikationszusammenhänge in diesem Diskurs gestört sind, wird das Wissenschaftsethos explizit zum Thema (vgl. Gethmann 1999, 25). Eine Störung des Diskurses macht sich insbesondere am oben erwähnten Expertendilemma fest, an dem immer wieder Versuche scheitern, wissenschaftliche Kontrolle gesellschaftlich zu institutionalisieren. Als Störungsfaktoren identifiziert Gethmann die oben bereits erwähnte zunehmende wissenschaftliche Inkompetenz der Gesellschaft als Teilnehmer in der Diskursgemeinschaft, ferner eine mit Verlust an standesethischem Bewusstsein verbundene Entsymbolisierung der Wissenschaft sowie eine Zunahme der Wettbewerbssituation und des Wettbewerbsdrucks in der Wissenschaft, die auf eine unkritische Übertragung des Marktmodells auf die Wissenschaftssphäre zurückzuführen ist und zu einer zunehmenden Ökonomisierung der Wissenschaft führt (vgl. ebd., 37 ff.). Dieser krisenhaften Entwicklung wäre – so ist zu folgern – durch eine Bereinigung der gestörten Interaktionsprozesse zwischen den Diskurspartnern zu begegnen, wobei die Restaurierung der Glaubwürdigkeit des Wissenschaftlers und der Wissenschaft diesbezüglich eine zentrale Rolle zukäme.

Die verschiedenen skizzierten Herangehensweisen und Lösungsvorschläge werfen jeweils spezifische Fragen auf. Im Hinblick auf das erstgenannte Konzept eines Ethos wissenschaftlicher Verantwortung wäre etwa zu fragen, inwieweit es sich angesichts der pessimistischen Vorhersage von Minimalkonsensen dabei um ein Ethos im Sinne von allgemein etablierten Praxisnormen handeln kann. Denn wenn ein Merkmal eines Ethos darin besteht, sich auf einen breiten Konsens stützen zu können, trifft dies für das Ethos wissenschaftlicher Verantwortung – jedenfalls gegenwärtig – offenbar nicht zu. Eher scheint es sich um ein aus einer historischen Entwicklung entstandenes Desiderat bzw. eine ethische Notwendigkeit zu handeln, die nach dem kritischen Potential einer angewandten Ethik verlangt. Bereits aus diesem Grund wird das Ethos wissenschaftlicher Verantwortung das Ethos epistemischer Rationalität nicht ablösen, sondern allenfalls ergänzen können. Überdies ist festzustellen, dass selbstverständlich bereits das Ethos epistemischer Rationalität vom Wissenschaftler fordert, Verantwortung zu übernehmen, so dass sich beide Ethosformen eher als inhaltliche Unterscheidungen im Rahmen eines gemeinsamen Wissenschaftsethos erweisen. Im Hinblick auf das zweitgenannte Konzept eines Wissenschaftsethos, das in übertragenen gesellschaftlich akzeptierten moralischen Regeln gründet, stellt sich die Frage, mit welchem Instrumentarium in solchen Fällen zu operieren ist, in denen das Ethos zur Problemlösung nicht hinreicht, und welche Instanz die Problemlösung vornehmen soll; auch hier scheint der Gedanke einer angewandten Ethik nahezuliegen. Im Hinblick auf das letztgenannte diskursive Konzept wäre etwa zu fragen, ob nicht gerade eine institutionalisierte Form des Ethos im Falle neuer Handlungsfelder überfordert wäre, was ebenfalls eine angewandte Ethik in das Blickfeld rückt – es sei denn, die Forderung des Ethos würde sich auf eine Institutionalisierung angewandter Ethik richten (was, um hier Missverständnissen vorzubeugen, mit der Einrichtung von gesetzlich vorgeschriebenen Ethikkommissionen in ihrer gegenwärtigen Form weder angestrebt noch erreicht wurde). Zu fragen ist aber auch, wie in Anbetracht einer Diversifizierung der (bio)wissenschaftlichen Landschaft, in der selbst Wissenschaftler Schwierigkeiten haben, Auskunft über Methoden und Ergebnisse benachbarter Forschungsgebiete zu geben, Laien einen hinreichenden Informationsstand erhalten können, der sie zum Diskursteilnehmer qualifiziert. Zudem wäre zu klären, inwieweit die Einführung ökonomischer Modelle in die Wissenschaft notwendig als Indikator einer ethosrelevanten Glaubwürdigkeitskrise der Wissenschaft zu interpretieren ist und anhand welcher ethischen Kriterien hier gegebenenfalls die Grenzen zu ziehen sind.

Wie oben dargelegt, ist es unstrittig, dass ein Ethos der Wissenschaft für die Wissenschaft selbst wie für die Gesellschaft notwendig ist. Mit einer praktischen Ausformulierung eines Ethos der Wissenschaft sind jedoch Schwierigkeiten verbunden, die hier nur exemplarisch angezeigt werden können. Ein wichtiger Grund für diese Schwierigkeiten besteht u. a. in der Dynamik der Wissenschaft, deren Hypothesen und Ergebnisse die moralische Beurteilung immer wieder vor neue Herausforderungen stellen und die kritische Leistungsfähigkeit eines Ethos überfordern können. Zudem mag der Dynamik der Wissenschaften auch eine gewisse Dynamik des inhaltlichen Umfangs des wissenschaftlichen Ethos entsprechen. Die Rekonstruktion des spezifischen Ethos der Wissenschaft als Orientierung, an die der Wissenschaftler im Interesse der Wahrheitsfindung gebunden ist, ist, wie oben dargestellt, indes nur ein Teil der Wissenschaftsethik. Ein anderer Teil besteht in der Beschäftigung mit dem Verhältnis von allgemeinen moralischen Orientierungen zu den besonderen Problemen der Erzeugung und Verwendung wissenschaftlichen Wissens (vgl. Gethmann 1999, 28), mithin mit einer angewandten Ethik. Um diese zweite Aufgabe der Wissenschaftsethik wird es in den folgenden Kapiteln gehen.

4.2 Unsicherheit bei der normativen Bewertung neuartiger Handlungsfelder

Insbesondere in den Biowissenschaften können Wissenschaft und Forschung Handlungsfelder erschließen, die wegen ihrer Neuartigkeit die Frage aufwerfen, ob gemeinsame ethische Standards wie etwa das Wissenschaftsethos oder ethische Prinzipien auf diese neuen Situationen überhaupt anwendbar sind und mit welchen Bedingungen eine solche Anwendung gegebenenfalls verbunden ist. Mit diesen Fragen hat sich u. a. der Philosoph Ludger Honnefelder auseinandergesetzt, dessen Darlegungen zu den in solchen Handlungszusammenhängen zu erwartenden besonderen Schwierigkeiten und zu ihren Lösungsansätzen im internationalen Kontext in diesem und den beiden nachfolgenden Kapiteln wiedergegeben werden (vgl. Honnefelder 2006, 1999a, 1999b).

(1) In neuen Handlungsfeldern kann erhebliche Unsicherheit im Hinblick auf eine normative Einordnung der neuen Handlungsmöglichkeiten in bereits bekannte und gewohnte Handlungsklassen erkennbar werden. Diese Schwierigkeiten können bereits auf einer deskriptiven Ebene beginnen. Lässt sich z. B. die somatische Gentherapie eines primären Immundefektes eher dem Handlungstyp einer Immunisierung, einer Transplantation oder einer Medikation zuordnen? Entsteht durch die Handlungsweise des Klonierens mittels der Transplantation eines menschlichen Zellkerns in eine entkernte menschliche Eizelle (dem Verfahren, mit dem das Klonschaf Dolly erzeugt wurde) ein menschlicher Embryo oder ein biologisches Artefakt? Als noch schwieriger kann sich der Versuch erweisen, etablierte moralische und rechtliche Standards und Prinzipien auf eine neuartige Handlungsmöglichkeit anzuwenden. Anhand solcher Standards werden – zumindest auf der Ebene konkreter Normen – solche Prozeduren beurteilt, die uns bekannt sind und mit denen wir eine gewisse Erfahrung besitzen. Welche Normen aber sind zugrunde zu legen, wenn neuen Prozeduren nicht in eine solche Handlungsklasse eingeordnet werden können (vgl. Honnefelder 2006, 40)? Zu den mit der Neuartigkeit der Handlungen verbundenen Schwierigkeiten treten oftmals solche hinzu, die aus der Geschwindigkeit resultieren, mit der die Forschung fortschreitet. Gewöhnlich erwachsen handlungsleitende Normen und Einstellungen auch aus der Erfahrung in der praktischen Anwendung von Handlungswei-

sen. Für den Erwerb solcher Erfahrung fehlen jedoch angesichts der Dynamik biomedizinischer Forschung oftmals die erforderlichen Zeiträume, und häufig sieht sich die ethische und rechtliche Reflexion durch die Wissenschaft vor vollendete Tatsachen gestellt oder hat retrospektiv einen bereits vollzogenen Missbrauch oder ein Fehlverhalten zu konstatieren (vgl. Honnefelder 1999a, 41 ff.).

(2) Die genannten Schwierigkeiten werden durch die Möglichkeit verstärkt, dass neue wissenschaftliche Erkenntnisse, die neue Handlungsmöglichkeiten nach sich ziehen, Fragen erneut entstehen lassen, die längst für beantwortet gehalten wurden. So hat etwa die weltweit im Zusammenhang mit der Forschung an menschlichen embryonalen Stammzellen kontrovers geführte Debatte um den moralischen Status des menschlichen Embryos (s. Kap. III.3.1) die Frage erneut aufgeworfen, was als der Beginn des menschlichen Lebens anzusehen ist, und die Debatte um das Todeskriterium des Hirntodes und den Umgang mit Patienten im sogenannten persistierenden vegetativen Status hat wieder die Debatte um das Ende des Lebens eröffnet. Zudem können Unsicherheiten, die durch neue Handlungsmöglichkeiten aufgeworfen werden, ihrerseits auf bereits gesellschaftlich akzeptierte Antworten und etablierte ethische und rechtliche Normen zurückwirken und diese wieder in Frage stellen. Auch hierfür können etwa die Stammzelldebatte und die Neubestimmungen der Schutzwürdigkeit des menschlichen Embryos in verschiedenen Ländern als Beispiel dienen. Die modernen Gesellschaften sind sich hinsichtlich ihrer Wertüberzeugungen und der Verfahren, wie Wertüberzeugungen auf neue Handlungskonstellationen zu übertragen sind, offenbar nicht sicher. Dort, wo auf gemeinsame Überzeugungen und Einstellungen zurückgegriffen werden kann, ist oftmals nicht ohne Weiteres erkennbar, wie sich aus diesen die gesuchten Handlungsnormen einvernehmlich gewinnen lassen (Honnefelder 1999a, 41).

(3) Eine dritte Schwierigkeit betrifft das Verhältnis von Wissenschaft und Ethik. Die Freiheit der Forschung und die methodisch geforderte Objektivität und Werturteilsfreiheit des Forschers begründen eine gewisse Distanz der empirischen Wissenschaften zu ethischen Fragen. Wenn Grundlagenforschung ausschließlich der Erkenntnis dient (und nichts anderem dienen darf, wenn die Forschungsergebnisse nicht von vornherein als korrumpiert verdächtigt werden sollen), könnte argumentiert werden, dass ethische Fragen aus der Sicht der Wissenschaften außen vor zu bleiben haben. Der Vorstellung einer solchen Aufteilung, die in der Wissenschaft offenbar verbreitet ist, entspricht die Ausdifferenzierung der modernen Gesellschaft in teilautonome Subsysteme wie Wissenschaft und Markt, die ihren eigenen normativen Regeln, etwa im Sinne einer Standesethik und eines Standesrechts, folgen (vgl. Honnefelder 1999a, 42).

(4) Eine vierte Schwierigkeit stellt die Internationalität von Wissenschaft und Forschung dar. In vielen Fällen wird Forschung in multizentrischen internationalen Netzwerken durchgeführt, die zur Voraussetzung haben, dass Wissenschaftler in weit entfernten Ländern in kürzester Zeit kommunizieren und komplexe Daten austauschen können. Die Etablierung der englischen Sprache als Wissenschaftssprache in fast allen Feldern der biomedizinischen Forschung, bis hin zu gelegentlich kurios anmutenden Bemühungen ihrer konsequenten Verwendung im deutschen Forschungsalltag, ist ein starker Indikator für die Internationalisierung der Forschung (vgl. Honnefelder 2006, 39).

So wie die Erschließung neuartiger Handlungsfelder Ergebnisse der Wissenschaft darstellen, sind auch die damit verbundenen normativen Fragen zu diesen Ergebnissen zu zählen. Gerade vor dem Hintergrund der genannten Schwierigkeiten können letztere eine große gesellschaftliche Herausforderung darstellen, die die Entwicklung geeigneter

Instrumentarien für ihre Bewältigung zu einer vordringlichen gesellschaftlichen Notwendigkeit machen.

4.3 Angewandte Ethik als Instrument der normativen Integration von Wissenschaft in die Gesellschaft

Als entscheidend für das Verhältnis von Wissenschaft und Gesellschaft erweist sich somit die Frage, nach welchen Regeln die notwendige Rückvernetzung der gesellschaftlichen Subsysteme vor sich gehen soll, wenn nicht auf Bekanntes zurückgegriffen und die gesuchte Normsetzung nicht durch einfache Anwendung der akzeptierten Wertüberzeugungen und Prinzipien im Sinne einer Deduktion erreicht werden kann (vgl. Honnefelder 1999a, 42). Seit den 1970er Jahren hat sich als Titel für die Diskussion der ethischen Fragen und Probleme im Bereich der durch Wissenschaft vermittelten Handlungsmöglichkeiten der Begriff der ›angewandten Ethik‹ (*applied ethics*) etabliert. Diese stellt keine eigenständige Spezialethik dar, sondern verfolgt die Anwendung von in der allgemeinen Ethik gründenden etablierten ethischen Prinzipien und Kriterien höherer Allgemeinheitsstufe auf die Etablierung von Normen niedrigerer Allgemeinheitsstufe (vgl. Honnefelder 1999b, 273). Die Ethik der Neuzeit und Moderne betrachtet – im Unterschied etwa zu Aristoteles, für den Ethik als praktische Wissenschaft kein anderes Ziel haben kann, als zum konkreten Handeln eines individuellen Subjekts hier und jetzt anzuleiten – die konkrete Handlungsanleitung nicht mehr als ihre primäre Aufgabe (vgl. ebd., 274 ff.).

> »In Reaktion auf die eingetretene Differenzierung und Pluralisierung der Gesellschaft klammert sie die strittig gewordenen Fragen nach dem guten Leben aus und beschränkt sich auf die Darlegung des allgemein Gesollten, d.h. auf die Aufstellung von Regeln im Sinne von Prinzipien. Mit dieser Beschränkung auf die Angabe allgemein verbindlicher Grenzen gelingt es der Ethik, unter den Bedingungen der Pluralisierung erfolgreich am Anspruch des Ethischen festzuhalten – freilich geschieht dies um den Preis, auf die Möglichkeit unmittelbarer konkreter Handlungsleitung zu verzichten. Vor diesem Hintergrund stellt angewandte Ethik den Versuch dar, die unmittelbar handlungsleitende Leistung der tradierten Tugend- und Ethosethik durch Konkretion einer den Konsens unter den Bedingungen der Pluralität festhaltenden *Regel- oder Prinzipienethik* zu ersetzen« (ebd., 274 ff.).

Dazu bedarf es, etwa im Bereich der Wissenschaft, eines Verständnisses der Handlungsbedingungen und einer Einschätzung der Folgen und Nebenfolgen, somit praktischen Wissens und praktischer Erfahrung; insofern ist angewandte Ethik interdisziplinär. Darüber hinaus leitet angewandte Ethik zu einer konkreten Handlung an, die dem Anspruch der Verantwortbarkeit genügt. Bei dieser Anleitung wird allerdings weder die einzelne Handlung unter eine allgemeine Regel subsumiert noch die konkret handlungsleitende Norm aus einer allgemeineren Regel deduziert. Vielmehr wird die konkrete Norm durch eine *Fortbestimmung* der allgemeineren Norm gewonnen. Damit wird deutlich, dass angewandte Ethik mit Blick auf die gesellschaftliche Konsensfähigkeit, die für die Fortbestimmung der allgemeinen Norm der Humanität gefordert werden muss, nur im Gespräch mit der Gesellschaft, d.h. partizipativ und konsensorientiert betrieben werden kann (vgl. ebd., 274 ff.).

Angewandte Ethik ist daher

> »[...] weder eine Sonderethik noch der Versuch, aus einer vorgegebenen normativen Theorie und relevanten empirischen Annahmen konkrete normative Schlussfolgerungen zu ziehen. Sie ist weder bloße logische Deduktion aus vorgegebenen allgemeinen Regeln noch auf den Einzelfall beschränkte reine Kasuistik. *Angewandte Ethik* argumentiert vom Standpunkt der Moral aus und versteht sich als Verfahren der moralisch-praktischen Urteilsbildung, die sich auf neue wissenschaftsinduzierte Handlungsfelder bezieht und unter der Bedingung pluraler sittlicher Überzeugungen und Theorien auf die Findung konsensfähiger konkreter Handlungsnormen abzielt« (ebd., 280 ff.).

Dies erreicht sie, indem sie von allgemeinen ethischen Prinzipien ausgeht und durch Fortbestimmung universaler Kriterien zu konkreten Normen gelangt.

4.4 Ausgangspunkte und Ergebnisse der angewandten Ethik in den USA und in Europa

Im Hinblick auf die Frage, wie Ethik und Recht die Herausforderungen aufgenommen haben, die durch neue Handlungsfelder in der Wissenschaft und insbesondere in den Biowissenschaften entstanden, lohnt sich ein Blick auf die unterschiedlichen Herangehensweisen im anglo-amerikanischen Raum und in Kontinentaleuropa (vgl. Honnefelder 2006, 41; 1999a, 43). Diese differieren weniger in den *materialen* Inhalten der angewandten oder erzeugten Normen: So liefert der Hintergrund der antiken griechischen Philosophie und der jüdisch-christlichen Tradition generell ein normatives Geflecht, das sich zwischen anglo-amerikanischen und europäischen Ländern nicht mehr unterscheidet als innerhalb Europas selbst. Zudem gehören viele historische Erfahrungen, die als wichtige Quellen moralischer Überzeugungen dienen, zum gemeinsamen Teil des europäischen und des anglo-amerikanischen Erbes. Die Unterschiede zwischen beiden Traditionen betreffen vielmehr den *formalen* Weg, Fixpunkte einer allgemein akzeptierten moralischen Beurteilung zu finden. Sie gehen insbesondere zurück auf verschiedene politische Traditionen, rechtliche Regeln zu formulieren, diese in das Rechtssystem zu integrieren und gesellschaftlich zu implementieren. Jedoch können diese formalen Unterschiede durchaus auch wieder materiale Konsequenzen haben, da sie zu unterschiedlichen Typen von Regeln führen, die sich im Hinblick auf ihren Geltungsrahmen, den bindenden Status und ihren grundsätzlichen Charakter als Kompromisse oder Übereinstimmungen unterscheiden (vgl. Honnefelder 2006, 41).

In den USA führten Fragen der gerechten Verteilung beschränkter medizinischer Ressourcen und Leistungen (Allokation), etwa im Zusammenhang mit der Verfügbarkeit von Dialyseplätzen oder intensivmedizinischen Behandlungsmöglichkeiten, vor allem aber auch die Frage nach den Kriterien für die Forschung an Menschen in den 1960er Jahren zu einer Ablösung der traditionellen hippokratischen Medizinethik, die sich auf die Arzt-Patient-Beziehung stützte, in ihren Entscheidungsstrukturen paternalistisch war und in dem professionell akzeptierten Kanon einer Berufs-Ethik gründete. Sie wurde abgelöst durch eine neue Medizinethik, die Entscheidungen nicht mehr nur an das Urteil des Arztes, sondern an eine reflektierte ethische Beurteilung bindet und hierfür die Arzt-Patient-Beziehung durch ein Ethikkomitee ergänzt, welches alle verfügbaren Optionen im individuellen Fall untersucht. Insbesondere wurde die medizinische Forschung am Menschen, die vormals ebenfalls in der Hand des Arztes lag und im Rahmen der Arzt-Patient-Beziehung stattfand, einer Prüfung durch eine multidisziplinär besetzte Ethikkommission unterworfen (s. Kap. II.2.2). Medizinethik war daher nicht mehr allein Arzt-Ethik, sondern eine zentrale Komponente in einer neuen interdisziplinären Forschungslandschaft (vgl. Honnefelder 2006, 41). Auf der Suche nach geeigneten Prinzipien griff man dabei auf den »Nuremberg Code on Human Experimentation« zurück, der 1947 von dem für die Aburteilung der in der Zeit des Nationalsozialismus begangenen verbrecherischen Experimente an Menschen zuständigen internationalen Gerichtshof erarbeitet wurde (vgl. Honnefelder 1999a, 43). Mit der Aufstellung dieses Kodex folgte das Gericht dem in der Rechtskultur des *common law* geläufigen Verfahren, bei fehlendem Präjudiz und mangelnder Gesetzgebung auf akzeptierte *ethische* Prinzipien zurückzugreifen. Die National Commission for the Protection of Human Subjects of Biomedical and Behavioral Research griff 1978 auf die ersten drei der vier Prinzipien des Nürnberger Kodex zurück und hielt sie im sog. »Belmont Report« fest (s. Kap. II.2.3). Die Philosophen Tom Beauchamp und James Childress (1994) arbeiteten die vier Prinzipien des Respekts vor der Selbstbestimmung des Betroffenen (*autonomy*), Fürsorgeprinzip (*beneficence*) Nichtschadensprinzip (*non-maleficence*) und Gerechtigkeitsprinzip (*justice*) als den *four-principle-way* zu einem Ausgangspunkt der sich in den USA rasch entwickelnden biomedizinischen Ethik aus (Honnefelder 1999a). Diese vier Prinzipienkomplexe stellen *prima facie*-Regeln dar, d.h. Prinzipien, die zum Kernbestand der gesellschaftlich akzeptierten Moral gehören und denen unbedingte Geltung zuerkannt wird, sofern ihnen nicht Prinzipien gleicher Art entgegenstehen. Aus diesen allgemeinen Kriterien werden handlungsleitende Normen durch Fortbestimmung der bestehenden Norm (*specification*) und im Falle konfligierender Normen durch Abwägung (*balancing*) gewonnen (vgl. Honnefelder 2006, 42; 1999b, 277ff.). Beauchamp und Childress betonen, dass ihr Ansatz mit unterschiedlichen ethischen Theorien wie solchen der Deontologie, des Konsequentialismus und des Utilitarismus kompatibel ist.

Die europäische Diskussion um eine angemessene angewandte Ethik im Bereich der Biomedizin setzte etwas später ein. Auch in dieser Diskussion spielten die genannten anglo-amerikanischen Lösungsversuche eine wichtige Rolle, jedoch wurden zugleich Ansätze entwickelt, die den andersartigen historischen und rechtlich-institutionellen Bedingungen Kontinentaleuropas in besonderer Weise Rechnung tragen. Demzufolge knüpfen diese Ansätze an die Institution berufsrechtlicher Bindungen wie etwa das medizinische Berufsethos sowie an die ethischen Wertüberzeugungen, wie sie in den Verfassungen verschiedener Länder und in den Menschenrechtskodifikationen festgehalten sind, an (vgl. Honnefelder 1999b, 278). Letzteren liegt die Überzeugung zugrunde, dass die Menschenwürde und die damit verbundenen fundamentalen Rechte und Freiheiten von entscheidender Bedeutung sind. Da jedoch die Handlungsfelder der modernen Wissenschaften zu neu und zu spezifisch sind, um durch die in den existierenden Menschenrechtskodifikationen niedergelegten Standards genügend abgedeckt zu werden, wurden Menschenrechtskodifikationen weltweit ergänzt durch zusätzliche Konventionen und Deklarationen, die versuchen, die von Wissenschaft und Technologie ausgehenden Gefahren abzuwenden und generelle Standards zu definieren (vgl. Honnefelder 2006, 44ff.).

Beide Versuche gesellschaftlicher Ordnungen, den Herausforderungen durch die moderne Biomedizin zu begegnen, gleichen und unterscheiden sich in charakteristischer Weise. Die Ansätze stimmen darin überein, (1) bei der Suche nach der für eine konkrete Handlung als maßgeblich zu betrachtenden Norm auf die Regeln und Prinzipien zurückzugehen, die als allgemein verbindlich betrachtet werden können; weder gehen sie den Weg einer Sonderethik noch den Weg einer Einzelfallentscheidung (Kasuistik). (2) Diese Regeln und Prinzipien werden in beiden Ansätzen in existierenden Rechtskodifikationen (»Nürnberger Kodex« bzw. »Europäische Menschenrechtserklärung«) gefunden, die Ausdruck gesellschaftlicher Wertvorstellungen darstellen, und (3) stellen formal einen *partiellen* Konsens dar, insofern dieser nur das festhält, was unter den Bedingungen gesellschaftlicher Pluralisierung Plausibilität besitzt (Honnefelder 1999a, 44 ff.). Gemeinsam sind beiden Ansätzen aber auch Schwierigkeiten: Methodische Schwierigkeiten können mit einer Fortbestimmung von gesellschaftlich allgemein akzeptierten und als verbindlich erachteten Prinzipien zu konkreten handlungsleitenden Normen verbunden sein, die sowohl auf interdisziplinäre Kompetenz wie auch auf gesellschaftliche Partizipation verwiesen ist. Zudem können Schwierigkeiten aus dem Umstand entstehen, dass die grundlegenden ethisch-rechtlichen Prinzipien, wie der Schutz der Menschenwürde, Normen sind, die ihre übergreifende Bedeutung nur dadurch gewinnen, dass sie maßgebliche Schranken setzen, nicht aber eine Quelle weiterer Normen darstellen. Konkrete handlungsleitende Normen sind dann innerhalb dieser Grenzen zu suchen und festzulegen. Rechtlich handelt es sich bei diesen Prinzipien und Kriterien deshalb um Mindestnormen (vgl. ebd., 45 ff.; Honnefelder 2006, 43).

Unterschiede zwischen beiden Ansätzen bestehen – wie erwähnt – in den verschiedenen Rechtsformen sowie in den inhaltlichen Differenzen, zudem in dem Charakteristikum, dass der *four-principles-way* keine Rangordnung der Prinzipien enthält, wie sie der Menschenrechtsgedanke durch die Verordnung der Unverletzlichkeit der menschlichen Würde vor den anderen Grundrechten kennt. Zudem besitzt der Begriff der *autonomy*, mit dem im anglo-amerikanischen Ansatz der *respect for persons* begründet wird, eine durchweg andere Bedeutung als die Selbstzwecklichkeit des sittlichen Subjekts, wie sie dem Begriff der menschlichen Würde zugrunde gelegt werden muss (vgl. Honnefelder 1999a, 46).

4.5 Das Beispiel der Markteinführung von Thalidomid (Contergan®) in Deutschland und den USA

Viele der bisher behandelten, im Schnittfeld zwischen Wissenschaft und Gesellschaft auftretenden Fragen und Probleme der Wissenschaftsethik lassen sich an dem Beispiel der katastrophalen Auswirkungen der weltweiten Vermarktung von Thalidomid (Contergan®), die als einer der größten Arzneimittelskandale des 20. Jahrhunderts gilt, und der zu dieser Zeit gegebenen unterschiedlichen Voraussetzungen und Bedingungen in Deutschland und den USA verdeutlichen. Dabei ist zu erwähnen, dass diese Geschehnisse in einer Zeit stattfanden, in der die neue Disziplin der biomedizinischen Ethik in den USA gerade im Entstehen begriffen war, während in Deutschland die klinische medizinische Forschung in der Hand des Arztes lag und dementsprechend von Regeln bestimmt war, die vorwiegend durch das Arzt-Patient-Verhältnis und das ärztliche Ethos geprägt waren. Eine ausführliche Falldarstellung und Analyse des Thalidomid-Falls hat z. B. Arthur Daemmrich (2002) veröffentlicht, der die nachfolgende Darstellung folgt.

Thalidomid (α-Phthalimidoglutarimid) wurde 1954 von Heinrich Mückter bei der deutschen Pharmafirma Chemie Grünenthal GmbH in Stolberg bei Aachen synthetisiert. Die klinische Zulassung in Deutschland erfolgte 1956, und ab 1957 wurde Thalidomid in

Deutschland und 45 anderen Ländern in Europa, Asien, Australien, Amerika und Afrika vermarktet. Thalidomid führte einen leichten Schlaf herbei und zeigte keine der für andere Schlafmittel typischen Nachwirkungen wie Müdigkeit oder Konzentrationsstörungen. Es wurde daher vielfach bei Schlafstörungen, aber auch als Beruhigungsmittel bei der Behandlung von Stress- und Spannungszuständen sowie bei Beschwerden in der frühen Schwangerschaft verwendet. Ein wesentlicher Vorteil von Thalidomid bestand in seiner großen therapeutischen Breite, die bei einer beabsichtigten oder unbeabsichtigten Überdosierung auch in höchsten Mengen keinen tödlichen Ausgang erwarten ließ. In Versuchen an Nagetieren konnte keine mittlere letale Dosis (LD50) erreicht und die Tiere mittels Thalidomid nicht zu Tode gebracht werden. Die hohe Sicherheit der Einnahme von Thalidomid führte zu einer aus heutiger Sicht völlig unkritischen Verschreibung durch viele Ärzte. Es wird geschätzt, dass im Jahr 1960 ca. 700.000 Patienten in Deutschland Thalidomid täglich regelmäßig einnahmen. Viele Eltern verabreichten das Medikament auch ihren Kindern, weswegen Thalidomid auch als ›West-Deutschlands Babysitter‹ bezeichnet wurde. Im Jahr 1960 war Thalidomid das am häufigsten verkaufte Schlafmittel in Deutschland. Nebenwirkungen waren selten, obwohl einige Patienten über Taubheitsgefühle in Armen und Beinen nach Einnahme von Thalidomid klagten, die auch nach Absetzen des Medikaments anhielten. Zwei deutsche Neurologen informierten Chemie Grünenthal über diese Nebenwirkungen, jedoch wurde diesen Berichten offenbar nicht intensiv nachgegangen. Ende des Jahres 1960 wurden in der Fachzeitschrift *British Medical Journal* vier Fälle von peripherer Nervenentzündung (periphere Neuritis) mit der Einnahme von Thalidomid in Verbindung gebracht. Auch in der *Deutschen Medizinischen Wochenschrift* wurden am 6. Mai 1961 über Nervenschädigungen nach der Einnahme von Thalidomid berichtet.

Beginnend mit dem Jahr 1959 verzeichneten Ärzte in Europa und anderen Teilen der Erde einen steilen Anstieg der Zahl fehlgebildeter neugeborener Kinder. Den Neugeborenen fehlten oftmals Arme oder Beine, Hände und Füße wiesen Fehlbildungen in Form fehlender Finger auf, und innere Organe waren geschädigt. Oftmals fehlten die langen Segmente der Extremitäten, und die Hände oder Füße entsprangen direkt dem Rumpf. Diese als Phokomelie bezeichneten Fehlbildungen waren bis dahin in der Literatur als große Seltenheit beschrieben worden.

Am 18. November 1961 berichtete Widukind Lenz, Kinderarzt an der Universitätsklinik Hamburg, auf der Rheinisch-Westfälischen Kinderärztetagung in Düsseldorf über seine Beobachtung, dass die Fehlbildungen von Kindern mit der Einnahme von Thalidomid durch die Mutter in der frühen Schwangerschaft in Verbindung stehen könnten. In der darauf folgenden Woche traf Lenz nach Vermittlung durch das Bundesministerium für Gesundheit mit Vertretern der Chemie Grünenthal zusammen, wo seine Berichte auf Skepsis stießen. Als jedoch am 26. November 1961 die überregionale deutsche Tageszeitung *Welt am Sonntag* über die Düsseldorfer Kinderärztetagung und die von Widukind Lenz vermuteten Zusammenhänge zwischen der Einnahme von Thalidomid und den Fehlbildungen bei Kindern berichtete, nahm Chemie Grünenthal das Medikament am gleichen Tag in Deutschland und Großbritannien vom Markt. In einigen Ländern wie Belgien, Brasilien, Kanada, Italien und Japan wurde Thalidomid noch über mehrere Monate verkauft. Eine unabhängige Bestätigung für die von Lenz beobachteten Zusammenhänge publizierte William McBride, ein Gynäkologe aus Sydney, Australien, am 16. Dezember 1961 in einem Beitrag in der Fachzeitschrift *The Lancet*, in dem er einen möglichen Zusammenhang zwischen Fehlbildungen bei Neugeborenen und der Einnahme von Thalidomid durch die Mutter beschreibt.

Im folgenden Jahr analysierten Lenz und andere Ärzte die Zusammenhänge zwischen Thalidomid und den beobachteten Fehlbildungen. Die ersten Publikationen stützten sich ausschließlich auf individuelle Fallstudien und schätzten den Zusammenhang mit Thalidomid als unsicher ein. Lenz baute ein Netzwerk von Kontakten in Deutschland, Belgien, Schweden und England auf und bezog auch dort aufgetretene Fälle in die Untersuchungen ein. Nachfolgende Arbeiten umfassten auch Tierversuche und enthielten retrospektive vergleichende Analysen, in denen Gruppen von Kindern verglichen wurden, deren Mütter Thalidomid entweder eingenommen oder nicht genommen hatten. Lenz konnte anhand von gut dokumentierten Fällen schließlich nachweisen, dass Thalidomid, wenn es in einem Zeitfenster zwischen dem 34. und 49. Tag nach der letzten Menstruation von der Mutter eingenommen wurde, zu Fehlbildungen des Foetus führt, deren Spezifität in engem Zusammenhang mit dem Tag und der Dauer der Einnahme von Thalidomid steht und lässt sich anhand dieser Daten zuverlässig vorhersagen (vgl. Daemmrich 2002, 145). Eine einzige Tablette Thalidomid reichte aus, um eine Fehlbildung zu erzeugen. Etwa 40% der Thalidomid-Opfer starben vor ihrem ersten Geburtstag (vgl. Rajkumar 2004).

Zur gleichen Zeit wurden die klinischen Tests, die mit Thalidomid vor der Markteinführung durchgeführt worden waren, retrospektiv überprüft. Der Aufschrei in der Öffentlichkeit sowie die Kontroversen von Fachleuten über die Qualität und Akzeptierbarkeit der präklinischen und klinischen Tests führte zu Auseinandersetzungen über annähernd jedes Detail der klinischen Prüfung von Thalidomid. Viele Ärzte und Pharmakologen äußerten Kritik an den bei der Prüfung angewandten Forschungsmethoden. So waren etwa toxikologische Studien an Nagetieren nicht mittels intravenöser, sondern mittels enteraler Applikation des Medikaments (d. h. durch Verabreichung über den Magen-Darm-Trakt) durchgeführt worden, weil Thalidomid wegen seiner Kristallstruktur in wässriger Lösung kaum auflösbar und daher nicht in eine injizierbare Lösung zu bringen ist, und die Ergebnisse dieser enteral durchgeführten Tests waren extrapoliert worden. Thalidomid war präklinisch an Mäusen und Ratten getestet worden, allerdings insbesondere im Hinblick auf die mittlere letale Dosis (LD50), die (möglicherweise auch wegen der enteralen Applikationsweise) nicht erreicht werden konnte (vgl. Rajkumar 2004). Reproduktionsmedizinische Versuche wurden nicht durchgeführt, was allerdings offenbar den damaligen Gepflogenheiten entsprach. Erst wesentlich später stellte sich heraus, dass der vermeintliche Erkenntnisgewinn solcher Versuche bei Ratten und Mäusen höchst problematisch gewesen wäre, weil Thalidomid bei beiden Nagetier-Spezies zu keinen Missbildungen (teratogene Wirkung) führt (vgl. Parman/Wiley/Wells 1999). Wären solche Versuche hingegen am Kaninchen durchgeführt worden, wäre die teratogene Wirkung von Thalidomid aufgefallen (s. Kap. II.3.1). Chemie Grünenthal wurde vorgeworfen, die Prüfungen von Thalidomid nicht intensiv genug durchgeführt und auf der Grundlage einer problematischen Datenbasis Ärzten und der Öffentlichkeit fälschlich eine fehlende Toxizität von Thalidomid suggeriert zu haben. Widukind Lenz stand im Zentrum der wissenschaftlichen wie auch der Medienberichterstattung.

Im Dezember 1961 wurden die ersten Klagen gegen Chemie Grünenthal beim Landgericht Aachen eingereicht. Die Verhandlung begann im Januar 1968. Angeklagt waren ursprünglich 17 Mitarbeiter der Firma Grünenthal, von denen bei Prozessbeginn noch sieben lebten bzw. verhandlungsfähig waren. Die Anklagepunkte lauteten auf (1) Vermarktung einer gefährlichen Substanz, ohne diese vorher mit geeigneten Mitteln getestet zu haben, (2) fehlende Reaktion auf wiederholte Hinweise auf gravierende Nebenwirkungen von Thalidomid, wie z. B. eine periphere Nervenentzündung, sowie (3) den Versuch, Informationen über unerwünschte Nebenwirkungen unterdrückt zu haben. Widukind Lenz wurde in dem Prozess als medizinischer Sachverständiger hinzugezogen, jedoch später für befangen erklärt und von dem Prozess ausgeschlossen. Der Grund hierfür bestand u. a. in seiner Weigerung, der Forderung der Verteidigung nach Offenlegung der Namen seiner Patienten nachzukommen, die er in seine statistischen Berechnungen einbezogen hatte; diese Weigerung führte zu dem Vorwurf, dass er eine wissenschaftliche Überprüfung seiner Daten verunmögliche und daher diese Daten und zudem seine Objektivität als Wissenschaftler anzuzweifeln seien. Der Prozess endete drei Jahre später mit einem Vergleich. Die Klage wurde zurückgezogen gegen die Zusicherung von Chemie Grünenthal, einen Hilfsfond für Kinder einzurichten, die durch Thalidomid geschädigt wurden. Die Beendigung des Strafprozesses durch einen Vergleich kam durch politischen Einfluss zustande, der das Ziel verfolgte, den betroffenen Kindern und Familien zu helfen. Chemie Grünenthal verpflichtete sich, 100 Mio. DM in einen Hilfsfond zu zahlen. Am 17. Dezember 1971 etablierte das Bundesgesundheitsministerium das »Hilfswerk für behinderte Kinder«, durch das der getroffene Vergleich auf eine rechtliche Basis gestellt wurde.

Weltweit wurden über 10.000 Thalidomid-Opfer gezählt. In der BRD waren über 4000 Kinder betroffen, 2866 Kinder verstarben. Die katastrophalen Folgen der Vermarktung von Thalidomid entfachten angesichts von Verzweiflungstaten von Müttern eine in verschiedenen Ländern geführte Diskussion nicht nur über die Abtreibung, sondern auch über Euthanasie. In Belgien etwa tötete eine Mutter ihr durch Thalidomid schwer geschädigtes Kind und wurde schließlich von einem belgischen Gericht freigesprochen.

In den USA wurden insgesamt 17 Thalidomid-Fälle gezählt (vgl. Daemmrich 2002, 139). Im Jahr 1958 nahm die US-amerikanische, in Cinncinati beheimatete Pharmafirma William S. Merrell Thalidomid in Lizenz für den amerikanischen Markt. Im Anschluss an toxikologische Studien und pharmakologische Tests begannen im Jahr 1959 breitere klinische Studien, die über einen Zeitraum von etwa 20 Monaten durchgeführt wurden und die als Ergebnis nur wenige unerwünschte Nebenwirkungen erbrachten. Diese Testphase hatte Elemente einer Massenvermarktung, da Merrell Testdosen von Thalidomid an über 1000 Ärzte versandte mit der Empfehlung, das Medikament Patienten mit Schlafstörungen oder Stresssymptomen zu verabreichen. Etwa 16.000 Patienten in den USA nahmen auf diese Weise Thalidomid ein, 624 von diesen waren schwanger. Von den letzteren erhielten die meisten durch Zufall das Medikament erst nach dem ersten Trimester der Schwangerschaft, so dass teratogene Effekte nicht mehr wirksam wurden. Im September 1960 reichte Merrell einen Genehmigungsantrag an die Food and Drug Administration (FDA) zur klinischen Zulassung von Thalidomid (Kevadon®) ein. Zu diesem Zeitpunkt bestand die FDA aus sieben Vollzeit- und vier Halbzeit-Arbeitskräften, die sich um die Zulassung von ca. 300 humanmedizinischen und ca. 150 tiermedizinischen Medikamenten pro Jahr zu kümmern hatten (vgl. Daemmrich 2002, 152). Nachdem im Jahr 1937 in den USA über 100 Personen, vorwiegend Kinder, einem Sulfonamid-Antibiotikum-Präparat zum Opfer gefallen waren, das zwecks Geschmacksverbesserung mit toxischem Diethylenglykol, das heute u. a. als Frostschutzmittel Verwendung findet, versetzt worden war, war der FDA durch Gesetz u. a. die Aufgabe zugefallen, die Ergebnisse der präklinischen und klinischen Prüfung von Medikamenten zu begutachten, und die Behörde war autorisiert, Genehmigungen zu verzögern oder abzulehnen (vgl. Daemmrich 2002, 140). Der Antrag über Thalidomid wurde einer neu eingestellten FDA-Angestellten, Francis Kelsey, übertragen. Kelsey hatte bereits berufliche Erfahrung mit Medikamentenprüfungen sowie, als Redaktionsangestellte der medizinischen Fachzeitschrift *The Journal of the American Medical Association* (JAMA), mit der Begutachtung wissenschaftlicher Manuskripte gesammelt. Kelsey und zwei ihrer Kollegen hielten den Umfang der durchgeführten Tierversuche für nicht ausreichend. Sie kritisierten insbesondere die Tatsache, dass die vorgelegten Untersuchungen über die Toxizität von Thalidomid nicht vollständig waren und keine Bewertung der Sicherheit des Medikaments bei Langzeitanwendung erlaubten. Zudem beanstandeten sie die Methoden, die zur Bestimmung der pharmakologischen Wirkung, Qualität und Reinheit der Thalidomid-Präparation angewendet worden waren. In einem Schreiben an Merrell vom November 1960 verlangten Kelsey und ihre Kollegen zusätzliche Daten und hielten den Genehmigungsprozess an. Daraufhin trat eine Frist von 60 Tagen in Kraft, innerhalb der Merrell zusätzliche Laborergebnisse und Ergebnisse präklinischer Tests beibringen konnte. Merrell reichte die Beantragung erneut im Januar 1961 ein. In diesen Tagen war die oben erwähnte Publikation über periphere Nervenerkrankungen durch Thalidomid im *British Medical Journal* erschienen. Kelsey zog daraufhin externe Fachgutachter in den Genehmigungsprozess ein, die zur Vorsicht rieten. Dieses Vorgehen wurde von Merrell in der Folge als Amtsanmaßung kritisiert. Kelsey konnte sich jedoch mit dem Hinweis zur Wehr setzen, dass der Nachweis der Sicherheit eines Medikamentes nicht bei der FDA, sondern beim Antragsteller liege. Zwischen September 1960 und November 1961 versuchte Merrell mit zunehmendem Druck bis hin zur Klageandrohung gegenüber der FDA die Marktzulassung von Thalidomid zu erreichen. Kelsey blieb bei ihrer Forderung nach weiteren Langzeit-Toxizitäts-Daten und formalisierten klinischen Prüfungen, bis Merrell im März 1962, nachdem in Europa die Folgen der Thalidomid-Einnahme offenbar wurden, den Antrag auf Marktzulassung von Thalidomid zurückzog (vgl. Daemmrich 2002, 153 ff.).

Die Darstellung des Thalidomid-Falls lässt erkennen, dass die Einführung dieses Medikaments in beiden Ländern auf unterschiedliche Ausgangsbedingungen traf. Diese Unterschiede lassen sich vor dem Hintergrund der bisherigen Ausführungen unter einer wissenschaftsethischen Perspektive analysieren und einordnen. In Deutschland war zu dieser Zeit der Medikamentenmarkt durch Pharmakologen und Ärzte auf der Grundlage eines Systems reguliert, das sich aus den mittelalterlichen Ständen ableitete. Diese Berufsgruppen überwachten sich mittels Standesrecht und Standesethos jeweils weitgehend selbst und wurden durch eine mit nur geringen Kompetenzen ausgestattete zentrale politische Instanz komplementiert. Erst im Jahr 1961 wurde in Deutschland ein Gesetz verabschiedet, unter dem das Bundesgesundheitsamt die Lizenzen für die Produktion von Pharmaka überwachte und neue Medikamente registrierte, jedoch war diese Behörde nicht mit der Autorität ausgestattet, die Zulassung von Medikamenten zu verzögern oder zu verhindern (vgl. Daemmrich 2002, 140 ff.). Vor diesem Hintergrund bezog sich das wissenschaftliche Ethos offenbar insbesondere auf die Einhaltung innerwissenschaftlicher Regeln im Sinne eines Ethos epistemischen Rationalität (s. Abschnitt 4.1). So beschäftigte sich nach Bekanntwerden der katastrophalen Auswirkungen von Thalidomid ein großer Teil der Expertendiskussionen mit der Frage, ob die Ergebnisse der präklinischen Prüfung von Thalidomid hinreichend objektiviert und entsprechende Regeln eingehalten wurden; diese Fragestellung ist primär wissenschaftsimmanent und wird innerhalb der Standesgrenzen diskutiert. Das Folgenproblem betraf aber Individuen in der Gesellschaft und machte ein Defizit in einem Regelbereich bewusst, der oben als Ethos wissenschaftlicher Verantwortung beschrieben wurde. Auch unter diskursethischer Perspektive lässt sich das Problem darstellen. Indem Chemie Grünenthal die Schwierigkeiten bei der präklinischen Prüfung von Thalidomid, etwa die annähernde Unlöslichkeit des Stoffes und die daraufhin enteral durchgeführte und daher nicht den Regeln entsprechende Toxizitätsprüfung bei Nagetieren nicht offenlegte und nicht der Fachwelt kommunizierte, machte sie sich im Hinblick auf ihre Verlässlichkeit als Diskurspartner angreifbar und verstieß in diesem Sinne gegen das Standesethos – und zwar unabhängig von der Frage, ob die orale Prüfung objektiv als ausreichend oder nicht ausreichend zu beurteilen ist.

Aus der Perspektive eines Ethosbegriffs, der in übertragenen gesellschaftlich akzeptierten moralischen Regeln gründet, ist anzumerken, dass ausweislich der zu dieser Zeit nicht oder allenfalls gelegentlich geprüften teratogenen Wirkungen von Medikamenten offenbar ganze Gruppen der Gesellschaft, nämlich schwangere Frauen und ungeborene Kinder, nicht im Blickfeld wissenschaftlicher Beachtung und Verantwortung standen. Bereits die aufbrechende kontroverse Diskussion über die Frage, ob Chemie Grünenthal überhaupt Regeln verletzt und sich schuldig gemacht hatte – eine Frage, die unter der Perspektive wissenschaftlicher Objektivität tatsächlich umstritten sein mag – weist darauf hin, dass ein als Ethos epistemischer Rationalität verstandenes Standesethos im Schnittfeld zwischen Wissenschaft und Gesellschaft nicht hinreichend ist. Als Beispiel hierfür kann auch angeführt werden, dass Chemie Grünenthal noch angesichts der sich bereits abzeichnenden Katastrophe die Beweisführung von Widukind Lenz als wissenschaftliches Problem behandelte und aufgrund wissenschaftlicher Kriterien anzweifelte, das Medikament jedoch sofort vom Markt nahm, als die Öffentlichkeit durch die Presse informiert und damit der durch die Standesgrenze gewährte Schutz aufgebrochen war. Die Macht des wissenschaftlichen Ethos im Sinne eines Ethos epistemischer Rationalität spielte schließlich auch eine wichtige Rolle beim Ausschluss von Widukind Lenz vom Gerichtsverfahren wegen Befangenheit. Denn seine Weigerung, als Arzt die Namen der in seine Statistiken einbezogenen Patienten zu nennen, machte eine objektive Überprüfung dieser Statistik unmöglich, die jedoch als unabdingbares Kriterium wissenschaftlicher Objektivität gefordert wurde.

Neben der Problematik eines als Ethos epistemischer Rationalität verstandenen Standesethos lassen sich im Zusammenhang mit dem Thalidomid-Fall aber noch weitere oben angesprochene Faktoren identifizieren. Der dargestellte diskursethische Ansatz benennt zur Lösung des ›Expertendilemmas‹ neben dem Ethos des Wissenschaftlers u. a. die Notwendigkeit, dass auch Laien die Erzeugung wissenschaftlichen Wissens prozedural nachvollziehen können. Bereits die Verkaufszahlen und Szenarien der Anwendung von Thalidomid lassen erkennen, dass in der Gesellschaft zu dieser Zeit offenbar ein weitgehend unkritischer Umgang mit Medikamenten vorherrsche. Dies mag, wie die in der Öffentlichkeit geäußerten Vorwürfe erkennen lassen, auch zu einem Teil durch eine unkritische Bewerbung des Medikaments durch Chemie Grünenthal zu erklären sein, die jedoch den Diskursteilnehmer nicht von der Pflicht entbindet, verständliche und verlässliche Darstellungen gegebenenfalls einzufordern. Eine wichtige Folge, die im Zusammenhang mit neuen Handlungskontexten auftreten kann, bestand zudem darin, dass mit der Frage nach der Abtreibung und der Euthanasie Themen neu zur Diskussion gestellt wurden, die zumindest im Hinblick auf die Gesellschaft für hinreichend geklärt gehalten wurden. Schließlich lässt der Thalidomid-Fall auch erkennen, dass die internationale Verbreitung der Ergebnisse von Forschung problematische Folgen haben kann, wenn die Produktions- und Sicherheitsstandards von einem bestimmten gesellschaftlichen System und dem jeweiligen Normenkanon der Subsysteme abhängen. Die Erkenntnis eines weitreichenden Defizits in Bezug auf eine Ebene konkreter Normen kommt in der Erklärung zum Ausdruck, mit der die Richter am Landgericht Aachen die Einstellung des Verfahrens begründeten, nämlich dass es wichtiger sei, das gesamte System der Entwicklung, Bewerbung und Vermarktung von Medikamenten, der rechtlichen Kontrolle und der Verhaltensmuster von Ärzten und Patienten zu ändern, als ein paar individuelle Sündenböcke zu finden und für Irrtümer zu bestrafen, die die Gesellschaft annähernd generell erlaubt oder sogar unterstützt habe, und die bei jeder pharmazeutischen Firma hätten auftreten können.

Blickt man auf die damalige Situation in den USA, ist – in Analogie zu den obigen Ausführungen zu der mit neuen Handlungsfeldern verbundenen normativen Unsicherheit – festzustellen, dass durch vorhergehende ähnlich gelagerte Problemfälle wie die katastrophalen Auswirkungen der mit Polyethylenglykol versetzten Sulfonamid-Präparation im Jahr 1937 bereits Erfahrungen gesammelt wurde, die sich in ethischen und rechtlichen Normen niedergeschlagen hatten und institutionell verstetigt worden waren. Seit dem Jahr 1938 bestand in den USA für Hersteller die Pflicht, die Sicherheit ihres Produkts nachzuweisen, bevor dieses für den Markt zugelassen werden kann. Unter dieser Regelung bewegte sich die Pharmaindustrie von vornherein in einem Feld von Vorsichts- und Verantwortungsregeln. Ferner besaß die FDA als zuständige Bundesbehörde die rechtliche Autorität, Genehmigungen zu verweigern und geeignete Nachweise für die Unbedenklichkeit von Produkten einzufordern, die – wie der Thalidomid-Fall zeigt – gegen merkantiles Begehren der Antragsteller und Androhung rechtlicher Schritte weitgehend immunisierte. Ein wichtiger zweiter Unterschied zur damaligen deutschen Situation bestand in der zumindest ansatzweisen Lösung des mit dem Expertendilemma verbundenen Problems einer fachlich kompetenten Begutachtung durch die Genehmigungsbehörde. Durch die Hinzuziehung unabhängiger Fachgutachter wurde die administrative Autorität durch wissenschaftliche Autorität ergänzt und letztere in den Dienst der Gesellschaft genommen. Auch wenn heutige Standards wie etwa vorgeschriebene sukzessive, der Forschung an Menschen zugeordnete Prüfphasen und die Einbeziehung einer Ethikkommission sowie das Instrumentarium einer angewandten Ethik noch fehlten, lassen sich in den USA zur damaligen Zeit Ansätze einer gesellschaftlich institutionalisierten Prüfinstanz erkennen, die die Einhaltung wissenschaftlicher Normen zum Schutz gesellschaftlicher Normen kontrolliert und durch deren Wirkung – wenn auch zweifellos in Verbindung mit Glück – eine hohe Anzahl von durch Thalidomid betroffene Opfer verhindert wurde.

4.6 Das Verhältnis von Pflichten und Rechten zwischen Gesellschaft, Individuum und Forscher

Die dargelegten Probleme bei der Bestimmung des Verhältnisses zwischen Wissenschaft und Gesellschaft werfen die Frage auf, welche Rollen die verschiedenen Subsysteme der Gesellschaft einnehmen und in welchem Verantwortungs- und Pflichtenverhältnis sie zueinander stehen bzw. stehen sollten. Zu den in den Blick zu nehmenden Institutionen und Subsystemen gehören etwa die Politik als regulative Institution, der Markt bzw. der Handel als ökonomische Institution, das Recht als normsetzende und normenkontrollierende Institution sowie Wissenschaft und Forschung als zukunftssichernde und zukunftserleichternde Institution. Innerhalb der Gesellschaft greifen diese Institutionen und Subsysteme funktionell in charakteristischer Weise ineinander, bedingen und unterstützen sich gegenseitig. Für Wissenschaft und Forschung kann eine Charakterisierung der gesellschaftlich wahrzunehmenden Pflichten und Rechte aus der Perspektive der wichtigsten beteiligten

Akteure dargestellt werden, nämlich erstens der Gesellschaft, zweitens dem Individuum und drittens dem Forscher. Dabei unterliegt diesen Perspektiven jeweils die Zuweisung einer bestimmten Rolle, denn selbstverständlich sind Forscher und Individuum Teil der Gesellschaft, so wie jeder Forscher ein Individuum ist.

(1) Die Gesellschaft nimmt sowohl in Bezug auf das Individuum als auch auf den Forscher vielschichtige Pflichten wahr. So ist das *Individuum* sowohl vor den Konsequenzen von Forschung zu schützen als auch vor einem unfreiwilligen Einbezug in Forschung. Das Individuum ist aber auch in der Forschung, nämlich als freiwilliger Teilnehmer an der Forschung zu schützen; letztere Schutzpflicht nimmt die Gesellschaft durch die obligate Prüfung des Forschungsprotokolls durch eine gesetzlich vorgeschrieben Ethikkommission wahr. Darüber hinaus muss die Gesellschaft dem Individuum einen gerechten Zugang zu Wissenschaft und Forschung sichern, und zwar sowohl im Hinblick auf den Erwerb von Wissen – etwa in Form der Möglichkeit einer entsprechenden beruflichen Ausbildung – als auch im Hinblick auf die Teilhabe an Forschungsergebnissen als Konsument, wie etwa den Zugang als Patient zu Ergebnissen der medizinischen Forschung. Und nicht zuletzt hat die Gesellschaft die Aufgabe, dem Individuum die Ergebnisse von Forschung und Wissenschaft mitzuteilen. Diesbezüglich kann sie sich des Subsystems des Journalismus und speziell des Wissenschaftsjournalismus bedienen. Die Gesellschaft hat aber auch im Interesse des Individuums Wissenschaft und Forschung zu fördern, denn es gilt, durch Wissenschaft die ökonomische Basis der Gesellschaft und des Individuums, ferner die physischen Lebensbedingungen des Individuums in Form von medizinischer Entwicklung und schließlich die Zukunftsfähigkeit der Gesellschaft und zukünftiger Individuen zu sichern.

Gegenüber dem *Forscher* hat die Gesellschaft vor allem die Pflicht, die Freiheit der Forschung zu sichern. Der Forscher hat ein Recht zu forschen, das sich unmittelbar aus seinem Status als Vernunftwesen und der damit verbundenen Würde herleitet. Entsprechend der Idee der Menschenwürde und der Menschenrechte stößt dieses Recht, das in der Verfassung der Bundesrepublik Deutschland Grundrechtscharakter besitzt (s. Kap. III.1.4.2), erst dort an eine Grenze, wo Grundrechte anderer Menschen in der Gefahr stehen, durch die Forschung verletzt zu werden. Ferner liegt es in der Verantwortung der Gesellschaft, die erforderlichen Rahmenbedingungen für eine adäquate Ausbildung von Forschern in Form von Universitäten und Hochschulen zu schaffen und die Qualifikation der Absolventen zu kontrollieren. Schließlich steht die Gesellschaft gegenüber dem Forscher in der Verantwortung, im Prinzip die finanziellen und materiellen Rahmenbedingungen für Forschung sicherzustellen, auch wenn diesbezüglich kein Anspruchsrecht des individuellen Forschers auf Förderung seiner konkreten Forschungsvorhaben bestehen kann, und einen fairen Zugang zu diesen Mitteln zu gewährleisten; diesbezüglich bedient sich die Gesellschaft des Subsystems der Politik, speziell der Wissenschaftspolitik. Die Rechte der Gesellschaft bestehen insbesondere in dem Dirigat von Forschungszielen durch die Lenkung der Förderung und in dem Erlassen von Regeln und Gesetzen.

(2) Für das Individuum ist, wie auch die Darstellung des Thalidomid-Falles und die abschließende Bewertung des Gerichts erkennen lassen, eine Pflicht anzuerkennen, sich über Forschung und deren Ergebnisse zu informieren. Wie dargestellt, wird für den konstatierten allgemeinen Vertrauensverlust gegenüber der Wissenschaft u. a. eine zunehmende Inkompetenz innerhalb der Gesellschaft im Hinblick auf das Verständnis für Wissenschaft und ihre Ergebnisse verantwortlich gemacht (vgl. Gethmann 1999, 38). Dieser Pflicht korrespondiert die oben festgestellte Pflicht der Gesellschaft, die Ergebnisse wissenschaftli-

cher Forschung transparent zu machen und den Mitgliedern der Gesellschaft verständlich darzustellen. Strittig ist, ob eine Pflicht des Individuums zur Teilnahme als Proband an Forschungsvorhaben existiert. Rechtlich besteht eine solche Pflicht nicht, denn kein Mitglied der Gesellschaft kann zur Teilnahme an Forschung gezwungen werden (lässt man in ihrer Zuordnung zweifelhafte Neuordnungen wie etwa die zweifelsohne faktisch Versuchscharakter besitzenden sogenannten Schulreformen oder den sogenannten Bologna-Prozess einmal außer Acht). Ob eine mögliche ethische Pflicht zur Forschungsteilnahme über das vom Individuum zu fordernde Maß an gesellschaftlichem Engagement und Solidarität grundsätzlich hinausgeht, kann hingegen nicht mit der gleichen Bestimmtheit beantwortet werden (s. Kap. II.2.3.1). Das Individuum ist überdies indirekt über die Steuerpflicht an der Forschung beteiligt.

Die Rechte des Individuums korrespondieren den oben dargestellten Schutzpflichten der Gesellschaft gegenüber dem Individuum. Es handelt sich in erster Linie um den Schutz vor einer Teilnahme an Forschung und vor den Folgen von Forschung. Das Individuum hat ein Recht, an Forschungsergebnissen teilzuhaben und über die Ergebnisse von Forschung in angemessener Weise informiert zu werden. Grundsätzlich hat das Individuum überdies ein Recht auf die Teilnahme am Forschungsprozess.

(3) Eine besondere Verantwortung des Forschers gegenüber der Gesellschaft wird insbesondere in vier Bereichen gesehen (vgl. Lübbe 1985). So besteht eine zunehmende *Rechtfertigungspflicht* des Forschers gegenüber der Gesellschaft, die sich aus einem abnehmenden Grenznutzen des Forschungsaufwands, d.h. in dem Fall ergibt, wenn der Forschungsaufwand rascher als der Forschungsertrag wächst. Ein abnehmender Grenznutzen kann sich als Kostendruck niederschlagen, und dieser erhöht bei begrenzten Ressourcen den Rechtfertigungsdruck für die durchzuführende Forschung. Als Indikator für diese Entwicklung kann die erhebliche Zunahme von Berichtspflichten, Begehungen und Anhörungen bei öffentlich geförderten Forschungsvorhaben dienen (vgl. Lübbe 1985, 59 ff.). Ferner trägt der Wissenschaftler eine spezielle *politische Verantwortung*. Denn die Erforschung von für den Menschen und seinen Lebensraum bedrohlichen Entwicklungen ist in ihrer Zielsetzung keineswegs moralisch indifferent. Als Beispiel kann wiederum der Thalidomid-Fall dienen, bei dem Wissenschaftler vor dem Hintergrund ethischer Normen nach den Ursachen der plötzlich epidemisch auftretenden Schädigungen Neugeborener suchten und unverzüglich die Fachöffentlichkeit alarmierten. Das Postulat der Werturteilsfreiheit in der Forschung dient ausschließlich dazu, den Forschungsergebnissen kritische Bedeutung zu sichern und kann nicht in der Weise interpretiert werden, Forschung vom gesellschaftlichen Lebenszusammenhang abzukoppeln (vgl. ebd., 61 ff.). Der Forscher trägt überdies eine *Verantwortung für den Einbezug moralischer und rechtlicher Reflexion* in die Forschung. Der Forscher ist bei neuen Handlungsmöglichkeiten in der Wissenschaft der primäre Entscheidungsträger bezüglich der Frage, ob neuartige Handlungen durchgeführt oder unterlassen werden sollen. Es liegt damit bei ihm, die moralischen bzw. rechtlichen Regeln zu kennen oder zu identifizieren, die geeignet sind, seine Entscheidungen zu legitimieren. Hierfür bedarf der Forscher insbesondere in Handlungsfeldern, die wie die Biowissenschaften die Handlungsmöglichkeiten sprunghaft in ungeregelte Bereiche erweitern, der Unterstützung durch Fachexperten wie Philosophen und Juristen. Die moralische und rechtliche Reflexion wird zur unentbehrlichen Begleitpraxis der Forschung (vgl. ebd., 65 ff.). Schließlich hat der Forscher eine besondere *Verantwortung für die Folgen* seiner Forschung. Auch hierfür kann der Thalidomid-Fall als Beispiel dienen (vgl. ebd., 71 ff.). In diesem Zusammenhang ist auch eine besondere Verantwor-

tung zu erwähnen, die aus der Macht entsteht, spezialisiertes Wissen zu besitzen und eine entsprechend spezialisierte Sprache zu beherrschen, deren implizite Assoziationen für den Fachmann verständlich sind, beim Laien jedoch verloren gehen (vgl. Little 2003, 143). Die Unterrichtung der Öffentlichkeit über Forschungsergebnisse oder Forschungsfolgen muss in verständlicher Form erfolgen, und wo dies nicht durch die Wissenschaften selbst gelingt, ist ein spezieller Wissenschaftsjournalismus gefragt – der neben dem Umgang mit dem Wort dann allerdings auch einen entsprechenden wissenschaftlichen Verständnishorizont zur Voraussetzung haben muss. Weitere Pflichten des Forschers bestehen in der Sorgfalt und Korrektheit bei der Durchführung und Planung der Forschung, in der Verantwortung für eine zeitnahe Publikation von Forschungsergebnissen und in Transparenz im Hinblick auf persönliche Interessenskonflikte. Interessenskonflikte liegen vor, wenn ein Forscher eine Position, die mit Vorteilen oder Privilegien verbunden ist, unter Umgehung eines offenen Wettbewerbs, der Gleichheit und Fairness sicherstellen soll, benutzen kann, um weitere Privilegien oder Vorteile zu erhalten (vgl. ebd., 135). In manchen Situationen ist ein Interessenskonflikt unumgänglich und muss für den Wettbewerb nicht nachteilig sein. Um Nachteile zu vermeiden, muss er allerdings offengelegt werden (s. Kap. II.1.6).

Rechte des Forschers betreffen vor allem die oben erwähnte Freiheit der Forschung. Die Gesellschaft kann Forschungsziele durch Förderung lenken, nicht jedoch Forschung verbieten, sofern diese nicht mit anderen Grundrechten kollidiert. Ferner hat der Forscher ein Recht auf grundsätzlichen Zugang zu öffentlichen Forschungsmitteln und eine faire Behandlung bei dem Wettbewerb um solche Mittel. Schließlich besteht ein Recht des Forschers an dem Schutz seines geistigen Eigentums (s. Kap. II.1.1/1.5 und III.2.1.3).

Alle diese Pflichten, Verantwortungen und Rechte besitzen einen jeweils eigenen Hintergrund ethischer Normen, die in vielfältiger Weise verletzt werden können. Dabei stellt eine Verletzung moralischer Normen zwar eine Verfehlung dar, deren Konsequenzen vom bloßen Ärgernis bis hin zu katastrophalen Entwicklungen reichen können. In Bezug auf ihre Bewertung als Normverletzung und ihre mögliche Ahndung durch Sanktionen stellt sie jedoch keine Schwierigkeit dar. Schwierigkeiten bestehen, wenn nicht klar zu bestimmen ist, ob und welche moralische Normen der Wissenschaft verletzt wurden. Welche Normen würde etwa ein Wissenschaftler mit überschaubaren eigenen wissenschaftlichen Leistungen verletzen, der einem einflussreichen, jedoch fachlich naiven Politiker fiktive Szenarien über das zukunftssichernde medizinische, ökonomische und gesellschaftliche Potential eines neuen Forschungsfeldes mit großer Überzeugungskraft vorhersagt und daraufhin durch Einflussnahme dieses Politikers die Karriereleiter in eine Position hinaufgeschoben wird, die mit einem Vorbildcharakter für den wissenschaftlichen Nachwuchs verbunden ist? Oder anhand welcher Normen wäre es etwa zu bewerten, wenn Wissenschaftler z. B. einflussreichen Politikern oder anderen Personen des öffentlichen Lebens, die die für alle anderen akademischen Wettbewerber üblichen Nachweise wissenschaftlicher Qualifikation nicht besitzen, Hochschulprofessuren antragen würden? Welche Rollen spielen erhofftes Prestige sowie mediale Aufmerksamkeit bei der Auswahl von Forschungszielen und woran ist die Bevorzugung solcher Kriterien sicher zu erkennen? Und wie gehen der Verwertungsdruck wissenschaftlicher Forschungsergebnisse und der Gedanke von Wissenschaft als kommerzieller Faktor in die Planung, Durchführung und Kommunikation von Forschung ein?

Im Hinblick auf den institutionellen wie auch den moralischen Charakter von Wissenschaft ist es als vordringliche Aufgabe anzusehen, ein Ethos des Wissenschaftlers zu formulieren und zu institutionalisieren, die Disziplin der Ethik als verbindlichen Bestandteil in die Ausbildung von Wissenschaftlern zu integrieren und die wissenschaftliche Praxis durch ethische Reflexion zu ergänzen.

Verwendete Literatur

Daemmrich, Arthur: A Tale of Two Experts. In: *Social History of Medicine* 15 (2002), 137–158.

Gethmann, Carl Friedrich: Die Krise des Wissenschaftsethos. Wissenschaftsethische Überlegungen. In: Max-Planck-Gesellschaft (Hg.): *Ethos der Forschung. Ringberg-Symposium Oktober 1999*. München 2000, 25–41.

Honnefelder, Ludger: Biomedizinische Ethik und Globalisierung. Zur Problematik völkerrechtlicher Grenzziehung am Beispiel der Menschenrechtskonvention zur Biomedizin des Europarates. In: Albin Eser (Hg.): *Biomedizin und Menschenrechte*. Frankfurt a. M. 1999a, 38–58.

Honnefelder, Ludger: Anwendung in der Ethik und angewandte Ethik. In: Ludger Honnefelder/Christian Streffer (Hg.): *Jahrbuch für Wissenschaft und Ethik*. Bd. 4. Berlin 1999b, 273–282.

Honnefelder, Ludger: Common Moral Standards in Europe. In: Pieter J.D. Drenth/Ludger Honnefelder/Johannes J.F. Schroots (Hg.): *In Search of Common Values in the European Research Arena*. Amsterdam 2006, 37–48.

Little, Miles: Conflict of Interests, Vested Interests and Health Research. In: Ian Kerridge/Christopher Jordens/Emma-Jane Sayers (Hg.): *Restoring Human Values to Medicine*. Sydney 2003, 135–147.

Lübbe, Hermann: Die Wissenschaften und die praktische Verantwortung der Wissenschaftler. In: Hans Michael Baumgartner/Hansjürgen Staudinger (Hg.): *Entmoralisierung der Wissenschaften? Physik und Chemie*. München 1985, 57–73.

Mittelstraß, Jürgen: Wahrheit und Wahrhaftigkeit in der Wissenschaft. In: Manfred Popp/Christina Stahlberg (Hg.): *Vertrauen und Kontrolle in der Wissenschaftsförderung. Vorträge des Symposiums »Vertrauen und Kontrolle in der Wissenschaftsförderung« der Karl Heinz Beckurts-Stiftung*. Stuttgart 2006, 85–102.

Nida-Rümelin, Julian: Wissenschaftsethik. In: Ders. (Hg.): *Angewandte Ethik. Die Bereichsethiken und ihre theoretische Fundierung. Ein Handbuch*. Stuttgart 1996, 778–805.

Parman, Toufan/Wiley, Michael J./Wells, Peter G.: Free Radical-mediated Oxidative DNA Damage in the Mechanism of Thalidomide Teratogenicity. In: *Nature Medicine* 5 (1999), 582–585.

Rajkumar, S. Vincent: Thalidomide: Tragic Past and Promising Future. In: *Mayo Clinic Proceedings* 79 (2004), 899–903.

Weiterführende Literatur

Weingart, Peter (Hg.): *Wissenschaftssoziologie. Bd. I: Wissenschaftliche Entwicklung als sozialer Prozess*. Frankfurt a. M. 1972.

Fleischhauer, Kurt/Hermeren, Göran: *Goals of Medicine in the Course of History and Today*. Stockholm 2006.

Thomas Heinemann

III. Gegenstandsfelder der Forschung

1. Umgang mit humanbiologischem Material

Die Diskussion ethischer und rechtlicher Fragen im Kontext der Gewinnung und Verwendung humanbiologischen Materials bezieht sich auf den praktischen Umgang mit verschiedenen Humanmaterialien, die zum Teil an anderer Stelle noch ausführlicher thematisiert werden, so etwa im Kapitel zur Forschung an Embryonen und Stammzellen (Kap. III.3). Insofern stellt das vorliegende Kapitel in gewisser Hinsicht Grundlagen unterschiedlicher Anwendungsfelder – aus vornehmlich rechtlicher Perspektive – vor: Zunächst werden überblicksartig die unterschiedlichen Dimensionen der Thematik aufgezeigt (1.1), um dann in einem zweiten Schritt zu den allgemein betroffenen Rechtspositionen überzuleiten (1.2). Die folgenden Schritte befassen sich mit den einzelnen Beteiligten und beleuchten zunächst die Stellung des Materialspenders aus Sicht des einfachen Rechts und des Verfassungsrechts (1.3) und dann die Stellung des Forschers bzw. des Arztes aus eben diesen beiden Perspektiven (1.4). Im Anschluss werden die Spezialregelungen in den einzelnen Teilbereichen Transplantationsgesetz, Transfusionsgesetz, Embryonenschutzgesetz und Stammzellgesetz näher vorgestellt (1.5). Der Beitrag schließt mit einer Betrachtung der internationalen Entwicklungen (1.6), wobei das besondere Augenmerk auf den Bereich des ›benefit sharing‹ gelegt wird (1.7).

Perspektiven der Ethik

Der Umgang mit humanbiologischem Material gehört zu jenen Bereichen der Biomedizin und der Forschung, in denen die rechtliche Regelung greift, bevor eine umfassende ethische Erörterung stattgefunden hat. Deswegen ist der Beitrag zum Umgang mit humanbiologischem Material anders als andere Anwendungsfelder der Forschungsethik vor allem durch rechtliche Kategorien und Verfahren geprägt. Zweifellos sind aber jene Prinzipien, die auf den verschiedenen Ebenen des Rechts in diesem Zusammenhang zum Tragen kommen, auch Ausdruck moralischer Einstellungen, Werte und Prinzipien. Dies gilt vor allem für das Prinzip der Menschenwürde, darüber hinaus auch für die Forderung nach dem *informed consent*, für die Gesichtspunkte des individuellen Wohls und des kollektiven Nutzens und für die Gebote gerechter Verteilung bzw. gerechten Ausgleichs. Darüber hinaus kann die Ethik auch im Rahmen des Verständnisses von und des Umgangs mit humanbiologischem Material die Perspektive des Rechts in sinnvoller Weise erweitern. Als Teildisziplin der Philosophie ist die Ethik zudem in einem ständigen Dialog mit der Anthropologie, die auch die Aufgabe hat, die Bedeutung von Teilen des Körpers zu klären und das Verhältnis der Teile zum Ganzen und zur Person angemessen zu erörtern.

Betrachtet man die Ethik als methodisch geleitete Reflexion auf moralische Fragen, dann sind in ihr unterschiedliche Stilisierungen möglich: Während sich die Ethik im Zusammenspiel mit dem Recht vor allem an der Begrifflichkeit von Ansprüchen, Rechten und Interessen orientiert (s. Kap. I.4), kann sie grundsätzlich nicht nur Rechte, sondern ebenso auch Verpflichtungen als zentrale moralische Größe betrachten, Verpflichtungen, denen nicht notwendig Rechte entsprechen müssen; sie kann darüber hinaus von erworbenen Handlungsdispositionen, sog. Tugenden, ausgehen (s. Kap. I.2.2); sie kann aber auch von Prinzipien ausgehen oder von normativ geprägten Rollen- oder Kommunikationserwartungen. All diese Stilisierungen finden sich auch in der medizinischen Ethik und der Bioethik. Und es gibt gute Gründe für diese Pluralität. Kommen etwa für die völkerrechtliche Perspektive die medizinische Forschung und Praxis allererst als Bedrohung der Ansprüche des Einzelnen und seiner Integrität in den Blick, so kann eine Ethik der Sorge das Augenmerk auf die personale Beziehung zwischen den Handelnden richten und spezielle Bedürftigkeiten in das Zentrum ihrer Überlegungen stellen. Eine Ethik der Verpflichtungen sieht moralische Verbindlichkeiten auch dort, wo sich das Gegenüber noch nicht oder nicht als Subjekt von Rechten benennen lässt. So können Herangehensweisen der Ethik wichtige Ergänzungen zu einer rein rechtlichen Betrachtung der menschlichen Beziehungen liefern. Relevant werden solche Überlegungen gerade in jenen Punkten, in denen die rechtliche Diskussion Unsicherheiten zeigt. *Michael Fuchs*

1.1 Die Dimensionen der Thematik

Seit es medizinische Forschung gibt, werden verschiedenste Bestandteile des menschlichen Körpers entnommen, untersucht und oftmals auch asserviert. Die verbesserten Aufbewahrungsmöglichkeiten haben so insbesondere in den vergangenen Jahrzehnten große Sammlungen entstehen lassen, die neben Blut- insbesondere Zell- und Gewebeproben umfassen. Während dieser – nirgendwo zentral registrierte – Bestand an Materialsammlungen lange Zeit kaum das Interesse der Öffentlichkeit fand, hat sich in den letzten Jahren ein grundlegender Sinneswandel vollzogen. Ausschlaggebend hierfür ist der Umstand, dass der rasante technische Fortschritt etwa im Bereich der Genetik nunmehr Nutzungen der Materialien erlaubt, die zum Zeitpunkt der Entnahme weder für den handelnden Forscher bzw. Arzt noch für den betroffenen Probanden bzw. Patienten absehbar waren.

Darüber hinaus sind in zahlreichen Staaten mittlerweile auch bevölkerungsbezogene *Biobanken* etabliert worden, die nicht nur die Erforschung einzelner Krankheiten ermöglichen, sondern auch auf die Bearbeitung eines breiten Spektrums gesundheitsrelevanter Fragestellungen zielen. Den Anfang machte hier Island, das aufgrund seines vergleichsweise ›engen‹ Genpools für einen bevölkerungsbezogenen Untersuchungsansatz geradezu prädestiniert ist (s. Kap. III.5.2.1). Das wohl bekannteste Unterfangen dieser Art stellt jedoch die UK Biobank dar, die auf die Sammlung mehrerer Hunderttausend Blutproben zielt. Aber auch in Deutschland gibt es mit dem Projekt ›popgen‹, das durch das Bundesministerium für Bildung und Forschung (BMBF) gefördert wird, bereits eine bevölkerungsbezogene Biobank. Begleitet durch die Ethikkommission des Universitätsklinikums Kiel und den Datenschutzbeauftragten des Landes Schleswig-Holstein wird aus Blutproben die DNA mehrerer zehntausend Menschen gewonnen, um so für ein Dutzend wichtige Erkrankungen zu erforschen, ob die bei der Untersuchung ›typischer‹ Patienten und ihrer ›Krankheitsgene‹ ermittelten Ergebnisse auch auf den ›Normalpatienten‹ in der Allgemeinbevölkerung anwendbar sind. Von diesem Projekt, das sämtliche Patienten in Nord-Schleswig-Holstein ansprechen soll, erhoffen sich die Initiatoren letztlich Vorteile für alle Beteiligten, indem das Verständnis für Krankheitsverläufe und das Zusammenspiel verschiedener Erkrankungen verbessert, der Sinn von Genuntersuchungen ergründet, Nebenwirkungen minimiert und gewollte Wirkungen optimiert, somit letztlich die Möglichkeiten der Diagnostik, Therapie und Prävention verbessert werden sollen. Diese Bandbreite an Zielsetzungen verdeutlicht zugleich eindringlich die gesellschaftspolitische Relevanz der Thematik, da die Rechte und Interessen von Patienten, Ärzten und Krankenkassen gleichermaßen betroffen sind.

Wenn somit die zunehmende Etablierung und der Betrieb klinischer bzw. universitärer sowie bevölkerungsbezogener Biobanken das Thema ›Umgang mit humanbiologischem Material‹ auf die Tagesordnung der Politik gesetzt haben, ist hiermit freilich nur ein besonders relevanter Teilaspekt der Problematik angesprochen. Ebenso besteht die Möglichkeit, dass Bestandteile des menschlichen Körpers nur im Einzelfall gewonnen werden oder dass zwar eine Sammlung verschiedener Proben erfolgt, dieser Vorgang aber nicht dem Aufbau einer Biobank dient. So können etwa Proben ausschließlich im Rahmen eines laufenden Forschungsvorhabens gesammelt, aber nur kurzfristig aufbewahrt und nach Beendigung des Projektes wieder vernichtet werden.

In all diesen Fallgestaltungen stellt sich allerdings stets die gleiche *rechtliche Ausgangsfrage*: Wer hat unter welchen Voraussetzungen welche Rechte an dem entnommenen Material? Zu klären sind in diesem Zusammenhang beispielsweise die Geltung datenschutzrechtlicher Standards, die eigentumsrechtliche Situation, Aspekte des sogenannten *informed consent* und der strafrechtlichen Verantwortlichkeit, aber auch Vergütungsfragen, wie sie sich etwa nach der Patentierung einer Erfindung, bei der humanbiologisches Material Verwendung gefunden hat, stellen können. Aus der Sicht des Mediziners oder Naturwissenschaftlers ist diese rechtliche Relevanz häufig überraschend, interessiert sich doch ein Großteil der Patienten bzw. Probanden augenscheinlich nicht weiter für das ihnen entnommene Material. Tatsächlich fragt kaum ein Patient nach einer Operation ausdrücklich danach, was mit dem entfernten Gewebe im Weiteren geschieht. Ebenso wird nach einer routinemäßigen Blutentnahme im Regelfall nicht danach gefragt, wie das Labor nach der Erstellung eines Blutbildes mit dem Restblut verfährt.

Dieser Umstand führt jedoch nicht dazu, dass sich die Beteiligten im rechtsfreien Raum bewegen würden: Zum einen besteht die Möglichkeit, dass das beschriebene Desinteresse nur vermeintlich besteht, weil sich die Betroffenen mangels entsprechender Aufklärung gar nicht bewusst sind, dass ihnen Rechte an den entnommenen Substanzen zustehen können. Die nur unzureichende Thematisierung durch die Beteiligten wäre so lediglich das Korrelat zur mangelnden Kenntnis der rechtlichen und praktischen Gegebenheiten. Zum anderen hat auch ein tatsächlich bestehendes Desinteresse rechtliche Konsequenzen, etwa dann, wenn es darum geht, dass der Betroffene hierdurch vielleicht den Verlust seiner eigentumsrechtlichen Position begründet und so zugleich einen neuen Eigentumserwerb (etwa durch den Forscher) überhaupt erst ermöglicht. Schließlich muss in diesem Zusammenhang auch Berücksichtigung finden, dass das Recht in bestimmten Gefährdungslagen auch dann aktiv wird, wenn der primär Betroffene selbst kein Gefährdungspotential zu erkennen vermag. Auch dann, wenn Patienten oder Probanden kein Interesse an entnommenem Material artikulieren, kann das Recht bestimmte Schutzstandards etablieren, entweder um allgemeine Rechtsprinzipien zu schützen oder um mögliche Missbrauchsfälle auszuschließen. Das Kommerzialisierungsverbot im Bereich der Transplantationsmedizin ist ein gutes Beispiel für eine solche Schutzfunktion des Rechts: Selbst wenn der Betroffene dies ausdrücklich wünscht, darf er seine Niere nicht an einen Fremden verkaufen;

zur Vermeidung des nicht nur als potentielles Gesundheitsrisiko, sondern auch als ethisch verwerflich und damit als unerwünscht identifizierten Organhandels verbietet das Transplantationsgesetz (s. Abschnitt 1.5.1) eine solche Handlung unabhängig vom Willen und den Interessen des prospektiven ›Verkäufers‹.

Das Beispiel der Organstransplantation weist auf eine zusätzliche Facette der Thematik hin: Auf bestimmte Materialien finden die allgemein geltenden Rechtsprinzipien nicht bzw. nur eingeschränkt oder nur modifiziert Anwendung. Dies gilt regelmäßig für solche Bestandteile des menschlichen Körpers, die aufgrund ihrer Knappheit, ihrer mangelnden Reproduzierbarkeit oder wegen des ihnen innewohnenden Entwicklungspotentials Gegenstand ethischer Reflexion sind. Angesprochen werden somit neben Organen vor allem Eizellen, embryonale Stammzellen sowie Embryonen (s. Kap. III.3.1), wobei letztere aufgrund der weithin angenommenen Rechtspersönlichkeit nicht ohne Weiteres zum Gegenstand der vorliegenden Darstellung gemacht werden können; der Embryo ist insoweit selbst Mensch und nicht ›vom Menschen stammendes Material‹. Allerdings regelt das Embryonenschutzgesetz auch den Umgang mit Eizellen sowie mit totipotenten Zellen, die sich jedenfalls (auch) als humanbiologisches Material beschreiben lassen.

1.2 Die allgemein betroffenen Rechtspositionen

Die bisherigen Ausführungen haben verdeutlicht, dass der Umgang mit humanbiologischem Material verschiedenste Rechte und Interessen unterschiedlicher Beteiligter tangieren kann. Um den Einstieg in die Befassung mit der Problematik zu erleichtern, werden nunmehr zunächst diejenigen Rechtspositionen vorgestellt, die im Regelfall der Materialentnahme beim volljährigen und einwilligungsfähigen Probanden einschlägig sind. Dabei spielen sowohl verfassungsrechtliche Verbürgungen als auch sogenannte ›einfachrechtliche‹ Positionen eine Rolle.

Einschlägig sind also Rechte, die sich auf verschiedenen Ebenen in der Normenhierarchie finden. Für die rechtliche Bewertung durch Wissenschaft und Praxis ist diese Unterscheidung von erheblicher Relevanz. Das *Verfassungsrecht* gewährt dem Individuum in Gestalt der Grundrechte Abwehransprüche, die sich im ersten Abschnitt des Grundgesetzes (Art. 1 bis 19 Grundgesetz, GG) finden. Die Grundrechte binden jedoch ausschließlich die öffentliche Gewalt; Grundrechtsverpflichteter ist also der Staat, nicht aber der Bürger. Dies hat zur Konsequenz, dass ein Bürger den anderen zwar in verschiedensten Rechten, nicht jedoch unmittelbar in seinen Grundrechten verletzen kann.

Der Dieb verletzt somit auf der (unterverfassungsrechtlichen) *Ebene des einfachen Rechts* das zivilrechtliche Eigentum seines Opfers (§ 903 Bürgerliches Gesetzbuch, BGB) und macht sich zudem wegen Diebstahls strafbar (§ 242 Strafgesetzbuch, StGB); hingegen liegt keine Verletzung der verfassungsrechtlichen Eigentumsgarantie (Art. 14 GG) vor. Zu einer solchen Verletzung verfassungsrechtlicher Verbürgungen ist nur der Staat fähig: So hat sich beispielsweise die durch Gesetz oder Verwaltungshandeln bewirkte Entziehung von Grundeigentum am Maßstab der verfassungsrechtlichen Eigentumsgarantie beurteilen zu lassen.

Für die Praxis ist die Differenzierung zwischen Verfassungsrecht und einfachem, also unterverfassungsrechtlichem Recht deshalb von großer Bedeutung, weil ein Grundrechtseingriff an besondere Rechtfertigungsvoraussetzungen gekoppelt ist: Will der Staat in grundrechtlich geschützte Sphären eingreifen, so ist dieses Vorgehen nur dann rechtmäßig, wenn bestimmte (von Grundrecht zu Grundrecht variierende) Rechtfertigungsgründe gegeben sind. Eine weitere Konsequenz zeigt sich in prozessualer Hinsicht. Das Gesetz erlaubt dem einzelnen Bürger nur in einem einzigen Fall die Anrufung des Bundesverfassungsgerichts. Diese sogenannte Verfassungsbeschwerde (Art. 93 Abs. 1 Nr. 4a GG) ist aber nur unter der Voraussetzung zulässig, dass sich der Betroffene auf die Verletzung eines ihm zustehenden Grundrechts durch die öffentliche Gewalt berufen kann. Zulässig ist auch die Berufung auf eines der sogenannten ›grundrechtsgleichen Rechte‹, die Art. 93 Abs. 1 Nr. 4a GG abschließend aufzählt.

Wenden allerdings Behörden oder Gerichte einfaches Recht an, so haben sie die betreffenden Bestimmungen ›im Lichte der Grundrechte‹ auszulegen. Dieser auch durch das Bundesverfassungsgericht vertretenen Auffassung liegt die Überzeugung zugrunde, dass die Grundrechte als Höchstwerte unserer Rechtsordnung in alle Rechtsgebiete ›ausstrahlen‹ und diese letztlich prägen. Man spricht in einem solchen Fall von ›mittelbarer Grundrechtsdrittwirkung‹: Der zu entscheidende Fall wird zwar auch weiterhin anhand der Normen des einfachen Rechts beurteilt – die Auslegung und Anwendung der einschlägigen Vorschriften müssen aber den Fundamentalwertungen genügen, die sich in den Grundrechten widerspiegeln.

Beim Umgang mit humanbiologischem Material spielen die Grundrechte also nur in zwei Konstellationen eine Rolle:

(1) Wenn der Staat den Umgang mit oder die Nutzung von humanbiologischem Material durch gesetzliche Bestimmungen reguliert, so können diese Vorgaben als originär staatliches Handeln unmittelbar Grundrechte (etwa des Forschers) verletzen; die Grundrechte sind dann tauglicher Prüfungsmaßstab.

(2) Kommt es zu Auseinandersetzungen zwischen einem Arzt oder Forscher und einem Spender, so wird die Rechtslage primär nach den einschlägigen Bestimmungen des einfachen Rechts beurteilt. Bewertet eine Behörde oder ein Gericht die Situation, so muss in diesem Zusammenhang aber die allgemeine Bedeutung der Grundrechte hinreichend gewürdigt werden.

1.3 Im Einzelnen: Die Stellung des Materialspenders

Die Rechte, die einem Materialspender zustehen, sind erst seit vergleichsweise kurzer Zeit Gegenstand einer umfassenden rechtswissenschaftlichen Erörterung. Die Fülle der hierbei zu lösenden Rechtsprobleme erklärt sich aus der Zahl der Beteiligten ebenso wie aus der Qualität des Regelungsgegenstandes. Die nachfolgenden Ausführungen können vor diesem Hintergrund nur eine knappe Übersicht zu ausgesuchten Fundamentalaspekten liefern und somit keinen Anspruch auf Vollständigkeit erheben. Ausgeklammert bleiben beispielsweise Fragen der Rechtsnachfolge, die sich stets dann stellen, wenn Material weitergegeben, anderweitig genutzt oder kommerzialisiert werden soll und der Materialspender zwischenzeitlich verstorben ist. Ebenfalls nicht vertieft werden spezifisch arztrechtliche und vertragsrechtliche Gesichtspunkte (vgl. für einen tieferen Einstieg in die Materie: Spranger 2005; Spranger 2006; Simon/Paslack/Robienski/Goebel/Krawczak 2006; Revermann/Sauter 2007).

1.3.1 Einfaches Recht

Die Materialentnahme hat sich sowohl bei Patienten als auch bei Probanden zunächst unter strafrechtlichen Gesichtspunkten am *Maßstab der körperlichen Unversehrtheit* messen zu lassen. Ist ein Eingriff in diese körperliche Unversehrtheit nicht durch eine hinreichende, d. h. auf einer umfassenden Aufklärung basierende Einwilligung des Betroffenen gedeckt, so wird allgemein davon ausgegangen, dass der Straftatbestand der *Körperverletzung* (§§ 223 ff. StGB) erfüllt ist. Die Details sind hier ebenso umstritten wie die möglichen Ausnahmen von diesem Grundsatz. So wird teilweise die Meinung vertreten, dass der ärztliche *Heil*eingriff nicht dem Tatbestand der Körperverletzung unterfalle. Tatsache ist jedoch, dass jeder Eingriff in die körperliche Integrität zunächst einmal das Risiko einer Strafbarkeit in sich birgt. Dies gilt auch dann, wenn der Eingriff aus der Sicht des Arztes oder Forschers vergleichsweise gering ist (so etwa bei der einmaligen Entnahme einer geringfügigen Menge Blut).

Unter zivilrechtlichen Gesichtspunkten stellt sich vor allem die Frage, wer nach welchen Maßstäben über die (zulässigerweise) entnommenen Materialien verfügen darf. Als Ausgangspunkt der Überlegungen dient hier der Grundsatz, dass der menschliche Körper und seine Bestandteile als ›res extra commercium‹ zu gelten haben, so dass die Regeln des Sachenrechts grundsätzlich keine Anwendung finden. Insbesondere besteht damit nicht die Möglichkeit, *Eigentum* am Körper oder seinen Bestandteilen zu erlangen.

Dieses Prinzip wird jedoch nur solange aufrechterhalten, als der menschliche Körper ›in seiner natürlichen Umgebung‹ betroffen ist. Wurde hingegen ein Körperteil oder eine Körpersubstanz abgetrennt, so wird eine Eigentumsbegründung dann für möglich gehalten, wenn keine Wiedereingliederung in den Körper mehr beabsichtigt ist. Eigentümer des abgetrennten Bestandteils wird in diesem Fall zunächst der Mensch, dem das Körpermaterial entnommen worden ist.

Die lange Zeit herrschende Vorstellung, der Patient bzw. Proband habe keinerlei Interesse an dem ihm entnommenen Material, so dass es sich um eine ›herrenlose Sache‹ handele, die der Arzt oder Forscher ohne Weiteres seinem Eigentum einverleiben könne, wird heute zu Recht nur noch vereinzelt vertreten. Denn aus dem Umstand, dass der Betroffene sein Interesse nicht deutlich oder – mangels entsprechender Informiertheit – überhaupt nicht artikuliert, kann nicht automatisch auf einen Verzicht geschlossen werden. Der Verzicht auf eine Rechtsposition setzt vielmehr eine ausdrückliche Erklärung voraus, die den besonderen Anforderungen des BGB an eine sogenannte ›Willenserklärung‹ genügt. Damit der Betroffene weiß, worin er einwilligt, muss seine Erklärung dabei vor allem durch eine umfassende, vorherige Aufklärung getragen sein.

Damit gilt, dass der Patient oder Proband mit der Abtrennung des Körpermaterials dessen Eigentümer wird. Dieses Eigentum kann dann auf den Arzt oder Forscher übertragen werden. Hierfür bedarf es eines entsprechenden Rechtsgeschäftes, das heißt einer vertraglichen Vereinbarung. Gleichermaßen kann der Materialspender die Verwendung der entnommenen Substanzen für bestimmte (Forschungs-) Zwecke genehmigen; auch in diesem Fall bedarf es einer ausdrücklichen Erklärung.

Neben der straf- und der zivilrechtlichen Bewertung spielt schließlich die Frage nach dem *Datenschutz* eine erhebliche praktische Rolle. Die Materialentnahme führt regelmäßig zur Erhebung personenbezogener Daten. Der Umgang mit diesen Daten wird vor allem durch das Bundesdatenschutzgesetz (BDSG) und die jeweiligen Landesdatenschutzgesetze (LDSGe) geregelt.

§ 4 Abs. 1 BDSG fordert für die Erhebung, Verarbeitung und Nutzung personenbezogener Daten in Ermangelung einer gesetzlichen Ermächtigung die explizite Einwilligung des Betroffenen. Nach den in § 4a BDSG näher umrissenen Voraussetzungen der Einwilligung ist grundsätzlich die Schriftform erforderlich; in engen Grenzen genügt im Bereich wissenschaftlicher Forschung eine mündliche Einwilligung, wenn anderenfalls der Forschungszweck erheblich beeinträchtigt werden würde. Die objektive Unmöglichkeit, die Einwilligung des Betroffenen einzuholen, soll ausnahmsweise auch den Verzicht auf die Einwilligung rechtfertigen können (vgl. Simitis 2003, § 4a Rn. 54 f.) In der Praxis spielt diese Option jedoch keine nennenswerte Rolle; gleiches gilt für das sogenannte Forschungsprivileg (§ 28 Abs. 3 Nr. 4 BDSG, § 14 Abs. 2 Nr. 9 BDSG). Die Materialentnahme ist daher im Interesse aller Beteiligten stets mit einer entsprechenden datenschutzrechtlichen Aufklärung und Einwilligung zu versehen.

Sollen Proben und Daten, die rechtmäßigerweise – das heißt insbesondere: auf der Basis einer entsprechenden Einwilligung – gewonnen worden sind, für die medizinische Forschung weiterverwendet werden, so kann nach allgemeiner Einschätzung vom Erfordernis einer weiteren, auf die Verwendung bezogenen Einwilligung abgesehen werden, wenn die Proben und Daten vollständig anonymisiert sind, da in diesem Fall jeder Personenbezug gelöscht ist. In diesem Zusammenhang ist jedoch darauf hinzuweisen, dass Bioinformatiker eine endgültige Anonymisierung mittlerweile kaum noch für möglich halten.

Bestimmte Personengruppen sind besonders schutzbedürftig, so dass hier weitere Spezialvorschriften zu beachten sind. Dies gilt vor allem für *Minderjährige* und *nichteinwilligungsfähige Personen*. Anwendung finden hier insbesondere die Vorschriften zur sogenannten ›elterlichen Sorge‹ (§§ 1626 ff. BGB) sowie zur Vormundschaft, rechtlichen Betreuung und Pflegschaft (§§ 1773 ff. BGB). Zu den besonders umstrittenen Punkten in diesem Bereich zählt die Frage, ob und wenn ja in welchem Umfang Minderjährige und Nicht-Einwilligungsfähige an *fremdnützigen* Forschungsvorhaben teilnehmen können (s. Kap. II.2.3.2).

Das Biomedizin-Übereinkommen des Europarates sieht unter engen Voraussetzungen in Art. 17 die Möglichkeit fremdnütziger Forschung auch an besonders schutzbedürftigen Personen vor. Vor allem diese Klausel führte dazu, dass die Bundesrepublik Deutschland bislang davon abgesehen hat, das Biomedizin-Übereinkommen zu unterzeichnen und zu ratifizieren – was jedoch Voraussetzung dafür wäre, dass das Übereinkommen in Deutschland Rechtsverbindlichkeit erlangt.

Mit der sogenannten »Good Clinical Practice«-Richtlinie (GCP-Richtlinie) hat sich auch die Europäische Union dem Thema gewidmet. Deutschland hat diese Richtlinie im neuen Arzneimittelgesetz (AMG) sowie in der GCP-Verordnung umgesetzt. Unter der Überschrift ›Besondere Voraussetzungen der klinischen Prüfung‹ finden sich in § 41 AMG detaillierte Vorgaben für die Einbeziehung Minderjähriger und Nicht-Einwilligungsfähiger in klinische Arzneimittelstudien. Bei nicht-einwilligungsfähigen Erwachsenen wird hier ein Individualnutzen der Studie gefordert. Bei Minderjährigen besteht hingegen die Möglichkeit eines ›gruppenspezifischen Nutzens‹: Es genügt daher, wenn die klinische Prüfung für eine Gruppe von Patienten, die an der gleichen Krankheit leiden wie der Minderjährige, mit einem direkten Nutzen verbunden ist.

1.3.2 Verfassungsrecht

Auf der Ebene des Verfassungsrechts spielen die unterschiedlichsten Grundrechte eine Rolle: Im Vordergrund steht zunächst der *Schutz von Leib und Leben* des Probanden oder Patienten. Diese über Art. 2 Abs. 2 GG geschützten Rechtspositionen verlangen nach ständiger Rechtsprechung des Bundesverfassungsgerichts vom Staat nicht nur, dass er sich selbst ungerechtfertigter Eingriffe enthält; vielmehr muss er sich aktiv schützend vor Leib und Leben seiner Bürger stellen (staatlicher Schutzauftrag).

Eine zentrale Rolle spielt zudem das *allgemeine Persönlichkeitsrecht*. Bei diesem – verschiedene Lebensbereiche abdeckenden – Grundrecht handelt es sich um eine Schöpfung des Bundesverfassungsgerichts, das in einer Gesamtschau der Berechtigungen aus Art. 2 Abs. 1 GG (allgemeine Handlungsfreiheit) und Art. 1 Abs. 1 GG (Menschenwürde) unter anderem den Schutz personenbezogener Informationen und Daten mit verfassungsrechtlichem Rang versehen hat. In dieser Konstellation wird das allgemeine Persönlichkeitsrecht zum *Recht auf informationelle Selbstbestimmung* (s. auch Kap. II.2.3.1). Da humanbiologisches Material stets auch Informationsträger ist, der insbesondere mit den Mitteln der Genetik entschlüsselt werden kann, ist dieses Grundrecht weniger für die Entnahme, als für den weiteren Umgang mit entnommenem Material von herausragender Bedeutung.

Das Recht auf informationelle Selbstbestimmung bedeutet zum einen, dass man grundsätzlich selbst darüber entscheidet, wie mit den eigenen Daten umgegangen werden soll. Die Weitergabe erlangter Informationen – an staatliche Stellen, aber etwa auch an Versicherungsunternehmen oder Arbeitgeber – ist so prinzipiell an die Einwilligung des Betroffenen gebunden. Auf einfachrechtlicher Ebene kümmert sich das Datenschutzrecht um die Einhaltung der geforderten Standards.

Gleichermaßen umfasst es aber auch das Recht, von bestimmten Informationen keine Kenntnis erlangen zu wollen. In diesem Fall ist die Rede vom *Recht auf Nichtwissen*, das insbesondere dann eine tragende Rolle spielt, wenn die Untersuchung des entnommenen Materials einen pathologischen Befund zu Tage fördert und sich somit die Frage stellt, ob der Betroffene (oder gegebenenfalls auch seine Angehörigen) hiervon in Kenntnis gesetzt werden sollen oder müssen.

Eine prominente Rolle spielt auch die über Art. 1 Abs. 1 GG geschützte *Menschenwürde*. Dieses Grundrecht, das allgemein als Geltungsgrund für alle anderen Grundrechte verstanden wird, schützt das Individuum vor besonders gravierenden Identitäts- und Persönlichkeitsverletzungen. Versuche, den Schutzbereich der Menschenwürde auf eine griffigere Formel zu bringen (so etwa die berühmte Objektformel), haben sich dauerhaft nicht durchsetzen können, weil sie der Komplexität der Thematik regelmäßig nicht gerecht werden. Art. 1 Abs. 1 GG wäre aber jedenfalls dann betroffen, wenn Menschen zwangsweise zu Forschungsobjekten degradiert würden (s. Kap. II.2.3).

Bedeutung erlangt darüber hinaus das verfassungsrechtliche *Gleichbehandlungsgebot* (vor allem Art. 3 Abs. 1 GG), das willkürliche (Un-)Gleichbehandlungen verbietet und so als Diskriminierungsverbot wirkt. Grenzen ergeben sich so vor allem für die Nutzungen von Material, die – beispielsweise durch die Ermittlung bestimmter Merkmale – zu Diskriminierungen führen könnten.

1.4 Im Einzelnen: Die Stellung des Forschers bzw. Arztes

1.4.1 Einfaches Recht

Unter Beachtung der vorstehend genannten Voraussetzungen besteht für einen Arzt oder Forscher die Möglichkeit, Eigentümer des entnommenen Körpermaterials zu werden. Grundsätzlich versteht das BGB *Eigentum* als das umfänglichste Recht an einer Sache. »Der Eigentümer einer Sache kann, soweit nicht das Gesetz oder Rechte Dritter entgegenstehen, mit der Sache nach Belieben verfahren und andere von jeder Einwirkung ausschließen« (§ 903 Satz 1 BGB).

Mit Blick auf Körpermaterialien findet jedoch eine der in § 903 BGB genannten Ausnahmen Anwendung: Die Rechte eines Dritten – nämlich des Materialspenders – stehen einer uneingeschränkten Verfügungsmacht des Neueigentümers entgegen. Zwar ist diese Konstellation gesetzlich nicht explizit geregelt; die ›herrschende Meinung‹ in Schrifttum und Lehre geht aber davon aus, dass das allgemeine Persönlichkeitsrecht (Art. 2 Abs. 1 GG iVm Art. 1 Abs. 1 GG) des Spenders dem entnommenen Material ›anhafte‹ und so das sachenrechtliche Eigentum (zumindest partiell) überlagere. Ausschlaggebend für diese Bewertung ist die – durchaus kritisch zu sehende – Vorstellung, dass Körpermaterialien auch nach ihrer Abtrennung vom Körper einen Teil der Persönlichkeit des Menschen darstellen, so dass zwischen Spender und Material ein ›emotionales Band‹ besteht.

Für den Arzt oder Forscher, der Eigentum an Körpermaterialien erworben hat, bedeutet dies, dass er gerade nicht nach Belieben mit dem entnommenen Material verfahren darf. Probleme ergeben sich daher bei der Weiterübertragung des Eigentums – etwa an Sponsoren oder Kooperationspartner – sowie im Falle der Kommerzialisierung einer Probe oder Probensammlung. Eine mehr als nur ›geringe Aufwandsentschädigung‹ soll so unter Umständen zu Schadensersatzansprüchen des Materialspenders führen. Eine – unter rechtlichen Gesichtspunkten – tragfähige und vor allem in sich widerspruchsfreie Begründung für die Überlagerung der Eigentumsposition durch das allgemeine Persönlichkeitsrecht findet sich bislang allerdings nicht. Als Reaktion auf die sich aus dem herrschenden Verständnis resultierenden Probleme geht die Praxis verstärkt dazu über, den Materialspender bereits bei der Entnahme in jeden in Betracht kommenden Umgang mit dem Material einwilligen zu lassen.

Ein vergleichbares Konfliktfeld zeigt sich im Bereich des *gewerblichen Rechtsschutzes*. Naturidentische Körperbestandteile können nach geltendem Recht zum Gegenstand eines Patents gemacht werden, wenn und soweit die weiteren allgemeinen Patentierbarkeitsvoraussetzungen vorliegen. Dabei war der patentrechtlichen Diskussion bislang die Vorstellung fremd, den Spender von Körpermaterial an den Erträgen eines Patents zu beteiligen, das unter Verwendung der betreffenden Körpersubstanzen zustande gekommen ist. Die neuere Diskussion in diesem Bereich hält diese Vorstellung aber keineswegs mehr für abwegig. Ebenso wird thematisiert, ob die Einwilligung des Spenders nicht nur Rechtmäßigkeitsvoraussetzung für die Entnahme, sondern zugleich auch Wirksamkeitsvoraussetzung für die Patenterteilung ist.

1.4.2 Verfassungsrecht

Handelt der Arzt bei der Materialentnahme in Ausübung seines Berufes, so erweist sich das Grundrecht der *Berufsfreiheit* (Art. 12 Abs. 1 GG) als einschlägig. Vorgaben und Beschränkungen beim Umgang mit dem entnommenen Material stellen sogenannte ›Berufsausübungsregelungen‹ dar, die vergleichsweise leicht verfassungsrechtlich zu rechtfertigen sind. Insbesondere müssen sich staatliche Maßnahmen in diesem Kontext am Maßstab der Verhältnismäßigkeit messen lassen.

Von größerem Gewicht ist die dem Forscher zur Verfügung stehende Wissenschaftsfreiheit, die die *Forschungsfreiheit* (s. Kap. II.4.6) sowie die Freiheit der Lehre umfasst (Art. 5 Abs. 3 Satz 1 GG). Die Wissenschaftsfreiheit stellt ein besonders hochrangiges Grundrecht dar, das vom Grundgesetz vorbehaltlos garantiert wird; Eingriffe in den Schutzbereich dieser Garantie können somit nur unter Hinweis auf andere Verfassungsgüter gerechtfertigt werden. Zu beachten ist hier die Leitentscheidung des Bundesverfassungsgerichts zur Wissenschaftsfreiheit.

Entscheidung des Bundesverfassungsgerichts zur Wissenschaftsfreiheit

»Das in Art. 5 Abs. 3 GG enthaltene Freiheitsrecht schützt als Abwehrrecht die wissenschaftliche Betätigung gegen staatliche Eingriffe und steht jedem zu, der wissenschaftlich tätig ist oder tätig werden will [...]. Dieser Freiraum des Wissenschaftlers ist grundsätzlich [...] vorbehaltlos geschützt [...]. In ihm herrscht absolute Freiheit von jeder Ingerenz öffentlicher Gewalt. In diesen Freiheitsraum fallen vor allem die auf wissenschaftlicher Eigengesetzlichkeit beruhenden Prozesse, Verhaltensweisen und Entscheidungen bei dem Auffinden von Erkenntnissen, ihrer Deutung und Weitergabe. Jeder, der in Wissenschaft, Forschung und Lehre tätig ist, hat [...] ein Recht auf Abwehr jeder staatlichen Einwirkung auf den Prozess der Gewinnung und Vermittlung wissenschaftlicher Erkenntnisse. Damit sich Forschung und Lehre ungehindert an dem Bemühen um Wahrheit als ›etwas noch nicht ganz Gefundenes und nie ganz Aufzufindendes‹ (Wilhelm von Humboldt) ausrichten können, ist die Wissenschaft zu einem von staatlicher Fremdbestimmung freien Bereich persönlicher und autonomer Verantwortung des einzelnen Wissenschaftlers erklärt worden. Damit ist zugleich gesagt, dass Art. 5 Abs. 3 GG nicht eine bestimmte Auffassung von der Wissenschaft oder eine bestimmte Wissenschaftstheorie schützen will. Seine Freiheitsgarantie erstreckt sich vielmehr auf jede wissenschaftliche Tätigkeit, d. h. auf alles, was nach Inhalt und Form als ernsthafter planmäßiger Versuch zur Ermittlung der Wahrheit anzusehen ist. Dies folgt unmittelbar aus der prinzipiellen Unabgeschlossenheit jeglicher wissenschaftlicher Erkenntnis« (BVerfGE 35, 79 [112 f.]).

1.5 Spezialregelungen für besondere Materialien

Die vorstehende Übersicht hat sich abrissartig auf wesentliche Aspekte der vorhandenen Grundkonstellationen beschränkt. Insbesondere wurde nicht weiter danach unterschieden, welche Form von humanbiologischem Material zur Diskussion steht. Eine diesbezügliche Klärung ist deshalb von Relevanz, weil das Recht für verschiedene Materialien spezifische Regelungen bereithält. Dies gilt stets dann, wenn die betreffende Substanz bzw. der Körperteil nicht regenerierbar bzw. nur beschränkt verfügbar ist oder ein besonderes Entwicklungspotential in sich trägt.

1.5.1 Transplantationsgesetz

Von großer praktischer Relevanz ist die gesetzliche Regulierung des Transplantationswesens (zu aktuellen Reformvorschlägen vgl. Breyer/van den Daele/Engelhard et al. 2006). Der Anwendungsbereich des Transplantationsgesetzes (TPG) war bis vor kurzem auf Organe bezogen; in der Neufassung durch das Gewebegesetz vom 20. Juli 2007 bestimmt § 1 TPG aber nunmehr wie folgt:

»(1) Dieses Gesetz gilt für die Spende und die Entnahme von menschlichen Organen oder Geweben zum Zwecke der Übertragung sowie für die Übertragung der Organe oder der Gewebe einschließlich der Vorbereitung dieser Maßnahmen. Es gilt ferner für das Verbot des Handels mit menschlichen Organen oder Geweben.
(2) Dieses Gesetz gilt nicht für
1. Gewebe, die innerhalb ein und desselben chirurgischen Eingriffs einer Person entnommen werden, um auf diese rückübertragen zu werden,
2. Blut und Blutbestandteile.«

Das TPG statuiert dann detaillierte Vorgaben zur Entnahme von Organen und Geweben bei toten Spendern (§ 3 ff. TPG), zur Lebendspende (§ 8 ff. TPG), aber auch zu den organisatorischen Rahmenbedingungen, zur Organvermittlung, zu Dokumentations-, Melde- und zahlreichen anderen Pflichten. § 17 TPG spricht ein umfassendes Verbot des Organ- und Gewebehandels aus.

1.5.2 Transfusionsgesetz

Da das TPG Blut und Blutbestandteile ausdrücklich nicht erfasst, ist insoweit das Transfusionsgesetz (TFG) einschlägig. Zweck dieses Gesetzes ist nach § 1 TFG,

»[...] nach Maßgabe der nachfolgenden Vorschriften zur Gewinnung von Blut und Blutbestandteilen von Menschen und zur Anwendung von Blutprodukten für eine sichere Gewinnung von Blut und Blutbestandteilen und für eine gesicherte und sichere Versorgung der Bevölkerung mit Blutprodukten zu sorgen und deshalb die Selbstversorgung mit Blut und Plasma auf der Basis der freiwilligen und unentgeltlichen Blutspende zu fördern.«

Im Weiteren regelt das TFG im Detail vor allem die Gewinnung von Blut und Blutbestandteilen (§ 3 ff. TFG), die Anwendung von Blutprodukten (§ 13 ff. TFG), die Rückverfolgung (§ 19 f. TFG) sowie das Meldewesen (§ 21 ff. TFG).

1.5.3 Embryonenschutzgesetz

Das Embryonenschutzgesetz (ESchG) – das aufgrund seiner Sanktionsmechanismen zum (Neben-)Strafrecht zählt – verbietet nahezu alle Handlungen im Umgang mit menschlichen Embryonen (s. Kap. III.3.1). Verboten sind die missbräuchliche Anwendung von Fortpflanzungstechniken (§ 1), die missbräuchliche Verwendung menschlicher Embryonen (§ 2), mit wenigen Ausnahmen die Geschlechtswahl (§ 3), die eigenmächtige Befruchtung, die eigenmächtige Embryoübertragung und die künstliche Befruchtung nach dem Tode (§ 4), die künstliche Veränderung menschlicher Keimbahnzellen (§ 5), das Klonen (§ 6), die Chimären- und Hybridbildung (§ 7).

Als Embryo im Sinne des ESchG gilt bereits die befruchtete, entwicklungsfähige menschliche Eizelle vom Zeitpunkt der Kernverschmelzung an, ferner jede einem Embryo entnommene totipotente Zelle (s. Kap. III.3.1), die sich bei Vorliegen der dafür erforderlichen weiteren Voraussetzungen zu teilen und zu einem Individuum zu entwickeln vermag (§ 8 Abs. 1 ESchG). Damit wirken sich die genannten Beschränkungen auch auf Handlungen an totipotenten Zellen aus; dies hätte sogar dann zu gelten, wenn adulte Stammzellen über den Weg einer Reprogrammierung wieder Totipotenz erlangen würden.

1.5.4 Stammzellgesetz

Aktueller Gegenstand der rechtspolitischen sowie einer breiten gesellschaftlichen Diskussion ist das Stammzellgesetz (Kompetenznetzwerk 2007). Den Zweck des Stammzellgesetzes definiert § 1 StZG wie folgt:

»Zweck dieses Gesetzes ist es, im Hinblick auf die staatliche Verpflichtung, die Menschenwürde und das Recht auf Leben zu achten und zu schützen und die Freiheit der Forschung zu gewährleisten,
1. die Einfuhr und die Verwendung embryonaler Stammzellen grundsätzlich zu verbieten,
2. zu vermeiden, dass von Deutschland aus eine Gewinnung embryonaler Stammzellen oder eine Erzeugung von Embryonen zur Gewinnung embryonaler Stammzellen veranlasst wird, und
3. die Voraussetzungen zu bestimmen, unter denen die Einfuhr und die Verwendung embryonaler Stammzellen ausnahmsweise zu Forschungszwecken zugelassen sind.«

Als Stammzellen werden dabei alle menschlichen Zellen verstanden, die die Fähigkeit besitzen, in entsprechender Umgebung sich selbst durch Zellteilung zu vermehren, und die sich selbst oder deren Tochterzellen sich unter geeigneten Bedingungen zu Zellen unterschiedlicher Spezialisierung, jedoch nicht zu einem Individuum zu entwickeln vermögen (pluripotente Stammzellen, § 3 Nr. 1 StZG; s. Kap. III.3.1). Embryonale Stammzellen sind alle aus Embryonen gewonnenen pluripotenten Stammzellen, die extrakorporal erzeugt und nicht zur Herbeiführung einer Schwangerschaft verwendet worden sind oder einer Frau vor Abschluss ihrer Einnistung in der Gebärmutter entnommen wurden (§ 3 Nr. 2 StZG). Als Embryo gilt bereits jede menschliche totipotente Zelle, die sich bei Vorliegen der dafür erforderlichen weiteren Voraussetzungen zu teilen und zu einem Individuum zu entwickeln vermag (§ 3 Nr. 4 StZG).

Die Einfuhr von und Forschung an embryonalen Stammzellen ist nur unter engen Voraussetzungen zulässig. Wurden Zellen zulässigerweise importiert, so stellt § 5 StZG an die Zulässigkeit von Forschungsmaßnahmen die nachfolgend dokumentierten Voraussetzungen.

Voraussetzungen für die Forschung an embryonalen Stammzellen

»Forschungsarbeiten an embryonalen Stammzellen dürfen nur durchgeführt werden, wenn wissenschaftlich begründet dargelegt ist, dass
1. sie hochrangigen Forschungszielen für den wissenschaftlichen Erkenntnisgewinn im Rahmen der Grundlagenforschung oder für die Erweiterung medizinischer Kenntnisse bei der Entwicklung diagnostischer, präventiver oder therapeutischer Verfahren zur Anwendung bei Menschen dienen und

2. nach dem anerkannten Stand von Wissenschaft und Technik
   a) die im Forschungsvorhaben vorgesehenen Fragestellungen so weit wie möglich bereits in In-vitro-Modellen mit tierischen Zellen oder in Tierversuchen vorgeklärt worden sind und
   b) der mit dem Forschungsvorhaben angestrebte wissenschaftliche Erkenntnisgewinn sich voraussichtlich nur mit embryonalen Stammzellen erreichen lässt« (§ 5 StZG).

1.6 Internationale Entwicklungen

Die bisherigen Ausführungen haben sich auf grundlegende Prinzipien der deutschen Rechtsordnung konzentriert. Es darf jedoch nicht vergessen werden, dass ungeachtet der nationalen Zuständigkeit für Gesundheitsbelange auf internationaler Ebene einerseits zahlreiche Harmonisierungsbestrebungen zu beobachten sind und andererseits um die Etablierung einheitlicher Politiken gerungen wird. Gerade in einer hochdynamischen Materie wie der Biomedizin ist es daher äußerst wichtig, auch internationale Entwicklungen in den Blick zu nehmen.

Beispielhaft kann in diesem Zusammenhang auf die Bemühungen des Europarates – hier namentlich des Ministerkomitees – verwiesen werden. Das Ministerkomitee des Europarates garantiert gemeinsam mit der Parlamentarischen Versammlung den Schutz der grundlegenden Werte des Europarates und überwacht die Einhaltung der von den Mitgliedsstaaten eingegangenen Verpflichtungen. Artikel 15 *lit.* b des Europaratsstatuts sieht vor, dass das Ministerkomitee in Bereichen, in denen es eine gemeinsame Politik vertritt, Empfehlungen an die Regierungen verabschieden kann.

In seiner Empfehlung Rec(94)1 aus dem Jahr 1994 verweist das Ministerkomitee zunächst auf verschiedene andere Europarats- und WHO-Dokumente und hebt dann die altruistische Motivation der Gewebespende hervor. Die Etablierung autologer – also auf die spätere Behandlung des Spenders oder seiner nächsten Angehörigen zielender – Nabelschnurblutbanken war zehn Jahre später Gegenstand der Empfehlung Rec(2004)8. Die Empfehlungen spiegeln erhebliche Bedenken gegenüber dem Aufbau autologer Nabelschnurblutbanken wider, die in den einleitenden Begründungserwägungen noch bekräftigt werden. Das Ministerkomitee führt hier aus, dass autologe Anwendungen von Nabelschnurblut nur in seltenen Fällen in Betracht kämen bzw. in einigen Fällen sogar kontraindiziert seien. Es sei auch nicht auszuschließen, dass die Propagierung der autologen Anwendungsoption altruistische Spenden verdrängen und so sinnvolle Behandlungsmöglichkeiten beschränken könnte.

Die wohl umfassendste und zugleich detaillierteste Äußerung des Ministerkomitees findet sich in der aktuellen Stellungnahme Rec(2006)4 zur »Forschung an biologischem Material menschlichen Ursprungs«, die am 15. März 2006 angenommen worden ist. Hier beschränkt sich das Ministerkomitee nicht auf die Empfehlung einiger weniger Standards; vielmehr ist dem Dokument als Anhang ein umfassender Richtlinientext beigefügt, der – ungeachtet seiner rechtlichen Unverbindlichkeit – eher den Charakter eines völkerrechtlichen Übereinkommens aufweist. Es ist zu erwarten, dass dieser zunehmende Konkretisierungsgrad bald in die Verabschiedung eines völkerrechtlichen Übereinkommens münden wird, das im Falle der Unterzeichnung und Ratifizierung durch die

Bundesrepublik innerstaatlich wirksames Recht darstellt. Vor diesem Hintergrund ist es unverzichtbar, Forschungsaktivitäten nicht nur an der nationalen Rechtsordnung auszurichten, sondern internationale Tendenzen zu beobachten, um gegebenenfalls ›proaktiv‹ am Normsetzungsprozess teilzunehmen.

1.7 Insbesondere: *Benefit sharing*

Mit besonderen Problemen behaftet ist die Frage, ob und wenn ja in welchem Umfang Materialspender an den Erträgen zu beteiligen sind, die beispielsweise aus der Kommerzialisierung eines neuen, durch Nutzung humanbiologischen Materials entwickelten Medikamentes resultieren können. Hier geht es um die Verwirklichung universaler Gerechtigkeitsvorstellungen, die sich nicht alleine anhand rechtlicher Maßstäbe bemessen lassen, sondern in erheblichem Maße durch ethische Erwägungen geleitet werden. Das Problem eines gerechten *benefit sharing* ist daher angesiedelt an der Schnittstelle von Ethik und Recht.

Da der ›Verkauf‹ von Körperbestandteilen erheblichen Beschränkungen (z. B. in Form des Gewebehandelsverbotes nach dem TPG) unterfällt, erweist sich ein *benefit sharing* in Form einer Vergütung für die Substanz als solche als praktisch kaum durchführbar. Erfolgversprechender und unter rechtlichen Gesichtspunkten überzeugender sind Beteiligungsoptionen, die den Materialspendern nach erfolgter Kommerzialisierung eines Produktes angeboten werden können. Diskutiert werden in diesem Zusammenhang verschiedenste Mechanismen, die sich letztlich drei Modellen zuordnen lassen:

(1) *Individualmodelle* sehen eine individuelle Beteiligung derjenigen Patienten oder Probanden vor, deren Körpersubstanzen Eingang in das jeweilige Produkt gefunden haben. Probleme ergeben sich hier auf der praktischen Ebene, da humanbiologisches Material regelmäßig nur die für Forschungszwecke erforderlichen ›Rohstoffe‹ liefert, der Spender also in keiner Weise an der kosten- und zeitintensiven Forschung und Entwicklung bis zur Marktreife beteiligt ist. Darüber hinaus setzen Individualmodelle voraus, dass sich überhaupt individuelle Spender ermitteln lassen, deren Körpersubstanzen entscheidend Eingang in das Produkt gefunden haben.

(2) *Kollektivmodelle* zielen nicht auf eine Beteiligung individueller Spender, sondern der Allgemeinheit oder aber einer spezifischen Personengruppe. Haben etwa Spender, die unter einer speziellen Erkrankung leiden, Körpersubstanzen zur Verfügung gestellt, so kann ein *benefit sharing* durch Förderung von Einrichtungen erfolgen, die ihre Arbeit speziell dieser Erkrankung gewidmet haben. Kollektivmodelle umgehen folglich die mit den Individualmodellen verbundenen Zuordnungsschwierigkeiten.

(3) Bei *Makler- oder Selbstverwaltungsmodellen* tritt ein Vermittler zwischen die forschende bzw. verwertende Einrichtung und den Spender. Die Spender leiden in einem solchen Fall an derselben Erkrankung, deren Erforschung und Behandlung ein entsprechendes Forschungsvorhaben dienen soll. Die vermittelnde Einrichtung bündelt die Interessen der verschiedenen Spender und artikuliert diese in einheitlicher Form gegenüber den Partnern im Bereich Forschung und Entwicklung. Ist der Vermittler – etwa durch den Betrieb eigener Laboratorien oder einer Blut- und Gewebebank – selbst in die Forschungstätigkeit involviert, kommt auf dem Gebiet des gewerblichen Rechtsschutzes sogar eine gemeinsame Patentanmeldung als Miterfinder in Betracht.

In seiner im März 2004 veröffentlichten Stellungnahme »Biobanken für die Forschung« favorisiert der Nationale Ethikrat – unter Vorbehalten – eine Kollektivlösung:

»Für den Fall, dass im Verlauf der späteren Umsetzung von Forschungsergebnissen wirtschaftlicher Gewinn erzielt wird, werden Formen der Gewinnbeteiligung der betroffenen Spender, Spendergruppen oder der Gesellschaft diskutiert. Eine Gewinnbeteiligung individueller Spender wird allerdings in der Regel schon deshalb ausscheiden, weil der Beitrag einzelner Spender am Ergebnis der Forschung und an den daraus erzielten Gewinnen kaum zu bestimmen ist. Eine überindividuelle Gewinnbeteiligung durch freiwillige Beiträge zu gemeinnützigen Fonds ist vorstellbar und wünschenswert. Obligatorische Fonds stehen allerdings in Konkurrenz zur staatlichen Besteuerung der Unternehmen und zu dem auf diese Weise angestrebten Ausgleich zwischen privatem Gewinn und öffentlichem Nutzen. Die mit der Einrichtung solcher Fonds verbundenen ordnungspolitischen Grundsatzfragen reichen weit über das Thema der Biobanken hinaus« (Nationaler Ethikrat 2004, 22).

Verwendete Literatur

Breyer, Friedrich/van den Daele, Wolfgang/Engelhard, Margret/Gubernatis, Gundolf/Kliemt, Hartmut/Kopetzki, Christian/Schlitt, Hans Jürgen/Taupitz, Jochen: *Organmangel – Ist der Tod auf der Warteliste unvermeidbar?* Berlin 2006.
Europarat: *Übereinkommen zum Schutz der Menschenrechte und der Menschenwürde im Hinblick auf die Anwendung von Biologie und Medizin: Übereinkommen über Menschenrechte und Biomedizin vom 4. April 1997.* In: http://www.bmj.bund.de/files/-/1137/Biomedizinkonvention.pdf (22.2.2010).
Kompetenznetzwerk Stammzellforschung NRW (Hg.): *Stammzellgesetz und Stichtagsregelung.* Düsseldorf 2007.
Nationaler Ethikrat: *Biobanken für die Forschung. Stellungnahme.* Berlin 2004. In: http://www.ethikrat.org/dateien/pdf/Stellungnahme_Biobanken.pdf (24.2.2010).
Revermann, Christoph/Sauter, Arnold: *Biobanken als Ressource der Humanmedizin.* Berlin 2007.
Simitis, Spiros: § 4a Rn. In: Ders. (Hg.): *Kommentar zum Bundesdatenschutzgesetz.* Baden-Baden ⁵2003, 54f.
Simon, Jürgen W./Paslack, Rainer/Robienski, Jürgen/Goebel, Jürgen W./Krawczak, Michael: *Biomaterialbanken – Rechtliche Rahmenbedingungen.* Berlin 2006.
Spranger, Tade Matthias: Die Rechte des Patienten bei der Entnahme und Nutzung von Körpersubstanzen. In: *Neue Juristische Wochenschrift* 58/16 (2005), 1084–1090.
Spranger, Tade Matthias: Rechtsprobleme bei der Nutzung von Bestandteilen des menschlichen Körpers. In: Ludger Honnefelder/Dieter Sturma (Hg.): *Jahrbuch für Wissenschaft und Ethik.* Bd. 11. Berlin/New York 2006, 107–121.

Weiterführende Literatur

Dabrock, Peter: Gesundheit von der Biobank? In: *Gesundheit und Gesellschaft* 11/3 (2008), 48.
Kollek, Regine: Biobanken – medizinischer Fortschritt und datenschutzrechtliche Probleme. In: *Vorgänge: Zeitschrift für Bürgerrechte und Gesellschaftspolitik* 47/4 (2008), 59–69.
Kranz, Sara: *Biomedizinrecht in der EU.* Hamburg 2008.
Tag, Brigitte: Menschliches Gewebe, menschliche Zellen und Biobanken. Strafrechtliche und strafrechtsethische Herausforderungen. In: Gunnar Duttge (Hg.): *Perspektiven des Medizinrechts im 21. Jahrhundert.* Göttingen 2007.

Tade Matthias Spranger

2. Patente

Werden Forschungsergebnisse in die Anwendung überführt, so sind sie dadurch noch lange nicht jedem Interessierten frei zugänglich. Vielmehr ist ihre Nutzung oftmals durch Patente geschützt, die der Erfinder auf sie angemeldet hat und die er entweder selbst noch innehat oder beispielsweise an eine Firma verkauft hat. Auf diese Weise gewinnen Forschungsergebnisse rasch einen kommerziellen Aspekt – mit allen Vor- und Nachteilen, die dies für die unterschiedlichen Beteiligten haben mag. Dies gilt nicht allein für die industrielle Forschung, sondern in zunehmendem Maße auch für die universitäre Forschung – sei es aufgrund von Kooperationen zwischen akademischen Einrichtungen und wirtschaftlichen Unternehmen, sei es im Zusammenhang mit Firmenausgründungen oder unmittelbaren Patentanmeldungen aus dem akademischen Sektor. Im folgenden Kapitel werden die wesentlichen ethischen und rechtlichen Aspekte von Patenten dargestellt. Zunächst werden der historische Hintergrund, die normative Begründungslogik sowie der gegenwärtige Rechtsstand von Patenten erläutert (2.1), um dann zwei besonders wichtige und umstrittene Anwendungsfelder zu diskutieren, nämlich die Patentierung von biologischem Material (2.2) sowie die Patentierung von lebenswichtigen Medikamenten (2.3).

2.1 Ursprung, Logik und Rechtsregelungen des Patentwesens

2.1.1 Historische Herkunft von Patenten

Auf Nachfrage vermuten die meisten Menschen, dass das Patentwesen im 18. oder 19. Jahrhundert entstanden sei. Und sicherlich ist die in diesem Zeitraum stattfindende Industrialisierung eine Periode, in der zahlreiche Erfindungen gemacht und durch Patente geschützt wurden. Beispielsweise erhielt James Watt 1769 ein Patent auf die Dampfmaschine. Namentlich in England gab es in diesem Zeitraum eine Vielzahl von Patentanmeldungen, vor allem im Bereich der Textil-, Holz- und Stahlindustrie, etwa auf Spinn-, Web-, Hobel- und Drehmaschinen, hydraulische Vorrichtungen, Bleich- und Walzverfahren.

Tatsächlich reicht die Geschichte des Patentwesens aber viel weiter zurück. Erste Vorläufer kann man im Altertum und im Mittelalter ausmachen, da auch bereits in dieser Zeit besonders innovative Leistungen gelegentlich von staatlicher Seite belohnt wurden. Allerdings hatte dies zumeist die Form konkreter Herstellungsprivilegien oder auch direkter Geldzuwendungen und somit nicht die Form von Patenten im heutigen Sinne. Zudem geschah es eher vereinzelt und weitgehend unsystematisch, ohne dass eine etablierte Praxis oder gar ein verbriefter Anspruch damit verbunden gewesen wäre. Spätestens mit der Neuzeit änderte sich dies jedoch. Hier wurden die ersten Patente im modernen Sinne verliehen, auf die der Erfinder überdies ein gewisses Anrecht geltend machen konnte. Das wichtigste Ereignis in diesem Zusammenhang ist der Erlass des ersten allgemeinen Patentgesetzes der Welt 1474 in Venedig. Die Patente, die in der Folgezeit auf dessen Grundlage erteilt wurden, hatten vor allem verschiedene Wasser- und Windmühlen zum Gegenstand (zum Getreidemahlen, zum Walken und Sägen oder für die Papierherstellung). Hinzu kamen Erfindungen, die insbesondere auf die lokalen Bedürfnisse Venedigs zugeschnitten waren, nämlich Vorrichtungen zum Abpumpen von Wasser und zum Ausschachten von Kanälen. Weitere vereinzelte Patente betrafen das Textilgewerbe, die Ziegelproduktion oder das Brunnenbohren (und auch das eine oder andere *perpetuum mobile* findet sich unter den erfolgreichen Patentanträgen). Der berühmteste Inhaber eines venezianischen Patents war Galileo Galilei, der 1593, im damals venezianischen Padua arbeitend, das nachfolgende Patentgesuch an den Dogen von Venedig richtete.

> **Patentgesuch von Galileo Galilei an den Dogen von Venedig (1593)**
>
> »Durchlauchtigster Fürst, hochedler Herr!
>   Ich, Galileo Galilei, habe eine Vorrichtung erfunden, um leicht, mit geringen Kosten und sehr bequem Wasser zu heben und Land zu bewässern, wobei diese Vorrichtung, von einem einzigen Pferd angetrieben, zwanzig an ihr angebrachte Wasserausläufe andauernd in Betrieb halten wird.
>   Ich beabsichtige gegenwärtig, sie betriebsfähig zu machen; da ich aber nicht damit einverstanden bin, dass diese Erfindung, die mein Eigentum ist und von mir mit großer Mühe und vielen Kosten entwickelt wurde, Gemeingut eines jeden wird, bitte ich Eure Durchlaucht ehrerbietigst um die von Eurer Gnade in ähnlichen Fällen jedem Künstler, welchen Handwerks auch immer, gewährte Gunst, dass nämlich außer meiner Person oder meinen Erben oder denjenigen, die von mir oder ihnen das Recht dazu erhalten haben, für einen Zeitraum von vierzig Jahren oder welcher Zeitraum auch immer Eurer Durchlaucht gefallen möge, niemandem gestattet werde, mein neues Gerät herzustellen, herstellen zu lassen oder, wenn es hergestellt ist, zu gebrauchen, noch es in abgeänderter Form für den Gebrauch mit Wasser oder einem anderen Stoff anzuwenden, unter Androhung einer Eurer Durchlaucht angemessen erscheinenden Geldstrafe, von der ich im Fall der Verletzung einen Teil erhalten würde. Dadurch werde ich noch eifriger auf neue Erfindungen zum allgemeinen Wohl bedacht sein; und ich empfehle mich untertänigst« (zitiert nach Kurz 2000, 65).

Der Duktus des Textes lässt erkennen, dass, trotz des bestehenden Gesetzes, die Gewährung eines Patents immer noch nicht selbstverständlich war, sondern als Gunsterweis der Herrschenden aufgefasst wurde. In der Regel wurden entsprechende Bitten aber erfüllt, und auch Galilei bekam sein Patent zugesprochen, wenngleich nur für einen Geltungszeitraum von zwanzig Jahren, statt wie gewünscht von vierzig. Patentverletzern drohten der Verlust der gebauten Vorrichtungen und eine Geldstrafe von 300 Dukaten, von denen Galilei ein Drittel zustand. Dies alles geschah unter dem Vorbehalt, dass Galilei seine Erfindung innerhalb eines Jahres ausführen und demonstrieren musste und dass niemand vor ihm diese Erfindung gemacht oder veröffentlicht haben durfte.

2.1.2 Systematische Deutung von Patenten

Trotz Verschiebungen im Detail zeichnet sich der zentrale Charakter auch des heutigen Patentverständnisses in diesem historischen Beispiel deutlich ab. Im Wesentlichen räumt ein Patent dem Inhaber ein zeitlich begrenztes *Verwertungsmonopol* ein. Der genaue Inhalt und die inhärenten Grenzen dieses Monopols werden unten eingehender erläutert. Hier ist zunächst wichtig, weshalb solch ein Verwertungsmonopol überhaupt attraktiv ist. Der Grund liegt in der Preispolitik, die ein Monopolist betreiben kann. So lässt sich in der Regel ein deutlich höherer Gewinn erzielen, wenn man der einzige Anbieter ist, als wenn man mit anderen Anbietern konkurrieren muss. Im letzteren Fall muss man den Verkaufspreis zumeist in die Nähe der Produktionskosten senken, um Abnehmer zu finden. Hat man hingegen eine Monopolstellung inne, so kann man den Verkaufspreis, jedenfalls bei entsprechender Nachfrage, weit oberhalb der Produktionskosten ansetzen.

Allerdings scheinen Monopole innerhalb einer freien Marktwirtschaft kein unproblematisches Phänomen zu sein. Jedenfalls ist es ein vertrautes Bestreben der Politik, solche Monopole auf dem Markt zu verhindern bzw. zu bekämpfen. Deshalb soll nun genauer erörtert werden, wie die Stellung von Monopolen und nachfolgend von Patenten im Verhältnis zum freien Markt zu beurteilen ist. Grob lassen sich hierbei zwei Standpunkte unterscheiden, ein marktinterner und ein marktexterner, die im Folgenden in Form von kurzen Statements mit jeweils vier Argumentationsschritten einander gegenübergestellt werden.

Position 1: Der ›marktinterne‹ Standpunkt

(1) *Monopole sind ganz gewöhnliche Markterscheinungen:* Innovation und Wettbewerb führen immer wieder dazu, dass ein Anbieter allein auftritt oder ein Konkurrent sich durchsetzt und daraufhin das Geschehen dominiert. Dass Monopole an sich selbst dem Markt fremd wären, ist daher ein Irrtum.

(2) Gewiss bekämpft man manchmal Monopole. Das liegt aber nicht daran, dass sie dem Markt als solchem widersprächen, sondern daran, dass man sie aus anderen Gründen vermeiden will. Vor allem fürchtet man, dass die Preispolitik, die ein Monopol ermöglicht, zu einer Hemmung der allgemeinen Wohlstandsentwicklung oder zu einer Unterversorgung ärmerer Bevölkerungskreise führen würde. Man korrigiert also die natürliche Monopoltendenz des Marktes, weil man ein *Marktversagen*, im Lichte marktfremder Kriterien wie Nutzenmaximierung oder Armutsbekämpfung, befürchtet.

(3) Nun verschafft ein Patent eine Monopolstellung, die sich von allein gar nicht auf dem Markt halten könnte. Denn andere würden die Erfindung in kurzer Zeit nachbauen und vertreiben, was genau der Effekt ist, den ein Patent verhindern soll. Das Monopol, das mit einem Patent verbunden ist, ist also sicherlich kein natürliches Ergebnis des Marktes. Das ändert aber nichts daran, dass es dem tieferen Wesen des Marktes entspricht. Auch andere Marktaspekte stellen sich schließlich nicht von allein ein, sondern bedürfen geeigneter Unterstützung. Beispielsweise gehört die Unantastbarkeit des Eigentums ganz elementar zu einem funktionierenden Marktgeschehen. Dennoch käme es auf nichtüberwachten Märkten mitunter zu Diebstahl. Auch hier bedarf es also geeigneter Sicherstellungen eines ungestörten Marktgeschehens. Ebenso stellt ein Patent eine *künstliche Marktverwirklichung* dar, und zwar in genau dem gleichen Sinne. Denn auch ein Patent bedeutet nichts anderes als einen Schutz von Eigentum gegen unberechtigte Übergriffe, genauer den *Schutz von geistigem Eigentum* gegen unbefugte Nutzer.

(4) Dass man diesen Schutz nur für eine *begrenzte Dauer* gewährt und nicht für immer, kann dadurch erklärt werden, dass früher oder später ein anderer die fragliche Erfindung gemacht hätte. Das geistige Eigentum kann sich aber nur so weit erstrecken, wie seine Inhalte von niemand sonst erschlossen worden wären. Ab dem Moment, wo ein anderer aus eigener Überlegung die gleiche Idee entwickelt hätte, lässt sich nicht mehr behaupten, dass er sich der geistigen Leistung des Patentinhabers bedient, wenn er jene Idee verwendet. Die Dauer eines Patents entspricht also, wie grob diese Schätzung auch immer sein mag, *der veranschlagten Zeit, bis jemand anderes die gleiche Erfindung gemacht hätte.*

Position 2: Der ›marktexterne‹ Standpunkt

(1) *Monopole widersprechen prinzipiell dem Markt:* Zu einem Markt, im eigentlichen Sinne des Wortes, gehört die Pluralität. Ein Markt, auf dem der Kunde nicht zwischen verschiedenen Anbietern auswählen kann, verdient diese Bezeichnung nicht.

(2) Monopole müssen also grundsätzlich immer bekämpft werden, damit von einem Markt die Rede sein kann. Hierbei spielt es keine Rolle, dass ein Markt, den man sich selbst überließe, viel-

leicht in kurzer Zeit Monopole ausbilden würde. Diese mögliche Monopoltendenz des Marktes widerspricht nicht der Tatsache, dass nur bei hinreichender Pluralität von *Marktverwirklichung* gesprochen werden kann. Ebenso wenig wäre eine etwaige Tendenz zum Diebstahl ein Beleg dafür, dass Diebstahl zum Markt gehören sollte.

(3) Nun verschafft ein Patent eine Monopolstellung, die von allein noch nicht einmal auf dem Markt Bestand hätte. Denn gute Neuerungen finden stets innerhalb kurzer Zeit ihre Nachahmer. Ohne Zweifel hat man es bei einem Patent also mit einem völlig marktfremden Instrument zu tun. Es widerspricht der ausdrücklich geforderten Pluralität, und es käme von selbst noch nicht einmal zustande. Dass man es dennoch künstlich einrichtet, lässt sich allerdings im vorliegenden Fall rechtfertigen. Denn nicht immer führt ein Markt mit seiner Pluralität, gleich ob man sie erzwingen muss oder ob sie sich von allein einstellt, zu gewünschten Resultaten. Ohne die Aussicht auf ein Verwertungsmonopol wären schließlich erheblich weniger Menschen imstande und willens, den Aufwand auf sich zu nehmen und Erfindungen zu machen. Ohne solche Erfindungen käme es wiederum zu viel weniger Fortschritt und Wohlstand in einer Gesellschaft. Gerade im Bereich des Erfindungswesens droht also ein *empfindliches Marktversagen*, und zwar im Lichte marktfremder Kriterien wie Nutzenmaximierung oder Armutsbekämpfung, wenn man die natürliche Tendenz des pluralen Marktes walten ließe. Ein Patent dient folglich dem Zweck, solches Marktversagen zu verhindern, indem es, ganz entgegen dem Wesen des Marktes, einen gezielten *Anreiz zu gewünschten Innovationen* schafft.

(4) Dass dieser Anreiz auf eine *begrenzte Dauer* beschränkt bleibt, liegt daran, dass eine unendliche Ausdehnung des Patentschutzes ihrerseits zu einem anderen Marktversagen führen würde. Kann ein Erfinder für alle Zeiten Monopolpreise verlangen, so wird die allgemeine Verbreitung der Erfindung stark behindert, und bestimmte Bevölkerungsteile können vollständig von ihr ausgeschlossen bleiben. Damit würden gerade jene Ziele nur schleppend erreicht oder auch völlig verfehlt, um die es einem bei der Gewährung des Patents eigentlich ging. Die Dauer eines Patents gründet also, wie schwierig diese Abwägung im Einzelnen auch sein mag, in dem Versuch, *den Anreiz für den Erfinder und die Erschwinglichkeit für die Gemeinschaft so auszubalancieren, dass insgesamt ein Optimum in der Verbreitung von Innovationen in der Gesellschaft entsteht.*

Es gibt mithin zwei gegensätzliche Auffassungen zur Stellung von Monopolen auf dem Markt: einmal als markteigene und einmal als marktfremde Erscheinungen. Diese Auffassungen bedingen unterschiedliche Deutungen von Patenten: einmal als naturgegebenes Recht an der eigenen geistigen Leistung, einmal als gezielter Ansporn zu gewünschten Fortschrittsbeiträgen. Die hiermit gefundenen Begründungsformen, *Eigentumslogik* und *Anreizlogik*, sind die beiden zentralen Argumentationsansätze in der Patentdiskussion. Dabei gehört zur Eigentumslogik auch der Gedanke, dass der Erfinder durch das Patent für seine Leistungen belohnt bzw. für seine Aufwendungen entschädigt wird. Die Anreizlogik ihrerseits schließt den Gedanken ein, dass der Erfinder verpflichtet wird, sein Wissen in einer Patentschrift zu publizieren, so dass seine Erkenntnisse öffentlich zugänglich werden und Grundlagen für hierauf aufbauende Entwicklungen anderer bieten können.

Natürlich kann man beide Logiken gleichzeitig vertreten: Es liegt kein Widerspruch darin, zum einen Patente als Sicherung natürlichen Eigentums zu betrachten und zum anderen auf ihre Bedeutung für den gesellschaftlichen Fortschritt zu verweisen. Insbesondere finden sich beide Formen der Begründung bereits in Galileis obigem Patentgesuch: Auch er spricht von »diese[r] Erfindung, die mein Eigentum ist« und deren Nachbau daher als eine Art von Diebstahl erscheinen müsste, und stellt zugleich in Aussicht, durch die Gewährung des Patents »noch eifriger auf neue Erfindungen zum allgemeinen Wohl bedacht [zu] sein«. Dennoch handelt es sich um zwei ganz verschiedene Begründungsformen. Und mitunter können beide Argumentationslinien auch zu unterschiedlichen Resultaten führen, wenn zweifelhaft wird, ob ein Patent zugesprochen oder verweigert werden sollte. Dabei ist eine allgemeingültige Festlegung, welcher der beiden Linien der Vorzug zu geben ist, nicht offensichtlich. Eher wird man im konkreten Einzelfall zu entscheiden haben, ob für eine gegebene Erfindung mit ihren jeweiligen Nutzungsoptionen die Eigentumslogik oder die Anreizlogik angemessener ist.

2.1.3 Einschlägige Patentregelungen der heutigen Zeit

Patente sind mittlerweile ein etabliertes Rechtsinstrument, sowohl auf nationaler als auch auf internationaler Ebene. Die wichtigsten Rechtsregelungen, die in diesem Zusammenhang gegenwärtig bestehen, sind, mit ihrem jeweiligen Geltungsbereich und dem zugehörigen Verabschiedungsdatum, die folgenden: für die Bundesrepublik Deutschland das »Patentgesetz« (PatG, Neufassung 1980, letzte Änderung 2009); für die Europäische Gemeinschaft die »Richtlinie 98/44/EG des Europäischen Parlaments und des Rates vom 6. Juli 1998 über den rechtlichen Schutz biotechnologischer Erfindungen« (Biopatentrichtlinie, 1998); als zwischenstaatliches Abkommen das »Übereinkommen über die Erteilung Europäischer Patente« (Europäisches Patentübereinkommen, EPÜ, Erstfassung 1973, letzte Änderung 2000); schließlich für die Mitglieder der World Trade Organization (WTO) das »Agreement on Trade-Related Aspects of Intellectual Property Rights« (TRIPS, 1994).

Obwohl diese Regelungen in ihrer Reichweite und ihren Inhalten teilweise voneinander abweichen, stimmen sie doch in zentralen Grundgedanken überein. Dies gilt insbesondere für die Fragen, was genau Gegenstand eines Patents werden kann und welche Rechte mit einem Patent verbunden sind.

(1) Zur ersten Frage, nach dem Gegenstand von Patenten: Gegenstand von Patenten sind *Erfindungen*, die *neu* sind, auf *erfinderischer Tätigkeit* beruhen und *gewerblich anwendbar* sind (vgl. PatG § 1 (1), § 3, § 4, § 5; Biopatentrichtlinie Art. 3 (1); EPÜ Art. 52 (1), Art. 54, Art. 56, Art. 57; TRIPS Art. 27 (1)). Hierbei ist Folgendes zu beachten:

(a) Als *Erfindungen* können Produkte gelten, etwa Maschinen oder Stoffe, und ebenso Prozesse, etwa im physikalischen oder chemischen Bereich. Ausgeschlossen sind jedoch *bloße Entdeckungen*. Tiere oder Pflanzen beispielsweise können als solche nicht patentiert werden, sondern allenfalls bestimmte klar umschriebene Verwendungsweisen von ihnen. Auf diesen Bereich der Patentierung von biologischem Material, mit all seinen Ausdifferenzierungen und Schwierigkeiten, wird der nächste Abschnitt genauer eingehen.

(b) Die *Neuheit* erscheint zunächst als triviales Erfordernis, kann allerdings in konkreten Fällen zum Problem für den Patentanwärter werden. Neuheit bedeutet nämlich, dass der fragliche Gegenstand noch nie zuvor beschrieben wurde, auch nicht vom *Antragsteller selbst*. Hat er daher seine Erfindung bereits seinerseits kommerziell genutzt oder auch nur wissenschaftlich veröffentlicht, so verliert er seinen Patentanspruch. Auf diese Weise können wissenschaftliche Darlegung und wirtschaftliche Verwertung in Widerstreit zueinander geraten, was sich als zunehmendes Problem im Zusammenspiel von akademischer und industrieller Forschung erweist.

(c) Die *erfinderische Tätigkeit* meint vor allem, dass die Erfindung, auch bei gegebener Neuheit, nicht völlig naheliegend sein darf, nicht einmal für einen Fachmann. Eine zwar bislang nicht entworfene, aber letztlich banale Kombination von zwei bereits bekannten Maschinen hat beispielsweise keine Aussicht auf Patentschutz.

(d) Die *gewerbliche Anwendbarkeit* bedeutet, dass die Erfindung, zumindest im weiteren Sinne, kommerziell einsetzbar sein muss. Dies kann in Industrie oder Landwirtschaft der Fall sein, aber auch im Bildungs- oder Gesundheitssektor, ungeachtet dessen dass in diesen Bereichen vielfach nicht nur der freie Markt, sondern darüber hinaus öffentliche Versorgungssysteme tätig sind.

(2) Zur zweiten Frage, nach den Rechten aufgrund von Patenten: Patente geben dem Inhaber *keine Berechtigung zu irgendeiner eigenen Tätigkeit*, sondern garantieren ihm lediglich einen *zeitlich begrenzten* Ausschluss *anderer Personen* von der *gewerblichen Nutzung* der Erfindung ohne seine Zustimmung (vgl. PatG § 9, § 10, § 11, § 16; Biopatentrichtlinie Erwägungsgrund 14; EPÜ Art. 63 (1); TRIPS Art. 28, Art. 33). Hervorzuheben sind wiederum einige Besonderheiten:

(a) Durch ein Patent wird grundsätzlich *kein Nutzungsrecht* eingeräumt. Der Inhaber erhält keinerlei Befugnis, die Erfindung zu vertreiben, einzusetzen oder auch nur zu produzieren. Beispielsweise kann eine Waffe durchaus patentiert werden, ohne dass es dem Inhaber dadurch erlaubt wäre, sie zu bauen, zu verwenden oder zu verkaufen. Ähnlich kann eine synthetische Droge patentiert werden, weil ihre Konzeption geistiges Eigentum des Erfinders ist und weil ihre medizinische Nutzbarkeit Anreize für vergleichbare Forschungen rechtfertigt, während Herstellung, Anwendung und Handel strengen Auflagen oder gar Verboten unterliegen mögen, die den Erfinder selbst hiervon ausschließen.

(b) Der Patentschutz wird nur für einen *beschränkten Zeitraum* eingeräumt. Für gewöhnlich beträgt diese Frist, in Deutschland wie auch in anderen Staaten, zwanzig Jahre.

(c) Ein Patentrecht ist ein *negatives Ausschlussrecht*. Es sichert dem Inhaber zu, dass andere seine Erfindung nicht verwenden dürfen, solange sie keine Lizenz von ihm erhalten haben.

(d) Dieser Ausschluss bezieht sich allein auf die *kommerzielle Nutzung*. Die nichtkommerzielle Nutzung bleibt vom Patentschutz unberührt. Dieser Gedanke wird allerdings zumeist eng ausgelegt. So kann der Einsatz einer Erfindung bereits dann als kommerzielle Verwendung gelten, wenn er dazu führt, dass der Nutzer selbst oder andere Personen hierdurch vom Kauf der Erfindung abgehalten werden. Freilich gibt es in diesem Zusammenhang verschiedene Privilegien, etwa das Forscherprivileg, das in den meisten europäischen Rechtsordnungen anerkannt und auch in der europäischen Biopatentrichtlinie ausdrücklich verankert ist. Dieses Privileg bedeutet im Grundsatz, dass nicht-kommerzielle Forschungsmaßnahmen keine Pflicht zur Zahlung von Lizenzen an den Erfinder begründen.

Schließlich sind einige allgemeine Klauseln zu erwähnen, die sich in den oben genannten Kodizes übereinstimmend finden. So sind diagnostische, therapeutische und chirurgische Verfahren nicht patentierbar. Gleiches gilt für Pflanzensorten, Tierrassen und biologische Züchtungsverfahren (vgl. PatG § 2a (1); Biopatentrichtlinie Erwägungsgrund 35, Art. 11, Art. 12; EPÜ Art. 53b, Art. 53c; TRIPS Art. 27 (3a), Art. 27 (3b)). Darüber hinaus sind generell Erfindungen von der Patentierung ausgeschlossen, deren gewerbliche Verwertung gegen die öffentliche Ordnung oder die guten Sitten verstoßen würde (vgl. PatG § 2 (1); Biopatentrichtlinie Art. 6 (1); EPÜ Art. 53a; TRIPS Art. 27 (2)).

Die Auslegung des letzteren Kriteriums, der sogenannten *ordre public*-Klausel, ist in Einzelfällen schwierig. Grundsätzlich geht das Patentrecht davon aus, dass ein Verstoß gegen sie nur dann angenommen werden kann, wenn *jede* der in Betracht kommenden gewerblichen Verwertungen sittenwidrig wäre. Aus diesem Grund ist es beispielsweise möglich, wie oben erwähnt, eine synthetische Droge zu patentieren: Ihre kommerzielle Vermarktung als Rauschmittel würde zwar sicherlich einen Verstoß gegen den *ordre public* bedeuten, aber ihre klinische bzw. therapeutische Einsetzbarkeit eröffnet eine zulässige gewerbliche Verwertung und legitimiert damit grundsätzlich ihre Patentierung. Ein Gegenbeispiel ist die Erfindung einer Briefbombe: Hier ist keine Verwendungsform denkbar, die nicht gegen den *ordre public* verstieße.

Von solchen eindeutigen Beispielen abgesehen gibt es allerdings Bereiche, in denen stark umstritten ist, ob die kommerzielle Nutzung eine durchgehende Verletzung der öffentlichen Ordnung bzw. der guten Sitten bedeuten würde oder nicht. Nicht zuletzt im Bereich der biomedizinischen Forschung bestehen hier zuweilen Meinungsverschiedenheiten. Der europäische Gesetzgeber hat daher versucht, den Begriff des *ordre public* näher einzugrenzen, und in Artikel 6 der Biopatentrichtlinie exemplarisch einige Verfahren aufgelistet, deren Durchführung definitiv als Verstoß gegen die öffentliche Ordnung und die guten Sitten zu werten wäre, so dass ihre Erfindung nicht patentiert werden könnte. Hierzu gehören Verfahren zum Klonen von menschlichen Lebewesen, Verfahren zur Veränderung der menschlichen Keimbahn sowie industrielle oder kommerzielle Verwendungsformen von menschlichen Embryonen.

2.2 Patentierung von biologischem Material

Im vorangehenden Abschnitt wurde dargestellt, dass zwei Logiken grundlegend für das Patentwesen sind: die Eigentumslogik und die Anreizlogik. Die beiden folgenden Abschnitte sind zwei besonders wichtigen Anwendungsfeldern gewidmet: der Patentierung von biologischem Material und der Patentierung von lebenswichtigen Medikamenten. Im ersten Feld sind dabei vor allem Fragen berührt, die mit der Eigentumslogik in Zusammenhang stehen. Denn hier erscheint oftmals fragwürdig, inwiefern überhaupt von Erfindungen die Rede sein kann oder ob ihnen der Charakter der Neuheit zukommt. Bei genauerem Hinsehen erweisen sich diese Fragen als sehr komplex, und ihre Antworten variieren mit den jeweiligen konkreten Problembereichen. Daher werden im Folgenden drei besonders wichtige Gebiete herausgegriffen und in ihren Besonderheiten dargestellt.

2.2.1 Mikroorganismen

Die Patentierung von biologischem Material wird von Kritikern häufig als moralisch zweifelhafte ›Patentierung von Leben‹ bezeichnet. Darüber hinaus geht man meist davon aus, dass es sich hierbei um eine jüngere Erscheinung handle, die mit der Entwicklung der modernen Bio- und Gentechnologie in Zusammenhang stehe. Dies ist allerdings ein Irrtum. Tatsächlich kennt das internationale Patentrecht schon seit langer Zeit die Patentierung von lebenden Organismen, insbesondere von *Mikroorganismen*.

Am bekanntesten ist in diesem Zusammenhang eine Entscheidung des US-amerikanischen Supreme Court aus dem Jahr 1980. Der Wissenschaftler Ananda Chakrabarty hatte ein Bakterium derart modifiziert, dass es Öl zersetzt, und auf dieses ›ölfressende‹ *Bakterium* ein Patent angemeldet. Am Ende eines mehrjährigen Verfahrens billigte der Supreme Court den gewünschten Patentschutz. Hierbei verwies er nicht zuletzt darauf, dass das Bakterium von Chakrabarty verändert und folglich mit dem natürlichen Ausgangsorganismus nicht mehr identisch war. So interessant und berühmt diese Entscheidung auch ist, aus patentrechtlicher Sicht markiert sie keineswegs einen Wendepunkt der Patentrechtspraxis. Schon im Jahr 1843 hatte das finnische Patentamt ein auf einen Mikroorganismus bezogenes Patent erteilt. Vergleichbare Entscheidungen stellten in der Folge keine Ausnahme dar. Beispielsweise erhielt Louis Pasteur 1873 das US-Patent No. 141,072, das *gereinigte Hefebakterien* zum Gegenstand hatte.

›Patente auf Leben‹ gibt es also in ständiger Praxis der Patentämter bereits seit mehr als 160 Jahren. Wesentliche Voraussetzung ist dabei, dass die für das Patentrecht grundlegende *Unterscheidung zwischen Entdeckung und Erfindung* gewahrt bleibt. Nach einer allgemein gebräuchlichen Präzisierung handelt es sich dann nicht um eine patentierbare Erfindung, wenn jemand lediglich eine neue Eigenschaft eines bekannten Materials oder Erzeugnisses feststellt. Wird daher beispielsweise bei einem Bakterium die Fähigkeit registriert, gewisse organische Verbindungen zu zersetzen, so handelt es sich hierbei zunächst nur um eine Entdeckung, nämlich einer bestimmten Eigenschaft dieses Bakteriums. Diese Entdeckung ist als solche nicht patentierbar. Eine patentierbare Erfindung kann aber vorliegen, wenn darüber hinaus für jene Eigenschaft eine bislang nicht erkannte praktische Verwertung gefunden wird. Kann zum Beispiel das fragliche Bakterium im Rahmen der Abfallbehandlung eingesetzt werden, so kommt eine Patentierung prinzipiell in Betracht. Erst recht eröffnet die Modifizierung des Organismus, wie im Fall von Chakrabarty, die Möglichkeit einer Patenterteilung. Maßgebliche Bedeutung kommt also der Frage zu, ob der Erfinder einen weiterführenden Beitrag zur Technik erbracht hat oder nicht.

Freilich scheint die Identifizierung eines spezifischen Einsatzgebietes für einen Mikroorganismus noch nicht die *Patentierung des Organismus als solchen* zu rechtfertigen. Dass hier gleichwohl Patentschutz gewährt wird, liegt darin begründet, dass dem Erfinder andernfalls eine erhebliche Schutzlücke drohen würde. Wenn nämlich nur die spezifische Verwendung, nicht aber der Organismus selbst geschützt würde, so wäre es für Mitbewerber leicht möglich, diesen Organismus als Ausgangspunkt für ein Konkurrenzprodukt zu verwenden. Sie müssten lediglich den Organismus geringfügig verändern und zu dem gleichen Zweck einsetzen, wie der Erfinder ihn beschrieben hat, ohne dass dessen Patentschutz dieses Vorgehen unterbinden könnte. Ist jedoch der Organismus selbst geschützt, so scheidet jede ungenehmigte kommerzielle Nutzung aus, die man mit ihm vornehmen könnte. Insbesondere ist es dann auch nicht statthaft, ohne Lizenz eine marginale Modifikation an ihm zu vollziehen, um ein verändertes Produkt herzustellen, das sich dann seinerseits kommerziell einsetzen ließe.

Auf ähnliche Erwägungen geht auch der sogenannte *Stoffschutz* zurück, der vor einigen Jahrzehnten in das deutsche Patentrecht eingeführt wurde. Der Stoffschutz geht davon aus, dass es aus Sicht des Erfinders nicht ausreicht, ein technisches Verfahren zur Produktion eines chemischen Stoffes zu patentieren, sondern dass zusätzlich auch die Möglichkeit gegeben sein muss, den Stoff als solchen zum Gegenstand eines Patents zu machen. Andernfalls könnte es passieren, dass ein Erfinder einen chemischen Stoff entwickelt und der Öffentlichkeit zur Verfügung stellt, dass dieser Stoff aber in kürzester Zeit von Konkurrenten über ein Alternativverfahren hergestellt und in Umlauf gebracht wird. Solche Alternativverfahren sind in der Regel leicht zu finden, wenn der Stoff erst einmal erzeugt wurde, und würden den Erfinder sofort um die Erträge seiner Arbeit bringen.

2.2.2 Gene, Gensequenzen, Körperbestandteile

Die normativen Grundlagen des Patentrechts erlauben grundsätzlich auch eine Patentierung von *Genen, Gensequenzen oder anderen Körperbestandteilen*, insbesondere von Bestandteilen des menschlichen Körpers. Allerdings kann es zu problematischen Erscheinungen kommen, wenn spezielle Regelungen des Patentwesens, die in anderen Bereichen entwickelt worden sind, auf diesen Sektor übertragen werden.

Nach geltendem Recht können Patente für Erfindungen prinzipiell erteilt werden, wenn sie ein Erzeugnis zum Gegenstand haben, das aus biologischem Material besteht oder dieses enthält, oder wenn sie sich auf ein Verfahren beziehen, mit dem biologisches Material hergestellt oder bearbeitet wird oder bei dem es verwendet wird. Biologisches Material, das mit Hilfe eines technischen Verfahrens aus seiner natürlichen Umgebung isoliert oder hergestellt wird, kann auch dann Gegenstand einer Erfindung sein, wenn es in der Natur schon vorhanden war. Speziell mit Blick auf den menschlichen Körper erklärt § 1a des deutschen Patentgesetzes, dass zwar *der menschliche Körper selbst* in den einzelnen Phasen seiner Entstehung und Entwicklung – einschließlich der Keimzellen – sowie *die bloße Entdeckung eines seiner Bestandteile* – einschließlich der Sequenz oder Teilsequenz eines Gens – keine patentierbaren Erfindungen sein können. Ein *isolierter Bestandteil* des menschlichen Körpers oder ein auf andere Weise durch ein technisches Verfahren *gewonnener Bestandteil* – einschließlich der Sequenz oder Teilsequenz eines Gens – kann jedoch eine patentierbare Erfindung sein, selbst wenn der Aufbau dieses Bestandteils mit dem Aufbau eines natürlichen Bestandteils identisch ist.

Ausschlaggebend für diese Differenzierung ist die Überlegung, dass der betreffende Bestandteil in der patentierten Form – nämlich isoliert und kopiert – nicht in der Natur existiert, so dass es nicht zum Patentschutz einer biologischen Substanz ›als solcher‹ kommt. Diese Sichtweise kann allerdings nicht darüber hinwegtäuschen, dass Isolierung und Duplizierung der betreffenden Substanzen mittlerweile standardisiert sind, so dass es ein Leichtes ist, Substanzen ›pro forma‹ aus ihrer natürlichen Umgebung zu lösen, um dann patentrechtlichen Schutz für sie zu beantragen. Besonders problematisch ist in diesem Zusammenhang, dass sich der patentrechtliche Schutz der ›naturidentischen‹ Substanz faktisch doch auf die ›natürliche‹ Substanz erstreckt. Besteht beispielsweise patentrechtlicher Schutz für ein isoliertes und dupliziertes Gen, so ist künftig eine kommerzielle Nutzung dieses Gens auch dann ausgeschlossen, wenn der Betreffende die ›natürliche‹ Variante für seine Tätigkeit nutzt. Somit wird zwar nur die ›naturidentische‹ Substanz unmittelbar patentiert. Die mittelbaren Auswirkungen des Patents betreffen jedoch auch die ›natürliche‹ Substanz.

Beispiel: ›Brustkrebsgene‹

Dass derartige patentrechtliche Feinheiten gewichtige praktische Auswirkungen haben können, verdeutlicht der Streit um die Patentierung der ›Brustkrebsgene‹ *BRCA1* und *BRCA2* durch ein US-amerikanisches Unternehmen. Nach der Erteilung des Patentschutzes verlangte die betreffende Firma Lizenzen für die Nutzung diesbezüglicher Risikotests für Brustkrebserkrankungen. Der zwischenzeitliche Widerruf eines der Patente durch das Europäische Patentamt basierte nicht auf Bedenken hinsichtlich seiner Vereinbarkeit mit dem *ordre public*. Vielmehr wurde der Widerruf damit begründet, dass die genutzte Gensequenz bereits öffentlich und damit nicht mehr neu war.

Allgemein besteht bei der Patentierung biologischen Materials eine *Gefahr der Überbelohnung* des Erfinders. Diese Gefahr ergibt sich, weil übliche patentrechtliche Grundunterscheidungen im biologischen Sektor starke Ausweitungen des Schutzbereichs nach sich ziehen. Gewiss ist es eine geistige Leistung, Gene, Gensequenzen oder sonstige Körperbestandteile aus ihrer natürlichen Umgebung zu isolieren und kommerzielle Verwendungsweisen für sie zu eröffnen. Die Erfassung auch ihrer natürlichen Erscheinungsformen durch den Patentschutz ist aber ein Effekt, der durch die normativen Grundlagen des Patentrechts nicht mehr gedeckt sein dürfte.

Dies wird besonders greifbar beim sogenannten *absoluten Stoffschutz*. Wie oben erläutert bedeutet ›Stoffschutz‹, dass nicht nur das zur Gewinnung einer Substanz benötigte Verfahren, sondern auch die gewonnene Substanz selbst zum Gegenstand eines Patents gemacht werden kann. ›Absolut‹ wird dieser Stoffschutz, wenn darüber hinaus der patentrechtliche Schutz für die Substanz nicht auf eine bestimmte Eigenschaft oder Funktion beschränkt bleibt. Letzteres ist im deutschen Patentrecht der Fall.

Verdeutlichen lässt sich die Wirkung des absoluten Stoffschutzes am Beispiel des *Teflon*. Teflon wurde zunächst gewerblich im Bereich der Raumfahrt genutzt. Später fand es Einsatz als Antihaftmittel bei Küchenutensilien. Schließlich kam eine weitere Verwendung als industrielles Gleitmittel hinzu. Obgleich der Erfinder bei Anmeldung seines Patents lediglich die Raumfahrt im Blick hatte, führte das Konzept des absoluten Stoffschutzes dazu, dass sein Patentschutz auch die später erkannten Verwendungsmöglichkeiten einschloss. Dieser umfassende Schutz erscheint auf der einen Seite gerechtfertigt, weil der Erfinder es war, der die betreffende Substanz entwickelt und erstmals der Öffentlichkeit zur Verfügung gestellt hat. Ohne seine Leistung gäbe es Teflon weder in der Raumfahrt noch bei Kochgeschirr noch in Industrieanlagen. Auf der anderen Seite kann nicht verkannt werden, dass seine Bemühungen keineswegs auf eine Verbesserung der Küchentechnik oder auf Anwendungen in Fabriken gerichtet waren. Es erscheint daher fragwürdig, ob diese Nutzungsformen tatsächlich seiner Leistung zugeschrieben werden können und nicht eher zufällig daraus entstanden oder sogar anderen zuzurechnen sind.

Beispiel: Transposons

Im Bereich der Patentierung von Genen und Gensequenzen wird das Konzept des absoluten Stoffschutzes besonders problematisch. Sehr deutlich wird dies im Fall von ›springenden Genen‹ (*jumping genes*), den sogenannten *Transposons*. Allgemein bezeichnet der Begriff der Transposition die Umstellung von genetischem Material innerhalb eines Chromosoms, die Übertragung auf andere Chromosomen, von Plasmid zu Plasmid oder von einem Plasmid auf ein Chromosom. Ein Transposon ist ein DNA-Abschnitt eines Chromosoms, der herausgelöst und, gegebenenfalls unter ›Mitnahme‹ zusätzlicher Gene, an anderer Stelle des Genoms wieder eingefügt werden kann. Transposons, die bei nahezu allen Organismen vorkommen, spielen eine wichtige Rolle im Evolutionsprozess: Sie tragen wesentlich zur Schaffung eines ›dynamischen Genoms‹ bei und führen dadurch zu einem Selektionsvorteil. Transposons können aber auch eine deutlich erhöhte Mutabilität nach sich ziehen, da bei der Einfügung neuer Genelemente die Möglichkeit starker Veränderungen des ergänzten Gens besteht: Schätzungsweise 80% aller spontan auftretenden Mutationen sollen durch ›springende Gene‹ ausgelöst werden. Wird nun ein solches ›springendes Gen‹ patentiert, so erstreckt sich der Patentschutz nach den Regeln des absoluten Stoffschutzes gegebenenfalls auch auf dem Erfinder gänzlich unbekannte Funktionen oder Wirkweisen, die das Transposon in einem völlig anderen genetischen Kontext wahrnimmt. Ein derart weitreichender Schutz widerspricht aber den normativen Grundlagen des Patentrechts: Keine der den Sinn und Zweck des rechtlichen Patentschutzes erklärenden Theorien vermag eine solche Ausdehnung des Schutzumfangs zu begründen. Der Patentanmelder hat weder die Technik bereichert, noch liegt im Hinblick auf die nach Transposition auftretenden Wirkmechanismen eine erfinderische Tätigkeit vor, die eine staatliche Belohnung rechtfertigen könnte. Vor diesem Hintergrund lassen sich gewichtige Argumente gegen ein unbeschränktes Festhalten am absoluten Stoffschutz im Bereich von Genen und Gensequenzen anführen.

2.2.3 Pflanzen

§ 2a des deutschen Patentgesetzes führt aus, dass für *Pflanzensorten* und *Tierrassen* keine Patente erteilt werden. Gleiches gilt für »im Wesentlichen biologische Verfahren« zur Züchtung von Pflanzen und Tieren, worunter Verfahren fallen, die vollständig auf natürlichen Phänomenen wie Kreuzung oder Selektion beruhen. Es können sehr wohl Erfindungen patentiert werden, deren Gegenstand Pflanzen oder Tiere sind, wenn »die Ausführung der Erfindung technisch nicht auf eine bestimmte Pflanzensorte oder Tierrasse beschränkt ist«. Die Pflanzensorte selbst ist jedoch nicht patentierbar. Ihre Entwicklung wird nicht durch das Patentrecht, sondern durch das Sortenschutzrecht geschützt.

Eine *Pflanzensorte* ist dabei, gemäß Definition in der europäischen Verordnung (EG) Nr. 2100/94 des Rates vom 27. Juli 1994 über den gemeinschaftlichen Sortenschutz, durch ihr gesamtes Genom charakterisiert und hierdurch von anderen Sorten klar unterscheidbar. Eine *Pflanzengesamtheit* ist hingegen lediglich durch ein bestimmtes Gen, nicht durch ein komplettes Genom, gekennzeichnet und gilt entsprechend nicht als Sorte. Daher ist sie, auch wenn sie Pflanzensorten umfasst, nicht von der Patentierbarkeit ausgeschlossen. Die oftmals als problematisch empfundene Patentierung von Pflanzen stellt sich damit bei genauerer Betrachtung als Patentierung einzelner pflanzlicher Gene oder Gensequenzen dar. Auch hier kann es allerdings zu Problemen der Anwendung kommen, vor allem mit Blick auf den Aspekt der Neuheit und damit zusammenhängende Fragen des Besitzrechts.

Diese Probleme werden besonders greifbar, wenn es um die Patentierung von pflanzlichen Ressourcen geht, die Gegenstand von traditionellem Wissen etwa in indigenen Gemeinschaften sind. Die Frage, inwieweit hier neue Erkenntnisse geltend gemacht werden können und wessen geistiges Eigentum sie sind, hat unmittelbare politische Brisanz.

Ein Beispiel hierfür ist der *Neem-Baum*, der in der ayurvedischen Heilkunde eine wichtige Rolle spielt. Mittlerweile sind über 120 Patente auf verschiedene Bestandteile des Neem-Baums und deren Funktionen angemeldet worden. Kritiker haben in diesem Zusammenhang darauf aufmerksam gemacht, dass nach einer über Jahrhunderte oder gar Jahrtausende praktizierten naturheilkundlichen Anwendung nicht mehr die Rede davon sein könne, dass die fraglichen Verfahren das Kriterium der *Neuheit* erfüllten. Entgegen dieser Auffassung versteht das geltende Patentrecht den Neuheitsbegriff aber in einem fachspezifischen Sinn. Gemäß § 3 des deutschen Patentgesetzes etwa ist eine Erfindung dann neu, wenn sie nicht zum Stand der Technik gehört. Der Stand der Technik wiederum umfasst nur solche Kenntnisse, die vor dem für den Zeitpunkt der Anmeldung maßgeblichen Tag durch schriftliche oder mündliche Beschreibung, durch Benutzung oder in sonstiger Weise der Öffentlichkeit zugänglich gemacht worden sind. Eine rein traditionelle Anwendung führt nicht dazu, dass das darin enthaltene Wissen zum Stand der Technik gerechnet werden kann, mit der Folge, dass aus Sicht des Patentrechts entsprechende Patente angemeldet werden können. Lediglich ein einziges Neem-Patent wurde im Laufe der Jahre widerrufen, und zwar weil der betreffende Wirkstoff in Indien schon seit Jahrzehnten industriell hergestellt bzw. verarbeitet wurde. Mit Blick auf die Frage des *Eigentums* ist festzustellen, dass diverse Neem-Patente bei indischen Erfindern liegen. Hieran lässt sich zunächst erkennen, dass eine Patentierung von traditionellem Wissen durchaus einheimischen Personengruppen zugutekommen kann. Dies gilt jedenfalls dann, wenn das Herkunftsland eine hinreichende Industrialisierung aufweist, wie es bei Indien ohne Zweifel der Fall ist. Eine andere Frage ist freilich, ob es dabei die indigenen Bevölkerungsgruppen sind, die von der Patentierung profitieren. Selbst wenn die Vorteile der Patentierung im Inland verbleiben, müssen sie nicht den Trägern des traditionellen Wissens selbst zugutekommen, sondern können auf andere Bevölkerungsteile übergehen, wie Geschäftsleute oder Industrievertreter.

Beispiel: Basmati-Reis

International bekannt geworden ist in diesem Zusammenhang das Patentverfahren um den *Basmati-Reis*. Im Jahr 1997 hatte das amerikanische Patentamt (United States Patent and Trademark Office, USPTO) einer US-amerikanischen Firma den beantragten Schutz auf diese Reis-Variante erteilt. Indien exportierte unterdessen jährlich mehrere hunderttausend Tonnen Basmati-Reis. Diese Exporte waren nun insofern bedroht, als sie als Verletzungen des gewährten Patents hätten betrachtet werden können. Dennoch wurden von offizieller indischer Seite keinerlei Maßnahmen gegen das amerikanische Patent eingeleitet. Dies überrascht nicht zuletzt mit Blick darauf, dass grundsätzlich jeder, unabhängig von seiner individuellen Betroffenheit, Einspruch gegen ein Patent einlegen kann. Die indische Regierung wurde ihrerseits jedoch 1998 von einer Nichtregierungsorganisation verklagt, mit dem Ziel, die Regierung per gerichtliche Entscheidung zum Tätigwerden zu verpflichten. Erst in der Folge dieser Klage forderte Indiens Regierung im Jahr 2000 das amerikanische Patentamt (verhältnismäßig unspezifisch) zur Überprüfung des Patents auf. Wiederum ein Jahr später widerrief das USPTO tatsächlich das Reis-Patent zum überwiegenden Teil. Die Begründung lautete, dass es der Erfindung, im Hinblick auf die widerrufenen Patentansprüche, an der geforderten Neuheit gefehlt habe.

2.2.4 Gesamtschau

Die genannten Beispiele verdeutlichen, dass die Patentierung von biologischem Material ein vielgestaltiges Problemfeld ist. Insbesondere ergeben sich in den verschiedenen Einzelgebieten besondere Konstellationen, in denen die Patentierung jeweils erneut an ihren normativen Grundlagen zu bemessen ist.

So ist sicherlich anzuerkennen, dass auch im biologischen Bereich geistige Leistungen erbracht werden, die die Grundvoraussetzungen für eine Patentierung erfüllen. Insbesondere lässt sich die Patentierung von Organismen als solchen prinzipiell rechtfertigen, da sonst dem Erfinder deutliche Schutzlücken entstehen würden. Kritische Nachfragen sind allerdings angebracht, ob der gewährte Schutz in jedem Einzelfall der Leistung des Erfinders angemessen ist. Prinzipien wie ein absoluter Stoffschutz mögen zu einer Überbelohnung gegenüber der Allgemeinheit oder gegenüber Konkurrenten führen, die mit Sinn und Zweck des Patentschutzes nicht vereinbar ist.

Mit Blick auf die Verwertung traditionellen Wissens ist anzumerken, dass die Vorzüge des Patentsystems von unzureichend industrialisierten bzw. rein agrarischen Gesellschaften nicht genutzt werden können, so dass die entsprechenden Schutzmöglichkeiten nur hypothetischer Natur sind. In stärker industrialisierten Nationen können die Patentvorteile zwar im Land verbleiben, müssen dabei aber nicht jenen indigenen Bevölkerungsgruppen zukommen, die die eigentlichen Träger des traditionellen Wissens sind. Zur Lösung derartiger Gerechtigkeitsprobleme müssen tragfähige, auf die Besonderheiten des Einzelfalls zugeschnittene *benefit-sharing*-Systeme entwickelt und etabliert werden. Hierbei werden internationale Organisationen wie etwa die World Trade Organization (WTO), die United Nations Educational, Scientific and Cultural Organization (UNESCO) oder die World Health Organization (WHO) eine zentrale Rolle spielen. Aber auch die nationalen Regierungen sind aufgefordert, ihre Ressourcen und ihr Wissen durch geeignete Gesetzgebungen zu schützen, um so die rechtlichen Grundlagen für etwaige Sanktionierungen zu schaffen. In vielen Ländern sind diese Grundlagen bislang nicht oder nur unzureichend vorhanden.

2.3 Patentierung von lebenswichtigen Medikamenten

Im Falle von biologischem Material ist es vor allem deshalb schwierig, angemessene Formen der Patentierung zu entwickeln, weil nicht immer offensichtlich ist, wie weit hier die erfinderische Tätigkeit reicht und wem die entsprechenden Verdienste zuzurechnen sind. Im nun zu diskutierenden Problemfeld lebenswichtiger Medikamente besteht zwar zumeist wenig Zweifel daran, welche innovativen Leistungen erbracht worden sind und wessen geistiges Eigentum zu beachten ist. Dafür ist strittig, wie diese Ansprüche mit den Bedürfnissen von Schwerkranken auf angemessene Versorgung zu vermitteln sind und welche Gestalt die wirtschaftlichen Anreizstrukturen für forschende Unternehmen am besten haben sollten. Dieser Problemzusammenhang wird deutlich an einem konkreten historischen Fall, nämlich der AIDS-Krise in Südafrika Ende der 1990er Jahre.

2.3.1 Die Lage in Südafrika Ende der 1990er Jahre

Die AIDS-Krise in Südafrika Ende der 1990er Jahre bildet ein vielschichtiges gesellschaftlich-politisches Phänomen. Entsprechend ist die Patentierungsfrage hier in einen größeren sozialethischen Kontext eingebettet, dessen Kenntnis notwendig ist, um zu einer adäquaten Beurteilung der Ereignisse zu gelangen. Insbesondere weil hierbei Fragen nach Verantwortlichkeit und Schuld berührt sind, kann die Perspektive nicht auf eine Betrachtung der rein medizinischen Fakten und des Verhaltens der beteiligten pharmazeutischen Firmen beschränkt bleiben. Vielmehr müssen die Aktionen nationaler Regierungen und internationaler Organisationen sowie die generellen sozialen und infrastrukturellen Hintergründe in das Bild einbezogen werden, um zu einer fundierten Einschätzung der Problemlage zu finden (eine genauere Darstellung der Ereignisse findet sich etwa bei Barnard 2002).

Ende der 1990er Jahre hatte Südafrika die wahrscheinlich höchste HIV-Infektionsrate der Welt, mit einem Anteil von 10 bis 20% HIV-Infizierten innerhalb der Gesamtbevölkerung. Als Erklärungen hierfür werden übereinstimmend mehrere soziale und politische Faktoren benannt: Große Entfernungen zwischen Arbeitsplätzen und Wohnorten sowie entsprechend lange Abwesenheiten vieler Arbeiter von ihrem Zuhause bedingten ein vergleichsweise hohes Maß an Promiskuität. Schwere Armut weiter Bevölkerungskreise führte zu verbreiteter professioneller und halb-professioneller Prostitution. Auch herrschte ein starkes Ausmaß an sexueller Gewalt, begünstigt durch eine tiefe Verwurzelung von dominanten Geschlechterverhältnissen innerhalb der Gesellschaft. Zudem betrieb die damalige südafrikanische Regierung über einen langen Zeitraum hinweg keine gezielten Aufklärungskampagnen oder sonstigen Präventionsmaßnahmen, sondern leugnete die Schwere der Krise und zog zeitweilig sogar den Zusammenhang von AIDS und HIV in Zweifel (zu den mutmaßlichen Motiven dieser Politik vgl. van Niekerk 2003).

Die Verbreitung von HIV/AIDS in Südafrika bedeutete sowohl erhebliche individuelle als auch gravierende gesellschaftliche Belastungen. Zu nennen sind hier an erster Stelle das unmittelbare Leid der Erkrankten (u. a. bereits infizierter Neugeborener) und der Angehörigen (nicht zuletzt unversorgter Kinder). Zudem entstanden langfristige Folgeprobleme für die Gesellschaft insgesamt, weil die große Krankheitslast einen beträchtlichen wirtschaftlichen Niedergang nach sich zog, der wiederum den Problemfaktor der verbreiteten Armut verschärfte. Dass Erscheinungen dieser Art moralische Gründe zur Hilfeleistung gegenüber den Betroffenen liefern, ist intuitiv klar. Weniger klar, und damit ein Anlass für starke Auseinandersetzungen, ist freilich, welchen Beteiligten dabei welche Art von Verantwortung zuzuschreiben ist.

Ende der 1990er Jahre war eine vielversprechende medikamentöse Kombinationstherapie für HIV/AIDS verfügbar. Im Wesentlichen bestand sie aus drei Komponenten: einer antiretroviralen Therapie gegen die Virusausbreitung im Körper, einer antibiotischen Behandlung bzw. Prävention von Sekundärinfektionen infolge der Immunschwäche sowie speziellen Wirkstoffen gegen die Mutter-Kind-Übertragung während der Schwangerschaft. Allerdings war der Preis dieser Medikamente für südafrikanische Verhältnisse unbezahlbar hoch. Dies lag vor allem daran, dass diese Medikamente unter Patentschutz standen, die Anbieter also Monopolpreise verlangen konnten. Die Kosten für eine AIDS-Medikamentation beliefen sich daher in Südafrika, genau wie in den USA, auf ca. 10.000 US-Dollar pro Patient und Jahr. Dem stand ein jährliches Pro-Kopf-Bruttosozialprodukt in Südafrika von 3200 US-Dollar gegenüber.

2.3.2 Differenzierte Preispolitik, Parallelimporte und Zwangslizenzen

Ein Verkauf zu Monopolpreisen ist für ein Unternehmen nicht nur wirtschaftlich attraktiv, sondern in gewissem Umfang auch erforderlich, um entstandene *Forschungs- und Entwicklungskosten* zu decken. Dabei sind in diese Kosten nicht allein jene Aufwendungen einzurechnen, die für das fragliche Produkt selbst entstanden sind, bei einem Medikament etwa im Verlauf seines naturwissenschaftlichen Entwurfs, seiner klinischen Prüfung und seiner staatlichen Zulassung. Vielmehr müssen auch Investitionen ausgeglichen werden, die in weniger erfolgreiche oder auch völlig fehlgeschlagene Projekte geflossen sind. Dabei gehen die Einschätzungen stark auseinander, wie hoch der finanzielle Eigeneinsatz der Pharmaindustrie bei der Medikamentenentwicklung tatsächlich ist, wenn man die öffentlichen Gelder und die universitäre Unterstützung abzieht, die sie für wichtige Forschungsvorhaben erhält.

Man könnte sich allerdings fragen, warum Hersteller von patentgeschützten Produkten in ärmeren Weltregionen nicht auf die Monopolpreise verzichten und stattdessen ihre Waren zu einem geringeren Verkaufspreis anbieten – und zwar nicht aus moralischen Beweggründen oder auf externen Druck hin, sondern im eigenen Gewinninteresse. Schließlich würden sie auch durch solche Verkäufe immer noch einen Gewinn erzielen, der ihnen sonst entginge – jedenfalls solange der Verkaufspreis über den Produktionskosten läge.

Tatsächlich aber machen Unternehmen von dieser Option einer *differenzierten Preispolitik* nur selten Gebrauch. Dies liegt daran, dass sie negative Folgeerscheinungen befürchten. Insbesondere scheuen sie die Aussicht, dass ihre Produkte aus den Niedrigpreis-Regionen in die Monopolpreis-Regionen reimportiert werden und dort den deutlich lukrativeren Verkauf unterlaufen könnten. Wiederum gibt es sehr unterschiedliche Auffassungen, wie groß die Gefahr solcher Reimporte, angesichts bestehender Grenzsicherungen im Bereich des Güterverkehrs, für den Pharmasektor letztlich wäre.

Verzichtet ein Unternehmen aus diesen Gründen auf eine differenzierte Preispolitik, so gibt es im Wesentlichen zwei Instrumente, die einem Staat zur Verfügung stehen, um die Produkte dennoch seiner Bevölkerung unterhalb der Monopolpreise zugänglich zu machen. Diese Instrumente sind in gewissem Umfang international anerkannt, jedenfalls wenn die Produkte dringend benötigt werden. Das erste Instrument bilden sogenannte *Parallelimporte*: Hier werden die Produkte aus Ländern importiert, in denen sie zu einem niedrigeren Preis verkauft werden. Letzteres kann daran liegen, dass sich das Unternehmen in jenen Ländern, aus eigenem Antrieb oder auf öffentliche Kritik hin, doch zu einer differenzierten Preispolitik entschlossen hat. Es kann aber auch trivialere Gründe haben, etwa ein anderes Angebot-Nachfrage-Verhältnis oder abweichende Steuerbelastungen. Das zweite Instrument sind sogenannte *Zwangslizenzen*: Hier erteilt ein Staat die Erlaubnis zur Herstellung der Produkte im eigenen Land. Er übergeht damit ausdrücklich die Rechte des Patentinhabers, wobei allerdings immer noch eine gewisse Gebühr an das Erfinder-Unternehmen abgeführt wird, üblicherweise 10% der Verkaufserlöse. Die Produktion kann unmittelbar durch staatliche Betriebe, aber auch durch kommerzielle Firmen erfolgen, die hieran interessiert sind.

Der *Kurzzeiteffekt* dieser beiden Maßnahmen ist der gewünschte: Der Monopolpreis wird unterlaufen, die Ware wird zu Verkaufspreisen erhältlich, die meist wenig oberhalb der Produktionskosten liegen, wodurch die gegenwärtige Versorgung innerhalb der Bevölkerung verbessert wird. Der *Langzeiteffekt* kann freilich bedenklich sein: Denn müssen Unternehmen damit rechnen, dass dergleichen Maßnahmen zum Einsatz kommen, so sinkt ihr Ansporn, überhaupt in Forschung und Entwicklung zu investieren, was für die künftige Versorgungslage ungünstig ist.

In diesen Betrachtungen zeichnet sich ab, dass bei der Patentierung lebenswichtiger Medikamente mindestens drei potentiell gegenläufige Interessen aufeinandertreffen: Erstens haben die *forschenden Unternehmen* ein Interesse an ökonomischen Gewinnen, möglicherweise auch am wirtschaftlichen Überleben. Zweitens bestehen die Interessen der *gegenwärtig Kranken* an medizinischen Versorgungsgütern, die bei Krankheiten wie HIV/AIDS lebenswichtig sind und die bei hohen Medikamentenpreisen unerschwinglich sein können. Drittens gibt es die Interessen von *künftig Kranken*, deren Heilungschancen in Feldern mit starker industrieller Forschung von der entsprechenden Investitionsbereitschaft potentieller Erfinderfirmen abhängen mögen.

2.3.3 Der Fortgang der Ereignisse in Südafrika

1997 wurde in Südafrika der »Medicines and Related Substances Control Amendment Act« verabschiedet. Dieses Gesetz gab dem Gesundheitsminister die Befugnis, die beiden oben genannten Instrumente, Parallelimporte oder Zwangslizenzen, einzusetzen, wenn dies im Interesse der öffentlichen Gesundheit liegen sollte. Andere Entwicklungs- und

Schwellenländer hatten diese Verfahren bereits angewandt oder zumindest ins Spiel gebracht, um insbesondere der HIV/AIDS-Krise zu begegnen. Brasilien beispielsweise hatte den Erfinderfirmen mehrfach damit gedroht, Zwangslizenzen zu erlassen. Durch diese Drohung war es Brasilien gelungen, deutlich verbilligte Produktionslizenzen zu erhalten und die Behandlungskosten auf 4000 US-Dollar pro Patient und Jahr zu senken. Zumindest ähnliche Verhandlungsoptionen, wenn nicht gar die direkte Anwendung patentbrechender Maßnahmen, schienen nun auch Südafrika offenzustehen.

Im darauf folgenden Jahr brachte jedoch in Südafrikas High Court die Pharmaceutical Manufacturers Association of South Africa (PMA) eine Klage gegen das Gesetz ein. Bei der PMA handelte es sich um einen Zusammenschluss von 39 internationalen Firmen mit Niederlassungen in Südafrika. Die Klage machte geltend, dass das Gesetz Südafrikas Verpflichtungen als Mitglied der World Trade Organization (WTO) verletze, indem es gegen die Bestimmungen des Agreement on Trade-Related Aspects of Intellectual Property Rights (TRIPS) verstoße (s. Abschnitt 2.1.3). Gemäß diesem Abkommen seien nämlich Parallelimporte und Zwangslizenzen in der geplanten Form verboten.

Der Argumentationshintergrund der PMA muss richtig eingeschätzt werden: Die in Südafrika drohenden Verluste waren für die beteiligten Firmen eher gering. Allerdings fürchteten sie weltweite Folgeeffekte mit empfindlicheren Umsatzeinbußen, wenn Südafrika ihre Patente umgehen sollte. Die juristische Tragfähigkeit der Klage war dabei fragwürdig: Was Parallelimporte angeht, so läuft die verbreitete Interpretation darauf hinaus, dass sie durch das TRIPS überhaupt nicht berührt sind. Was Zwangslizenzen betrifft, so besagt Artikel 31 des TRIPS sogar ausdrücklich, dass sie bei extremer Dringlichkeit erlaubt sind.

Das Einreichen der Klage durch die PMA hatte für die beteiligten Firmen eine negative Resonanz in der internationalen Presse zur Folge. Der Fall brachte zum ersten Mal die Problematik von Patenten auf lebenswichtige Medikamente in das Bewusstsein einer breiteren Öffentlichkeit und bewirkte einen erheblichen Druck auf die Unternehmen, ihre Klage fallen zu lassen. In Südafrika entstand die Treatment Access Campaign (TAC), eine nationale Aktivistengruppe, die den Forderungen der PMA entgegenzuwirken versuchte. Auch die internationale Organisation Médecins Sans Frontières (MSF) (Ärzte ohne Grenzen) bezog Stellung gegen die PMA und verschaffte den Vorgängen weitere öffentliche Aufmerksamkeit.

Bald darauf war ein erstes Einlenken der Pharmaindustrie zu beobachten: Firmen wie Pfizer oder Boehringer Ingelheim erklärten sich zu verbilligten oder sogar kostenlosen Lieferungen einzelner Wirkstoffe bereit, was zu einer abrupten Senkung der jährlichen Behandlungskosten auf 3000 bzw. 1000 US-Dollar führte. Die indische Firma CIPLA bot der südafrikanischen Regierung die Herstellung von Generika sogar zu einem Preis von 600 US-Dollar an, falls sie Zwangslizenzen hierfür erhalten würde. Der hiermit einsetzende Preiskampf hatte nicht nur eine unmittelbar ökonomische Dimension, sondern war für die beteiligten Firmen auch mit positiven Public-Relations-Effekten verbunden: Die einlenkenden Erfinderfirmen erwarben durch ihre Konzessionen in gewissem Umfang ein ›moralisches Image‹. Die konkurrierenden Generikafirmen hatten ihrerseits Gelegenheit, sich als technisch fortgeschrittene ›Player‹ in der internationalen Pharmaindustrielandschaft zu profilieren.

Wichtig im weiteren Verlauf war nicht zuletzt die Haltung der US-Regierung. So rückte die Clinton-Administration von anfänglichen Überlegungen ab, Handelssanktionen gegen Südafrika zu verhängen, falls es sich zu Parallelimporten oder Zwangslizenzen von AIDS-Medikamenten entschließen sollte. Auch die nachfolgende Bush-Administration verzichtete zu Beginn ihrer Regierungszeit auf Versuche solcher Einflussnahme. Ein Hintergrund hierfür war, dass die USA selbst die Anwendung von Zwangslizenzen in Erwägung zogen, um eigene Versorgungsengpässe im Zusammenhang mit den Anthrax-Anschlägen des Jahres 2001 auszugleichen.

Inzwischen hatte Südafrikas High Court angekündigt, Zeugnisse in den Prozess einzubeziehen, die seitens der TAC vorbereitet worden waren und in denen es um die tatsächlichen Forschungs- und Entwicklungskosten der klagenden Unternehmen ging. Nach Behauptungen der TAC waren diese Aufwendungen deutlich geringer als von der PMA dargestellt, wenn man die Fördergelder abzog, die von öffentlicher Seite an die beteiligten Firmen geflossen waren. Nicht zuletzt die Aussicht, dass diese Zeugnisse im Prozess berücksichtigt werden sollten, ließ die Hoffnungen der PMA auf einen gerichtlichen Erfolg schwinden. Im April 2001 zog sie ihre Klage zurück, so dass eine Gerichtsentscheidung nicht mehr gefällt wurde.

2.3.4 Die »Doha Declaration«

Ungeachtet dieses Ausgangs hatten die Ereignisse in Südafrika ein starkes internationales Interesse daran erzeugt, klare Regelungen für den Umgang mit Patenten auf lebenswichtige Medikamente zu schaffen. Vor allem wollte man eindeutige Maßgaben gewinnen, wie das TRIPS-Abkommen in diesem Zusammenhang zu interpretieren sei. Im November 2001 befasste sich daher in Doha (Qatar) die 4. Ministerkonferenz der WTO mit dieser Frage. Das Ergebnis war die »Declaration on the TRIPS Agreement and Public Health (Doha Declaration)«, die unter anderem festhält:

> »4. [...] we affirm that the [TRIPS] Agreement can and should be interpreted and implemented in a manner supportive of WTO Members' right to protect public health and, in particular, to promote access to medicines for all. [...]
> 5 (b). Each member has the right to grant compulsory licences and the freedom to determine the grounds upon which such licences are granted.
> 5 (c). Each member has the right to determine what constitutes a national emergency or other circumstances of extreme urgency, it being understood that public health crises, including those relating to HIV/AIDS, tuberculosis, malaria and other epidemics, can represent a national emergency or other circumstances of extreme urgency« (WTO 2001).

Die Wendung »national emergency or other circumstances of extreme urgency« verweist wörtlich auf Artikel 31 des TRIPS, in dem steht, dass in diesen Fällen Zwangslizenzen erlassen werden dürfen. Zentral für die »Doha Declaration« ist, dass sie jedem WTO-Mitglied grundsätzlich selbst die Entscheidung darüber zugesteht, wann von einer nationalen Krise zu sprechen ist, und auch, dass sie die Fälle von HIV/AIDS sowie anderer Epidemien ausdrücklich als Kandidaten für solche nationalen Krisen erwähnt.

Ohne Zweifel wurde mit der »Doha Declaration« weitgehend zugunsten der betroffenen Länder und zuungunsten der forschenden Firmen entschieden. Ein Problem für besonders arme Länder verblieb allerdings insoweit, als Zwangslizenzen gemäß TRIPS nur für den eigenen Markt erlassen werden dürfen, die hierunter produzierten Generika also nicht ihrerseits für Parallelimporte in andere Länder zur Verfügung stehen. Daher können Länder, die zu unterentwickelt oder zu arm sind, um entweder selbst Generika unter Zwangslizenzen herzustellen oder aber Parallelimporte von Originalmedikamenten vorzunehmen, immer noch keine Versorgung ihrer Bevölkerung sicherstellen. Dieses verbleibende Problem fand in der »Doha Declaration« Erwähnung und sollte in Folgeverhandlungen gelöst werden, was allerdings bisher nicht geschehen ist, vor allem aufgrund von Widerstand seitens der USA.

Mit der Doha Declaration schien Südafrika die Möglichkeit zu haben, unter ausdrücklicher internationaler Billigung eine deutliche Verbesserung der Versorgungslage mit AIDS-Medikamenten zu erreichen. Dies gelang jedoch lange Zeit nicht. Ein Grund hierfür war, dass die südafrikanische Regierung nach wie vor den Ernst der Lage bestritt und darauf verzichtete, gemäß den eigenen gesetzlichen Möglichkeiten die erforderlichen Zwangslizenzen zu vergeben. TAC und MSF begannen daraufhin, in Eigenregie Generika einzuführen und zu verteilen. Die TAC verklagte zwischenzeitlich sogar die südafrikanische Regierung wegen Untätigkeit. Erst 2003 zeichnete sich ein Umschwenken auch der offiziellen südafrikanischen Politik ab, als das Gesundheitsministerium einen Aktionsplan zur Einführung der Hochaktiven Antiretroviralen Therapie (HAART) erließ.

2.3.5 Denkanstöße

In jüngerer Zeit wurden einige neue Denkansätze entwickelt, die im Zusammenhang mit dem Problemfeld der Patentierung lebenswichtiger Medikamente stehen. Es wird Gegenstand künftiger Debatten sein, inwieweit diese Vorschläge fruchtbar gemacht werden könnten, um das Problem der Patentierung lebenswichtiger Medikamente zu lösen, und zwar sowohl im Hinblick darauf, ob ihre Umsetzung pragmatisch realisierbar wäre, als auch im Hinblick darauf, ob die darin entworfene Lösung ethisch angemessen erscheint.

(1) Der Philosoph und Bioethiker *David Resnik* geht davon aus, dass große Pharmafirmen und betroffene Entwicklungsländer ihren jeweiligen Verpflichtungen, statt durch diametrale Maßnahmen wie dem Beharren auf hohen Monopolpreisen einerseits und deren Unterlaufen durch Parallelimporte oder Zwangslizenzen andererseits, am ehesten durch kooperative Verhaltensformen nachkommen könnten. Dabei sollten sich die Firmen zu gezielten Medikamentenentwicklungen für typische Krankheiten in ärmeren Ländern und zu differenzierter Preispolitik bereiterklären, während die Länder produktive Geschäftsbedingungen schaffen und bestehenden Patentschutz respektieren sollten. Auf diese Weise lasse sich eine Situation erreichen, in der beide Parteien sowohl ihren jeweiligen Verpflichtungen nachkommen als auch attraktive Vorteile genießen könnten. Eine grundsätzliche Änderung des bestehenden Patentsystems sei demgegenüber nicht erforderlich (Resnik 2001).

(2) Für die Politologin *Jillian Cohen* und die Philosophin und Juristin *Patricia Illingworth* ist es grundsätzlich die Verantwortung internationaler Organisationen wie etwa der Weltbank, die Spannung zwischen Ansprüchen auf geistiges Eigentum und Bedarf an medizinischer Versorgung zu mildern. Solche Organisationen könnten Entwicklungsländern Darlehen bereitstellen oder Schulden erlassen, damit diese die teuren Medikamente oder geeignete Produktionslizenzen erwerben können. Alternativ könnten sie den Firmen selbst die Patente abkaufen, um dann ihrerseits den Entwicklungsländern erschwingliche Produktionslizenzen anzubieten. Die Autorinnen favorisieren allerdings einen dritten Ansatz, in dem die Weltbank lediglich als Unterhändler für eine differenzierte Preispolitik agieren würde. Hierbei sollte der abweichende Verkaufspreis in den verschiedenen Ländern nicht durch die jeweils gegebenen Marktverhältnisse, sondern anhand eines über-

greifenden Ländervergleichs zur relativen Kaufkraft der jeweils ärmsten Kranken festgelegt werden. Der Effekt wäre, dass die Kranken in ärmeren Ländern durch die Kranken in reicheren Ländern subventioniert würden (Cohen/Illingworth 2003).

(3) Der Philosoph und Soziologe *Thomas Pogge* schlägt ein völlig anderes Modell vor, in dem Erfinderfirmen nicht länger Patente im üblichen Sinne, d. h. Monopolrechte auf kommerzielle Nutzung erwerben. Vielmehr erhalten sie aus einem zentralen Fonds öffentliche Gelder, je nachdem welche Reduktion der globalen Krankheitslast ihre Erfindungen bewirkt haben. Diese Erfindungen stehen dann ihrerseits jedem zu freier Nachahmung und Verkauf offen. Der Effekt eines solchen Systems wäre eine völlig veränderte Anreizstruktur für Erfinderfirmen. So läge es nun in ihrem direkten wirtschaftlichen Interesse, dass die entwickelten Medikamente möglichst jedem Betroffenen zugänglich werden. Sie würden also beispielsweise Generikafirmen darin unterstützen, diese Medikamente nachzukonstruieren und oberhalb ihrer Produktionskosten billig zu verkaufen. Sie könnten diese Medikamente aber auch selbst preiswert und womöglich sogar unterhalb der eigenen Produktionskosten vertreiben, weil die zentralen Zuschüsse ihnen immer noch einen Gewinn garantieren würden. Nicht zuletzt würde somit ein Anreiz geschaffen, gezielt Forschung zu Krankheiten zu betreiben, die speziell in armen Ländern weit verbreitet sind und dort erhebliches Leid entstehen lassen, deren Bekämpfung aber bisher wirtschaftlich uninteressant ist, wegen der geringen Kaufkraft in diesen Ländern (Pogge 2005).

Verwendete Literatur
Barnard, David: In the High Court of South Africa, Case No. 4138/98: The Global Politics of Access to Low-Cost AIDS Drugs in Poor Countries. In: *Kennedy Institute of Ethics Journal* 12/2 (2002), 159–174.
Cohen, Jillian Clare/Illingworth, Patricia: The Dilemma of Intellectual Property Rights for Pharmaceuticals: The Tension between Ensuring Access of the Poor to Medicine and Committing to International Agreements. In: *Developing World Bioethics* 3/1 (2003), 27–48.
Kurz, Peter: *Weltgeschichte des Erfindungsschutzes. Erfinder und Patente im Spiegel der Zeiten.* Köln 2000.
Pogge, Thomas: Medizinischer Fortschritt auch für die Armen. Ein neues Anreizsystem für pharmazeutische Innovation. In: Ludger Honnefelder/Christian Streffer (Hg.): *Jahrbuch für Wissenschaft und Ethik*. Bd. 10. Berlin/New York 2005, 115–127.
Resnik, David B.: Developing Drugs for the Developing World: An Economic, Legal, Moral, and Political Dilemma. In: *Developing World Bioethics* 1/1 (2001), 11–32.
van Niekerk, Anton A.: Mother-to-Child-Transmission of HIV/AIDS in Africa: Ethical Problems and Perspectives. In: Ludger Honnefelder/Christian Streffer (Hg.): *Jahrbuch für Wissenschaft und Ethik*. Bd. 8. Berlin/New York 2003, 149–171.
World Trade Organization (WTO): *Declaration on the TRIPS Agreement and Public Health* (2001). In: http://www.wto.org/english/thewto_e/minist_e/min01_e/mindecl_trips_e.htm (24.2.2010).

Weiterführende Literatur
Anwander, Norbert/Bachmann, Andreas/Rippe, Klaus Peter/Schaber, Peter: *Gene patentieren. Eine ethische Analyse.* Paderborn 2002.
Baumgartner, Christoph/Mieth, Dietmar (Hg.): *Patente am Leben? Ethische, rechtliche und politische Aspekte der Biopatentierung.* Paderborn 2003.
Beier, Friedrich-Karl: Das Patentwesen und seine Informationsfunktion – gestern und heute. In: *Gewerblicher Rechtsschutz und Urheberrecht* 79/6 (1977), 282–289.

Beier, Friedrich-Karl: Die Bedeutung des Patentsystems für den technischen, wirtschaftlichen und sozialen Fortschritt. In: *Gewerblicher Rechtsschutz und Urheberrecht, Internationaler Teil* 5 (1979), 227–235.
Federle, Christina: *Biopiraterie und Patentrecht*. Baden-Baden 2005.
Kraßer, Rudolf: *Patentrecht*. München ⁶2009.
Kunczik, Niclas: *Geistiges Eigentum an genetischen Informationen. Das Spannungsfeld zwischen geistigen Eigentumsrechten und Wissens- sowie Technologietransfer beim Schutz genetischer Informationen*. Baden-Baden 2007.
Lausmann-Murr, Daniela: *Schranken für die Patentierung der Gene des Menschen. »Öffentliche Ordnung« und »gute Sitten« im Europäischen Patentübereinkommen*. Baden-Baden 2000.
Magnus, David/Caplan, Arthur L./McGee, Glenn (Hg.): *Who Owns Life?* Amherst, NY 2002.
Nationaler Ethikrat: *Zur Patentierung biotechnologischer Erfindungen unter Verwendung biologischen Materials menschlichen Ursprungs. Stellungnahme*. Berlin 2004.
Rietschel, Marcella/Illes, Franciska (Hg.): *Patentierung von Genen. Molekulargenetische Forschung in der ethischen Kontroverse*. Hamburg 2005.
Spranger, Tade Matthias: *Rechtliche Rahmenbedingungen für Access and Benefit Sharing-Systeme*. Bonn 2008.
Sterckx, Sigrid: *Biotechnology, Patents and Morality*. Aldershot 1997.
van de Graaf, Elizabeth S.: *Patent Law and Modern Biotechnology. A Comparative Study about the Requirements and the Scope of Protection*. Rotterdam 1997.
Wolters, Anna C.: *Die Patentierung des Menschen. Zur Patentierbarkeit humanbiologischer Erfindungen aus dem Bereich der modernen Biotechnologie*. Baden-Baden 2006.

Dietmar Hübner und Tade Matthias Spranger

3. Forschung an menschlichen Embryonen und embryonalen Stammzellen

Für eine ethisch vertretbare Forschung am geborenen Menschen wurden Prinzipien formuliert und gesetzliche sowie institutionelle Voraussetzungen getroffen, die weithin akzeptiert und etabliert sind (s. Kap. II.2.2.3). Hingegen besteht eine andauernde und tiefe Kontroverse bezüglich der Frage, ob und inwiefern die Verwendung menschlicher Embryonen zu Forschungszwecken ethisch zu rechtfertigen ist und welche Kriterien und Entscheidungsprinzipien bei der Beurteilung dieser Frage anzuwenden sind. Der diesbezüglich weltweit geführte ethische Diskurs orientiert sich an der ethischen Bewertung einerseits der Zielsetzungen, die mit einer Forschung an bzw. unter Verwendung von menschlichen Embryonen verfolgt werden, sowie andererseits der hierfür einzusetzenden Mittel in Form menschlicher Embryonen und versucht, eine Abwägung zu treffen, sofern eine Abwägbarkeit überhaupt zugestanden wird. Dieser Diskurs wird nachfolgend argumentativ nachgezeichnet. Zunächst wird (3.1) die Frage nach dem moralischen Status des menschlichen Embryos als ein Grundproblem der Embryonenforschung bzw. der Verwendung von Embryonen zu Forschungszwecken dargestellt. Anschließend werden (3.2) die Frage nach der ethischen Legitimität der Ziele einer solchen Forschung erörtert sowie (3.3) die verschiedenen Argumente dargelegt, die für die Statusbeurteilung des als Forschungsmittel einzusetzenden Embryos herangezogen werden. Schließlich werden (3.4) mögliche alternative Verfahren dargestellt und damit verbundene ethische Fragen skizziert.

3.1 Embryonenforschung und der moralische Status des menschlichen Embryos

Mit der Geburt von Luise Brown im Jahr 1978, dem weltweit ersten durch die Technik der In-vitro-Fertilisation (IVF) erzeugten Menschen, und der Einführung dieser Technik in den klinischen Alltag wurde der menschliche Embryo auch für Forschungszwecke leicht zugänglich. Dadurch ergab sich in vielen Ländern ein konkreter und dringender Bedarf einer gesetzlichen Regelung für den Umgang mit menschlichen Embryonen. In Deutschland führten die in den Jahren zwischen 1984 und 1986 erarbeiteten Empfehlungen der vom Bundesministerium der Justiz und dem Bundesministerium für Forschung und Technologie gemeinsam eingesetzten Arbeitsgruppe ›In-vitro-Fertilisation, Genomanalyse und Gentherapie‹, die nach ihrem Vorsitzenden, dem ehemaligen Präsidenten des Bundesverfassungsgerichts Ernst Benda, als Benda-Kommission bezeichnet wird, nach verschiedenen auf Länder- und Bundesebene durchgeführten Änderungen zur Verabschiedung des ›Gesetz zum Schutz von Embryonen (Embryonenschutzgesetz, ESchG)‹, das am 1. Januar 1991 in Kraft trat. Dieses Gesetz, das die Forschung an bzw. unter Verwendung von menschlichen Embryonen unter Strafandrohung weitestgehend verbietet, ist bis heute unverändert gültig.

In Großbritannien setzte der britische Gesundheitsminister im Jahr 1982 zum Zweck der Erarbeitung gesetzlicher Regelungen für die medizinisch assistierte Reproduktion und für die Forschung an menschlichen Embryonen eine Untersuchungskommission ein, die nach ihrer Vorsitzenden, der Philosophin Mary Ann Warnock, als Warnock-Kommission bezeichnet wird. In dem 1984 vorgelegten Bericht (»Warnock-Report«) empfahl die Kommission, die Forschung an menschlichen Embryonen bis zum 14. Tag ihrer Entwicklung zu erlauben. Bedingung sollte sein, dass eine Einzelfallgenehmigung von einer eigens hierfür eingerichteten Kommission einzuholen ist. Diese Empfehlungen wurden nach kontroversen öffentlichen Diskussionen in Form einer Gesetzesinitiative in das britische Parlament eingebracht und verabschiedet. Am 1. August 1991 trat in Großbritannien der »Human Fertilisation and Embryology Act« in Kraft.

Wie ist es zu erklären, dass zwei benachbarte und im gleichen Kulturkreis befindliche Länder zu solch unterschiedlichen Regelungen in Bezug auf den Umgang mit menschlichen Embryonen kommen? Hierzu werden viele verschiedene Faktoren beitragen. So orientieren sich Entscheidungen des britischen Parlaments nicht an übergeordneten Verfassungsnormen wie in Deutschland, wo Artikel 1, Absatz 1 des Grundgesetzes die Würde des Menschen als oberstes Moralprinzip auch zum obersten Rechtsprinzip erklärt und die Aufgabe aller staatlichen Gewalt (Legislative, Exekutive und Jurisdiktion) darauf festschreibt, die Würde zu achten und zu schützen. Ferner orientiert sich das britische Rechtssystem ganz überwiegend an dem *case law*, der Interpretation und der Weiterentwicklung des Rechts auf der Einzelfallbasis, während sich in Deutschland das Rechtssystem unter den Prinzipien des Verfassungsrechts entfaltet. Jedoch sind die Differenzen im Umgang mit dem menschlichen Embryo in erster Linie auf eine unterschiedliche Beurteilung des *moralischen Status* des Embryos zurückzuführen. Dieser Beurteilung liegt die Frage zugrunde, als welches Gut menschliche Embryonen gelten müssen. Von der Beantwortung dieser Frage hängt es ab, welche Schutzwürdigkeit ihnen zukommt und in welchem Verhältnis diese Schutzwürdigkeit zu den Zielsetzungen der Verwendung der Embryonen steht. In der Bestimmung des moralischen Status kommt somit ein Werturteil zum Ausdruck, das seinerseits ›moralisch‹, d. h. mit Blick auf das Handeln des Menschen von Belang ist (vgl. Honnefelder 2002, 80). Ein solches Werturteil erlaubt zwei Möglichkeiten des Verständnisses: Zum einen kann ein bestehendes Gut als ein intrinsisches Gut *an*erkannt werden, zum anderen kann ihm der Charakter eines Guts extrinsisch *zu*erkannt werden. In beiden Fällen wird durch das getroffene Werturteil die normative Grundlage für gesetzliche und standesrechtliche Regelungen bereitet.

Vor dem Hintergrund der Statusfrage wird offensichtlich, dass sich die Frage nach dem Umgang mit dem menschlichen Embryo schwerlich alleine durch das Bekenntnis zu bestimmten ethischen Theorien (s. Kap. I.2) entscheiden lässt. Denn sowohl in utilitaristischen wie auch deontologischen oder tugendethischen Ansätzen ist gleichermaßen zunächst die Frage zu klären, ob der Embryo den gleichen moralischen Status wie der geborene Mensch genießt und anhand welcher Argumente und Kriterien diese Frage zu beurteilen ist. Insbesondere bezüglich der Frage nach dem moralischen Status des Embryos brach eine weltweit mit großer Intensität geführte Kontroverse auf, als im Jahr 1998 erstmals von der erfolgreichen Gewinnung und Kultivierung von pluripotenten embryonalen Stammzellen aus menschlichen Embryonen im Blastozystenstadium (hES-Zellen) berichtet wurde, bei der die Embryonen irreversibel zerstört werden (Thomson et al. 1998).

> **Definition: ›Pluripotenz‹, ›Totipotenz‹**
>
> Nach überwiegender Auffassung besitzen menschliche (humane) embryonale Stammzellen (hES-Zellen) das Differenzierungspotential der Pluripotenz. – Die Entwicklung eines menschlichen oder eines Säugetier-Embryos beginnt mit einer einzelnen befruchteten Eizelle, der Zygote, die sowohl das Potential für die Hervorbringung alle verschiedenen, den Organismus kon-

stituierenden Zelllinien einschließlich der Plazenta und der embryonalen Hüllen, als auch das reale Vermögen zur Ausgestaltung der Form- und Organisationsprinzipien des gesamten harmonisch gebildeten Organismus besitzt. Insbesondere in der kontinentaleuropäischen Tradition wird das solcherart definierte Entwicklungspotential der Zygote als *Totipotenz* bezeichnet. Mit der fortlaufenden Teilung und Differenzierung von Zellen in der Embryonalentwicklung ist eine Einschränkung des Entwicklungspotentials der einzelnen Zellen verbunden, bei der – den gegenwärtigen Vorstellungen zufolge – die Zellen zunächst das Vermögen der Umsetzung der Form und Organisationsprinzipien für den gesamten Organismus verlieren, wobei das Vermögen erhalten bleibt, sämtliche der bei der Entwicklung des Organismus auftretenden Zelltypen und Gewebe einschließlich der Keimbahnzellen und der Ernährungsgewebe hervorzubringen; dieses Differenzierungspotential wird als *Pluripotenz* bezeichnet. Zu beachten ist, dass in der angelsächsischen Literatur dieses letztere – pluripotente – Potential als Totipotenz bezeichnet wird, während der Begriff der Pluripotenz als Fähigkeit einer Zelle verstanden wird, alle Zelltypen hervorzubringen, die den eigentlichen Embryo, den Foetus und später den geborenen und erwachsenen Organismus konstituieren, nicht aber die Zellen der Ernährungsgewebe, die bei der Geburt verloren gehen. Durch diese Bedeutungsunterschiede kann insbesondere vor dem Hintergrund einer ethisch oder juridisch normativen Relevanz des Begriffs der Totipotenz Verwirrung entstehen. Das deutsche Embryonenschutzgesetz verwendet den Begriff der Totipotenz im erstgenannten Sinne.

Mit der neuen Situation, dass sich durch die Stammzelltechnologie die Forschung mit menschlichen Embryonen nicht nur auf Erkenntnisgewinn in der Embryologie und Entwicklungsbiologie, sondern auch auf die Therapie von Erkrankungen bei geborenen Menschen richten kann, fokussierte die Diskussion auf die Beurteilung der *ethischen Legitimität* und *Hochrangigkeit* der durch die Stammzelltechnologie verfolgten *Ziele* sowie der *Verhältnismäßigkeit* der hierfür einzusetzenden *Mittel*. Dieser Diskussion liegen u. a. die Fragen zugrunde, ob die im Hinblick auf eine verbrauchende Embryonenforschung nunmehr veränderten Zielsetzungen eine Neubewertung des Einsatzes der Mittel rechtfertigen und inwieweit der moralische Status den Embryo gegenüber solchen Zielsetzungen zu schützen vermag. Dieser Diskurs motivierte u. a. zu der Suche nach alternativen Möglichkeiten der Erzeugung von menschlichen Embryonen bzw. menschlichen pluripotenten Zellen; hierzu wurden verschiedene experimentelle Ansätze veröffentlicht (für die folgenden Ausführungen vgl. Heinemann 2005).

3.2 Die Frage nach der ethischen Legitimität der Ziele

Die Ziele der Verwendung von hES-Zellen lassen sich gegenwärtig nach Grundlagenforschung und Anwendung im Bereich der Humantherapie unterscheiden. Es besteht weitreichender Konsens, dass beide Zielsetzungen grundsätzlich nicht nur als ethisch legitim, sondern als erstrebenswert und hochrangig zu beurteilen sind. So stellen das Streben des Menschen nach Erkenntnisgewinn durch Forschung und sein Vermögen zum Entwurf und zur Durchführung von Forschungshandlungen einen unmittelbaren Ausdruck seiner Vernunft und Selbstbestimmung dar, deren Einschränkung einer besonderen Rechtfertigung bedarf. Viele Rechtssysteme – so auch das Grundgesetz der Bundesrepublik Deutschland in Art. 5 Abs. 3 – räumen daher der Freiheit der Forschung einen hohen Stellenwert ein und errichten hohe rechtliche Hürden für Eingriffe in die Forschungsfreiheit. Im Hinblick auf die Therapie von Erkrankungen lassen sich zusätzliche ethische Argumente anführen.

So findet sich eine Pflicht zur Hilfeleistung gegenüber Menschen in Not über die Grenzen annähernd aller Religionen und Kulturen hinweg. Die Verpflichtung zur medizinischen Hilfe und zum Erhalt bzw. der Wiederherstellung der Gesundheit von Menschen kann mithin als ein Grundbestand eines allgemein verbindlichen Ethos angesehen werden, das ein – in seiner konkreten Ausprägung allerdings näher zu bestimmendes – Recht auf Seiten des Hilfebedürftigen begründet.

Nach überwiegender Auffassung stellen allerdings weder die Grundlagenforschung noch die Entwicklung und Anwendung von Therapien Zielsetzungen mit einem *absoluten* Wert dar, sondern erfordern im Einzelfall eine Abwägung gegen konkurrierende Werte und Güter. Zudem können grundlagenwissenschaftliche und therapeutische Zielsetzungen – auch wenn weithin anerkannt wird, dass beide eng miteinander verknüpft und aufeinander angewiesen sind – in einer Abwägung gegen andere hochrangige Güter unterschiedlich bewertet werden. Ferner ist bei der ethischen Beurteilung in Rechnung zu stellen, dass gegenwärtig kaum verlässlich antizipiert werden kann, inwieweit zukünftig anwendbare Therapieverfahren, die sich auf menschliche ES-Zellen stützen, entwickelt werden können. Solche Entwicklungen werden von vielen Wissenschaftlern eher für unwahrscheinlich gehalten. Überdies wird die Schwere der zu therapierenden Erkrankungen bzw. die systematische Bedeutung grundlagenwissenschaftlicher Forschung als relevant für eine nach Zielen und Mitteln abwägende ethische Beurteilung erkannt.

3.3 Die Frage nach dem moralischen Status der einzusetzenden Mittel

Die ethische Vertretbarkeit der Verwendung von menschlichen Embryonen als *Mittel* zu Forschungs- und Therapiezwecken wird in wesentlichem Maße von dem moralischen Status abhängig gemacht, der dem menschlichen Embryo jeweils zugesprochen wird. Überdies ergibt sich mit der Frage nach den einzusetzenden Mitteln immer die Frage nach in ethischer Hinsicht weniger problematischen Alternativen. Vor dem Hintergrund verschiedener Verfahren zur Erzeugung von pluripotenten menschlichen Stammzellen und der Möglichkeit des Einsatzes gewebespezifischer Stammzellen ergeben sich damit ethische Abwägungen hinsichtlich der Wahl bestimmter Verfahren zum Erreichen der jeweiligen Zielsetzungen.

3.3.1 Die Fundamentalnorm der Würde des Menschen in Anwendung auf den Embryo

Als argumentativer Referenzpunkt für die Beurteilung des moralischen Status wirft der Würdegedanke die Frage auf, ob und gegebenenfalls in welchem Maße bereits der menschliche Embryo *in vitro* ein Anrecht auf Würdeschutz und Lebensschutz hat. In annähernd allen ethischen Theorien, Anthropologien und philosophischen Systemansätzen, insbesondere solchen, die in der europäischen Denktradition stehen, herrscht Übereinstimmung darüber, dass jedenfalls dem geborenen Menschen eine besondere Schutzwürdigkeit zukommt. Allen diesen Theorien liegt eine Sichtweise zugrunde, die den Menschen als ein Wesen begreift, dessen Auszeichnung darin besteht, seiner Natur nach mit Vernunft begabt zu sein und sein Handeln durch Vernunft bestimmen zu können. Indem dem Menschen seine Handlungen als individuellem Subjekt zugeschrieben werden können, trägt er für seine Handlungen im moralischen Sinne Verantwortung. Durch dieses Vermögen ist er als moralisches Subjekt – oder anders formuliert: als Person – qualifiziert, und aufgrund dieses Vermögens kommt ihm eine besondere Stellung zu. Diese Sichtweise findet nicht zuletzt in dem Gedanken der Menschenwürde und der Menschenrechte ihren Ausdruck, der nicht nur Eingang in die Verfassungen vieler Staaten gefunden, sondern sich vor allem auch in den unterschiedlichen Menschenrechtserklärungen niedergeschlagen hat. So weist die Allgemeine Erklärung der Menschenrechte von 1948 in ihrer Präambel hin auf die »Anerkennung der allen Mitgliedern der menschlichen Familie innewohnenden Würde und ihrer gleichen und unveräußerlichen Rechte« als »Grundlage der Freiheit, der Gerechtigkeit und des Friedens in der Welt« (Vereinte Nationen 1948). Das Grundgesetz der Bundesrepublik Deutschland beruft sich als oberstes Rechtsprinzip in Art.1 Abs. 1 auf die Würde des Menschen.

> **Artikel 1, Grundgesetz für die Bundesrepublik Deutschland (1949)**
>
> »(1) Die Würde des Menschen ist unantastbar. Sie zu achten und zu schützen ist Verpflichtung aller staatlichen Gewalt. (2) Das Deutsche Volk bekennt sich darum zu unverletzlichen und unveräußerlichen Menschenrechten als Grundlage jeder menschlichen Gemeinschaft, des Friedens und der Gerechtigkeit in der Welt. (3) Die nachfolgenden Grundrechte binden Gesetzgebung, vollziehende Gewalt und Rechtsprechung als unmittelbar geltendes Recht.«

Unbestritten ist die Anwendung des Würdeschutzes auf geborene Menschen. Umstritten bleibt hingegen seine ethische wie rechtliche Auslegung in Bezug auf ungeborenes menschliches Leben, insbesondere in der Phase vor der abgeschlossenen Einnistung in die Gebärmutterschleimhaut. Allgemein anerkannt ist, dass die Formulierung von Bedingungen, die ein Mensch erfüllen muss, damit ihm die Menschenwürde zuerkannt wird, bereits dem Begriff selbst widerspricht. Doch auch wenn man die ›Bedingungslosigkeit‹ der Idee der Menschenwürde im Hinblick auf geborene Menschen akzeptiert, bleibt zu klären, ob der Embryo und insbesondere der Embryo *in vitro* den gleichen moralischen Status wie geborene Menschen besitzt und folglich den gleichen oder ähnlichen Schutzanspruch genießt. Die Beantwortung dieser Frage ist entscheidend für die ethische Vertretbarkeit einer Verwendung menschlicher Embryonen für Forschungszwecke.

Die bezüglich dieser Frage bestehende Kontroverse bildet sich in der deutschen, aber auch der internationalen Diskussion in verschiedenen Positionen ab, die durch jeweils unterschiedliche Auffassungen über die Anerkennung der Würde des Menschen beim Embryo *in vitro* und über die hieraus jeweils entspringenden Normen für den Lebensschutz charakterisiert sind. Diese Positionen lassen sich folgendermaßen systematisieren: Während eine erste Position (I) (3.3.2) die Auffassung vertritt, dass dem menschlichen Embryo von Beginn, d. h. von abgeschlossener Befruchtung an der Schutz der menschlichen Würde zukommt, kommt dem Embryo nach einer zweiten Position (II) (3.3.3) Würdeschutz in abgestufter Weise entsprechend dem Erwerb bestimmter Eigenschaften in den unterschiedlichen embryonalen und foetalen Entwicklungsstadien zu. Die Position I wird ihrerseits in unterschiedlicher Weise ausgelegt, nämlich (a) in der Weise, dass ein Verstoß gegen den Lebensschutz stets auch als Verstoß gegen den Würdeschutz zu betrachten ist und deshalb wie letzterer der Abwägung weitestgehend entzogen bleiben muss, oder (b) in der Weise, dass ein Verstoß gegen den Lebensschutz nicht in jedem Fall als Verstoß gegen den Würdeschutz der Abwägung entzogen ist, auch wenn für eine solche Abwägung angesichts des fundamentalen Ranges des Lebensschutzes äußerst enge Kriterien gefordert werden müssen. Position II lässt sich unterteilen (a) in eine Form, die dem Embryo einen hohen Lebensschutz zuspricht sowie (b) in eine Form, die einen abgestuften Lebensschutz vertritt. Letztere Form anerkennt in ihrer radikalen Variante das Recht auf Leben bei einem menschlichen Lebewesen erst mit dem Besitz von Interessen, während eine gradualistische Variante davon ausgeht, dass dem Menschen von der abgeschlossenen Befruchtung an Schutzwürdigkeit zukommt, jedoch das Maß dieser Schutzwürdigkeit den Stufen der Entwicklung folgt, die das ungeborene menschliche Lebewesen nach abgeschlossener Befruchtung nimmt. Das volle Ausmaß des Schutzes, wie er mit dem Titel der Menschenwürde bzw. mit einem unabwägbaren Recht auf Leben verbunden ist, wird hier erst mit dem Erreichen eines bestimmten Entwicklungsstandes gefordert.

Es ist zu beachten, dass mit einer solchen Systematisierung nur Argumentationsrahmen nachgezeichnet werden können, innerhalb derer sich die spezifischen Begründungen im Detail jeweils stark unterscheiden können. Eine als ›Position‹ bezeichnete Gruppierung von Argumenten kann daher recht heterogene Argumentationsweisen umfassen, und die Zuordnung einer Argumentation zu einer Position impliziert nicht die gleichzeitige Akzeptanz der anderen innerhalb dieser Position vertretenen Argumente.

Auf der Grundlage dieser Systematik sollen nachfolgend die genannten vier Positionen und die für diese Positionen typischen Argumente skizziert werden.

3.3.2 Position I: Argumentationstypen für eine Anerkennung der Würde beim Embryo

(a) Anerkennung der Würde und eines nicht abwägbaren Lebensschutzes des frühen Embryos

Die Position, die bei dem menschlichen Embryo einen moralischen Status vorliegen sieht, der den Anspruch auf Schutz der menschlichen Würde nach sich zieht und hieraus einen weitreichenden Schutz seines Lebens ableitet, beruft sich in der Regel darauf, dass mit abgeschlossener Befruchtung ein menschliches Lebewesen entstanden ist, was sich in Rückschluss von einem geborenen auf den ungeborenen Menschen anhand von vier mit dem Begriff eines Lebewesens eng verbundenen Kriterien zeigen lässt, nämlich anhand der Spezieszugehörigkeit, der Potentialität, der Kontinuität und der Identität (vgl. hierzu z. B. die Beiträge in Damschen/Schönecker 2003).

Das Argument der *Spezieszugehörigkeit* besagt, dass das leibliche menschliche Lebewesen und das Subjekt ihrer Natur nach identisch sind. Das Speziesargument bezieht sich auf die unauflösbare Identität von leiblichem Lebewesen und Subjektfähigkeit, die als leib-seelische Einheit in jedem Menschen angetroffen und mit dem Prädikat ›Mensch‹ als Bezeichnung einer natürlichen Art (*species*; *natural kind*) verbunden wird. Das Argument erlaubt die Folgerung, dass die Würdeanerkennung beim Menschen von keiner anderen Eigenschaft abhängig gemacht werden darf, als der Eigenschaft, Mensch im Sinne eines zum Subjektsein befähigten Lebewesens zu sein. Daher kommt dem menschlichen Lebewesen aufgrund seiner bloßen Existenz Würde zu.

Das *Potentialitätsargument* bezieht sich darauf, dass sich menschliches Leben im Modus einer aus sich selbst erfolgenden Entwicklung vollzieht und dass zum Embryo *in vitro* das Vermögen gehört, sich aus sich selbst zu einem Subjekt zu entwickeln. Das Argument besagt, dass z. B. ungeborene oder bewusstlose Menschen sich zwar nicht aktuell als handelnde Subjekte äußern können, dass sie potentiell jedoch handelnde Subjekte sind und ihnen daher die Würde eines Subjekts zukommt. Dabei rekurriert das Argument nicht auf eine Potentialität im Sinne einer bloßen Möglichkeit, sondern auf ein reales Vermögen, das die Existenz des Lebewesens und die reale Anlage zur Ausbildung bestimmter Eigenschaften oder Tätigkeiten voraussetzt. Das Potentialitätsargument stützt sich damit auf die in der mittelalterlichen Philosophie entwickelte Unterscheidung zwischen der *potentia obiectiva*, d. h. der widerspruchsfrei in Bezug auf Verbindungen zu denkenden bloßen Möglichkeit, und der *potentia subiectiva*, die einem bereits existierenden Ding als reales Vermögen inhärent eignet, und nimmt letztere in den Blick. Sofern – so das Potentialitätsargument – das reale Vermögen zur Moralität das Kriterium für die Würde des Menschen darstellt und dem Embryo die Potentialität zukommt, sich zu einem sittlichen Subjekt zu entwickeln, fällt auch der Embryo unter den Schutz der menschlichen Würde (zur Anwendung und Kritik des Potentialitätsarguments vgl. Ach et al. 2006).

Das *Kontinuitätsargument* bezieht sich auf die *Entwicklung* eines Embryos und macht geltend, dass der Versuch, in der Entwicklung eines menschlichen Embryos zum geborenen Menschen moralisch relevante Zäsuren zu setzen, willkürlich ist. Demnach reicht die bei dem erwachsenen menschlichen Subjekt anzuerkennende Existenz als Lebewesen kontinuierlich zurück bis in das Stadium der befruchteten menschlichen Eizelle, deren Entwicklung zwar durch das Erreichen bestimmter morphologisch oder funktionell definierter unterschiedlicher Stadien zu beschreiben ist, sich jedoch immer als selbsttätige Entwicklung der gleichen persistierenden Entität und daher im Hinblick auf ihren moralischen Status in einer ungebrochenen Kontinuität vollzieht. Wenn die Entwicklung ohne moralisch relevante Zäsuren verläuft, entfällt die Grundlage, die eine Abstufung im Schutz der Menschenwürde rechtfertigen würde.

Das *Identitätsargument* bezieht sich auf die *diachrone Identität* eines Lebewesens, d. h. auf den räumlich-zeitlichen Zusammenhang zwischen dem Beginn der Existenz eines Lebewesens und seinem Ende. Das Identitätsargument macht geltend, dass das Lebewesen zu allen Zeitpunkten seiner Entwicklung mit dem Lebewesen des früheren Zeitpunkts identisch ist und in seiner Entwicklung zu keinem Zeitpunkt *durch* diese Entwicklung eine neue Entität oder eine im moralisch relevanten Sinne qualitativ veränderte Entität entsteht. Wenn das erwachsene Subjekt solcherart identisch mit dem Embryo ist, kann nicht angenommen werden, dass Würde in der Entwicklung des Embryos zu einem geborenen Menschen ab einem bestimmten Zeitpunkt allererst entsteht oder zu dem Embryo hinzutritt. Vielmehr muss Würde bereits dem Embryo vom Beginn seiner Existenz an zukommen.

Die vier Argumente weisen zentralen Aspekten der Entwicklung eines menschlichen Lebewesens normative Relevanz zu. Das Spezisargument verbindet das naturale Lebewesen mit dem für den moralischen Status ausschlaggebenden Umstand, seiner Natur nach Subjekt sein zu können. Das Potentialitätsargument schreibt dem Embryo die Entwicklung zum Subjekt als reales Vermögen zu. Die Argumente der Kontinuität und der Identität bringen die *Entwicklung* einer *mit sich identisch bleibenden* Entität unter zwei unterschiedlichen Perspektiven zum Ausdruck: Das Kontinuitätsargument hebt auf den Aspekt ab, dass sich eine mit sich identisch bleibende Entität entwickelt, während das Identitätsargument besagt, dass eine sich entwickelnde Entität mit sich identisch bleibt. Alle vier Argumente sind inhaltlich komplementär und können als Explikationen des Kriteriums aufgefasst werden, ein menschliches Lebewesen zu sein.

Fällt der menschliche Embryo auf der Grundlage dieser Argumente in allen Stadien seiner Entwicklung unter den Schutz der menschlichen Würde, müssen ihm auch die mit diesem Schutz verbundenen Schutzansprüche wie der Schutz der körperlichen Integrität und des Lebens zukommen. Dabei liegt der Zuschreibungs*grund* für die Schutzwürdigkeit des menschlichen Lebens nicht einfach in der Zugehörigkeit zur biologischen Spezies Mensch, sondern in seinem Vermögen, Subjekt zu sein; als Zuschreibungs*kriterium* muss hingegen die Existenz eines leibhaften Individuums und seine Zugehörigkeit zur Spezies Mensch betrachtet werden, weil das Subjekt ohne das leibliche Leben eines Menschen nicht denkbar ist.

Vertreter dieser Position Ia anerkennen beim menschlichen Embryo folglich den gleichen moralischen Status wie bei einem geborenen Menschen und daher auch Würdeschutz und unbedingten Lebensschutz. Damit ist eine Verwendung eines Embryos für Forschungszwecke – etwa zur Herstellung von ES-Zelllinien – ausgeschlossen, da seine Existenz auch gegen hochrangige Forschungsziele prinzipiell nicht abwägbar ist. Dies gilt auch für Embryonen, die im Rahmen einer assistierten Reproduktion durch In-vitro-Fertilisation erzeugt, jedoch nicht in die Gebärmutter übertragen werden können (sog. ›überzählige‹ Embryonen). Ebenfalls ausgeschlossen ist die Erzeugung menschlicher Embryonen *zum Zweck* der Forschung, da jeder Embryo qua seiner Potentialität eines Subjektseins dem Würdeschutz unterliegt, mit dem eine solche Verzwecklichung nicht vereinbar ist. Vertreter dieser Position sehen aufgrund des Potentialitätsarguments zudem jede menschliche totipotente Zelle – etwa solche, die durch Klonierungstechniken wie die Embryonenteilung oder den Transfer von Zellkernen in entkernte Eizellen gewonnen wurden – als Äquivalent eines menschlichen Embryos an und fordern einen dementsprechenden Schutz. Bereits die Art der Erzeugung von Embryonen durch Klonierungstechniken und die damit verbundene Zuweisung annähernd der gesamten genetischen Ausstattung wird als Verzwecklichung des Embryos aufgefasst, die mit dem Würdeschutz nicht vereinbar ist. Das deutsche Embryonenschutzgesetz bezieht sich in seinen Regelungen nicht explizit auf den dem Embryo zukommenden Würdeschutz, sondern auf den Lebensschutz des Embryos, lehnt sich in seiner Begründung jedoch offenbar an die hier dargestellte Argumentation an.

(b) Anerkennung der Würde und eines abwägbaren Lebensschutzes des frühen Embryos

Geht man davon aus, dass der Embryo *in vitro* unter den Schutz der Menschenwürde fällt, kann sich dennoch die Frage stellen, ob der Lebensschutz einer Abwägung unterworfen werden kann, ohne dass dies auch eine Verletzung des (nicht abwägbaren) Würdeschutzes darstellt. Zwar ist – so lautet ein von P. Kirchhof (2002) zur Diskussion gestelltes Argument – bereits der menschlichen befruchteten Eizelle der Würdeschutz und Lebensschutz zuzusprechen, da diese als existentes menschliches Leben die Anlage in sich trägt, sich als Mensch zu entwickeln. Realität gewinnt das Lebensrecht aber nur dann, wenn es der Rechtsordnung gelingt, den Embryo verlässlich zur Nidation zu bestimmen; aus diesem Grund erlaubt das Embryonenschutzgesetz die Befruchtung einer Eizelle nur zu dem Zweck, in die Gebärmutter der Mutter übertragen zu werden. Dabei gibt der Würdeschutz nach Art. 1 Abs. 1 GG bereits dem Zweck der Herstellung des Embryos *in vitro* einen Maßstab, während der Lebensschutz das dabei entstandene Leben in die Gesamtrechtsordnung einfügt. Sofern Embryonen zum Zwecke der Infertilitätsbehandlung erzeugt wurden und anschließend nicht in die Gebärmutter übertragen werden können, sind sie zum Sterben verurteilt, da das Vorfinden einer Gebärmutter eine unverzichtbare Lebensbedingung für den Embryo darstellt. Die mögliche Alternative, die Adoption von Embryonen durch eine fremde Frau, kann der Staat weder von einer Frau erzwingen noch gibt die Existenz eines Embryos der Rechtsordnung einen zwingenden Anlass, eine austragungsbereite Frau zu suchen. Sofern der zum Leben berechtigte Embryo seine Lebensbedingung, d.h. die Mutterschaft nicht vorfindet, greift – dieser Position zu Folge – die Rechtsfolge des Lebensschutzes nicht mehr und es wirkt allein der Würdeschutz nach. In dieser Situation erlaubt die Verfassung – nicht zuletzt begründet durch die Relativierung, die Art. 2 Abs. 2 Satz 3 GG dem Lebensschutz verleiht – dem Gesetzgeber, das Verfassungsgut der Heilung schwer kranker Menschen gegenüber dem Verwerfen von Embryonen abzuwägen und eine Entscheidung zugunsten einer therapeutisch orientierten Forschung an ›überzähligen‹ Embryonen zu treffen. Dabei verlangt der Würdeschutz jedoch, dass es keine geeignete Alternativen zum Erreichen der Forschungsziele gibt und dass die Forschungsziele auf nach gegenwärtig möglicher Prognose konkret greifbare Heilerfolge abgestellt sind.

Artikel 2 Absatz 2, Grundgesetz für die Bundesrepublik Deutschland (1949)
»Jeder hat das Recht auf Leben und körperliche Unversehrtheit. Die Freiheit der Person ist unverletzlich. In diese Rechte darf nur auf Grund eines Gesetzes eingegriffen werden.«

Vertreter dieser Position Ib lehnen – aus den gleichen Gründen wie Vertreter der Position Ia – eine Verwendung oder Erzeugung von menschlichen Embryonen für Forschungszwecke prinzipiell ab, können jedoch unter der Voraussetzung hochrangiger Forschungsziele die Verwendung ›überzähliger‹ Embryonen in Betracht ziehen. Für Vertreter der Position Ib fallen Embryonen, die durch Klonierungstechniken erzeugt wurden, unter den Würdeschutz, weshalb sowohl die Art ihrer Erzeugung als auch eine mögliche Verwendung für Forschungszwecke abgelehnt wird.

3.3.3 Position II: Argumentationstypen für eine Abstufung des Würdeschutzes beim Embryo

(a) Abstufung des Würdeschutzes und Zuerkennung eines hohen Lebensschutzes

Eine der Position II folgende Auffassung (IIa) verbindet die Anerkennung von Würde mit bestimmten personalen Eigenschaften des Individuums und lehnt eine Anerkennung des Würdeschutzes beim frühen Embryo daher ab.

Gleichwohl wird dem Embryo ein hoher Lebensschutz zuerkannt, der sich insbesondere durch die Potentialität eines Embryos im Sinne einer ›Potentialität zur Person‹ begründet. Sofern allerdings Potentialität nicht bereits den Schutzstatus eines Subjekts begründet, bedarf sie im Hinblick auf das zu schützende Gut selbst inhaltlicher Begründungen, um als objektives Schutzkriterium geeignet zu sein und einen Maßstab zu bieten, anhand dessen das Schutzniveau festzulegen ist. Verschiedene Begründungen werden genannt; so wird (1) die Zugehörigkeit des Embryos zur Gattung Mensch als Argument etwa in dem Sinne herangezogen, »dass die abstrakte Vernunftmoral der Menschenrechtssubjekte selber wiederum in einem vorgängigen, von allen *moralischen Personen* geteilten *ethischen Selbstverständnis der Gattung* ihren Halt findet« (Habermas 2001, 74; kursiv im Original). Wenngleich erst die mit der Geburt stattfindende Aufnahme des Individuums in die Sozialgemeinschaft den eigentlichen Akt der Individuierung und den Beginn der spezifischen Schutzwürdigkeit der Person darstellt, kommt bereits dem vorpersonalen menschlichen Lebewesen als antizipierter Person aufgrund seiner Gattungszugehörigkeit ein »Gewicht *eigener Art*« (Habermas 2001, 121) zu, das bei einer Güterabwägung, die eine verbrauchende Embryonenforschung in den Blick nimmt, ausschlaggebend ist.

(2) Ferner wird als statusrelevantes Argument die genetische Einzigartigkeit des individuellen Genoms angeführt. Das Argument stellt auf eine Identität zwischen dem geborenen Menschen und dem Embryo als antizipierter Person ab, die sich u. a. in dem individualspezifischen Genom durchhält (Conseil d'État 1999, 17). Damit ist zum einen die Geschichte des konkreten Lebewesens bis zu dem Moment zurückzuverfolgen, in dem sein individuelles Genom entsteht, und zum anderen stellt das individualspezifische Genom die spezifische Voraussetzung für die Autonomie der späteren individuellen Person dar. Diese letztere Auffassung koinzidiert mit der von Habermas formulierten Begründung für einen Schutz der Integrität des individualspezifischen Genoms, dass nämlich eine Manipulation des Genoms das Selbstseinkönnen der Person und ihr Verhältnis zu Anderen betrifft und die Gefahr birgt, dass die Person sich nicht mehr als ungeteilter Autor ihres Lebens verstehen und den anderen Menschen als ebenbürtige Person begegnen kann (Habermas 2001, 123 f.; s. hierzu auch Kap. III.6.3). In diesem Sinne stellt das individualspezifische Genom die unverfügbare naturale Grundlage des Selbstverständnisses und des identischen Selbstverhältnisses der Person dar und erfährt von daher eine Schutzwürdigkeit, die das vorpersonale Lebewesen einschließt. (Jedoch weist Habermas eigens auf die »Unvollständigkeit einer Individuierung durch DNA-Sequenzen« hin und verweist, wie unten bei der Darstellung von Position IIb erwähnt wird, auf den Prozess gesellschaftlicher Individuierung; vgl. ebd. 2001, 64.)

(3) Als ein drittes Argument wird die Elternschaft genannt; dieses Argument besitzt mit dem Begriff des ›projet parental‹ insbesondere in der ethischen Begründung der einschlägigen französischen Rechtspositionen zum Umgang mit menschlichen Embryonen eine wichtige Bedeutung. In diesem Argument lassen sich drei Aspekte unterscheiden. Erstens scheint im Zusammenhang mit der Elternschaft die Vorstellung vom Embryo als einem Träger von Elternschaft eine Rolle zu spielen, die auf eine allgemeine Bedeutung von Generationenfolge und Familie sowie deren konstitutive Funktion für die Gesellschaft abhebt und deren generelle Schutzwürdigkeit sich in Form eines statusrelevanten Arguments auch auf den Embryo beziehen kann. Zweitens erfährt Elternschaft ihre Bedeutung aus der Perspektive der Eltern, deren Willen zur Fortpflanzung sich im Embryo realisiert; der Schutz des Embryos gegenüber Ansprüchen Dritter ergibt sich daher u. a. aus dem Schutz, den die Eltern – jenseits von Besitzrechten – für das Produkt ihrer Fortpflanzung beanspruchen dürfen. Drittens ist mit dem Willen zur Fortpflanzung unlösbar die Akzeptanz des Embryos durch die Eltern verbunden, die sich in einer Verpflichtung der Eltern zur kontinuierlichen Entwicklung des Embryos in ein Stadium der eigenständigen Lebensfähigkeit manifestiert; in dem letzteren Aspekt spiegelt sich der Gedanke der Kontinuität der Entwicklung des Embryos wider, die nicht anders als durch die Wahrnehmung von Elternschaft garantiert werden kann.

Schließlich lässt sich dieser Gruppe ein Argument zuordnen, das in die Beurteilung der Frage nach dem moralischen Status des Embryos kontextuelle Aspekte seiner Existenz einbezieht (vgl. Ach 2006, 268 f.). Nicht nur intrinsischen Kriterien wie die dem menschlichen Embryo eignende Potentialität zum Subjektsein, seine Gattungszugehörigkeit oder genetische Individualität wird eine statusrelevante normative Bedeutung zuerkannt, sondern auch extrinsischen Aspekten wie etwa der Art und Weise der Erzeugung (z. B. IVF oder Klonieren durch Kerntransfer), den äußeren Umständen des Existierens (*in vivo* oder *in vitro*) oder den Absichten, die zu der Erzeugung des Embryos geführt haben (z. B. Reproduktion oder Forschungszwecke). Wenn das biologische Potential durch zweckgerichtetes Handeln entstanden ist, müssen – diesem Argument zufolge – die Handlungsabsichten Berücksichtigung bei der Statusbestimmung finden. Zwar müsse vermieden werden, dass der Status und die Ansprüche eines menschlichen Embryos ganz von den Zwecken abhängen, für die man ihn in Anspruch nimmt, dies schließe jedoch eine Differenzierung im Verhältnis zwischen biologischem Status, Handlungsbereich und rechtlichem Schutz nicht aus, die es erlauben würde, angestrebte Güter in der Therapie zu verfolgen, ohne den Schutz des *zur Geburt bestimmten* menschlichen Lebens zu schwächen.

Vertreter dieser Position IIa sehen den Embryo nicht oder nur bedingt unter dem Würdeschutz stehend und halten eine Verwendung des Embryos für Forschungszwecke für rechtfertigbar, wobei eine Abwägung in der Regel hochrangige andere Güter voraussetzt. Einige der jeweils verwendeten Argumente könnten zudem begründen, dass solchen Embryonen, die zu Forschungszwecken oder durch Klonierungstechniken erzeugt wurden, grundsätzlich ein geringerer Status zukommt als zur Geburt bestimmten Embryonen.

(b) Abstufung des Würdeschutzes und Abstufung des Lebensschutzes

Eine andere zur Position II gehörige Auffassung (IIb) nimmt beim frühen menschlichen Embryo keinen Würdeschutz und oftmals einen eher geringen Lebensschutz an. Dieser Auffassung lassen sich verschiedene Ansätze subsumieren, die sehr unterschiedliche Begründungskriterien als normativ relevant für die Zuweisung des Lebensschutzes ansehen. In der Regel beziehen sich diese Kriterien auf unterschiedliche empirische Eigenschaften des sich entwickelnden Embryos oder auf die soziale Beziehung des Embryos zu anderen Menschen. Die in den unterschiedlichen Begründungsansätzen als relevant angesehenen Statuskriterien umfassen (1) die Entwicklung von Selbstbestimmung und in diesem Sinne Subjektivität, (2) die Geburt, (3) empirisch bestimmbare Entwicklungsleistungen des Embryos und (4) die Akzeptanz des Embryos durch die Mutter. Ferner werden (5) rechtshistorische Argumente gegen eine Würdeanerkennung beim Embryo vorgetragen.

1. Subjektivität als Statusargument: Das Argument der Subjektivität stellt eine radikale Variante der Begründung eines abgestuften Lebensschutzes dar und tritt einerseits in der Form eines ontologischen Arguments auf, das auf das Selbstbewusstsein bzw. die Interessensfähigkeit des Individuums abhebt, sowie andererseits als empirisches Argument, das die Gehirnentwicklung als relevantes Kriterium für Subjektivität ansieht. In einer mit John Locke (1690/1981) beginnenden Tradition binden zahlreiche Autoren Personsein und die mit der Person verbundene Achtung und Schutzwürdigkeit in je eigener Weise an Selbstbewusstsein und die mit dem praktischen Selbstverhältnis einhergehende Fähigkeit zur Sorge um die eigene Zukunft. Daher kann die im Würdegedanken begründete Achtung vor der Moralfähigkeit eines Lebewesens und die hieraus entspringende Schutzpflicht nur einem Lebewesen entgegengebracht werden, das Vernunft aktuell realisieren kann und das hierfür notwendige Kriterium des Selbstbewusstseins bzw. die Fähigkeit zur Selbstbestimmung aktuell erfüllt (vgl. Hoerster 1995, 14 f., 20).

Ähnlich wird das Kriterium der Gehirnentwicklung entweder auf die Möglichkeit von Subjektivität oder auf das Entstehen von Empfindungsfähigkeit beim Foetus im Sinne einer ersten Stufe von Subjektivität bezogen. Der US-amerikanische Pädiater J.M. Goldenring entwickelte 1982 die Theorie des Hirnlebens als Beginn personaler Existenz, mit der er den einer Person zukommenden Schutz auf den Beginn einer Funktion des sich entwickelnden Gehirns abstellt, die dieser Theorie zufolge mit der 8. Woche der Entwicklung aufgrund elektroencephalographisch messbarer Aktivität anzunehmen ist (vgl. Goldenring 1982; 1985). Im deutschsprachigen Raum wurde diese Argumentation etwa von H.-M. Sass aufgegriffen.

2. Geborensein als Statusargument: Mit unterschiedlichen Begründungen sehen verschiedene Autoren die Geburt eines Menschen als das entscheidende Kriterium für die Zuweisung des moralischen Status an.

Ein Begründungsansatz für den moralischen Status stellt auf die *Fähigkeit zur Kommunikation* des Menschen ab. Die Position stützt sich auf die Annahme, dass moralische Ansprüche nur zwischen Lebewesen geltend gemacht werden können, die in einer Gemeinschaft leben (vgl. Tugendhat 1993, 193). Der moralische Status des Geborenen begründet sich in dem Kommunikationsprozess mit den Mitgliedern der Gemeinschaft, der anfänglich zwar nicht verbal geführt werden kann, jedoch zunehmend in eine verbale Kommunikation übergeht. Dieser Kommunikationsprozess ist humanspezifisch, insofern er an die menschliche Sprache gebunden ist. Beim Ungeborenen wird noch kein solcherart kommunikativer Prozess erkannt, weshalb das Ungeborene nur in indirekter Weise als Mitglied der Gemeinschaft angesehen werden kann.

Ein anderer Ansatz begründet eine ab der Geburt bestehende Schutzwürdigkeit des menschlichen Lebewesens mit den mit der Geburt verbundenen *Intuitionen*. So besteht eine »intuitiv gewisse Überzeugung« (Gerhardt 2001, 41), dass die Geburt der Akt der Menschwerdung ist. Durch die Geburt gelangt der Mensch ins Dasein, das er als sein eigenes anzunehmen hat; die vorgeburtliche Phase ist demgegenüber ein Werden, und es widerspricht unseren Intuitionen, dieses *Werden* in ein menschliches *Dasein* umzudeuten. Erst nach der Geburt ist der Mensch ein eigenständiger Teil einer Gemeinschaft aus selbstständigen, d.h. aus eigener Dynamik reagierenden menschlichen Wesen. Und da diese gesellschaftlich manifestierte Eigenständigkeit die Bedingung für Selbstbestimmung darstellt, die ihrerseits der personalen Würde zugrunde liegt, ist nur der geborene Mensch als rechtsfähiger Erdenbürger anzusehen, während das ungeborene Leben demgegenüber unter dem besonderen Schutz der Lebenden steht und Respekt erfordert.

3. Empirisch bestimmbare Entwicklungsleistungen des Embryos als Statusargument:
3.1 Individualität und Individuation: Das Argument der Individualität des menschlichen Lebewesens und der dahin führende Akt der Individuation tritt in Bezug auf seine Verwendung als Statuskriterium in verschiedenen Bedeutungsinhalten auf. Hierzu gehören eine Individualität aufgrund (a) der Durchtrennung der Nabelschnur, (b) der genetischen Einzigartigkeit, (c) des Verlusts der Fähigkeit des Embryos zur Mehrlingsbildung, und (d) der Annahme einer körperlichen Gestalt.

(a) Volker Gerhardt verwendet den Begriff der Individuation für das Ereignis der Durchtrennung der Nabelschnur und fasst den Begriff damit im Sinne einer Selbstständigkeit des menschlichen Lebewesens in Bezug auf ein von der Mutter unabhängiges Leben auf. Ein ähnliches Argument vertritt Jürgen Habermas, der, wie oben erwähnt, zwischen der Individuierung durch DNA-Sequenzen und der sich durch Vergesellschaftung vollziehenden lebensgeschichtlichen Individuierung bei der Geburt unterscheidet (vgl. Habermas 2001, 64).

(b) Individuation wird verschiedentlich auch auf die genetische Individualitität im Sinne einer durch das Genom bestimmten Einzigartigkeit jedes Lebewesens bezogen. Mit der Bildung der ersten gemeinsamen Teilungsebene der mütterlichen und väterlichen Chromosomen (Metaphasenplatte) in der befruchteten Eizelle (Zygote) entsteht ein durch sein spezifisches Genom als individuell ausgezeichnetes Lebewesen. Damit unterscheidet der Begriff der Individualität die individuelle Spezifität des Genoms von der Zugehörigkeit des menschlichen Lebewesens zur menschlichen Gattung aufgrund seines Genoms.

(c) Das Argument der Individuation als Verlust der Fähigkeit des Embryos, sich in zwei oder mehrere Individuen zu teilen, stellt ein prominentes Argument in der Begründung der einschlägigen Rechtspositionen zum Umgang mit menschlichen Embryonen in Großbritannien dar (Department of Health and Social Security 1984) und besitzt einen gewissen Stellenwert auch in der Diskussion um den Schutzstatus des Embryos in anderen Ländern, etwa den USA (National Institutes of Health, 1994). In der deutschen Diskussion hat das Argument mit Ausnahme einer Erwähnung in dem Urteil des Bundesverfassungsgerichts vom 28. Mai 1993 (»nicht mehr teilbares Leben«, Bundesverfassungsgericht 1993, 251) und in der Stellungnahme des Nationalen Ethikrats »Zum Import menschlicher embryonaler Stammzellen« (vgl. Nationaler Ethikrat 2002, 17) weniger Beachtung gefunden. In seinem Buch *When did I begin?* hat sich Norman Ford (1988). befürwortend mit diesem Argument auseinandergesetzt. Ford argumentiert, dass die totipotente Zygote bei der ersten Zellteilung (Furchungsteilung) aufhört, als ein ontologisches Individuum zu existieren, und mit den beiden Tochterzellen zwei neue Individuen entstehen. Diese Annahme beruht auf dem bei verschiedenen Säugetierspezies wiederholt geführten experimentellen Nachweis, dass aus beiden totipotenten Blastomeren der ersten Furchungsteilung jeweils ein vollständiges Individuum entstehen kann. Folglich kann – so Ford – der Zygote auch nicht das aktive Potential zugesprochen werden, sich *als ein* Individuum zu entwickeln; dieses Potential besitzt nur ein Lebewesen, das sich nicht mehr teilen kann, und beim Menschen findet der Verlust der Teilungsfähigkeit – die biologische Individuation – mit der Beendigung der Bildung des zellulären Induktionszentrums des Primitivstreifens an Tag 15 der Embryonalentwicklung statt. Erst nach diesem Zeitpunkt liegt daher ein menschliches Individuum vor, dem dann die Rechte eines menschlichen Individuums zukommen.

(d) Das Argument der Individuation im Sinne der Annahme einer Gestalt wird z. B. von K.V. Hinrichsen vorgetragen, der den Vorgang in der Entwicklung des Embryos, bei dem aus einem morphologisch als kugelförmiger Zellhaufen zu beschreibenden Keim (Blastula) ein durch Körperachsen festgelegter Körper entsteht, als Individuation bezeichnet (vgl. Hinrichsen 1990a). Er fasst Individualität insbesondere als eine »sich gestaltlich formende Individualität« (Hinrichsen 1990b, 30) auf, der eine wesentliche Bedeutung im Sinne eines qualitativ Neuen bei der Statusbeurteilung des Embryos zukommt, und misst – auf der Grundlage einer regulativ-epigenetisch verstandenen Embryonalentwicklung, die *zu* einem menschlichen Sein führt – der Unterscheidung zwischen einer Anlage und der realisierten Ausformung der angelegten Eigenschaften Bedeutung für die normative Statusbeurteilung zu.

3.2 Die Implantation als Leistung des Embryos: Verschiedentlich wird die physiologische Hürde der Einnistung des Embryos in die Uterusschleimhaut als statusrelevant für die Festsetzung der Schutzwürdigkeit des Embryos genannt. Dieses Argument bezieht sich auf eine intrinsische Fähigkeit des Keimes, den Kontakt zu der Uterusschleimhaut zu etablieren und die Schwangerschaft zu begründen. Der Hintergrund für dieses Argument liegt in der bei der menschlichen Spezies sehr hohen Zahl von Embryonen, die nicht zur Nidation kommen; es wird angenommen, dass über 70% der befruchteten menschlichen Eizellen die Einnistung verfehlen. Das Argument stellt sich in zwei Varianten, einem statistisch begründeten und einem physiologisch begründeten Argument dar.

Das statistisch begründete Argument basiert auf der Schlussfolgerung, dass aufgrund der hohen Anzahl nicht zur Implantation gelangender Embryonen und der Unmöglichkeit einer sicheren Vorhersage, welche Embryonen zur Implantation gelangen, generell allen Embryonen in der Präimplantationsphase der Status der Schutzwürdigkeit zu versagen ist, auch solchen, die schließlich zur Einnistung gelangen. Eine weitere Variante dieses Arguments stellt die aus dem empirischen Befund gewonnene Erkenntnis dar, dass ein sehr hoher Prozentsatz von Embryonen *natürlicherweise* nicht zur Implantation gelangt und dass es daher gerechtfertigt erscheint, aufgrund der in der Natur vorfindbaren Erkenntnisse dem Embryo keinen Schutzstatus zuzusprechen.

In der physiologisch begründeten Variante erkennt das Argument der Nidation den Vorgang der Implantation selbst als entscheidendes Statuskriterium an. Die Schutzwürdigkeit des Embryos ergibt sich demnach aus der Etablierung der Schwangerschaft durch den Embryo und der mit diesem Vorgang verbundenen Sicherstellung seiner weiteren physiologischen Entwicklung. Eine weitere Variante des Arguments der Implantation macht geltend, dass der Mensch erst in der engen Verbindung mit dem mütterlichen Körper durch die Schwangerschaft in einem ontologischen Sinne zum Menschen wird.

4. Die Akzeptanz des Embryos durch die Mutter als Statusargument: Statusargumente, die sich auf die Akzeptanz des Embryos bzw. Foetus durch die Mutter stützen, beziehen sich sowohl auf die Nidationshemmung als auch auf den Schwangerschaftsabbruch. Das Argument der Nidationshemmung besagt, dass die im Gegensatz zum Schwangerschaftsabbruch gesetzlich nicht verbotene Verwendung von Nidationshemmern wie z.B. der ›Spirale‹ oder dem Medikament Mifepristone (RU486, ›Pille danach‹) ein Indiz für die gesellschaftlich verbreitete Akzeptanz eines geringen rechtlichen und moralischen Status des Embryos in seiner Entwicklungsphase zwischen der Befruchtung und der Nidation darstellt; es wird daraus gefolgert, dass die Akzeptanz eines generell niedrigen Schutzstatus von Embryonen in der Präimplantationsphase auch eine verbrauchende Forschung an Embryonen *in vitro* in dieser Entwicklungsphase als gerechtfertigt erscheinen lässt.

Ein weiteres Argument, das auf die Akzeptanz der Mutter gegenüber dem Kind abstellt, besagt, dass es angesichts der niedrigen gesetzlichen Hürden zum Schwangerschaftsabbruch moralisch (und rechtlich) inkonsistent ist, den Schutzstatus des Embryos *in vitro* auf einem hohen Niveau festzulegen.

Rechtslage zur Nidationshemmung

Im deutschen Recht wird die Nidationshemmung aus den strafrechtlichen Bestimmungen, die den Schwangerschaftsabbruch regeln, explizit ausgeschlossen. So lautet Satz 2 des § 218

> StGB: »Handlungen, deren Wirkung vor Abschluss der Einnistung des befruchteten Eies in der Gebärmutter eintritt, gelten nicht als Schwangerschaftsabbruch im Sinne dieses Gesetzes.«

5. *Rechtshistorisches Argument:* Schließlich wird ein Ausschluss des menschlichen Embryos aus dem Geltungsbereich des in Art. 1 Abs. 1 GG konstatierten Würdeschutzes und des in Art. 2 Abs. 2 GG garantierten Lebensschutzes verschiedentlich damit begründet, dass sich die Entstehungsgeschichte beider Grundrechtsartikel als spezifische Reaktion auf die nationalsozialistischen Unrechtstaten begründet, bei der der menschliche Embryo nicht in den Blick genommen wurde. Vor diesem Hintergrund – so das Argument – ist eine Einbeziehung des Embryos in den Umfangsbereich beider Grundrechte zu versagen.

Vertreter der Position IIb weisen dem Embryo in der Regel einen abgestuften Schutzstatus zu, der je nach verwendetem Argument zu unterschiedlichen Zeitpunkten in der Embryonalentwicklung relevant wird. Fast alle der in dieser Position vertretenen Argumente lassen eine Forschung an frühen Embryonen prinzipiell zu, wobei in Abwägung gebrachte Güter unterschiedlichen Rang besitzen können.

3.3.4 Kritik der verschiedenen Positionen

Gegen alle diese Positionen und Argumente wurden jeweils spezifische Kritiken und Gegenargumente entwickelt; hierin liegt der Kern der Kontroverse um den moralischen Status des menschlichen Embryos. Argumente gegen Position Ia und Ib heben insbesondere auf das Potentialitätsargument ab und machen geltend, dass eine potentielle Person nicht den Status einer realen Person beanspruchen und daher eine Anerkennung des Würdeschutzes beim Embryo nicht begründet werden kann. Spezifische Einwände gegen Position Ib lauten, dass im Falle sogenannter ›überzähliger‹ Embryonen mit der – zugestandenen – Nichterfüllbarkeit der Rechtspflicht des Lebensschutzes die rechtliche oder moralische Norm des Lebensschutzes keineswegs erlischt, mit der eine aktive Tötung des Embryos zu Forschungszwecken nicht vereinbar ist, ferner, dass selbst bei Hinfälligwerden des Lebensschutzes die Tötung des Embryos zu Forschungszwecken eine Instrumentalisierung darstellt, die ethisch nicht zu rechtfertigen ist. Gegen Position IIa und speziell gegen das Konzept einer Gattungsethik wird eingewendet, dass das Verbot einer Instrumentalisierung des Embryos einen moralischen Status des Embryos voraussetzt, der nicht nur durch eine dem menschlichen Leben zugeschriebene Gattungswürde zu begründen ist, sondern sich durchaus als notwendige Konsequenz des Werturteils ausweist, das dem Menschen einen unbedingten Wert zuschreibt. Und wenn es zu der Unbedingtheit dieses Urteils gehört, die Zuschreibung der Menschenwürde nicht von Eigenschaften oder Kontexten abhängig zu machen, sondern allein an das Menschsein zu knüpfen, stellt zudem weder das individuelle Genom noch die Übernahme von Elternschaft eine ursächlich überzeugende Begründung für die Würdeanerkennung dar. Ähnlich werden die der Position IIb zuzuordnenden Argumente kritisiert. Weder die Bindung der Menschenwürde an sprachliche Kommunikationsfähigkeit oder die Teilnahme am Sozialisationsprozess noch der mit der Geburt festgesetzte Zeitpunkt dieser Teilnahme stellen überzeugende Begründungen für die Würdeanerkennung dar; bereits die festzustellende Variabilität spricht gegen eine starke normative Bedeutung dieser Kriterien. Auch erlaubt es bereits die Natur des menschlichen Lebewesens nicht, in ungebrochener psychischer Kontinuität aktuelles Interesse an den Tag zu legen, was Vertreter des Arguments der Interessensfähigkeit zur Vermeidung höchst problematischer Konsequenzen zu weitreichenden Zugeständnissen zwingt; ebenfalls ist es kaum gerechtfertigt, Subjektivität auf das Vorhandensein eines Gehirns zu reduzieren. Im Hinblick auf das Argument der biologischen Individuation wird eingewendet, dass es sich um ein ontologisches Argument handelt, das auf zweifelhaften Deutungen naturwissenschaftlicher Zusammenhänge beruht und zudem keine ethische Begründung liefert. Auch stellt die Nidation keine Zäsur in der Embryogenese dar, die eine als intrinsisch verstandene Potentialität des Embryos in Frage stellen und eine erst ab diesem Ereignis anzunehmende Schutzwürdigkeit überzeugend begründen könnte.

Ein Versuch, allgemein akzeptierte Kriterien für die Statusbeurteilung zu identifizieren, setzt eine Analyse der Gemeinsamkeiten und Differenzen zwischen den Positionen voraus. Gemeinsamkeiten in den Positionen Ia, Ib und einem Teil der in Position IIa vertretenen Argumente kommen darin zum Ausdruck, dass diese Positionen den Beginn menschlichen Lebens mit der abgeschlossenen Befruchtung und ferner die Schutzwürdigkeit dieses Lebens von seinem Beginn an anerkennen. Dementsprechend sehen sie das menschliche Leben von Beginn an als ein Gut an, das einen von der Zuerkennung durch Dritte unabhängigen Wert besitzt, der den Embryo in jedem Zeitpunkt seiner Entwicklung vor einer beliebigen Verwendung schützt. Die Differenzen zwischen den Positionen machen sich fest an der Entscheidung im Fall einer Konkurrenz von Gütern, wie sie unweigerlich im Kontext der Forschung auftritt. So ist für Vertreter der Position Ia eine Abwägung des Lebensschutzes allenfalls in einem unauflösbaren Konflikt zwischen zwei gleichrangigen Gütern (etwa Leben gegen Leben) zu rechtfertigen, während Vertreter der Position Ib die spezifischen Umstände bzw. Entwicklungsstadien, in denen ein Embryo sich befindet, für die Rechtfertigung einer Abwägung des Lebensschutzes heranziehen können. Vertreter der Position IIa und einige Vertreter der gradualistischen Variante der Position IIb können eine Abwägung der Schutzwürdigkeit des Embryos durch sein frühes Entwicklungsstadium begründen, das die Anerkennung des moralischen Status nicht rechtfertigt; gemeinsam ist diesen Positionen, dass eine Abwägung der Schutzwürdigkeit gegen die Interessen Dritter oder Forschungsinteressen an eine Hochrangigkeit der Ziele gebunden ist. Einige Vertreter dieser Positionen fordern zudem das Fehlen von alternativen Möglichkeiten als Voraussetzung für eine Rechtfertigung der Verwendung menschlicher Embryonen bzw. aus menschlichen Embryonen gewonnener embryonaler Stammzellen für Therapie- und Forschungszwecke.

3.4 Alternative pluripotente Stammzellen

Die Kontroverse um den moralischen Status des menschlichen Embryos und die damit verbundene ethische Problematik bei der Gewinnung und Verwendung menschlicher embryonaler Stammzellen wirft die Frage auf, inwieweit alternative Verfahren der Erzeugung von hES-Zellen ethisch als weniger problematisch einzuschätzen sind. Vorgeschlagen wurde etwa die Verwendung von Embryonen, die durch IVF zum Zwecke der medizinisch assistierten Reproduktion erzeugt, allerdings voraussichtlich nicht entwicklungsfähig sind (sog. ›arretierte‹ Embryonen), oder solcher Embryonen, die durch das (bisher beim Menschen nicht etablierte) Klonierungsverfahren des Transfers eines menschlichen Zellkerns in eine entkernte menschliche Eizelle (*somatic cell nuclear transfer*, SCNT) erzeugt wurden. Auch die Entnahme einzelner pluripotenter Zellen aus frühen Embryonen, die dadurch wahrscheinlich in ihrer Entwicklungsfähigkeit nicht wesentlich eingeschränkt werden, und die Generierung von ES-Zellen aus diesen pluripotenten embryonalen Zellen (*single blastomere biopsy*) wird diskutiert. Ferner wird vorgeschlagen, hES-Zelllinien aus parthenogenetisch aktivierten menschlichen Eizellen zu erzeugen; unter Parthenogenese wird die Teilung von nicht befruchteten Eizellen verstanden, die dann nur mütterliche Chromosomen aufweisen. Darüber hinaus wird diskutiert, die Entwicklungsfähigkeit von Embryonen durch eine genetische Manipulation zu hemmen, die die Ausbildung embryonaler Trophoblastzellen (die Zellen im frühen Embryo, aus denen sich später u. a. die Plazenta entwickelt) verhindert (cdx2-RNAi). Damit ist die Vorstellung verbunden, die intrinsische Totipotenz der Embryonen zu annullieren und das Potentialitätsargument gegenstandslos zu machen. Sämtliche dieser Methoden treffen allerdings auf je eigene starke normative Vorbehalte und werden zudem in wissenschaftlicher Hinsicht überwiegend als zweifelhaft beurteilt. In jüngster Zeit wird jedoch dem Verfahren der Reprogrammierung somatischer Körperzellen in ein pluripotentes Stadium (*induced pluripotent stem cells*, iPS-Zellen), das zunächst bei der Maus und in der Folge auch bei menschlichen Zellen etabliert wurde, besondere Aufmerksamkeit gewidmet. Auch wenn sich diese Forschung noch in einem frühen Stadium befindet, weisen zahlreiche Befunde darauf hin, dass die reprogrammierten pluripotenten Stammzellen in vielen wesentlichen Eigenschaften menschlichen ES-Zellen sehr ähnlich sind. Sofern sich nachweisen lässt, dass iPS-Zellen in der Forschung und in möglichen therapeutischen Szenarien menschliche ES-Zellen ersetzen können, stünde eine alternative Methode der Gewinnung menschlicher pluripotenter Zellen zur Verfügung, die nicht mit der Vernichtung menschlicher Embryonen belastet wäre. Ethisch gänzlich unproblematisch wäre die Gewinnung und Verwendung solcher iPS-Zellen indes aus mindestens zwei Gründen nicht:

(1) Vor dem Hintergrund des oben dargelegten Potentialitätsarguments müsste sichergestellt werden, dass die Reprogrammierung lediglich in ein pluripotentes, nicht jedoch in ein totipotentes Entwicklungsstadium führt, da letzteres nach Auffassung der Vertreter von Position Ia und Ib normativ dem Äquivalent eines Embryos entsprechen würde. Testverfahren, die zwischen einem pluripotenten und totipotenten Entwicklungsstadium differenzieren, existieren gegenwärtig nicht. Ein totipotentes Stadium wäre derzeit nur durch den Versuch zu beweisen, die reprogrammierten Zellen zur Geburt zu bringen, was sich bei menschlichen Zellen aus ethischen Gründen prinzipiell verbietet. Wenngleich es wenig wahrscheinlich ist, dass die Reprogrammierung über ein pluripotentes Entwicklungsstadium hinaus führt, verbleibt diesbezüglich eine gewisse Unsicherheit, die es ethisch zu berücksichtigen gilt.

(2) Im Unterschied zu menschlichen ES-Zellen, die aus individuellen menschlichen Embryonen gewonnen werden, werden iPS-Zellen aus somatischen Zellen erzeugt. Der Spender dieser Zellen ist über eine Genomanalyse der iPS-Zellen eindeutig zu identifizieren, da die iPS-Zellen sein Genom tragen. Diesbezüglich müssten wirksame Vorkehrungen für eine Anonymisierung der Zellen und den Schutz der Spender getroffen werden. Zudem aber wären neuartige Anforderungen an die informierte Einwilligung (*informed consent*) der Spender zu stellen (vgl. Aalto-Setälä 2009). Denn iPS-Zelllinien oder von diesen abgeleitete Zellen würden voraussichtlich weltweit unter Forschern verbreitet; sie würden möglicherweise für eine Ganz- oder Teilgenomsequenzierung ver-

wendet, um Einblicke in die Pathogenese von Krankheiten oder Dispositionen zu gewinnen. Sie könnten zudem in Tiere – einschließlich deren Gehirn – injiziert werden, um ihr Entwicklungs- und Differenzierungspotential oder funktionale Eigenschaften zu prüfen, ferner zur Reproduktionsforschung verwendet und überdies in therapeutischer Absicht auch beim Menschen verwendet werden. Spender könnten z. B. ihre Persönlichkeitsrechte verletzt sehen, wenn Forscher durch Genomsequenzierungen von iPS-Zellen Einblick in ihre persönliche Krankheits- oder sonstige Dispositionen erhalten. Darüber hinaus könnten Spender bei dem Gedanken, dass ihre Zellen für die Erzeugung chimärer Tiere verwendet werden, ihr Einverständnis verweigern; solche Ablehnung kann insbesondere die Injektion der Zellen – z. B. neuraler Vorläuferzellen – in das Gehirn von Tieren betreffen, weil es letztlich unklar ist, inwieweit mit einer solchen Transplantation eine wie auch immer geartete Humanisierung der tierischen Hirnfunktion verbunden ist. Zudem ist davon auszugehen, dass viele Spender nicht *per se* damit einverstanden sind, wenn ihre Zellen nach einer Transplantation zu integralen wachsenden Bestandteilen anderer Personen werden. Im Unterschied zu transplantierbaren Organen können iPS-Zellen vielfach vermehrt werden, so dass Zellen einer iPS-Zelllinie über lange Zeiträume hinweg vielen Empfängern transplantiert werden könnten. Diese Eigenschaft lässt die Frage aufkommen, ob aus Sicherheitsgründen eine periodische Erfassung der medizinischen Anamnese und der medizinischen Befunde des Spenders erforderlich ist, etwa um eine genombezogene Disposition zur Tumorbildung oder zu anderen Erkrankungen, die dann auch die iPS-Zellen betreffen könnte, frühzeitig zu erkennen. Ein solches Vorgehen hätte allerdings unmittelbar Folgen für den Schutz und die Anonymität der Spender. Denkbar ist selbstverständlich auch der umgekehrte Weg, dass eine Tumorbildung in transplantierten iPS-Zellen die Frage aufwerfen, ob der Spender informiert und untersucht werden muss. Schließlich könnten iPS-Zellen auch für Forschung im reproduktiven Kontext verwendet werden. So könnten iPS-Zellen etwa zunächst in primordiale Keimzellen und dann in Gameten differenziert werden. Sofern solche aus iPS-Zellen abgeleitete Gameten für die reproduktive Erzeugung von menschlichen Embryonen zu Forschungszwecken oder für einen Zellkerntransfer in entkernte Eizellen verwendet würden, wäre dies voraussichtlich für viele Spender unter ethischen Gesichtspunkten nicht zu rechtfertigen. Angesichts der im Einzelnen nicht absehbaren Verwendungsmöglichkeiten von iPS-Zellen müsste geklärt werden, wie die Aufklärung von Spendern ethisch angemessen zu erfolgen hat. Eine globale Einwilligungserklärung scheint einer angemessenen Beachtung der Selbstbestimmung der Spender nicht gerecht zu werden. Eine weitere zu klärende Frage ist, ob Spender in die Patentierbarkeit ihrer Zellen durch Forscher einwilligen müssen bzw. ob sie selbst entsprechende Rechte an ihren Zellen behalten (s. Kap. III.1.1 ff.).

Verwendete Literatur

Aalto-Setälä, Katriina/Conklin, Bruce R./Lo, Bernard: Obtaining Consent for Future Research with Induced Pluripotent Cells: Opportunities and Challenges. In: *PLOS Biology* 7/2 (2009), e42.

Ach, Johann S./Schöne-Seifert, Bettina/Siep, Ludwig: Totipotenz und Potentialität: Zum moralischen Status von Embryonen bei unterschiedlichen Varianten der Gewinnung humaner embryonaler Stammzellen. Gutachten für das Kompetenznetzwerk Stammzellforschung NRW. In: Ludger Honnefelder/Dieter Sturma (Hg.): *Jahrbuch für Wissenschaft und Ethik*. Bd. 11. Berlin/New York 2006, 261–322.

Bundesverfassungsgericht: *Entscheidungen des Bundesverfassungsgerichts*. Hg. von den Mitgliedern des Bundesverfassungsgerichts. 88. Bd. Tübingen 1993.

Conseil d'État: *Les lois de bioéthique: cinq ans après. Étude adoptée par l'Assemblée générale du Conseil d'État le 25 novembre 1999. La documentation Française.* Paris 1999.

Damschen, Gregor/Schönecker, Dieter (Hg.): *Der moralische Status menschlicher Embryonen: pro und contra Spezies-, Kontinuums-, Identitäts- und Potentialitätsargument.* Berlin 2003.

Department of Health and Social Security: *Report of the Committee of Inquiry into Human Fertilisation and Embryology.* London 1984.

Ford, Norman M.: *When did I begin? Conception of the Human Individual in History, Philosophy and Science.* Cambridge 1988.

Gerhardt, Volker: *Der Mensch wird geboren. Kleine Apologie der Humanität.* München 2001.

Goldenring, John M.: Development of the Fetal Brain. In: *New England Journal of Medicine* 307 (1982), 564.

Goldenring, John M.: The Brain-life Theory: Towards a Consistent Biological Definition of Humanness. In: *Journal of Medical Ethics* 11 (1985), 198–204.

Grundgesetz für die Bundesrepublik Deutschland [1949]. Zitiert aus: Heinrich Schönfelder: *Deutsche Gesetze. Textsammlung.* München 2005.

Habermas, Jürgen: *Die Zukunft der menschlichen Natur. Auf dem Weg zu einer liberalen Eugenik?* Frankfurt a. M. 2001.

Heinemann, Thomas: *Klonieren beim Menschen. Analyse des Methodenspektrums und internationaler Vergleich der ethischen Bewertungskriterien.* Berlin 2005.

Hinrichsen, Klaus V.: Embryogenese. In: Ders. (Hg.): *Humanembryologie. Lehrbuch und Atlas der vorgeburtlichen Entwicklung des Menschen.* Berlin 1990a, 118–138.

Hinrichsen, Klaus V.: *Realisationsstufen in der vorgeburtlichen Entwicklung des Menschen.* Bochum 1990b.

Hoerster, Norbert: *Abtreibung im säkularen Staat. Argumente gegen den § 218.* Frankfurt a. M. 1995.

Honnefelder, Ludger: Die Frage nach dem moralischen Status des menschlichen Embryos. In: Otfried Höffe/Ludger Honnefelder/Josef Isensee/Paul Kirchhof (Hg.): *Gentechnik und Menschenwürde.* Köln 2002, 79–110.

Kirchhof, Paul: Genforschung und die Freiheit der Wissenschaft. In: Otfried Höffe/Ludger Honnefelder/Josef Isensee/Paul Kirchhof (Hg.): *Gentechnik und Menschenwürde.* Köln 2002, 9–35.

Locke, John: *Versuch über den menschlichen Verstand.* 4 Bde. Hamburg [4]1981 (engl. 1690).

National Institutes of Health: *Report of the Human Embryo Research Panel.* Bd. 1. Bethesda, MD 1994.

Nationaler Ethikrat: *Zum Import menschlicher embryonaler Stammzellen. Stellungnahme.* Berlin 2002.

Strafgesetzbuch (StGB): Zitiert aus: Heinrich Schönfelder: *Deutsche Gesetze. Textsammlung.* Stand Juni 2005. München 2005.

Thomson, James A./Itskovitz-Eldor, Joseph/Shapiro, Sander S./Waknitz, Michelle A./Swiergiel, Jennifer J./Marshall, Vivienne S./Jones, Jeffrey M.: Embryonic Stem Cell Lines Derived from Human Blastocysts. In: *Science* 282 (1998), 1145–1062.

Tugendhat, Ernst: *Vorlesungen über Ethik.* Frankfurt a. M. 1993.

Vereinte Nationen: *Allgemeine Erklärung der Menschenrechte vom 10. Dezember 1948.*

Weiterführende Literatur

Arbeitsgruppe ›In-vitro-Fertilisation, Genomanalyse und Gentherapie‹: *Bericht.* Bundesministerium der Justiz. Bonn 1985.

Baumgartner, Hans Michael/Honnefelder, Ludger/Wickler, Wolfgang/Wildfeuer, Armin G.: Menschenwürde und Lebensschutz: Philosophische Aspekte. In: Günter Rager (Hg.): *Beginn, Personalität und Würde des Menschen.* Freiburg i. Br. 1998, 161–242.

Deutsche Forschungsgemeinschaft: DFG-Stellungnahme zum Problemkreis ›Humane embryonale Stammzellen‹. In: Ludger Honnefelder/Christian Streffer (Hg.): *Jahrbuch für Wissenschaft und Ethik.* Bd. 4. Berlin/New York 1999, 393–399.

Deutsche Forschungsgemeinschaft: Empfehlungen der Deutschen Forschungsgemeinschaft zur Forschung mit menschlichen Stammzellen. In: Ludger Honnefelder/Christian Streffer (Hg.): *Jahrbuch für Wissenschaft und Ethik*. Bd. 6. Berlin/New York 2001, 349–385.

Deutscher Bundestag, Enquete Kommission Recht und Ethik der modernen Medizin: *Stammzellforschung und die Debatte des Deutschen Bundestages zum Import von menschlichen embryonalen Stammzellen*. Berlin 2002.

Feinberg, Joel: The Problem of Personhood. In: Tom L. Beauchamp/Leroy Walters (Hg.): *Contemporary Issues in Bioethics*. Belmont, CA 1985, 108–116.

Glover, Jonathan: *Causing Death and Saving Lives*. Harmandsworth 1977.

Hare, Richard M.: Embryonenforschung: Argumente in der politischen Ethik. In: Hans-Martin Sass (Hg.): *Medizin und Ethik*. Stuttgart 1989, 118–138.

Höffe, Otfried: Menschenwürde als ethisches Prinzip. In: Otfried Höffe/Ludger Honnefelder/Josef Isensee/Paul Kirchhof (Hg.): *Gentechnik und Menschenwürde*. Köln 2002, 111–141.

Holm, Søren: The Moral Status of the Pre-personal Human Being. The Argument from Potential Reconsidered. In: Donald Evans/Neil Pickering (Hg.): *Conceiving the Embryo*. Den Haag 1996, 193–219.

Honnefelder, Ludger: Person und Menschenwürde. In: Ludger Honnefelder/Gerhard Krieger (Hg.): *Philosophische Propädeutik. Bd. 2: Ethik*. Paderborn 1996, 213–263.

Honnefelder, Ludger: Ethische Aspekte der Forschung an menschlichen Stammzellen. In: *Bonner Universitätsblätter* (2001), 27–32.

Munthe, Christian: Diversibility and the Moral Status of Embryos. In: *Bioethics* 15 (2001), 382–397.

Parfit, Derek: *Reasons and Persons* [1984]. Oxford ^{4}1989.

Siep, Ludwig: Kriterien und Argumenttypen im Streit um die Embryonenforschung in Europa. In: Ludger Honnefelder/Christian Streffer (Hg.): *Jahrbuch für Wissenschaft und Ethik*. Bd. 7. Berlin/New York 2002, 177–195.

Singer, Peter: *Praktische Ethik*. Stuttgart 1984.

Zentrale Kommission der Bundesärztekammer zur Wahrung ethischer Grundsätze in der Reproduktionsmedizin, Forschung an menschlichen Embryonen und Gentherapie. Richtlinien zur Verwendung fetaler Zellen und fetaler Gewebe. In: *Deutsches Ärzteblatt* 88/48 (1991), B2788–B2791.

Thomas Heinemann

4. Hirnforschung

4.1 Einleitung

Die Neurowissenschaften gehören seit einigen Jahrzehnten vermutlich zu den am schnellsten wachsenden Forschungsgebieten überhaupt. Den ethischen Implikationen der Hirnforschung, sowie denen der dort gewonnenen Erkenntnisse, wurde jedoch bis etwa zur Jahrtausendwende vergleichsweise wenig Beachtung geschenkt. Demgegenüber wurde die Relevanz etwa der Molekulargenetik im Hinblick auf ethische Fragestellungen sehr ausführlich diskutiert. So floss ein Teil des Budgets des Humangenomprojekts in die Erforschung seiner ethischen, rechtlichen und sozialen Implikationen (ELSI, für *Ethical, Legal, and Social Issues*). Der Vergleich mit der Genetik ist nicht willkürlich gewählt, denn zwischen dem dort generierten Wissen und den Erkenntnissen der Hirnforschung lassen sich durchaus Parallelen ziehen. In beiden Fällen erlangen wir Kenntnis von Sachverhalten, die unter Umständen wesentliche, oft ›private‹ Merkmale von Personen unmittelbar berühren: beispielsweise das Vorliegen von oder die Disposition zu bestimmten Krankheiten, Persönlichkeitsmerkmalen oder die Neigung zu Sucht- oder gewalttätigem Verhalten. Die in der ›Genethik‹-Debatte häufig gestellte Frage, ob wir mehr seien als unsere Gene, wird von der überwiegenden Zahl der Naturwissenschaftler wie Philosophen entschieden bejaht, oft verbunden mit einem Verweis auf die Rolle, die der Umwelt bei der Entwicklung von Organismen zukommt (s. Kap. III.6.5.2).

Die Frage, ob wir mehr als unser Gehirn sind, ist dagegen weniger leicht zu beantworten. Zumindest konstituieren neuronale Prozesse unsere Psyche, und damit letztendlich auch uns selbst, entscheidend mit. Daher können beispielsweise schon scheinbar geringfügige Eingriffe ins Gehirn, die dessen Funktionsfähigkeit aus rein physiologischer Sicht nicht einschränken, schwerwiegende Folgen für die Persönlichkeit der betroffenen Person haben (s. Abschnitt 4.3.1.1). Insofern ist es im Grunde überraschend, dass die Ethik der Hirnforschung lange Zeit vergleichsweise wenig diskutiert wurde. Allerdings ist in dieser Hinsicht seit einiger Zeit eine Trendwende zu erkennen. Im letzten Jahrzehnt wurde vermehrt die Ansicht vertreten, dass die Neurowissenschaften Probleme von neuer Qualität aufwerfen, die von so großer Relevanz für das menschliche Leben sind, dass dies die Einrichtung einer neuen Disziplin notwendig macht. Inzwischen hat sich der Name ›Neuroethik‹ für diese Disziplin etabliert. Über den genauen Gegenstandsbereich der Neuroethik herrscht jedoch bislang noch keine Einigkeit. Nicht selten wird argumentiert, dass sie nicht nur die Auseinandersetzung mit den ethischen Implikationen der Neurowissenschaften umfassen soll (womit sie strenggenommen ein Teilbereich der Bioethik wäre), sondern beispielsweise auch die Untersuchung der neuronalen Grundlagen moralischen Urteilens und Handelns. Inwiefern diese Forderung angemessen ist, kann an dieser Stelle nicht diskutiert werden. Fragen nach den neuronalen Korrelaten von Moralität sind aber ohnehin nicht genuin ethischer Natur und daher auch nicht Gegenstand dieses Kapitels.

Im ersten Teil dieses Kapitels (4.2) sollen im engeren Sinne forschungsethische Probleme erläutert werden, d. h. Probleme, die unmittelbar mit der Durchführung neurowissenschaftlicher Forschung zusammenhängen. In Betracht kommen hierfür sowohl medizinische als auch grundlagenwissenschaftliche Studien. Da derartige Studien angesichts der zentralen Bedeutung des Gehirns sowohl für mentale Vorgänge als auch für die Kontrolle und Steuerung von Körperfunktionen sehr heikel sind, bedürfen sie besonders strenger Regulierung. Obwohl für die Erforschung des menschlichen Gehirns prinzipiell keine anderen Regeln gelten als die in Kapitel II.2 zur Forschung am Menschen formulierten, wirft die Praxis der Hirnforschung in dieser Hinsicht weitere, für die Disziplin spezifische, Probleme auf.

Die Neuroethik wird jedoch vor allem dort mit Fragen einer gegenüber anderen Bereichen der Forschung wirklich neuen Qualität konfrontiert, wo es um die Anwendung von in den Neurowissenschaften gewonnenen Erkenntnissen geht. Diese Fragen sind Gegenstand des zweiten Teils des Kapitels (4.3). Dort werden zunächst (4.3.1) Probleme erörtert, die sich aus direkten Eingriffen in Gehirnstrukturen und -funktionen ergeben. Anschließend (4.3.2) geht es um Gebiete, in denen das in der Hirnforschung gewonnene Wissen selbst ethisch relevante Fragen aufwirft.

4.2 Ethische Fragen im Kontext der Durchführung neurowissenschaftlicher Forschung

Wie bereits erwähnt, sind neurowissenschaftliche Studien aufgrund der besonderen Rolle des Gehirns innerhalb des menschlichen Organismus potentiell besonders problematisch. Beim Schutz der Probanden stellen sich daher häufig gegenüber anderen Bereichen, in denen Menschen als Forschungsobjekte dienen, noch weiterführende Fragen. Dennoch gab es in der Vergangenheit auch auf dem Gebiet der Hirnforschung eklatante Verstöße gegen forschungsethische Prinzipien. Besonders einschlägige Beispiele für solche unmoralischen Praktiken liefern die Versuche des US-amerikanischen Militärs und des Geheimdienstes CIA zu möglichen Methoden der Bewusstseinskontrolle in den 1950er bis 1970er Jahren.

Bereits kurz nach dem Ende des Zweiten Weltkriegs kursierten Gerüchte, dass in der Sowjetunion Dissidenten einer ›Gehirnwäsche‹ unterzogen worden waren. Ähnliche Berichte gab es im Koreakrieg bezüglich US-Alliierter Kriegsgefangener. Im Gegenzug beschäftigte man sich in den USA mit der Entwicklung von Wahrheitsdrogen, die beispielsweise in Verhören zum Einsatz kommen sollten, sowie von Mitteln zur darüber hinausgehenden Kontrolle mentaler Zustände. In einem geheimen Forschungsprogramm des CIA mit dem Titel ›MKULTRA‹ wurden von 1953 bis in die Mitte der 1970er Jahre mehrere tausend Personen innerhalb und außerhalb der USA, darunter viele Patienten in Krankenhäusern und Gefängnisinsassen, ohne ihr Wissen oder auch gegen ihren Willen als Versuchsobjekte missbraucht. Dies beinhaltete meist die Anwendung halluzinogener Drogen wie LSD (Lysergsäurediethylamid) oder Meskalin. In vielen Fällen trugen die Betroffenen schwere geistige und körperliche Schäden davon, auch einige Todesfälle sind belegt.

Beispiel: MKULTRA

Gegen Ende des Jahres 1952 ließ sich Harold Blauer aufgrund psychischer Probleme in das Bellevue Hospital in New York einweisen. Bei ihm wurde eine klinische Depression diagnostiziert, woraufhin er am 9. Dezember 1952 in das Psychiatrische Institut des Staates New York (PI) überwiesen wurde. Er begann dort eine Psychotherapie, die bei ihm gut anschlug. In dieser Zeit hatte das PI jedoch einen Geheimvertrag mit dem ›Chemical Corps‹ der US-Armee über die Untersuchung der Wirkung psychochemischer Substanzen. Dieser sah vor, dass die Armee die Klinik mit Meskalin-Derivaten versorgte, die dann in der Klinik an Patienten getestet wurden. Zwischen dem 11. Dezember 1952 und dem 8. Januar 1953 erhielt Blauer insgesamt fünf Injektionen dreier verschiedener Derivate in stark variierender Dosierung. Es ist nicht auszuschließen, dass man sich damals von der Verabreichung von Meskalin an psychisch Kranke prinzipiell durchaus einen medizinischen Nutzen versprach. Harold Blauer stimmte der Teilnahme an der Studie zunächst zu. Dr. James Cattell, der die Substanzen selbst injizierte, berichtete, dass der Patient bereits vor der ersten Injektion Bedenken hatte und zur Zustimmung überredet werden musste. Im Verlauf der Studie äußerte Blauer zunehmend deutlicher, unzufrieden mit der Behandlung zu sein, deren physische und psychische Begleiterscheinungen immer gravierender wurden: Blauer litt nach den Injektionen unter starkem Tremor, zudem ist wahrscheinlich, dass er auch Halluzinationen durchlebte. Als er nach der dritten Injektion die Teilnahme an der Studie beenden wollte, drohte man ihm an, ihn in eine deutlich restriktivere Klinik zu überweisen. Mit der fünften Injektion wurde ihm schließlich am Morgen des 8. Dezember 1953 das gleiche Derivat verabreicht wie bei der ersten, allerdings in einer um das 16-fache größeren Dosis. Wenige Stunden später verstarb Harold Blauer.

Im Rahmen des MKULTRA-Projekts wurden auch zahlreiche Studien mit LSD durchgeführt, die vermutlich vor allem Erkenntnisse über dessen Verwendbarkeit als Wahrheitsdroge liefern sollten. Im November 1953 verabreichte Dr. Sidney Gottlieb, der Leiter des MKULTRA-Projekts, die Droge einigen seiner Mitarbeiter ohne deren Wissen. Insbesondere auf einen der Betroffenen, Dr. Frank Olson, hatte dies eine verhängnisvolle Wirkung. Er wirkte in den folgenden Tagen äußerst verstört und depressiv. Ein Arztbesuch, den Gottlieb für ihn arrangiert hatte, brachte keine Verbesserung seines Zustands. Kurz vor seiner geplanten Unterbringung in einer psychiatrischen Einrichtung stürzte er durch das geschlossene Fenster seines im zehnten Stock gelegenen Hotelzimmers, wodurch er zu Tode kam.

Die genauen Umstände des Todes Olsons sind allerdings ungeklärt. Es gibt einige Hinweise dafür, dass er entgegen dem offiziellen Bericht nicht Selbstmord beging, sondern unter Umständen zur Vertuschung dieser und weiterer Experimente, von denen er Kenntnis hatte, gewaltsam zu Tode gebracht wurde. Ein dahingehend 1993 aufgenommenes Ermittlungsverfahren wurde jedoch acht Jahre später wieder eingestellt, ohne dass Anklage erhoben wurde (vgl. Albarelli 2003).

Genauere Hintergründe über die beiden beschriebenen Todesfälle wurden erst Mitte der 1970er Jahre im Zuge der Ermittlungen mehrerer Untersuchungskommissionen zur Arbeit von MKULTRA und vergleichbarer Projekte bekannt. Der Witwe Frank Olsons wurde im Jahr 1976 auf Veranlassung des damaligen US-Präsidenten Gerald Ford eine Entschädigungssumme von 750.000 US$ ausgezahlt, der Tochter Harold Blauers wurden zwei Jahre später 702.000 US$ zugesprochen.

Auch jenseits solcher eklatant wie offensichtlich unmoralischer Experimente ist die Forschung am menschlichen Gehirn ein aus ethischer Perspektive potentiell besonders sensibles Gebiet, wofür sich zwei Hauptgründe angeben lassen: Zum Ersten die zentrale Stellung des Gehirns in unserem Organismus. Zum Zweiten enthält die Frage der informierten Zustimmung des Probanden zur Teilnahme an einer Studie in der Hirnforschung häufig eine besondere Problematik, insbesondere im Zusammenhang medizinischer Forschung. Wenn es um die Erforschung neurologischer Störungen geht, ist die Möglichkeit einer informierten Zustimmung von Seiten der in Frage kommenden Probanden in vielen Fällen nicht gegeben bzw. nicht zweifelsfrei bewertbar.

Es sei angemerkt, dass der überwiegende Teil der heute betriebenen Hirnforschung nur mit geringen Risiken und Belastungen für die Probanden verbunden ist. Dies ist nicht zuletzt dem Aufkommen bildgebender Verfahren wie (f)MRT, PET und SPECT zu verdanken, die inzwischen in der Hirnforschung weit verbreitet sind und die eine nichtinvasive Erforschung von Hirnprozessen ermöglichen. Nachfolgend sind einige der in der heutigen Hirnforschung gängigen Verfahren kurz dargestellt. Es sei angemerkt, dass es sich dabei nur um einen Ausschnitt aus dem Spektrum der heute und in der Vergangenheit verwendeten Methoden handelt.

Wichtige Verfahren der Hirnforschung

Bei der *Magnetresonanztomographie* (MRT), auch Kernspintomographie genannt, werden magnetische Felder und elektromagnetische Wellen zur Darstellung von inneren Strukturen lebender Organismen verwendet. Die MRT macht sich das Prinzip der Eigenrotation (Spin) von Atomkernen zunutze. Wird der Körper in das Magnetfeld des Tomographen gebracht, so richten sich die Drehachsen der Wasserstoffprotonen, die im Körper natürlicherweise vorhanden sind, gemäß des ihn umgebenden Magnetfelds aus und werden durch geeignete elektromagnetische Pulse erregt, so dass die Rotationsachsen der Protonen in Bewegung geraten. Nach Ausschalten des Anregungsimpulses richten sich die Drehachsen der Protonen wieder entlang des Magnetfeldes aus, dieser Vorgang wird Relaxation genannt. Dabei senden die Protonen nun ihrerseits schwache Radiowellen aus, die aufgezeichnet und als Schnittbild dargestellt werden. Das Signal eines bestimmten Gewebes wird hauptsächlich durch den Gehalt an Wasserstoffkernen sowie die speziellen chemischen und physikalischen Eigenschaften des Gewebes geprägt, erkennbar an Unterschieden in der Relaxationszeit. Die MRT erlaubt eine gute Differenzierung von Strukturen in weichem, wasserhaltigem Gewebe (z. B. Gehirn, innere Organe, Bindegewebe), wodurch sie anderen Untersuchungstechniken überlegen ist. In anderen Geweben (z. B. Knochen) können hingegen weitaus weniger Details dargestellt werden als beispielsweise im Computertomographen (CT).

Die *funktionelle Magnetresonanztomographie* (fMRT) ist eine Weiterentwicklung der MRT, die sich Veränderungen des Sauerstoffgehalts des Blutes zunutze macht, um funktionelle Zusammenhänge biologischer Strukturen darzustellen. Das Verfahren beruht auf dem BOLD-Effekt, nach dem sauerstoffarmes Blut andere magnetische Eigenschaften als sauerstoffreiches Blut aufweist und ein lokales Ungleichgewicht des Magnetfeldes bewirkt. Eine Erhöhung des Sauerstoffgehalts ist zurückführbar auf eine lokale Verstärkung von neuronaler Aktivität. In erster Linie profitieren die Neurologie und Neuropsychologie von der fMRT, da durch sie Stoffwechselaktivitäten von Hirnarealen präzise darstellbar werden.

MRT und fMRT sind nicht-invasive Verfahren, die weder Röntgenstrahlen, radioaktive Strahlen noch die Verabreichung von Substanzen erfordern. Sie gelten bei Beachtung der Kontraindikationen (Herzschrittmacher, metallische Implantate, Clips etc.) als ungefährlich für den Patienten/Probanden und sind daher sowohl für wiederholte Untersuchungen als auch für Untersuchungen von Kindern geeignet, sofern keine Platzangst besteht.

Die *Single Photon Emission Computed Tomography* (SPECT) ist ein nuklearmedizinisches Verfahren, das zur Herstellung von zwei- oder dreidimensionalen Schnittbildern lebender Organismen dient und vor allem Aufschlüsse über Stoffwechselabläufe und Veränderungen des Blutflusses geben kann. Zu Beginn der Untersuchung werden den Patienten intravenös Radiopharmaka injiziert, die mit Radionukliden markiert sind und über die intakte Blut-Hirn-Schranke proportional zum regionalen Blutfluss intrazellulär aufgenommen werden. In stoffwechselaktiven Hirnarealen reichern sich die Radiopharmaka verstärkt an. Die radioaktiven Nuklide emittieren Gamma-Strahlen, die daraufhin mit einer um den Körper des Patienten rotierenden Gamma-Kamera detektiert werden. Bei der SPECT können je nach Untersuchungsziel verschiedene Radiopharmaka verwendet werden. So existieren spezifische Radiopharmaka zur Darstellung von Neurotransmittersystemen, z. B. des dopaminergen Systems. Da dieses System bei neurodegenerativen Erkrankungen wie der Parkinson-Krankheit pathologische Veränderungen aufweist, kommt der SPECT eine große Rolle in der Diagnostik solcher und anderer degenerativer Hirnerkrankungen zu.

Die *Positronen-Emissions-Tomographie* (PET), auch Koinzidenzbildgebung genannt, ist ein nuklearmedizinisches Verfahren, das hinsichtlich ihrer Funktionsweise und den Anwendungsgebieten große Ähnlichkeiten mit der SPECT aufweist. Bei der PET werden jedoch Radionuklide verwendet werden, die nicht Gamma-Strahlen, sondern Positronen (β^+-Strahlen) emittieren. Bei der Wechselwirkung eines Positrons mit einem körpereigenen Elektron werden jeweils zwei Photonen in entgegen gesetzte Richtung ausgesandt. Die Photonen werden durch Detektoren registriert, die ringförmig um den Patienten angeordnet sind, wobei nur Koinzidenzen aufgezeichnet werden. Dies soll dann Rückschlüsse auf die Verteilung der Radiopharmaka im Körper liefern. Die PET ist im Vergleich zur SPECT aufgrund ihrer verbesserten Auflösung effektiver, wird jedoch aufgrund des größeren technischen Aufwands und erhöhter Kosten bei der Herstellung der PET-Geräte und Radiopharmaka seltener angewendet.

Bei SPECT und PET besteht das Risiko der Strahlenexposition der Probanden oder Patienten. Gemäß den Informationen des Bundesamtes für Strahlenschutz 2003 bieten diese Verfahren jedoch kein nachweisbar erhöhtes somatisches oder genetisches Risiko. Im Normalfall liegt die Strahlenexposition bei einer SPECT- oder PET- Untersuchung bei etwa 3–5 Millisievert (mSv). Die mittlere Strahlenexposition durch natürliche und medizinische Strahlenemission beträgt im Vergleich dazu in Deutschland etwa 4 mSv/Jahr. Die verwendeten radioaktiven Nuklide der Radiopharmaka zerfallen binnen Stunden oder werden vom Körper ausgeschieden.

Bei der *Transkraniellen Magnetstimulation* (TMS) wird ein elektrischer Impuls durch eine Magnetspule geleitet, die über dem Kopf des Probanden gehalten bzw. dort angelegt wird. Dadurch entsteht ein Magnetfeld, das wiederum die Kopfhaut und den Schädel durchdringt und im Schädelinnern in den Strom leitenden Geweben ein elektrisches Feld erzeugt. Dieses elektrische Feld depolarisiert die Neuronen in der entsprechenden Hirnregion. Die TMS erlaubt sowohl die gezielte Stimulation als auch Hemmung spezifischer Hirnregionen. Dies macht sie zu einem sehr nützlichen Werkzeug beispielsweise bei der Erforschung der so beeinflussten Hirnregionen. Die TMS wird aber auch zu klinischen Zwecken verwendet. Ihr Gebrauch in der Diagnostik, etwa bei Multipler Sklerose, ist bereits relativ etabliert. Die TMS ist ein nichtinvasives Verfahren und gilt aufgrund ihrer geringen Nebenwirkungen im Allgemeinen als unbedenklich. Bei 10-20% der Patienten/Probanden löst die Behandlung leichte Kopf- oder Nackenschmerzen aus. Bekannt sind auch einige Fälle von Tinnitus bis hin zum Hörverlust, geringfügigen Gedächtnisproblemen und anderen leichten kognitiven Beeinträchtigungen, sowie Auswirkungen auf die Stimmung des Probanden. In der überwiegenden Zahl dieser Fälle hielten diese Effekte jedoch nur für wenige Stunden an. Die größte Gefahr bei der Verwendung von TMS besteht in der Auslösung eines epileptischen Anfalls. Dies gilt insbesondere im Zusammenhang mit einer Variante der TMS, der repetitiven Magnetstimulation (rTMS). Bei ihr erfolgt die Stimulation statt mit einem einzelnen Magnetfeld-Puls mit Impuls-Salven. Die Gefahr eines epileptischen Anfalls liegt bei unter einer Promille, steigt jedoch bei Einnahme bestimmter Medikamente oder bei, zum Beispiel erblich bedingter, Epilepsiedisposition (zu den Nebenwirkungen vgl. Steven/Pascual-Leone 2006).

Dennoch wurde und wird die ethische Vertretbarkeit einiger der Verfahren und Praktiken, die derzeit in der Hirnforschung Anwendung finden, kontrovers diskutiert. Im Folgenden sollen zwei aktuelle Beispiele hierfür kurz dargestellt werden. Im Anschluss daran wird ein spezielles Problem diskutiert, das in der Hirnforschung bei Untersuchungen auftreten kann, die sich auf bildgebende Verfahren stützen. Die Rede ist vom Problem der Zufallsfunde, dem in der jüngeren Literatur ebenfalls einige Aufmerksamkeit gewidmet wurde.

4.2.1 Placebo-Studien

Ein kontrovers diskutiertes Problem ist das der Durchführung Placebo-kontrollierter klinischer Studien. In methodologischer Hinsicht ist die Einbeziehung einer Placebo-Kontrolle sehr effizient, da sie eine präzisere Bewertung der Wirksamkeit des getesteten therapeutischen Verfahrens ermöglicht. Aus ethischer Sicht hingegen können solche Studien einige Probleme aufwerfen.

So fordert etwa das von Benjamin Freedman eingeführte Prinzip des klinischen Gleichgewichts (*clinical equipoise*) (vgl. Freedman 1987), dass randomisierte Studien – da in ihnen die Probanden unterschiedlichen Therapieformen ausgesetzt werden – nur dann gestattet sind, wenn Unklarheit hinsichtlich der effektivsten Therapieform besteht. Miller und Fins weisen darauf hin, dass dieses Prinzip in einigen neuropharmakologischen Studien offensichtlich verletzt wurde (vgl. Miller/Fins 2006). So verweisen sie auf eine Placebo-kontrollierte Studie, in der die Wirksamkeit von Johanniskraut bei schwerer Depression untersucht wurde, obwohl nicht zu erwarten war, dass sich Johanniskraut als wirksamer als oder auch nur genauso wirksam wie andere bereits erhältliche Antidepressiva erweisen würde (vgl. Hypericum Depression Trial Group 2002). Miller und Fins argumentieren jedoch dafür, dem Prinzip des Gleichgewichts keine universelle Gültigkeit zuzusprechen. Um ihre Einwände nachzuvollziehen, ist es notwendig, auf einen ethisch signifikanten Unterschied zwischen der Fürsorgepflicht eines Arztes für seinen Patienten und der Verantwortung des Forschers für den Probanden hinzuweisen: Ziel einer Forschungsstudie ist in erster Linie nicht das individuelle Wohl des Probanden, sondern medizinischer Erkenntnisgewinn. Es liegt daher nicht in der Verantwortung des Forschers, sicherzustellen, dass dem Probanden die bestmögliche Therapie zuteil wird, anders als im Verhältnis zwischen Arzt und Patient.

Aus derartigen Überlegungen folgern Miller und Fins, dass klinische Studien, bei denen gegen das Prinzip des Gleichgewichts verstoßen wird, damit nicht zwingend als ethisch bedenklich zu betrachten sind. Sie verweisen zudem auf ethisch relevante Vorteile Placebo-kontrollierter Studien, wie den Umstand, dass sie es erlauben, die Wirksamkeit eines Verfahrens auf der Grundlage einer weitaus geringeren Anzahl von Studien zu bewerten. Dadurch könnten neue Verfahren zum einen früher für Patienten verfügbar sein, zum anderen bedeuteten weniger Studien auch geringere Belastungen für die Probanden. Natürlich gilt es gleichzeitig, auch das Nichtschadenprinzip zu berücksichtigen. Daher müssen Überlegungen zum Nutzen randomisierter Studien sorgfältig mit den einhergehenden Risiken und Belastungen für die Probanden abgewogen werden. Es wäre beispielsweise nicht zu vertreten, wenn dadurch, dass ihm für die Dauer der Studie eine wirksame Therapie vorenthalten wird, die Gesundheit eines Probanden akut gefährdet würde.

Auch bei chirurgischen Eingriffen können Placebo-Effekte auftreten. Aus diesem Grund wird zur Überprüfung der Effektivität eines chirurgischen Verfahrens häufig ebenfalls eine ›Placebo-Kontrolle‹ durchgeführt. Bei Eingriffen in das Gehirn bedeutet das typischerweise, dass der Patient/Proband sediert und ihm ein Loch in den Schädel gebohrt wird, so dass sich der Eingriff aus Sicht des Patienten nicht von einer ›echten‹ Operation unterscheiden lässt. Im Gegensatz zur pharmakologischen Placebokontrolle, bei der das verabreichte Placebo-Medikament vollkommen wirkungslos und damit für den Probanden ungefährlich ist, wird ihm bei der Testung invasiver Verfahren durch diese Schein-Operation (*sham surgery*) immer ein Schaden zugefügt. Angesichts dessen gibt es in der Diskussion um die *sham surgery* Stimmen, die diese Form der Placebo-Kontrolle bei chirurgischen Verfahren generell ablehnen (vgl. z.B. Macklin 1999; zu einem positiverem Urteil kommen Freeman et al. 1999). Schließlich steht dem zugefügten Schaden und dem mit dem Eingriff verbundenen Risiko für den Probanden, sieht man von einem sich eventuell einstellenden Placebo-Effekt ab, offensichtlich kein individueller Nutzen gegenüber.

Das Thema ›sham surgery‹ wurde unter anderem im Zusammenhang mit Studien zur Überprüfung der Wirksamkeit der Implantation fetalen Hirngewebes bei Morbus Parkinson (die in Abschnitt 3.1.1 noch einmal zur Sprache kommen wird) diskutiert. Ein klarer

Konsens ist dabei jedoch bis heute nicht erzielt worden. Aus Sicht der Forscher liegt hier, sowie in etwas geringerem Maße bei Placebo-Studien insgesamt, ein echtes Dilemma vor: Einerseits ist es sicher moralisch bedenklich, ein unzureichend geprüftes Verfahren in der medizinischen Praxis zu verwenden. Andererseits kann die Überprüfung des Verfahrens selbst – wie gesehen – einige ethische Probleme aufwerfen (Helmchen und Müller-Oerlinghausen 1975 nennen dies das ›paradox of clinical trials‹).

4.2.2 Forschung an vulnerablen Gruppen

Aufgrund der besonderen Brisanz der Forschung am menschlichen Gehirn sind in der Grundlagenforschung entsprechende Studien mit Mitgliedern von sogenannten vulnerablen Gruppen bzw. mit Personen, die nicht in vollem Umfang zur Erteilung einer informierten Zustimmung fähig sind (s. Kap. II.2.3.1), verhältnismäßig selten. Dies gilt jedoch für die klinische Forschung allenfalls bedingt. Grundsätzlich ist bei der Forschung unter Beteiligung von Mitgliedern dieser Personengruppen, etwa von Kindern, das Prinzip zu beachten, den Probanden nur minimale Risiken und Belastungen zuzumuten (s. Kap. II.2.3.2).

Die Magnetresonanztomographie (MRT) gilt im Allgemeinen als eine mit nur sehr geringen Belastungen verbundene Methode (s. Kasten). Allerdings erfordert sie von den Teilnehmern, während der Prozedur stillzuliegen, was vor allem bei jüngeren Kindern ein Problem darstellen kann. In vielen Fällen wird daher die Sedierung des Kindes als notwendig angesehen. Da die Sedierung eines Kindes nicht als minimale Belastung bzw. minimales Risiko angesehen werden kann, wird sehr häufig gefordert, dass diese Maßnahme nur angewendet werden soll, wenn dies aus medizinischer Sicht absolut erforderlich ist. Damit wäre die Teilnahme jüngerer Kinder an MRT-Studien zu reinen Forschungszwecken nicht vertretbar. Hinton weist jedoch darauf hin, dass dementgegen in vielen Fällen Kinder an MRT-Studien teilnehmen – und zu diesem Zweck sediert werden –, in denen ein Individualnutzen für das Kind selbst nicht zu erwarten ist (vgl. Hinton 2002). Sie verweist dabei auf Studien mit Kindern mit Entwicklungsverzögerung oder psychiatrischen Störungen, bei denen sehr unwahrscheinlich sei, dass die Untersuchung zukünftige Behandlungsentscheidungen beeinflussen werde.

Zu folgern, dass MRT-Studien mit Kindern – zumindest in solchen Fällen, in denen eine Sedierung der Probanden erforderlich ist – wegen der Belastungen grundsätzlich aus moralischen Gründen zu verwerfen sind, wäre dennoch wiederum vorschnell. (Hinton selbst etwa glaubt, dass die Durchführung solcher Studien sogar notwendig ist.) In Kapitel II.2.3.3 war unter dem Stichwort der gerechten Probandenauswahl bereits erwähnt worden, dass es sich für eine Bevölkerungsgruppe als nachteilig erweisen kann, wenn sie von bestimmten Forschungsstudien ausgeschlossen wird. Es kann beispielsweise dazu führen, dass die existierenden Therapien bei der jeweiligen Bevölkerungsgruppe mit unbekannten Kontraindikationen verbunden oder einfach weniger wirksam sind. Im Allgemeinen bedeutet eine geringere Menge von Studien an einer vulnerablen Gruppe, dass entsprechende Therapiemöglichkeiten für diese Gruppe langsamer und in geringerem Maße entwickelt werden können. Derartige Erwägungen müssen im Einzelfall bei der Bewertung der Schaden-Nutzen-Bilanz berücksichtigt werden.

4.2.3 Zufalls(be)funde

Bei Studien mit bildgebenden Verfahren in der Hirnforschung besteht prinzipiell die Möglichkeit, dass bei einem Probanden eine unerwartete und eventuell klinisch relevante Auffälligkeit in den Bilddaten entdeckt wird. Die Häufigkeit des Auftretens solcher sogenannten Zufallsfunde (oder auch Zufallsbefunde, im Englischen *incidental findings*) variiert zwischen einem und acht Prozent. Da sich aus der Erhebung eines Zufallsfundes für den Probanden unter Umständen sehr schwerwiegende Konsequenzen ergeben können, ist es aus Sicht der beteiligten Forscher wichtig, schon im Vorfeld einer geplanten Studie Strukturen zu schaffen bzw. Prozeduren zu entwickeln, um angemessen auf die Erhebung eines Zufallsfundes reagieren zu können.

Es muss allerdings bedacht werden, dass viele Bildgebungsstudien nicht primär darauf ausgerichtet sind, medizinisch präzise Daten zu liefern. Zumindest gilt dies für Studien im Rahmen von (nichtklinischer) Grundlagenforschung. Aufgrund der häufig reduzierten Sensitivität können eventuelle Anomalien bzw. Erkrankungen durch die Studie nicht sicher ausgeschlossen werden; zugleich verhindert bei Vorliegen eines Zufallsfundes die oft reduzierte Spezifität des Datensatzes eine sichere klinische Bewertung der Auffälligkeit.

Darüber hinaus handelt es sich bei den beteiligten Forschern in vielen Fällen nicht um ausgebildete Mediziner, so dass sie nicht zwingend in der Lage sind, die medizinische Relevanz der erhobenen Daten zu beurteilen. Aus diesen Gründen wird verschiedentlich gefordert, dass bei einer Bildgebungsstudie ein ausgebildeter Neuroradiologe routinemäßig hinzugezogen werden müsse, um eine medizinische Bewertung der Daten vorzunehmen (vgl. z. B. Illes et al. 2002). In einigen Forschungsinstitutionen wird im Zusammenhang derartiger Forschungsstudien sogar bei allen Probanden eine spezifisch neuroradiologische diagnostische Untersuchung angeschlossen.

Es ist jedoch zweifelhaft, ob ein solches Vorgehen als moralisch, oder gar rechtlich, geboten betrachtet werden kann. Es ist wichtig, an dieser Stelle den oben erwähnten Unterschied zwischen dem Verhältnis eines Arztes zu seinem Patienten und dem eines Forschers zu seinen Probanden zu beachten. Das Ziel einer Forschungsstudie ist weder ein diagnostischer noch ein therapeutisch-medizinischer Nutzen. Der Forscher ist dementsprechend, anders als ein Arzt gegenüber seinen Patienten, seinen Probanden gegenüber nicht verpflichtet, eine medizinische Diagnostik durchzuführen. Daraus folgt, dass auch dann, wenn beim Probanden ein unentdecktes neurologisches Problem vorliegt, das auch im Verlauf der Studie nicht erkannt wird, dies nicht den Vorwurf einer Pflichtverletzung gegenüber dem Forscher rechtfertigt. Dennoch ist hier zu berücksichtigen, dass ein unauffälliger Befund beim Probanden ein unter Umständen falsches Gefühl der Sicherheit erzeugen kann (und umgekehrt ein ungewöhnlicher Befund übertriebene Ängste), so dass es sehr wichtig ist, den Patienten im Vorfeld der Studie genau über diese Eventualitäten aufzuklären. Weiterhin stellt sich bei Auftreten eines Zufallsfundes die Frage der adäquaten Betreuung des Probanden. Aufgrund der zu erwartenden psychischen Belastung für den Probanden erscheint es geboten, ihm zeitnah die Möglichkeit einer medizinischen Diagnostik zu bieten.

Zufallsfunde sind kein spezielles Problem der Hirnforschung. Auch in anderen Gebieten, in denen Forschung am Menschen betrieben wird, können unerwartet klinisch relevante Auffälligkeiten entdeckt werden. Dennoch kommt dem Problem im Rahmen neurowissenschaftlicher Studien eine besondere Brisanz zu. Zum einen sind Zufallsfunde in der Hirnforschung potentiell mit für den Probanden schwerwiegenderen Konsequenzen verbunden. Dies betrifft sowohl die objektive medizinische Tragweite des Befundes als auch das subjektive Empfinden des Probanden, da die Kenntnis auch von aus medizinischer Sicht vollkommen harmlosen Auffälligkeiten in der Hirnstruktur oder -funktion von den Probanden oft als besonders belastend empfunden werden. Zum anderen besteht bei hirnbezogenen Zufallsfunden eine erhöhte Gefahr, dass Dritte von den Auswirkungen eines diagnostizierten Befundes betroffen sind. Man denke etwa an einen Piloten, bei dem im Rahmen einer Forschungsstudie ein Hirntumor entdeckt wird. Dieses zweite Problem verschärft sich noch durch die Pflicht des Forschers, das Recht auf Selbstbestimmung (Autonomieprinzip) zu beachten. Das Autonomieprinzip billigt dem Probanden das Recht zu, von den an ihm erhobenen Befunden in Kenntnis gesetzt zu werden, es fundiert aber zugleich auch sein Recht auf Nichtwissen in Bezug auf diese Befunde. Wenn also ein Proband vor Beginn der Studie erklärt, über die Ergebnisse seines Hirnscans nicht informiert werden zu wollen, kann dies die beteiligten Forscher im Falle eines Zufallsfundes in ein ethisches Dilemma führen, da die Autonomie des Probanden nicht nur der Gefährdung seiner Gesundheit entgegenstehen könnte, sondern auch der unbeteiligter Personen. Aus diesem Grund argumentieren Heinemann et al., dass die Teilnahme an einer Bildgebungsstudie des Gehirns an die Einwilligung des Probanden gebunden werden muss, über eventuell erhobene Zufallsfunde informiert zu werden (vgl. Heinemann et al. 2007, A1984).

Wie der Proband mit der Kenntnis eines ihm mitgeteilten Zufallsfundes umgeht, bleibt jedoch ihm selbst überlassen. Wenn er sich ungeachtet der eventuellen Risiken für seine Gesundheit und die anderer dazu entschließt, keine weiterführende medizinische Betreuung in Anspruch nehmen zu wollen, so muss ihm das, erneut aufgrund seines Rechts auf Selbstbestimmtheit, zugebilligt werden.

4.3 Ethische Fragen im Kontext der Anwendung neurowissenschaftlicher Forschungsergebnisse

Die Neuroethik beschäftigt sich nicht nur mit Themen wie den soeben diskutierten, die im engeren Sinne zur neurowissenschaftlichen Forschungsethik gehören. Darüber hinaus umfasst sie in jedem Fall auch ethische Probleme, die sich aus den in der Hirnforschung gewonnenen Erkenntnissen und ihrer Anwendung ergeben, z.B. in der Medizin. Es ist wichtig, anzumerken, dass diese Erkenntnisse in vielen Fällen zu einer Verbesserung von Diagnose und Therapie beitragen. Doch gleichzeitig ergeben sich gerade aus der Anwendung der Erkenntnisse der Hirnforschung ethische Fragen, die es rechtfertigen, von einer tatsächlich neuen Qualität neuroethischer Problemstellungen zu sprechen. Aus systematischer Perspektive treten dabei vier Problembereiche besonders hervor: (1) Eingriffe in die Persönlichkeit bzw. Personalität, (2) Neuro-Enhancement, (3) ›Brain Privacy‹ und (4) Moralische Verantwortlichkeit und Willensfreiheit. Innerhalb dieser Bereiche lässt sich noch eine weitere Unterteilung vornehmen: Bei den ersten beiden der angeführten Punkte erwachsen die ethischen Fragen aus Eingriffen in Strukturen und Funktionen des Gehirns. Sie sind daher Gegenstand des Abschnitts 4.3.1. Doch auch unabhängig von der Beeinflussung von Hirnprozessen können im Rahmen der Hirnforschung ethische Probleme entstehen. Die letzten beiden Punkte nehmen Bezug auf Bereiche, in denen das mit Hilfe der Hirnforschung gewonnene Wissen selbst Probleme aufwirft. Diese Probleme werden in Abschnitt 4.3.2 diskutiert.

4.3.1 Eingriffe in das Gehirn

Eingriffe in das Gehirn werden schon seit sehr langer Zeit vorgenommen. Es gibt Belege für die Durchführung von Trepanationen – bei denen ein Loch in den Schädel gebohrt oder alternativ ein Stück des Schädelknochens ausgesägt wird – die bis in vorhistorische Zeiten zurückgehen (vgl. Restak 2000). Welchem Zweck diese Eingriffe dienten, ist umstritten. In jedem Fall aber wurden spätestens seit der Antike Trepanationen zu medizinischen Zwecken durchgeführt. In jüngerer Zeit war die Psychochirurgie Gegenstand zahlreicher Debatten, gerade auch aus ethischer Perspektive. Unter den Begriff der Psychochirurgie fallen Eingriffe in das Gehirn, bei denen bestimmte Hirnregionen mit dem Ziel der Linderung psychiatrischer Leiden gezielt zerstört werden. Die erstmalige Durchführung einer Lobotomie durch den portugiesischen Neurologen António Egas Moniz leitet im Jahr 1935 die Hochphase der Psychochirurgie ein, obwohl vergleichbare Eingriffe vereinzelt auch zuvor schon vorgenommen worden waren. Schon sehr kurze Zeit später wurde die Methode, bei der die Nervenbahnen zwischen Stirnhirn und Thalamus durchtrennt werden, auch in den USA populär, vor allem aufgrund des Einflusses von Walter Freeman und James W. Watts. In den kommenden Jahrzehnten entwickelte sich die Lobotomie zu einem in großen Teilen der Welt bei der Behandlung schwerer psychischer Störungen anerkannten Verfahren. Obwohl dazu keine genauen Daten existieren, dürfte es als relativ gesichert gelten, dass die Zahl der allein in den USA zwischen 1935 und 1955 vorgenommenen Lobotomien in die Zehntausende geht. Meist wurden Patienten lobotomiert, die unter schweren Formen psychischer Störungen wie Depressionen oder Schizophrenie litten. In Einzelfällen bediente man sich der Methode aber auch beispielsweise zur Bekämpfung von Gewalt- oder sonstigem kriminellem Verhalten, oder von Homosexualität (vgl. Stier 2006, 223).

Die große Zahl durchgeführter Lobotomien deutet an, dass der Eingriff als außerordentlich wirksam galt. Tatsächlich stellte sich bei einer Vielzahl der Patienten aus rein praktischer Perspektive eine erhebliche Verbesserung ihres Zustands ein: Ihr Verhalten wurde nach der Operation ›unauffälliger‹, und sie waren eher in der Lage, einem geregelten Leben nachzugehen. In der Regel ging dies jedoch, wie selbst von Befürwortern der Psychochirurgie eingestanden, mit einer Verringerung ihrer emotionalen Bandbreite einher. Lobotomierte Patienten wurden häufig gleichgültiger und verloren die Fähigkeit zur Empathie. Mitte der 1950er Jahre ging die Zahl der psychochirurgischen Eingriffe drastisch zurück. Dies lag zum einen an den wachsenden Protesten gegen die Lobotomie und ähnliche Verfahren, zum anderen aber auch an der Entwicklung pharmakologischer Mittel zur Behandlung psychischer Störungen. So wurde im Jahr 1952 mit Chlorpromazin das erste Neuroleptikum eingeführt.

20 Jahre nach dem Ende dieser Hochphase wurde dem Thema noch einmal einige öffentliche Aufmerksamkeit zuteil, als in den 1970er Jahren die Möglichkeit eines systematischen Einsatzes von Psychochirurgie zur ›Behandlung‹ von Gewalttätern debattiert wurde. Auch heute ist die Psychochirurgie noch Teil der psychiatrischen Praxis. Obwohl inzwischen der Einsatz stereotaktischer Mittel zumindest verhindert, dass dabei schon der operative Zugang zu dem angezielten Hirngebiet selbst Läsionen erzeugt, werden psychochirurgische Eingriffe aufgrund der Irreversibilität der vorgenommenen hirnstrukturellen Veränderungen nur noch in besonders schwerwiegenden Fällen vorgenommen.

Die Geschichte der Psychochirurgie ist nicht zuletzt auch ein Beispiel für das gestiegene Problembewusstsein gegenüber dem Eingreifen in Hirnstrukturen und -prozesse, sei es auf chirurgischem, pharmakologischem oder auf anderem Wege. Die ethische Dimension solcher Eingriffe soll im Folgenden dargestellt werden.

4.3.1.1 Veränderung von Persönlichkeit und Personalität

Bedingt durch den Fortschritt der Neurowissenschaften, erhalten einige sehr alte philosophische Probleme plötzlich praktische Relevanz. Eines dieser Probleme ist das der personalen Identität. ›Personale Identität‹ meint die Identität von Personen in der Zeit, bzw. über einen Zeitabschnitt hinweg. Obwohl sich im Verlauf unseres Lebens sehr viele unserer äußeren und inneren Charakteristika ändern, gehen wir davon aus, dass es sich dabei um Veränderungen der Merkmale ein und derselben Person handelt. Wir können sagen: ›Ich war früher schüchtern/naiv/sportlich/blond‹, und drücken damit offenbar aus, dass dieselbe Person, die zu einem früheren Zeitpunkt bestimmte Eigenschaften hatte, diese Eigenschaften nun nicht mehr hat. Die Philosophie geht schon seit Jahrhunderten der Frage nach, was die Bedingungen der Identitätsrelation sind (vgl. z. B. Locke 1694/1979). Vorgeschlagen wurde insbesondere die Notwendigkeit einer bestimmten Kontinuität physiologischer (von den Vertretern des sogenannten ›Körperkriteriums‹) oder psychischer Merkmale (von Vertretern des ›mentalen Kriteriums‹). Eine wirklich zufriedenstellende Analyse der notwendigen und hinreichenden Bedingungen für das Vorliegen personaler Identität ist allerdings bis heute nicht geleistet worden.

Angesichts der konstitutiven Rolle des Gehirns ist es denkbar, dass beispielsweise nach einem besonders tiefgreifenden operativen Eingriff in das Gehirn die Person nach dem Eingriff buchstäblich nicht mehr dieselbe ist wie davor. Die ethische Tragweite dieser Möglichkeit ist offenkundig: In dem gerade angedeuteten Szenario würde die Ursprungsperson schlichtweg nicht mehr existieren. Angesichts der wachsenden Eingriffsmöglichkeiten in das menschliche Gehirn könnten derartige Fragen durchaus aufkommen, beispielsweise im Rahmen medizinischer Eingriffe. Eine bereits heute praktizierte Methode, in deren Rahmen Fragen der personalen Identität vielfach diskutiert wurden, ist die der Transplantation von Hirngewebe, die bislang vor allem bei der Behandlung der Parkinson-Krankheit zum Einsatz kam.

Bei Parkinson sterben die Dopamin-synthetisierenden Neuronen der Substantia nigra im Mittelhirn ab, wodurch es zu einem Dopaminmangel in den Basalganglien kommt. Dopamin ist ein Neurotransmitter, der, im Zusammenspiel mit weiteren Neurotransmittern, vor allem für die Koordination von Bewegungsabläufen relevant ist. So erklären sich auch die für Parkinsonpatienten typischen Bewegungsstörungen. Kognitive Beeinträchtigungen sind dagegen seltener und treten dann meist nur in geringem Umfang auf. Von der noch recht jungen Methode der Transplantation fetalen Hirngewebes, das bereits auf die Produktion von Dopamin spezialisiert ist, erhofft man sich eine mittel- bis langfristige Erhöhung des Dopaminspiegels beim Patienten. In der Tat scheint es nahezuliegen, das Einbringen von fremdem Gewebe in das Gehirn eines Patienten im Zusammenhang mit dem Problem der personalen Identität für relevant zu halten. Aus diesem Grund empfiehlt beispielsweise die Gruppe NECTAR (ein europäisches Netzwerk von Forschern, die auf dem Gebiet der Transplantation von Hirngewebe arbeiten) in ihren Richtlinien, bei derartigen Eingriffen nur kleine Hirngewebefragmente oder Zellsuspensionen zu verwenden, um einen möglichen »transfer of personality« auszuschließen (NECTAR 1994; in dieselbe Richtung gehen die Richtlinien der British Medical Association 2002).

Obwohl ein derartiger *Transfer* mentaler Charakteristika zumindest bei den gegenwärtig gängigen Verfahren wohl tatsächlich auszuschließen ist, liegt eine *Veränderung* der Persönlichkeit des Gewebeempfängers als Folge der Transplantation durchaus im Bereich des Möglichen. So ist in einigen Studien eine Korrelation zwischen dem Dopaminspiegel und bestimmten Persönlichkeitsmerkmalen festgestellt worden (vgl. z. B. Cloninger 1987). Die Transplantation von Hirngewebe soll den krankheitsbedingten Mangel an Dopamin zwar lediglich ausgleichen – und selbst das ist bis dato nur zum Teil gelungen – im Unterschied etwa zur medikamentösen Behandlung ist die Menge des durch das implantierte Hirngewebe produzierten Dopamins allerdings nicht kontrollierbar. Die Möglichkeit einer langfristigen Persönlichkeitsveränderung kann daher nicht prinzipiell ausgeschlossen werden. Es ist jedoch fraglich, inwiefern diese Problemstellungen tatsächlich personale Identität betreffen. Die Veränderung der Persönlichkeit einer Person betrifft ihre *qualitative* Identität, also Identität in allen Eigenschaften. Diese muss von *numerischer* Identität sorgfältig unterschieden werden. Das Fortbestehen von Einzeldingen in der Zeit ist, wie bereits zu Beginn dargelegt, grundsätzlich mit dem Wandel von Eigenschaften verbunden, und auch unsere Persönlichkeit verändert sich im Laufe unseres Lebens in sehr hohem Maße. Es ist daher klar, dass die Frage nach personaler Identität auf numerische Identität abzielt. Bei der ethischen Bewertung von Eingriffen in das Gehirn ist diese Unterscheidung sehr wichtig: Wenn personale Identität einfach mit Persönlichkeit gleichgesetzt würde, dann hätte das wohl eine übermäßig restriktive Einstellung gegenüber Eingriffen in das Gehirn – nicht nur chirurgischer, sondern beispielsweise auch pharmakologischer Art – zur Folge. Das bedeutet jedoch nicht, dass das Problem personaler Identität bei Eingriffen in das Gehirn keine Rolle spielt. Wenn im Rahmen eines Eingriffs hinreichend große Veränderungen der Hirnfunktion und -struktur vorgenommen werden – bis hin etwa zum Science Fiction-Szenario einer Gehirntransplantation –, ist es im Gegenteil schwer vorstellbar, dass die Identität der Person nicht betroffen wäre. Eingriffe dieses Ausmaßes wären daher aus moralischer Sicht prinzipiell nicht legitim.

Medizinische Eingriffe in das Gehirn sind in einer Vielzahl von Fällen zumindest potentiell mit Persönlichkeitsveränderungen verbunden. Eingriffe in die Persönlichkeit werfen eigene ethische Probleme auf. Das gilt umso mehr in den Fällen, in denen die Persönlichkeitsveränderungen eher ein Nebeneffekt der Behandlung ist, wie eben bei der Hirngewebetransplantation. Bei der Behandlung einiger psychischer Störungen, wie beispielsweise der von Depressionen, sind Persönlichkeitsveränderungen dagegen ein Teil des Behandlungsziels – zumindest in dem Sinne, dass unter Umständen seit vielen Jahren vorhandene Denkmuster, Verhaltensdispositionen etc. aufgebrochen werden sollen. Doch auch im Falle gewollter Persönlichkeitsveränderungen können ethische Probleme entstehen. Häufig wird argumentiert, dass Persönlichkeitsveränderungen, die durch Eingriffe in das Gehirn bewirkt wurden, auf Seiten des Betroffenen mit einem Verlust an Authentizität einhergehen. Eine Person gilt im Allgemeinen als authentisch, wenn sie sich Ziele setzt oder Vorstellungen vertritt, die ihre eigenen sind und die mit ihrem Selbstbild und ihrem in ihrer individuellen Biographie geformten Charakter in Einklang stehen. Authentizität ist durchaus auch damit verbunden, dass sich Ziele, Überzeugungen und Charaktereigenschaften der Person ändern. Die Veränderung von Persönlichkeitsmerkmalen als Resultat operativen oder pharmakologischen Eingreifens steht hingegen immer in einem Spannungsverhältnis zu einer authentischen Lebensführung. Zwar wirken wir bei jeder Interaktion mit einer Person – schon in einem einfachen Gespräch – auch auf deren Gehirn ein. Bei einer direkten Beeinflussung des Gehirns wird ihr jedoch immer zumindest ein Stückweit die Kontrolle über diese Veränderungen entzogen. Dieser Umstand kann unter anderem zu psychischen Belastungen beim Patienten führen. Er kann sich in seiner Lebensplanung eingeschränkt sehen oder sogar durch den Verlust von als individuell bedeutsam empfundenen Eigenschaften ein Gefühl des Verlusts der eigenen Identität verspüren, bedingt durch den Bruch innerhalb seines Selbstbilds. Bestimmte Persönlichkeitsmerkmale können also in so enger Weise mit einer Person verbunden sein, dass die Beibehaltung dieser Merkmale der betroffenen Person unter Umständen wichtiger ist als die objektive ›Verbesserung‹ ihres Zustands. Doch auch die Angehörigen des Patienten sind von Veränderungen in dessen Persönlichkeit betroffen und müssen daher berücksichtigt werden, natürlich im Rahmen der Wahrung der Autonomie des Patienten. In einigen Fällen sind die Patienten selbst mit den Folgen des Eingriffs zufrieden, während die Angehörigen die bewirkten Veränderungen als belastend empfinden.

Das bedeutet jedoch selbstverständlich nicht, dass mit Persönlichkeitsveränderungen verbundene Eingriffe ins Gehirn grundsätzlich ethisch problematisch sind. Bei vielen psychischen Erkrankungen etwa kann die Behandlung so verstanden werden, dass sie es dem Patienten gerade ermöglicht, seine ›eigentliche‹ Persönlichkeit (wieder) zu erlangen, indem sie ein krankhaftes, z.B. chemisches, Ungleichgewicht in seinem Gehirn zu regulieren hilft. Bei vielen anderen Eingriffen ist der Leidensdruck der Patienten durch die Krankheit sehr viel größer als die Belastungen durch Veränderungen ihrer Persönlichkeit, die unter Umständen durch die Behandlung herbeigeführt werden. Dennoch ist festzuhalten, dass sich Eingriffe in das Gehirn einer Person, angesichts der konstitutiven Rolle des Gehirns für Persönlichkeit und Personalität, grundlegend von Eingriffen in die Struktur und Funktion anderer Organe unterscheiden. Gerade dem Punkt, dass bei Eingriffen in das Gehirn einer Person mehr zu berücksichtigen ist als die Herstellung einer ›normalen‹ Funktionsweise, widmeten viele frühe Vertreter der Psychochirurgie nicht genügend Beachtung.

4.3.1.2 Neuro-Enhancement

Es ist schon seit längerer Zeit bekannt, dass viele psychotrope Substanzen nicht nur bei Kranken zu einer Aufwertung der Gemütslage oder kognitiven Fähigkeiten führen, sondern potentiell auch bei gesunden Anwendern. Noch vor etwa 20 Jahren erschien eine solche Verwendung über den Zweck einer medizinischen Behandlung hinaus angesichts der meist massiven Nebenwirkungen der Medikamente wenig attraktiv. Inzwischen sind jedoch zum einen Wirkstoffe entwickelt worden, die diesen Nebenwirkungen gezielt entgegenwirken, zum anderen gab es große Fortschritte in der Entwicklung von Medikamenten mit weitaus geringeren Nebenwirkungen. Beispielhaft für Letzteres sind die sogenannten selektiven Serotonin-Wiederaufnahmehemmer (SSRIs, engl. *Selective Serotonine Reuptake Inhibitors*), die vor allem bei der Behandlung von Depressionen zum Einsatz kommen. Diese Entwicklungen werfen Fragen nach den Möglichkeiten und der ethischen Dimension von Neuro-Enhancement auf, der Verbesserung mentaler Funktionen jenseits medizinischer Zwecke.

Vieles deutet darauf hin, dass das Problem des Neuro-Enhancement bereits heute aktuell ist, und dass es in der Zukunft noch an Bedeutung gewinnen wird. So steigt z.B. die Verwendung von SSRIs stetig. In einigen Studien zeigte sich, dass SSRIs auch bei Gesunden stimmungsaufhellend wirken und Ängste reduzieren. Viel diskutiert wurde in diesem Zusammenhang das vor allem in den USA und Großbritannien sehr verbreitete Fluoxetin

– besser bekannt unter seinem Handelsnamen ›Prozac®‹, das bisweilen als ›Lifestyle-Droge‹ gehandelt wurde. Allerdings gibt es zu diesen Effekten bislang noch keine aussagekräftigen Langzeitstudien, zudem kommt eine Metaanalyse von Daten aus verschiedenen Studien zu dem Ergebnis, dass die Wirkung gegenwärtig verwendeter SSRIs bei weniger schweren Fällen von Depression sehr gering ist (vgl. Kirsch et al. 2008). Ein vermutlich zumindest mittelfristig weitaus relevanteres Problemfeld ist das der Steigerung kognitiver Leistungen. Der Wirkstoff Methylphenidat (bekannter ist der Handelsname des Medikaments, Ritalin®) wird zur Therapie von ADHS (Aufmerksamkeitsdefizits-/Hyperaktivitätsstörung) verwendet. Obwohl es Kontroversen über die Verbreitung von ADHS gibt, ist der Anteil der Schüler/innen, die regelmäßig Methylphenidat einnehmen, an einigen US-amerikanischen Schulen so hoch, dass es statistisch praktisch ausgeschlossen ist, dass diese Schüler/innen alle an ADHS leiden (vgl. Diller 1996). Zudem gibt es Studien, die zeigen, dass die Einnahme von Ritalin® auch unter Studierenden zur Steigerung von Konzentrations- und Aufnahmefähigkeit, vor allem in Prüfungsphasen, verbreitet ist (vgl. z.B. Babcock/Byrne 2000). Auch bei anderen Mitteln ist eine Einnahme zur Leistungssteigerung unabhängig vom Vorliegen einer medizinischen Indikation denkbar: Modafinil wird bei der Behandlung von Narkolepsie eingesetzt. Bei Gesunden führt das Mittel ebenfalls zur Steigerung der Wachheit, was wiederum eine Steigerung kognitiver Leistungen mit sich bringen könnte. Wirkstoffe gegen ein zum Beispiel demenzbedingtes Nachlassen der Erinnerungsfähigkeit sind ebenfalls bereits auf dem Markt – etwa Aricept mit dem Wirkstoff Donepezil. Angesichts der heute schon gewaltigen Nachfrage an gedächtnisfördernden Mitteln dürfte das Interesse an vergleichbaren Wirkstoffen – auch unter Gesunden – sehr groß sein. In der Zukunft könnten auch andere als pharmakologische Methoden des Neuro-Enhancement in den Blick geraten. Beispielsweise gibt es bereits erste Studien hinsichtlich der Anwendung von TMS (s. Kasten) zur Steigerung der Kognition bei Nichtkranken (vgl. z.B. Snyder et al. 2003).

In Verbindung mit diesen und vergleichbaren Methoden erwächst eine Vielzahl ethischer Probleme. Viele dieser Probleme sind jedoch nicht spezifisch für das *Neuro*-Enhancement und werden in Kapitel III.6 ausführlich diskutiert. Fragen, die speziell im Rahmen des Neuro-Enhancement auftreten, sind dagegen solche, die sich auf Personalität und die Veränderung von Persönlichkeitsmerkmalen beziehen, wie sie oben bereits dargelegt wurden: Bedeutet Neuro-Enhancement einen Verlust oder unter Umständen sogar einen Gewinn an Authentizität? Inwieweit verändere ich, indem ich meine Gemütslage oder meine kognitiven Fähigkeiten verbessere, meine eigene Identität? Ist es ethisch vertretbar, mentale Eigenschaften, mit denen ich unzufrieden bin, auf beispielsweise pharmakologischem Wege einfach zu ändern? Die naheliegende Sichtweise dazu ist, dass ich mit einem solchen Eingreifen nur Gebrauch von meinem Recht auf Autonomie mache, gelegentlich wurde jedoch argumentiert, dass ich mich dadurch im Gegenteil selbst instrumentalisiere und mich dadurch meines Personseins (und mithin meiner Autonomie) beraube. Es liegt nahe zu vermuten, dass zum einen die Möglichkeiten zum gezielten Neuro-Enhancement in der Zukunft stark zunehmen werden und dass zum anderen das Interesse an einer Verbesserung mentaler Funktionen auch unter Gesunden in der Bevölkerung sehr groß ist, so dass auch die genauere Ausleuchtung dieses Themas von Bedeutung sein wird.

4.3.2 Handhabung und Deutung des gewonnenen Wissens
4.3.2.1 Brain Privacy

Mit den Fortschritten der Hirnforschung wachsen auch die Möglichkeiten, durch die Untersuchung des Gehirns einer Person Informationen über diese zu gewinnen. In den letzten Jahren gab es eine ganze Reihe von Studien, in denen versucht wurde, mit Hilfe bildgebender Verfahren die unterschiedlichsten individuellen Charakteristika zu ermitteln. Sehr einschlägig sind in dieser Beziehung etwa Studien über das Vorhandensein unbewusster Einstellungen bzw. Vorurteile: In einer dieser Studien zeigte sich bei der Betrachtung von Fotos unbekannter dunkelhäutiger Gesichter, verglichen mit der Betrachtung unbekannter hellhäutiger Gesichter (vgl. Phelps et al. 2000) bei weißen Probanden eine Korrelation zwischen Rassenvorurteilen und erhöhter Aktivität in der Amygdala, der eine wesentliche Rolle bei der Entstehung von Angstreaktionen zugeschrieben wird. Untersuchungsziel anderer Studien war die Identifikation von Krankheiten, Drogenabhängigkeit, Neigung zu Gewalt, Persönlichkeitsmerkmalen (wie Neurotizismus oder Extraversion), Gedankeninhalten etc.

Da die so gewonnenen Daten mitunter sehr intime Informationen über die untersuchten Personen enthalten, ergeben sich Fragen nach der ethischen und rechtlichen Vertretbarkeit der Erhebung dieser Daten, bzw. gegebenenfalls nach dem Schutz vor Missbrauch. Dieser Fragenkomplex wird meistens unter dem Oberbegriff ›brain privacy‹ zusammengefasst. Ein Vergleich mit den Fragen zum Umgang mit genetischen Informationen, die schon seit längerer Zeit diskutiert werden, bietet sich an. Auch genetische Information ermöglicht Einblicke in sehr individuelle und persönliche Charakteristika, wie Dispositionen zu Krankheiten, in Einzelfällen auch zur Entwicklung bestimmter Persönlichkeitsmerkmale. In einem Aspekt hat genetisches Wissen eine größere Reichweite als das mit Hilfe der Hirnforschung erworbene, denn die Kenntnis des Genoms einer Person lässt prinzipiell Rückschlüsse auf Merkmale weiterer Personen zu (s. Kap. III.5.2.2). In vielen anderen Hinsichten geht Wissen über Hirnstrukturen und -prozesse einer Person jedoch tiefer als genetisches Wissen, was bereits ein Blick auf die Inhalte der oben angeführten Studien zeigt. Damit ist auch verbunden, dass sich für neurowissenschaftliche Erkenntnisse eine größere Zahl an Verwendungskontexten denken lässt: Der Umgang mit genetischem Wissen wurde vor allem im Zusammenhang der Gesundheitsvorsorge und des Arbeitsmarktes diskutiert – etwa das Interesse von Arbeitgebern und privaten Versicherern an genetischen Daten potentieller Kunden bzw. Angestellter. Daten, die mit Hilfe bildgebender Verfahren in der Hirnforschung erhoben werden, könnten darüber hinaus für die Wirtschaft (Stichwort ›Neuromarketing‹) oder für die staatliche Kriminalitäts- bzw. Terrorismusbekämpfung interessant sein. Ein Verfahren, das in Strafprozessen relevant werden könnte, ist das sogenannte ›Brain Fingerprinting‹. Dabei wird mit Hilfe eines EEG die Reaktion einer Person auf bestimmte Informationen gemessen, die ihr über einen Computerbildschirm gegeben werden. Die Hintergrundannahme dabei ist, dass die Gehirnwellen einer Person, die mit einer bestimmten Information bereits vertraut ist, als Reaktion darauf ein bestimmtes Muster offenbaren, das P300/MERMER (*Memory and Encoding Related Multifaceted Electroencephalographic Response*) genannt wird. Die Anwendung dieses Verfahrens besteht darin, eine einer Straftat verdächtige Person mit Informationen zu konfrontieren, die nur dem Täter bekannt sein können. Das ›Brain Fingerprinting‹ wurde in den USA bereits in einem Strafverfahren berücksichtigt, auch wenn es offenbar letztendlich bei der Entscheidung des Gerichts keine größere Rolle spielte (vgl. Iowa

State Council 2003). Dieser Umstand verdeutlicht noch einmal die Dringlichkeit einer ethischen Untersuchung der Fragen, die die ›Privatheit des Gehirns‹ betreffen, sowie der Erarbeitung einer rechtlichen Regulierung.

Häufig wird vor einer Überinterpretation neurowissenschaftlicher Ergebnisse gewarnt. Vor allem im Zusammenhang mit bildgebenden Verfahren suggerierten die Befunde eine Unmittelbarkeit und Objektivität, die jedoch de facto nicht gegeben ist. Tatsächlich ist die Zuverlässigkeit der meisten der bislang existierenden Verfahren zum ›Lesen von Gedanken‹ nicht sehr groß, darüber hinaus gibt es auch Stimmen, die meinen, dass der Erkenntnis mentaler Inhalte aufgrund der Komplexität, der Plastizität und der Individualität des Gehirns prinzipielle technische Grenzen gesetzt seien. Doch unabhängig davon ist anzunehmen, dass die Grenzen des technisch Machbaren in den nächsten Jahren noch erheblich erweitert werden. Welche ethischen und rechtlichen Probleme bestehen also jenseits von Überlegungen zur Zuverlässigkeit und Interpretation der Ergebnisse? Der Einsatz von Polygraphen (Lügendetektoren) beispielsweise wird von der gegenwärtigen Rechtssprechung in Deutschland grundsätzlich abgelehnt, allerdings mit Verweis auf die Unzuverlässigkeit der Methode. Thematisch ähnelt der Einsatz von Polygraphen jedoch dem anderer neuerer Verfahren aus der Hirnforschung, beispielsweise des oben diskutierten ›Brain Fingerprinting‹. Was sähe der Gesetzgeber also für den Fall vor, dass diese neuen Verfahren, oder eine neue Generation fMRT-gestützter Lügendetektoren, an deren Entwicklung ebenfalls gearbeitet wird, sich als wesentlich zuverlässiger erwiesen als die heutigen Polygraphen?

Die erzwungene Anwendung eines Lügendetektortests oder eines vergleichbaren Verfahrens, beispielsweise im Rahmen eines Strafprozesses, ist in Deutschland aus verschiedenen Gründen nicht mit dem Gesetz vereinbar, insbesondere handelt es sich dabei um eine Verletzung der Menschenwürde. Wenn nun eine freiwillige Teilnahme an einem solchen Test angesichts der erhöhten Zuverlässigkeit des Verfahrens prinzipiell in Betracht käme, müsste gewährleistet sein, dass der betreffenden Person durch eine Ablehnung kein Nachteil entstünde. Während dies innerhalb eines Strafverfahrens angesichts des Rechts des Beschuldigten zu schweigen gewährleistet sein dürfte, sind in anderen Kontexten diesbezüglich Zweifel angebracht. Wenn es beispielsweise möglich wäre, die Gefährlichkeit eines verurteilten Gewaltverbrechers mit Hilfe bildgebender Verfahren zu überprüfen, wäre das bei der Prüfung einer eventuellen Haftentlassung von großer Relevanz. Es ist aber gut denkbar, dass der Betroffene für den Fall, dass er sich weigert, sich dem Test zu unterziehen, unmittelbare Nachteile dafür in Kauf nehmen müsste. Aus ethischer Sicht wäre das jedoch nicht akzeptabel, da niemand dazu gedrängt werden darf, Informationen preiszugeben, die seine Persönlichkeit betreffen.

Ein weiteres Problem ist das der Verwendung von Daten, die bereits erhoben wurden. Hier folgt aus dem Recht auf informationelle Selbstbestimmung, dass personenbezogene Daten nur zu den Zwecken gebraucht werden dürfen, für die die Person ihre ausdrückliche Zustimmung gegeben hat. Dadurch ist gewährleistet, dass die Weitergabe beispielsweise in Forschungsstudien gewonnener individueller Informationen an Interessengruppen (Staat, Wirtschaft, Arbeitgeber etc.) illegal ist. Bislang existieren jedoch darüber hinaus sehr wenige spezifische Regelungen, um den Missbrauch von mit neurowissenschaftlichen Methoden erhobenen Daten zu verhindern. Angesichts der besonderen Brisanz dieser Daten und der Vielzahl von Missbrauchsmöglichkeiten wäre die Erarbeitung von Regelungen, die auf Erkenntnisse der Hirnforschung zugeschnitten sind, aber von erheblicher Bedeutung.

4.3.2.2 Moralische Verantwortlichkeit und Willensfreiheit

Eine der in der Neuroethik am häufigsten diskutierten Fragen ist, ob neurowissenschaftliche Erkenntnisse unser Verständnis moralischer Verantwortlichkeit bzw. des freien Willens beeinflussen bzw. beeinflussen sollten. Bei den in diesem Zusammenhang diskutierten Problemen handelt es sich zwar um Probleme für die Ethik als philosophische Disziplin, aber nicht in erster Linie um ethische Probleme. Dennoch soll die Thematik an dieser Stelle kurz dargestellt werden, da hier die in der Hirnforschung erzielten Ergebnisse unter Umständen sehr weitreichende Konsequenzen für die Gesellschaft im Allgemeinen und die Rechtsprechung im Besonderen nach sich ziehen.

Wenn wir einer Person eine begangene Untat vorwerfen, setzen wir damit nicht nur voraus, dass die Person die Tat begangen hat, sondern auch, dass sie tatsächlich dafür verantwortlich ist. Wenn jemand beispielsweise mit Waffengewalt zu einer Handlung gezwungen wird, oder zum entsprechenden Zeitpunkt unter dem Einfluss starker Medikamente steht, werden wir ihn dagegen nicht, oder zumindest nicht vollständig, für diese Handlung verantwortlich machen. Diese Überlegungen sind auch im Strafrecht relevant. In Strafprozessen hat die Frage der Verantwortlichkeit des Täters für die Tat unmittelbaren Einfluss auf das Strafmaß, da hier das Prinzip »Keine Strafe ohne Schuld« (*nulla poena sine culpa*) gilt. Betrachten wir vor diesem Hintergrund die Geschichte des Phineas Gage.

Beispiel: Phineas Gage

Phineas Gage (1823–1860) arbeitete als Vorarbeiter bei einer Eisenbahngesellschaft. Bei einer Explosion wurde er am 13. September 1848 von einer drei Zentimeter dicken Eisenstange getroffen, die unterhalb seines linken Wangenknochens in seinen Kopf eintrat, die Schädelbasis durchschlug und den vorderen Teil seines Gehirns durchquerte, bevor sie schließlich am Schädeldach wieder austrat. Gage überlebte den Unfall physisch verhältnismäßig unbeschadet, er verlor lediglich auf dem linken Auge die Sehkraft. Obwohl die Eisenstange einen erheblichen Teil seines Gehirns beschädigt hatte, konnte bei ihm keine Beeinträchtigung seiner Intelligenz, seines Gedächtnisses oder seines Sprachvermögens festgestellt werden. Allerdings hatte sich seine Persönlichkeit als Folge des Unfalls offensichtlich stark verändert. Galt er zuvor als zurückhaltend, besonnen und verantwortungsbewusst, war er nun ungeduldig und launisch. Zudem war er offenbar nicht mehr fähig, längerfristige Ziele zu verfolgen. Nach Gages Tod wurde seine bei dem Unfall erlittene Hirnverletzung genauer untersucht. Dabei wurde festgestellt, dass die Eisenstange den ventromedialen Teil seines präfrontalen Cortex zerstört hatte (vgl. dazu Damasio 2005, 25–63).

Vermutlich wären wir nicht geneigt, Gage für sein schlechtes Benehmen verantwortlich zu machen. Es ist zu offensichtlich, dass seine Charakterveränderung die Folge seines Unfalls war. Angesichts des hier besonders deutlich zu Tage tretenden Zusammenhangs zwischen einer Hirnschädigung und dem resultierenden Verhalten liegt es nahe zu vermuten, dass Erkenntnisse der Hirnforschung eine wichtige Rolle bei der Bewertung der Schuldfähigkeit von Straftätern spielen können. So zeigte sich in Untersuchungen an verurteilten Gewaltverbrechern, dass bei einem großen Teil von ihnen die Funktion des präfrontalen Cortex in irgendeiner Weise beeinträchtigt war – genau die Region, die auch bei Phineas Gage betroffen war. Dies legt die Vermutung nahe, dass dem präfrontalen Cortex eine wichtige Funktion bei der Steuerung sozialen Verhaltens zukommt. Angesichts dieser Erkenntnisse drängt sich die Frage auf, ob all diese Personen zu Recht zu Gefängnisstrafen verurteilt worden waren, wenn sich ihr Fehlverhalten durch eine Fehlfunktion ihres

Gehirns erklären lässt. Doch man könnte ebenso gut fragen, ob neurowissenschaftliche Erkenntnisse es nicht zumindest sehr wahrscheinlich machen, dass jeder Fall kriminellen Verhaltens auf bestimmte hirnphysiologische Ursachen zurückgeführt werden kann, selbst wenn sich nicht immer solche vergleichbar einfachen Erklärungen anführen lassen. Aber natürlich basiert, wenn dies zutrifft, nicht nur normabweichendes Verhalten letztendlich auf Hirnprozessen, sondern jede Form von Verhalten.

Genau diese Überlegungen dienen häufig als Ausgangspunkt einer Debatte um den freien Willen. Wenn all unsere Handlungen durch Gehirnprozesse determiniert sind, so wird häufig argumentiert, dann entzieht sich unser Verhalten unserer Kontrolle, und wir sind demnach nicht frei. Da Willensfreiheit eine Bedingung für moralische Verantwortlichkeit ist, impliziert dies weiterhin, dass wir nicht für unsere Taten verantwortlich gemacht werden können. Wenn die gerade skizzierte Argumentation korrekt ist, hätte das offensichtlich sehr schwerwiegende Konsequenzen für unser Selbstbild, und damit für unsere Gesellschaft wie für unser Rechtssystem. Der Zusammenhang zwischen Determinismus und Willensfreiheit ist jedoch keineswegs so einfach wie diese Argumentation suggeriert. Denn zum einen hat bereits David Hume gezeigt, dass ein Indeterminismus in Bezug auf den freien Willen gar nicht weiterhelfen würde, da er einen bloßen Zufall ins Spiel bringen würde (vgl. Hume 1740/2000). Eine auf Zufall basierende Handlung kann aber nicht frei sein. In einem bestimmten Sinne wollen wir sogar, dass unsere Handlungen determiniert sind, und zwar durch unsere Gründe für diese Handlungen. Zum anderen sind sehr viele zeitgenössische Philosophen Kompatibilisten, d.h. sie glauben, dass die Möglichkeit der Willensfreiheit mit dem Determinismus verträglich ist.

In diesem Kontext wird bisweilen gefordert, zum Beispiel von den deutschen Hirnforschern Gerhard Roth und Wolf Singer, das Strafrecht einer grundlegenden Revision zu unterziehen, da es auf falschen Prämissen beruhe (vgl. z. B. Roth 2006; Merkel/Roth 2008; Singer 2004). Zum Beleg dieser These wird häufig aus einem Urteil des Bundesgerichtshofs zitiert:

> »Mit dem Unwerturteil der Schuld wird dem Täter vorgeworfen, dass er sich für das Unrecht entschieden hat, obwohl er sich rechtmäßig verhalten, sich für das Recht hätte entscheiden können. Der innere Grund des Schuldvorwurfs liegt darin, dass der Mensch auf freie, verantwortliche, sittliche Selbstbestimmung angelegt und deshalb befähigt ist, sich für das Recht und gegen das Unrecht zu entscheiden« (BGHSt 2, 194 ff.).

Die hier zum Ausdruck gebrachte Vorstellung, dass der Täter sich auch hätte anders entscheiden können als er sich tatsächlich entschieden hat, scheint in der Tat nicht mit dem Determinismus vereinbar zu sein. Von rechtswissenschaftlicher Seite wurde dagegen eingewandt, dass die Bedeutung dieses Urteils nicht überschätzt werden sollte, und dass das Strafrecht keineswegs auf die Prämisse eines indeterministischen Freiheitsverständnisses festgelegt sei. Es scheint in der Tat keinen Grund dafür zu geben, warum die Zuschreibung von Schuld, und damit das Verhängen von Strafen, nicht ebenso gut auf einem kompatibilistischen Verständnis von Willensfreiheit basieren könnte. Allerdings bleibt das Problem der Willensfreiheit ein kontrovers diskutiertes Thema, auch jenseits neurowissenschaftlicher Erkenntnisse.

Unabhängig davon besteht nach wie vor das Problem der Grenzziehung: In welchen Fällen begründet das Auffinden der neurophysiologischen Ursache(n) die Schuldunfähigkeit des Straftäters, und in welchen nicht? Die Rechtsprechung kennt bereits Kriterien, an denen sich die Möglichkeit der Schuldzuschreibung bemisst. Grob gesagt, sind dies die Einsichtsfähigkeit des Täters hinsichtlich der von ihm begangenen Normverletzung und seine Fähigkeit, die eigenen Handlungen zu steuern. Natürlich bleibt die Frage der Schuldfähigkeit eines Straftäters im Einzelfall schwierig, oft sogar unmöglich mit Gewissheit zu beantworten. Es ist jedoch plausibel zu vermuten, dass die Hirnforschung bei ihrer Beantwortung von großem Nutzen sein kann. Es ist daher nicht verwunderlich, dass schon heute hirnphysiologische Untersuchungen immer häufiger in Strafverfahren herangezogen werden.

Verwendete Literatur

Albarelli, Hank P. Jr.: The Mysterious Death of CIA Scientist Frank Olson – Part I. In: *Crime Magazine* 19 (2003).

Babcock, Quentin/Byrne, Tom: Student Perceptions of Methylphenidate Abuse at a Public Liberal Arts College. In: *Journal of American College Health* 49 (2000), 143–145.

British Medical Association: BMA Guidelines on the Use of Fetal Tissue. In: *Lancet* 1 (1998), 1119.

Cloninger, C. Robert: A Systematic Method for Clinical Description and Classification of Personality Variants. In: *Archives of General Psychiatry* 44/6 (1987), 573–588.

Damasio, Antonio R.: *Descartes' Irrtum. Fühlen, Denken und das menschliche Gehirn.* Berlin ²2005 (engl. 1994).

Diller, Lawrence H.: Running on Ritalin. Attention Deficit Disorder and Stimulant Treatment in the 1990s. In: *Hastings Center Report* 26 (1996), 12–14.

Freedman, Benjamin: Equipoise and the Ethics of Clinical Research. In: *New England Journal of Medicine* 317 (1987), 141–145.

Heinemann, Thomas/Hoppe, Christian/Listl, Susanne/Spickhoff, Andreas/Elger, Christian E.: Zufallsbefunde bei bildgebenden Verfahren in der Hirnforschung. Ethische Überlegungen und Lösungsvorschläge. In: *Deutsches Ärzteblatt* 104/27 (2007), A1982–A1987.

Helmchen, Hanfried/Müller-Oerlinghausen, Bruno: The Inherent Paradox of Clinical Trials in Psychiatry. In: *Journal of Medical Ethics* 1 (1975), 168–173.

Hinton, Veronica J.: Ethics of Neuroimaging in Pediatric Development. In: *Brain and Cognition* 50 (2002), 455–468.

Hume, David: *A Treatise of Human Nature* [1740]. Hg. von D.F. Norton/M.J. Norton. Oxford 2000.

Hypericum Depression Trial Study Group: Effect of Hypericum Perforatum (St. John's Wort) in Major Depressive Disorder. A Randomized Controlled Trial. In: *Journal of the American Medical Association* 287 (2002), 1807–1814.

Illes, Judy et al.: Ethical and Practical Considerations in Managing Incidental Findings in Functional Magnetic Resonance Imaging. In: *Brain and Cognition* 50 (2002), 358–365.

Iowa State Council: Harrington v. Iowa, 659 N. W.2d 509 (2003), 516.

Kirsch, Irving et al.: Initial Severity and Antidepressant Benefits: A Meta-analysis of Data Submitted to the Food and Drug Administration. In: *PLoS Med* 5/2 (2008), e45.

Locke, John: *An Essay Concerning Human Understanding* [1694]. Hg. von Peter H. Nidditch. Oxford 1979.

Merkel, Grischa/Roth, Gerhard: Freiheitsgefühl, Schuld und Strafe. In: Klaus-Jürgen Grün/ Michel Friedman/Gerhard Roth (Hg.): *Entmoralisierung des Rechts. Maßstäbe der Hirnforschung für das Strafrecht.* Göttingen 2008, 54–95.

Miller, Franklin G./Fins, Joseph J.: Protecting Human Subjects in Brain Research. A Pragmatic Perspective. In: Judy Illes (Hg.): *Neuroethics. Defining the Issues in Theory, Practice, and Policy.* Oxford 2006, 123–140.

Phelps, Elizabeth A. et al.: Performance on Indirect Measures of Race Evaluation Predicts Amygdala Activation. In: *Journal of Cognitive Neuroscience* 12 (2000), 729–738.

Restak, Richard: Fixing the Brain. In: Ders.: *Mysteries of the Mind.* Washington 2000.

Roth, Gerhard: Willensfreiheit und Schuldfähigkeit aus Sicht der Hirnforschung. In: Gerhard Roth/ Klaus-Jürgen Grün (Hg.): *Das Gehirn und seine Freiheit. Beiträge zur neurowissenschaftlichen Grundlegung der Philosophie.* Göttingen 2006, 9–27.

Singer, Wolf: Verschaltungen legen uns fest. In: Christian Geyer (Hg.): *Hirnforschung und Willensfreiheit.* Frankfurt a. M. 2004, 30–63.

Snyder, Allan W. et al.: Savant-like Skills Exposed in Normal People by Suppressing the Left Fronto-temporal Lobe. In: *Journal of Integrative Neuroscience* 2 (2003), 149–158.

Steven, Megan S./Pascual-Leone, Alvaro: Transcranial Magnetic Stimulation and the Human Brain. An Ethical Evaluation. In: Judy Illes (Hg.): *Neuroethics. Defining the Issues in Theory, Practice, and Policy.* Oxford 2006, 201–211.

Stier, Marco: *Ethische Probleme in der Neuromedizin. Identität und Autonomie in Forschung, Diagnostik und Therapie.* Frankfurt a. M. 2006.

Weiterführende Literatur

Dekkers, Wim/Boer, Gerard: Sham Surgery in Patients with Parkinson's Disease: Is it Morally Acceptable? In: *Journal of Medical Ethics* 27 (2001), 151–156.

Freeman, Thomas B. et al.: Use of Placebo Surgery in Controlled Trials of a Cellular-based Therapy of Parkinson's Disease. In: *The New England Journal of Medicine* 341/13 (1999), 988–992.

Greene, Joshua D.: From Neural »Is« to Moral »Ought«: What are the Moral Implications of Neuroscientific Moral Psychology? In: *Nature Reviews Neuroscience* 4 (2003), 847–850.

Greene, Joshua D./Haidt, Jonathan: How (and Where) Does Moral Judgment Work? In: *Trends in Cognitive Sciences* 6/12 (2002), 517–523.

Kim, Scott Y. H. et al.: Science and Ethics of Sham Surgery. A Survey of Parkinson Disease Clinical Researchers. In: *Archives of Neurology* 62/9 (2005), 1357–1360.

Kramer, Peter D.: *Listening to Prozac.* New York 1993.

Kupsch, Andreas et al.: Transplantation von Dopamin-herstellenden Nervenzellen. Eine neue Therapiestrategie gegen das idiopathische Parkinson-Syndrom. In: *Nervenarzt* 62 (1991), 80–91.

Macklin, Ruth: The Ethical Problems with Sham Surgery in Clinical Research. In: *The New England Journal of Medicine* 341/13 (1999), 992–996.

Moreno, Jonathan D.: *Undue Risk. Secret State Experiments on Humans.* New York 2001.

Parens, Erik: Authenticity and Ambivalence: Toward Understanding the Enhancement Debate. In: *The Hastings Center Report* 35/3 (2005), 34–41.

Quante, Michael (Hg.): *Personale Identität.* Stuttgart 1999.

Roskies, Adina: Neuroethics and Neuropsychiatry. In: *Journal of Neuropsychiatry and Clinical Neurosciences* (im Druck).

Valenstein, Elliot S. (Hg.): *The Psychosurgery Debate: Scientific, Legal, and Ethical Perspectives.* San Francisco 1980.

Jens Kipper

5. Genetische Forschung am Menschen

Die genetische Forschung am Menschen ermöglicht einen in seiner Dimension neuartigen Einblick in eine grundlegende Konstitution des Menschen. Die Frage nach der genetischen Ausstattung und ihrer Bedeutung für das Individuum spielt mittlerweile in vielen Anwendungsbereichen eine zunehmend große Rolle. So beziehen beispielsweise die Medizin und die Psychologie in ihre Diagnose, aber vor allem auch in ihre Prognose, das Genom mit ein. Daneben spielen genetische Untersuchungen auch in kommerzieller Absicht eine große Rolle. Dass diese Entwicklungen in der Genomforschung unser Verständnis vom Menschen im Allgemeinen, aber auch unser Selbstverständnis prägen können, zeigen Fragen wie, ›Ist der Mensch durch seine Gene bereits vollständig determiniert?‹ ›Was wissen wir über einen Menschen, wenn wir sein Genom kennen?‹ ›Gibt es schlechte bzw. gute Gene?‹ Insbesondere das Human Genome Project (HGP), das die vollständige Sequenzierung des menschlichen Genoms zum Ziel hatte, hat diese Fragen konkretisiert. Zwar verspricht die in diesem Zusammenhang zuweilen verwendete Bezeichnung ›Entschlüsselung des menschlichen Lebens‹ mehr als die allein durch die Sequenzierung gewonnenen Erkenntnisse leisten können, die auf diese Weise gewonnenen Ergebnisse stellen aber einen notwendigen ersten Schritt für die Aufklärung der Rolle des menschlichen Genoms im Hinblick auf operationalisierte Phänotypen dar. Welche ethischen Aspekte durch die genetische Forschung am Menschen berührt sein können, wird im vorliegenden Artikel entfaltet. Dafür wird zunächst kurz die Geschichte des HGPs skizziert, die damit verbundenen gesellschaftlichen Implikationen benannt (5.1), um dann mögliche ethische Fragestellungen anhand neuerer konkreter Genomforschungsprojekte darzustellen (5.2). Das abschließende Kapitel vermittelt einen Ausblick auf mögliche Entwicklungen sowie die Grenzen der Genomforschung (5.3).

5.1 Die Sequenzierung des menschlichen Genoms

Der heutige Stand in der Genomforschung ist das Resultat langjähriger Vorarbeit: Vor etwa 150 Jahren wurden die Mendelschen Gesetze der Vererbung aufgestellt und dienten nach ihrer Wiederentdeckung Anfang des 20. Jahrhunderts der Aufklärung von Vererbungsmechanismen in der sogenannten ›Stammbaumforschung‹. 1944 wurde die DNA als Träger der Erbinformation von Avery et al. an Bakterien entdeckt, 1953 ihre molekulare Struktur von Watson und Crick aufgedeckt und in der Folge wurden von unzähligen Forschern die molekularen Prozesse zwischen der genetischen Information und der Ausbildung von Merkmalen analysiert sowie Sequenzierungsmethoden entwickelt. Hierbei stellte auch die Frage nach der ›Entschlüsselung‹ des menschlichen Genoms ein wichtiges Forschungsdesiderat dar. Um hier Fortschritte zu erzielen, wurde nach etwa zehnjähriger Vorarbeit Anfang der 1990er Jahre unter der Beteiligung internationaler Partner das Humangenomprojekt (*Human Genome Project*, HGP) ins Leben gerufen, dessen Leitung der amerikanische Genetiker Francis Collins übernahm. Ziel dieses großen Projekts war die Sequenzierung und vollständige Kartierung des menschlichen Genoms sowie die Identifizierung der einzelnen Gene. Um eine Übervorteilung kleinerer Projektpartner zu vermeiden, wurden 1996 mittels eines internationalen Abkommens, der sogenannten Bermuda-Konvention, alle Partner des HGP dazu verpflichtet, ihre Sequenzdaten unmittelbar zu veröffentlichen und über das Internet weltweit zugänglich zu machen. So hatten alle Partner – unabhängig davon, wie viel Ressourcen sie selber in das Projekt einfließen lassen konnten – auf die erzielten Ergebnisse Zugriff. Während innerhalb des HGPs damit ein Prinzip der Kooperation und der Konkurrenzvermeidung verfolgt wurde, stieg der amerikanische Molekularbiologe Craig Venter durch die Etablierung einer privat finanzierten Forschergruppe mit in den Wettbewerb um die Genomsequenzierung ein: Nachdem er schon 1992 die private Forschungsgesellschaft ›The Institute for Genomic Research‹ (TIGR) gegründet hatte, rief er 1998 zusammen mit einem Hersteller von Sequenzierungsautomaten die Firma Celera Genomics ins Leben, um die Sequenzanalyse des menschlichen Genoms früher als das öffentliche Sequenzierungskonsortium des HGP fertigzustellen. Als Zielmarke setzte er das Jahr 2000. Durch diese Ankündigung motiviert, erfuhr das öffentliche HGP eine Erhöhung der Förderungsmittel. So konnten Ende 1999 die Forscher des HGP die nahezu vollständige Sequenzanalyse des ersten menschlichen Chromosoms veröffentlichen. Es handelte sich um das Chromosom 22 mit etwa 34 Mio. Basenpaaren. Am 26. Juni 2000 präsentierten sowohl Craig Venter als auch Francis Collins ihre jeweils ersten Versionen der menschlichen Genomsequenz. Anfang Februar 2001 erschienen in den Zeitschriften *Nature* und *Science* getrennt die dazugehörigen Publikationen beider Gruppen. Die noch fehlenden Gensequenzen sollten binnen drei Jahren nachgereicht werden. Das öffentliche Sequenzierkonsortium kam dieser Verpflichtung mit der Veröffentlichung des Abschlusses der Sequenzanalyse im April 2003 nach, während Craig Venter von der Fertigstellung seiner Arbeitsversion im Jahr 2002 Abstand nahm. Im Oktober 2004 wurde das Ergebnis des internationalen HGP in *Nature* veröffentlicht, womit die angesetzte Laufzeit von etwa 15 Jahren eingehalten wurde (Hucho et al. 2005, 28 ff.).

In dem Wettlauf um die Sequenzierung des menschlichen Genoms drückt sich das große Interesse der kommerziellen Forschung an diesem Feld aus. Dies resultiert vor allem aus den möglichen Anwendungsfeldern, die sich aus der zunächst grundlagenorientierten Wissenschaft im Weiteren ergeben. So wird die kommerzielle Verwertung der Ergebnisse der Genforschung in Anbetracht der umfangreichen *funktionellen* Genomanalyse, mit deren Methoden einzelne Gene identifiziert und deren Bedeutung für den Gesamtorganismus untersucht werden, vermutlich weiter steigen (vgl. Abels 2003, 18; s. auch Abschnitt 5.2).

5.1.1 Ziele der Humangenomforschung

Ein zentrales Ziel des Humangenomprojekts war die vollständige Entschlüsselung der Basenabfolge auf allen Chromosomen des menschlichen Genoms. Dazu gehören in erster Linie die Sequenzanalyse und die darauf basierende Erstellung von Gen- und Chromosomenkarten. Man spricht in diesem Zusammenhang von *struktureller Genomik*, deren Ziel vor allem das Sammeln und Aufbereiten von genetischen Daten ist. Das auf diesem Weg gewonnene menschliche ›Standardgenom‹ wurde aus einer Vielzahl von individuellen Genomsequenzen verschiedener Menschen generiert. Es dient für die weitere Forschung als Bezugswert, an dem die Konstanz bzw. Variationsbreite von Genomen verschiedener Personen gemessen werden kann. Komplementiert wird die Entschlüsselung durch die sog. *funktionelle Genomik*. Mit der Sequenzierung des Genoms von Tieren werden z. B. strukturell ähnliche und funktionell äquivalente Gene als Referenzen gewonnen, die für das Verständnis der Funktionen menschlicher Gene hilfreich sein können (zur Übertragbarkeit von Tierversuchen auf den Menschen s. Kap. II.3.1).

Die mit hohem finanziellen Aufwand verbundene Durchführung des Humangenomprojekts legitimierte sich in der Öffentlichkeit nicht zuletzt durch die Aussicht auf neue Diagnostik- und Therapiemöglichkeiten, die auf der Grundlage der Genomdaten für genetisch bedingte Krankheiten entwickelt werden sollen. Durch diesen praktischen Bezug kann die molekulare Humangenomforschung als ein Feld verstanden werden, das zwischen Grundlagen- und anwendungsorientierter Forschung angesiedelt ist. Dies wirft allerdings Fragen auf: Was wollen wir wissen und wozu? Ist der Grundlagenforscher für seine Forschungsinhalte und die daraus resultierenden Forschungsergebnisse im Hinblick auf deren mögliche Anwendung verantwortlich? Kann von ihm verlangt werden, dass er die Folgen seiner Entdeckungen voraussieht? Die Frage, ob Grundlagenforscher für die Folgen einer Nutzung ihrer Erkenntnisse verantwortlich sind, ist seit jeher ein wichtiges Thema der Forschungsethik. Die lange Zeit geltende Einschätzung, biologische Grundlagenforschung sei weitgehend zweckfrei bzw. geschehe nur um ihrer selbst willen, erscheint heute ebenso wie die Unterscheidung in rein wissenserzeugende einerseits und anwendungsorientierte Wissenschaften andererseits nicht mehr ohne Weiteres haltbar. Aus den Ergebnissen zahlreicher Untersuchungen der Grundlagenforschung lässt sich eine Vielzahl neuer Handlungsmöglichkeiten ableiten, die aus ethischer Perspektive sowohl als wünschenswert wie auch als problematisch bewertet werden können. Zwar ist von einem Forscher offensichtlich kaum zu verlangen, dass er alle Folgen, die sich durch die Anwendung des von ihm generierten Wissens durch Dritte ergeben, voraussieht, doch bedeutet dies nicht, dass Grundlagenforschung in einem moralisch neutralen Raum geschieht (Gethmann/Thiele 2008, 512 ff.). Diese Auffassung spiegelt sich auch in der ethischen Begleitforschung der Genomforschung wider.

5.1.2 Ethische, rechtliche und soziale Implikationen der Humangenomforschung

Die genetische Ausstattung gehört zur grundlegenden Konstitution eines Individuums. Auch wenn heute aufgrund vielfältiger wissenschaftlicher Erkenntnisse nicht mehr davon ausgegangen werden kann, dass der Mensch durch seine Gene vollständig determiniert ist, gewinnt man mit der Einsichtnahme in das menschliche Genom individuelle Daten, die auch das menschliche Selbstverständnis betreffen können. Im Hinblick auf diese Auswirkungen riefen das U.S. Department of Energy (DOE) und die National Institutes of Health (NIH) schon zu Beginn des HGPs das Ethical, Legal, and Social Issues Program (ELSI) ins Leben. Zentrales Ziel dieses Programms war es, die möglichen gesellschaftlichen Konsequenzen, die aus den Ergebnissen des HGPs resultieren, zu analysieren. 3 bis 5 % des jährlichen Budgets des HGPs flossen in die Untersuchung ethischer, rechtlicher und sozialer Implikationen. Behandelt wurden dabei beispielsweise Fragen, die den vertrauensvollen Umgang mit genetischen Informationen betreffen. Wer soll Zugang zu den genomischen Daten eines Individuums haben und wie lässt sich Privatsphäre schützen? Wie können Informationen über die Konstitution des eigenen Genoms das Individuum oder sein soziales Umfeld beeinflussen? Darüber hinaus wurden die Möglichkeiten und Grenzen neuer Methoden diskutiert, die die Validität der Aussagen genetischer Testverfahren und die Interpretation der Ergebnisse betreffen. Als weiterer klärungsbedürftiger Punkt wurde ausgewiesen, ob ein Testverfahren auf Krankheiten durchgeführt werden sollte, wenn eine adäquate Therapieform fehlt (ausführliche Informationen erhält man unter http://www.ornl.gov/sci/techresources/Human_Genome/elsi/elsi.shtml, 8.2.2010). Die inhaltlichen Aspekte, mit denen sich ELSI auseinandergesetzt hat, dienen inzwischen als Grundlage und Leitfaden für viele medizinethische Projekte.

Die UNESCO verabschiedete im November 1997 die *Allgemeine Erklärung über das menschliche Genom und Menschenrechte*, die in vielen Mitgliedstaaten als Richtlinie für die die Genomforschung betreffende Gesetzgebung maßgeblich ist. Gemäß dieser Erklärung ist ein zentrales Anliegen der UNESCO, den naturwissenschaftlichen Fortschritt und damit verbundene Handlungsmöglichkeiten zur Verbesserung der Gesundheit des einzelnen Menschen sowie der ganzen Menschheit zu fördern. Dabei soll aber gesichert sein, dass die Genomforschung die Menschenwürde, die Freiheit des Menschen und die Menschenrechte unbedingt achtet (UNESCO 1997).

Daher fordert die Erklärung, dass alle Menschen – unabhängig von ihrer genetischen Konstitution – und konstatiert die Nicht-Reduzierbarkeit des Menschen auf seine genetischen Eigenschaften. Werden die Erkenntnisse der Genomforschung nämlich in dem Sinne verabsolutiert, dass die Individualität eines Menschen nur auf seine genetische Ausstattung reduziert wird, lässt sich in einer solchen Art Genetifizierung (zum Begriff vgl. Lippmann 1991, 19) eine verkürzte Sichtweise erkennen, die in dem Verdacht steht, einen wesentlichen Kern des Menschen, nämlich seinen Charakter als Vernunftwesen, auszublenden. Das damit verbundene Menschenbild könnte zu Stigmatisierungen und Diskriminierungen führen. Ebenso spielt die Anerkennung der Vielfalt und Einzigartigkeit des Individuums eine wichtige Rolle. In der Erklärung der UNESCO wird explizit darauf hingewiesen, dass das Genom eines jeden Menschen individuelle Variationen aufweist, die u. a. auf Rekombinationen und Mutationen beruhen, die eine vorschnelle Standardisierung des menschlichen Genoms als problematisch erscheinen lassen und die Wechselwirkung mit Umweltbedingungen berücksichtigen. Bezüglich der Forschung am menschlichen Genom wird weiterhin das unbedingte Verbot des reproduktiven Klonens ausgesprochen, da es der Menschenwürde entgegenstehe, sowie gefordert, dass der Nutzen, der aus genomischer Forschung resultiert, allen Menschen zugänglich gemacht wird. Die Erklärung der UNESCO ist kein rechtliches Dokument, sondern als Vorbereitung für eine zukünftige internationale rechtliche Regelung zu verstehen und fällt damit unter das ›soft law‹, d. h. ihr kommt keine rechtliche Verbindlichkeit zu, sie hat aber dennoch politische Wirkung. In dem Dokument spiegeln sich einerseits die medizinischen Hoffnungen, andererseits die ethischen Bedenken wider, die mit der Forschung am menschlichen Genom verbunden sind. Die Vorsicht, zu der im Umgang mit der Forschung am menschlichen Genom angehalten wird, resultiert nicht zuletzt aus der geschichtlichen Erfahrung.

Im Zuge der genetischen Forschung rückte schon Anfang des 20. Jahrhunderts die gesellschaftliche Bedeutung der Erkenntnisse in den Fokus. So sah der aus heutiger Sicht wissenschaftlich problematische ›Forschungszweig‹ der Eugenik vor, den Anteil positiv bewerteter Erbanlagen in der Bevölkerung zu erhöhen, negativ empfundene Erbanlagen hingegen zu selektieren. Ein besonderes Augenmerk lag dabei auf ethnischen Unterschieden. Von sogenannten Instituten für Rassenhygiene wurden damals Verbote von Mischehen verhängt sowie wissenschaftlich nicht haltbare Theorien konstruiert und ethisch unzulässige Stigmatisierungen vorgenommen. Diese häufig ideologisch motivierten Hypothesen fanden unter dem Regime der Nationalsozialisten in Deutschland ihren grausamen Höhepunkt, indem sie der Legitimation für die systematische Vernichtung sogenannter ›niederer Rassen‹ diente. Nicht zuletzt diesen historischen Ereignissen ist die ethische Reflexion der Forschung am menschlichen Genom geschuldet.

5.2 Neue Projekte – Neue Probleme?

Nachdem die vollständige Sequenzierung des menschlichen Genoms gelungen ist, beginnt nun ein Forschungsabschnitt, der häufig als Post-Genom-Ära bezeichnet wird. Hier sind Fragen leitend wie solche nach der Bedeutung der Gene für den Organismus, nach der Interaktion des Genoms mit dem Proteom und der Einfluss der Umwelt auf das Genom. Eine grundlegende Methode zur Untersuchung derartiger Fragestellungen ist die Assoziation konkreter Merkmale mit bestimmten Genen, wofür eine Vielzahl gezielter genetischer Untersuchungen notwendig ist. Zwar ist die Erhebung genetischer Daten für den Probanden nicht invasiv und stellt damit keinen nennenswerten Eingriff in die körperliche Integrität dar, die Einsichtnahme in das Genom konkreter Personen kann aber weitreichende Konsequenzen haben, die einer ethischen Reflexion bedürfen. So können ethisch relevante Konzepte wie das Recht auf informationelle Selbstbestimmung, Privatheit, Stigmatisierungen etc. berührt sein. Dies soll im Folgenden an den Beispielen der Etablierung von Biobanken, der personalisierten Genomsequenzierungen und möglichen Folgen der frühzeitigen Kommerzialisierung der Ergebnisse der Genforschung veranschaulicht werden.

5.2.1 Etablierung von Biobanken am Beispiel Island

Von der Etablierung von *Biobanken*, in denen menschliche Körpersubstanzen mit individuellen Daten gesammelt und aufbereitet werden, erhofft man, eine Erklärung für die Ursachen bestimmter Krankheiten finden zu können. Hinweise ergeben sich bereits aus vielfach durchgeführten epidemiologischen Studien, in denen die Häufigkeit und Verteilung von Krankheiten in der Bevölkerung Schlüsse zwischen Umweltbedingungen und dem Auftreten von Krankheiten erlauben. Demgegenüber dringen heutige Forschungsvorhaben aber in eine andere Dimension vor, indem sie durch die Untersuchung der genetischen Konstitution auch Krankheitsfaktoren ausmachen, die im Gegensatz zu Umwelteinflüssen vom Nationalen Ethikrat als ›innere‹ Faktoren bezeichnet werden (vgl. Nationaler Ethikrat 2004, 32). Biobanken zeichnen sich dadurch aus, dass sie Proben von Körpersubstanzen, beispielsweise Blut, Gewebe oder Zellen, mit personenbezogenen Daten verknüpfen bzw. Proben und Daten so aufbewahren, dass sie verknüpft werden können. Für Forschungsprojekte, die die Bedeutung einzelner Gene für die Ausprägung von Merkmalen untersuchen, ist es zunächst notwendig, möglichst viele genetische Daten mit phänotypischen Ausprägungen zu korrelieren. Zu diesem Zweck haben sich breit angelegte Untersuchungen des Genoms in Form von sog. Reihenscreenings in der Forschungslandschaft etabliert. Biobanken, in denen außer genetischen Forschungsdaten auch phänotypische Merkmale gesammelt werden, finden sich in mehreren Ländern wie Großbritannien, Estland, Deutschland etc. (s. Kap. III.1.1). Da derartige Biobanken erst sehr langfristig wissenschaftlich relevanten Erkenntnisgewinn erzeugen, sind phänotypbezogene Datenbanken bspw. bezüglich bestimmter Krankheiten oder Merkmale weiter verbreitet und stellen ein wichtiges Instrument der Genforschung im Hinblick auf ihre klinische Anwendung dar (s. auch Abschnitt 5.2.3).

Definition: ›Biobanken‹

Unter Biobanken versteht man die systematische Sammlung und langfristige Aufbewahrung von Proben menschlicher Körpersubstanzen wie Gewebe, Blut, Zellen und DNA als materieller Träger genetischer Information sowie personenbezogenen Daten wie Krankengeschichte, Lebenswandel und -bedingungen der Spender. Das besondere Charakteristikum von Biobanken liegt in der *Verknüpfung* der auf verschiedene Weisen gewonnenen Daten und Informationen. Zum Zeitpunkt ihrer Etablierung ist in der Regel noch nicht absehbar, welche zukünftigen Erkenntnisse aus dieser Zusammenführung gewonnen werden können. Auch muss nicht grundsätzlich festgelegt sein, für welche Art von Forschung die Biobank genutzt wird. Vor allem für die biomedizinische Forschung stellen Biobanken eine grundlegende Infrastruktur dar, um Ursachen von Krankheiten zu untersuchen sowie neue therapeutische Methoden zu entwickeln (vgl. Engels 2003, 11 ff.).

Der Aufbau solcher Datenbanken betrifft eine Vielzahl ethisch und rechtlich relevanter Aspekte, die beispielsweise Menschenrechte, Eigentumsrechte, aber auch die häufig enge Verzahnung von akademischer und kommerzieller Wissenschaft berühren. Dies lässt sich besonders eindrücklich am Beispiel der Biodatenbank in Island nachzeichnen, die in dieser Form als die erste in Europa gilt: Seit 1998 wird in Island mit Zustimmung des Isländischen Parlaments von der Firma ›deCODE‹ zu Forschungszwecken eine zentrale Datenbank aufgebaut, in der genetische und genealogische Daten sowie medizinische Unterlagen der isländischen Bevölkerung zusammengeführt werden. Erklärtes Ziel sind die Verbesserung bzw. Ermöglichung von Diagnostik und Therapie hereditärer Krankheiten und die qualitative Verbesserung des isländischen Gesundheitssystems. Aufgrund seiner geographischen Lage und Geschichte weist Island einige Besonderheiten auf, die es für ein solches Forschungsvorhaben prädestinieren: Zum einen lebt die heute rund 300.000 Personen umfassende Bevölkerung seit 1100 Jahren in relativer Abgeschiedenheit ohne nennenswerte Immigration, zum anderen hat das Führen von Ahnenbüchern bis heute eine lange Tradition, so dass Verwandtschaftsverhältnisse häufig bis ins 10. Jahrhundert verfolgt werden können. Darüber hinaus lässt sich auf gut geführte Patientenakten seit 1915 sowie eine seit dem Zweiten Weltkrieg geführte Gewebedatenbank für das Forschungsvorhaben zurückgreifen (vgl. Stefánsson 2000, 24 f.). In diesem Projekt soll die Erhebung neuer genetischer Daten und deren Abgleich mit den vorhandenen Informationen in einer sogenannten ›Gesundheitsdatenbank‹ die Grundlage für die ätiologische Untersuchung von zunächst zwölf Krankheiten bilden. Zur Finanzierung des Vorhabens wurde mit dem Schweizer Pharmakonzern Hoffmann-LaRoche vertraglich geregelt, dass der Konzern sich durch eine finanzielle Beteiligung von ca. 200 Mio. US Dollar die Rechte an den daraus resultierenden Patenten, Diagnostika und Medikamenten sichert, wobei Island kostenfreien Zugriff darauf erhalten soll (vgl. Zoëga/Andersén 2000, 37 f.).

Am 17. Dezember 1998 wurde vom isländischen Parlament der kontrovers diskutierte »Act on Health Sector Database« erlassen, in dem die Etablierung und Verwaltung einer zentralen ›Gesundheitsdatenbank‹ (HSD) festgelegt wurde. Die Gesundheitsdatenbank besteht aus bereits erhobenen bzw. neuen Daten aus Krankenakten, die von den Ärzten zum Zweck der Aufnahme in die zentrale HSD weitergegeben werden. Ein gutes Jahr später wurde der Firma deCODE eine bis zu zwölfjährige Lizenz zur kommerziellen Nutzung und Weiterverarbeitung dieser Daten erteilt und ihre Verwendung als Teil einer groß angelegten Studie erlaubt. Gemeinsam mit zwei weiteren – firmeneigenen – Datenbanken, die genetische und genealogische Daten umfassen, wird die HSD Teil einer größeren

Datenbank, die als *Genealogy Genotype Phenotype Resource* (GGPR) bezeichnet wird und alle Daten miteinander verknüpft. Das Projekt ist auf nationaler und internationaler Ebene umstritten, da bspw. die Kommerzialisierung der Forschung und der Umgang mit den Informationen isländischer Bewohner aus ethischer und rechtlicher Perspektive für problematisch gehalten wird. Das daher vielfach in Frage gestellte Projekt wurde von der isländischen Regierung mit der damit erhofften Verbesserung des Gesundheitssystems verteidigt. Als weitere Gründe wurden die mit der HSD einhergehende Digitalisierung der mit langer Tradition geführten Krankenakten sowie neue Arbeitsplätze in einem Hoch-Technologie-Sektor benannt (vgl. Merz/Gee/Sankar 2004, 1201 f.).

Häufig wird in diesem Zusammenhang diskutiert, inwieweit das Recht auf *informationelle Selbstbestimmung* bzw. *Prinzip der Selbstbestimmung* gewahrt wird, da man bei der Weitergabe der Daten prinzipiell von der mutmaßlichen Einwilligung des Patienten ausgeht (engl. *presumed consent*). Es steht ihm zwar frei, diese zu widerrufen, doch *obliegt* ihm gleichzeitig der Widerruf. Zur Wahrung des Prinzips der Selbstbestimmung des Probanden hat sich die informierte Einwilligung (engl. *informed consent*) als Voraussetzung zur Teilnahme an Forschungsstudien etabliert (s. ausführlich Kap. II.2.3.1). Das Projekt in Island sieht allerdings davon ab, so dass es im Verdacht steht, das Prinzip zu verletzen. Inwieweit das Einholen einer informierten Einwilligung ein sinnvolles Procedere bei der Etablierung von Biobanken darstellt oder ob es adäquate Alternativen gibt, die im Gegensatz zum *presumed consent* mit dem Prinzip vereinbar sind, bleibt zu klären (s. Abschnitt 5.2.2).

Inzwischen haben etwa 20.000 Isländer davon Gebrauch gemacht, den *presumed consent* zu widerrufen, indem sie ein explizites *Nicht*einverständnis gegeben haben. Da dieser Vorgang mit einem gewissen Aufwand verbunden ist, kann nicht sichergestellt werden, dass jede Person dazu in der Lage ist. Inwiefern beispielsweise Kinder und behinderte Personen davon Gebrauch machen können, ist fraglich. Eine Weitergabe der Daten von Verstorbenen kann von Familienangehörigen nicht unterbunden werden. Isländische Ärzte äußerten in diesem Zusammenhang mehrfach ihre Sorgen um die Belastung des Vertrauensverhältnisses zu ihren Patienten.

Während der Inhalt von Krankenakten dem Patienten bekannt ist bzw. prinzipiell sein kann, weist die isländische Datenbank in ihrem Umfang und ihrem Aufbau inhaltlich weit darüber hinaus. Aus dem Zusammenschluss der verschiedenen Datenstränge ergeben sich unter Umständen neue Informationen über die untersuchten Personen, die ihnen selber bis dahin noch nicht bekannt sind. Welche Erkenntnisse sich zukünftig daraus ableiten lassen, kann zum Zeitpunkt der Datenerhebung nicht beantwortet werden, zumal es keine eindeutige Forschungshypothese gibt, die der Etablierung dieser Datenbank zugrunde liegt.

Im Hinblick auf die isländische Datenbank wurden häufig die Grenzen des Datenschutzes diskutiert. Da genetische Informationen nur durch die Korrelation mit phänotypischen Merkmalen eine Bedeutung bekommen, sollen diese möglichst detailliert in der Datenbank gesammelt werden. Aufgrund der Tatsache, dass hier Einzeldaten aus verschiedenen Datenbanken zusammengeführt und um neue Daten fortwährend ergänzt werden, können die Daten nicht anonymisiert, sondern lediglich mit Codenummern verschlüsselt werden. Die Einhaltung der Vertraulichkeit wird zwar von einer unabhängigen, staatlichen Datenschutzkommission überwacht. Gerade aufgrund der geringen Bevölkerungszahl Islands kann aber nicht ausgeschlossen werden, dass konkrete Individuen anhand der codierten Daten identifiziert werden könnten, da in der GGPR sehr umfassende Informationen über einzelne Personen zusammenfließen (vgl. Nationaler Ethikrat 2004, 42).

Auch die überindividuelle Bedeutung der populationsgenetischen Untersuchung in Island sollte in den Blick genommen werden: Eine Datenbank, in der genetische Sequenzen aller Bewohner eines Landes aufbereitet werden, könnte weitverbreitete genetische Dispositionen erkennen lassen, die zu Stigmatisierungen des isländischen Volkes im Ganzen führen könnten, auch wenn dies theoretisch mit der Erklärung der UNESCO (s. Abschnitt 5.1.2) unterbunden werden soll.

Der Vertragsabschluss Islands mit deCode, der der Firma eine Nutzungslizenz der Daten einräumt, muss auch unter möglichen Wettbewerbsverzerrungen betrachtet werden, die in der finanziellen Beteiligung und den darauf gründenden Exklusivrechten des Unternehmens Hoffmann-La Roche evident wird. Dies wurde häufig als »Ausverkauf öffentlicher Ressourcen und Monopolbildung kritisiert« (Nationaler Ethikrat 2004, 42). Des Weiteren bleibt offen, inwiefern damit die *Forschungsfreiheit* behindert wird, da eine Benachteiligung der aus öffentlichen Geldern finanzierten Forschung einhergeht. Die Forderung der UNESCO, dass alle Menschen an den Forschungsergebnissen der Genomforschung partizipieren können sollen, wird damit zumindest temporär untergraben.

Die prinzipiellen ethischen Fragen, die in Island mit der Etablierung der Gesundheitsdatenbank aufkamen, lassen sich spezifiziert auf jegliche Biobanken, die genetisches Material speichern, anwenden. Zum jetzigen Zeitpunkt scheint das Vorhaben in Island zu stagnieren; die Firma deCODE hat Ende 2009 Insolvenz angemeldet.

5.2.2 Individuelle Genomsequenzierungen zu Forschungszwecken

Ähnlich wie bei der Hirnforschung (s. Kap. III.4.3.2.1) ist auch bezüglich der Genomforschung der Begriff der Privatheit (engl. *privacy*) zu diskutieren. Genetische Informationen eines Menschen geben einen tiefen Einblick in seine grundlegende Konstitution, auch wenn die tatsächliche Aussagekraft dieser Daten für das konkrete Individuum zum jetzigen Zeitpunkt noch weitgehend offen ist. Die weithin anerkannte Relevanz der genetischen Information im Sinne einer Disposition für den Phänotyp zeigt sich aber in verschiedenen Studiendesigns, in denen beispielsweise angestrebt wird, genetische Dispositionen für Aggressivität, Alkoholsucht etc. auszumachen. Im Rahmen von Forschungsstudien mit klar definiertem Design kann dies unter Einhaltung der Regeln, die für Forschung am Menschen generell gelten (s. Kap. II.2), ethisch legitimierbar sein. Wie sieht es aber aus, wenn die Grenzen verschwimmen? Im Internet wird beispielsweise dazu aufgerufen, an einem Projekt teilzunehmen, das genetische Schlüsselsequenzen, persönliche Daten, eine umfassende Anamnese und Profilbilder freiwilliger Personen veröffentlicht (vgl. etwa http://www.personalgenomes.org/). Kostenlosen Zugriff haben damit sowohl Forscher als auch jegliche Privatpersonen. Erklärtes Ziel ist es, anhand der auf diese Weise gewonnenen Forschungsdaten tiefere Einblicke in die Zusammenhänge zwischen Genotyp und Phänotyp besonders im Hinblick auf genetisch verursachte Krankheiten zu bekommen. Allerdings hat dieses Projekt eine unbegrenzte Laufzeit und kann auf die weitere – nicht zwangsläufig wissenschaftliche – Verwertung der generierten Daten keinen Einfluss nehmen: Werden diese für kommerzielle Zwecke verwendet, welche Art von Forschung wird betrieben, mit welchem Ziel werden die Daten von wem ausgewertet? Angesichts solcher offenen Fragen wird deutlich, dass die Auflagen einer Forschungsstudie, nämlich die Festlegung des Forscherteams, des Forschungsziels und des -zeitraums nicht erfüllt wird (s. Kap. II.2). Dennoch scheint es auch hier sinnvoll, die für die Forschung am

Menschen relevanten Prinzipien wie beispielsweise der Selbstbestimmung und des Nichtschadens auch in diesem Falle als ethischen Bezugsstandard zu setzen, was sich ebenfalls in der Einwilligungserklärung des Projektes widerspiegelt.

Während das Ziel eines solchen sog. *data minings*, nämlich die Bereitstellung genetischer Daten zu Forschungszwecken für die Wissenschaft zunächst als positiv bewertet werden könnte, muss die ethische Legitimierbarkeit eines solchen Vorhabens angesichts der damit einhergehenden Nebeneffekte hinterfragt werden: Die Daten sind für jeden – auch außerhalb eines Forschungskontextes – im Internet einsehbar und durch die gleichzeitige Darstellung von Profilbildern und persönlichen Eckdaten nicht anonymisiert. Es bleibt daher offen, ob beispielsweise Versicherungsunternehmer und Arbeitgeber diese Datenbank zu ihrem Vorteil auswerten lassen könnten. Genetische Daten erlauben nicht nur Rückschlüsse auf die freiwilligen Spender, sondern auch auf ihre genetischen Verwandten bspw. Eltern und Geschwister, wodurch u. U. gleichzeitig Informationen von Dritten veröffentlicht werden, deren explizite Einwilligung dazu nicht vorliegt.

Des Weiteren sind die Daten im Internet frei zugänglich, so dass generell kein Schutz vor der Verwendung von Dritten gewährleistet werden kann. Auch wenn auf diese Bedenken in einer vom Teilnehmenden zu unterzeichnenden Einverständniserklärung explizit hingewiesen wird, ist zu fragen, ob hier nicht eine Überdehnung einer informierten Einwilligung (engl. *informed consent*) in dreierlei Hinsicht zu vermerken ist. (1) Es ist nicht gesichert, dass ein Laie als Teilnehmer wirklich das Ausmaß der Freigabe seiner Daten im Internet abschätzen kann. Diese Befürchtung drückt sich auch darin aus, dass bei Projektbeginn geplant war, nur Personen teilnehmen zu lassen, die eine berufliche Nähe zur Humangenetik aufweisen konnten. Inzwischen kann zwar jede Person teilnehmen, die über 21 Jahre alt ist, sie muss allerdings online einen Test absolvieren, der genetische sowie ethische Fragen abprüft. (2) Es kann diskutiert werden, ob das Recht auf informationelle Selbstbestimmung bzw. das Prinzip der Selbstbestimmung in diesem konkreten Fall zu stark gegenüber dem Prinzip des Nichtschadens gewichtet wird: Grundsätzlich kann eine Person natürlich selber darüber entscheiden, welche Daten von ihr wo veröffentlicht werden. Im Rahmen einer Forschungsstudie hat der Forscher allerdings eine Verantwortung gegenüber dem Probanden, die beispielsweise in dem Nichtschadensprinzip ihren Ausdruck findet (s. Kap. II.2.3.2). Gerade im Hinblick auf die mit genetischen Daten verbundene Einblickstiefe in eine grundlegende Konstitution des menschlichen Individuums und deren Veröffentlichung im Internet, kann in derartigen Forschungsprojekten schon per Zielsetzung die Privatheit nicht gewahrt werden. Auch wenn die Teilnehmer darüber in Kenntnis gesetzt werden und dies ein Bestandteil der Einwilligungserklärung darstellt, bleibt zu klären, ob sich ein solches Vorhaben rechtfertigen lässt, da ein Missbrauch der Daten durch Dritte nicht verhindert werden kann. (3) Das Studiendesign sieht nicht vor, die Ziele und den Umfang der Verwendung der Proben und Daten im Vorhinein festzulegen. Ein *informed consent* stellt demnach keine geeignete Bezeichnung für die Einwilligung der Teilnehmer dar, da nicht klar dargelegt werden kann, in was sie einwilligen. Vielmehr müsste eine derartige Einwilligung als *broad* bzw. *blanket consent* charakterisiert werden.

Informed consent vs. *broad consent* im Kontext der Forschung

Gemäß dem *Prinzip der Selbstbestimmung* (s. Kap. II.2.3.1) muss von Probanden vor der Teilnahme an einer Forschungsstudie ihre Zustimmung eingeholt werden. Zur tatsächlichen Wahrung des Prinzips sollten dafür bestimmte Kriterien erfüllt sein, die sich in Form eines *informed consent* (dt. informierte Einwilligung) zusammenfassen lassen. Hierbei ist zu beachten, dass der Proband freiwillig an der Studie teilnimmt, dass ihm Methode, Ziel und Risiken der Studie verständlich dargelegt werden, dass er fähig ist, diese Ausführungen zu verstehen und auf dieser Basis eine Entscheidung zu treffen. Neben der Autonomie sollen durch eine informierte Einwilligung die Interessen des Probanden sowie das generelle Vertrauen in Forschungsvorhaben gewahrt werden. Gerade im Hinblick auf die Sammlung und Speicherung genetischer Daten beispielsweise in Biobanken (s. Abschnitt 5.2.1) zu jeglichen Verwendungszwecken, kann das Konzept des *informed consent* nicht mehr greifen, da unbekannt ist, zu welchen weiteren Forschungsvorhaben die Proben/Daten zukünftig genutzt werden. Die Einwilligung des Spenders wird in diesen Fällen als *broad* bzw. *blanket* consent (dt. ›ausgedehnte‹ Einwilligung) bezeichnet. Hierin stimmt er zu, dass seine Proben/Daten generell für Forschungszwecke jeglicher Art genutzt werden dürfen. Andernfalls müsste vor jeder Verwendung der Daten eine informierte Einwilligung eingeholt werden, was sich zum einen aus praktischen Gründen als nahezu unmöglich darstellt und zum anderen die Schwierigkeit nach sich zieht, dass Daten dann nicht anonymisiert werden können, weil die Personen, auf die sich die Daten beziehen, immer wieder ausfindig gemacht werden müssten. In der Literatur findet man häufig die Forderung, dass ein *broad consent* nur dann eingeholt werden darf, wenn die relevanten Daten so codiert werden, dass sie nicht mehr identifizierbar sind.

Vor der Veröffentlichung der Daten lässt der Betreiber der oben beschriebenen Internetplattform *Personal Genomes* dem potentiellen Teilnehmer eine Auswertung seiner eigenen Genomsequenz zukommen. Aufgrund der Einsichtnahme in die Ergebnisse kann der Teilnehmer sich noch einmal entscheiden, ob er die Daten im Internet tatsächlich freigeben möchte. Diese Möglichkeit des Widerrufs sichert dem Teilnehmer zu, dass er sowohl die Daten, die im Internet veröffentlicht werden sollen, als auch deren Bedeutung im Vorhinein kennt. Dieses sinnvollerweise zum Schutz des Teilnehmers angewandte Verfahren kann zur Folge haben, dass dieser von Funden in Kenntnis gesetzt wird, die einschneidende Bedeutung für ihn haben können. Da die Auswertung genetischer Daten nicht unter einem fest umrissenen Forschungsziel geschieht, lassen sich diese Funde nicht ohne Weiteres als *Zufalls*funde charakterisieren, können aber ähnliche Konsequenzen haben (s. Kap. III.4.2.3): Zwar sind die vorläufigen Ergebnisse Forschungsdaten und keine klinisch relevanten Daten, das Auffinden genetischer Dispositionen, die beispielsweise die Wahrscheinlichkeit erhöhen, zukünftig bestimmte Krankheiten zu entwickeln, kann aber eine große Last für die betroffene Person darstellen. Die Belastung wird u. U. insbesondere dann größer sein, wenn es weder im Vorfeld noch bei Manifestation der Krankheit geeignete Therapiemaßnahmen gibt. Der potentielle Teilnehmer sollte im Vorhinein über die möglichen persönlichen Konsequenzen derartigen Wissens aufgeklärt werden. Des Weiteren erlauben die Informationen Rückschlüsse auf genetische Verwandte. Damit kommt dem Teilnehmer Wissen über Dritte zu, das ihn evtl. zum Handeln auffordert oder zumindest die Frage nach der Weitergabe von Wissen aufwirft, denn jede Person hat prinzipiell auch ein *Recht auf Nichtwissen* (s. Kap. III.1.3.2).

5.2.3 Wissenschaftliche Zurückhaltung vs. frühzeitige Kommerzialisierung

Die Ergebnisse aus der funktionellen Genomforschung tragen zu einer stetigen Erweiterung des Wissens um die Bedeutung der Gene für den Organismus bei. So wächst auch das Verständnis davon, wie Gene zu der Entwicklung von Krankheiten beitragen. Als eine der großen Herausforderungen gilt die Anwendung der Erkenntnisse im medizinischen Kontext. Große Hoffnung wird dabei in die sogenannte ›personalisierte‹ Medizin gelegt. Zugeschnitten auf die individuelle genetische Konstitution eines Menschen sollen zukünftig präventive und therapeutische Maßnahmen angeboten werden. Bei erblich bedingtem Brustkrebs beispielsweise, der in vielen Fällen auf Mutationen in den Genen BRCA1 und BRCA2 zurückzuführen ist, können Trägerinnen dieser Mutationen zu regelmäßigen, zeitnahen Vorsorgeuntersuchungen angehalten werden, um so eine Tumorentwicklung im frühen Stadium zu erkennen. Doch abgesehen von ein paar wenigen Ausnahmen ist die genetisch-basierte Prognostik zum *jetzigen* Zeitpunkt, zumindest in Bezug auf multifaktoriell bedingte Krankheiten, in ihrer Aussagekraft beschränkt. Das Wissen, das aus genetischen Informationen generiert wird, ist allenfalls *probabilistischer* Natur. Folglich gilt in den meisten Fällen, dass ein bloß statistischer Zusammenhang zwischen dem Genotyp und den daraus resultierenden Merkmalen im Phänotyp besteht. Prognostische Aussagen für ein konkretes Individuum können daher nur unter Wahrscheinlichkeitsangaben getroffen werden, die immer auch die ganz persönlichen Lebensumstände des Individuums einbeziehen müssen.

Dieser wissenschaftlichen Zurückhaltung steht allerdings die frühzeitige Kommerzialisierung genetischer Forschung entgegen. Im Internet wird mit sog. *direct-to-consumer genetic tests* schon jetzt privaten Konsumenten die Erstellung eines persönlichen Risikoprofils für die mögliche Entwicklung von Krankheiten anhand einer Genotypisierung für bestimmte Genvarianten angeboten (vgl. z. B. www.decodeme.com; www.23andme.com). Zu diesem Zweck werden *single nucleotide polymorphisms* (SNP) untersucht. SNPs sind individuelle Variationen innerhalb eines Gens, die einzelne Nukleotide betreffen und an der Ausbildung verschiedener Merkmale beteiligt sind. Der Preis einer derartigen Untersuchung mit anschließender Analyse liegt mittlerweile im Durchschnitt bei 300 US Dollar.

Ein Problem resultiert bereits aus dem Procedere, bei dem der Konsument eine Speichelprobe o. Ä. einschickt, aus der DNA zur Untersuchung isoliert wird. Es gibt keine Möglichkeit zu überprüfen, ob die Speichelprobe tatsächlich von dem Konsumenten stammt. Auch wenn sich dies die Firmen schriftlich bestätigen lassen (vgl. etwa Gurwitz/Bregmann-Eschet 2009, 888), sind Missbrauchsfälle denkbar, was dadurch erleichtert wird, dass kein persönliches Gespräch stattfindet. Von dem Wissen über das eigene Genom lassen sich zudem auch Informationen über genetisch Verwandte ableiten (s. Abschnitt 5.2.2).

Das Angebot umfasst Untersuchungen von Dispositionen für Merkmale, die relativ belanglos sind, wie ob man beispielsweise Rosenkohl bitter schmeckt, bis hin zu Dispositionen für ernsthafte Erkrankungen. Während für etwa dreißig derartiger Dispositionen, wie etwa für Cystische Fibrose, Resistenz gegen HIV/AIDS und Prostata-Krebs, die entsprechenden Aussagen laut Angaben des Anbieters aufgrund einer ausreichenden Anzahl von Studien zuverlässig seien, werden darüber hinaus auch Untersuchungen von Dispositionen angeboten, über deren Bedeutung bis jetzt noch kein ausreichender wissenschaftlicher Konsens herrscht. Darunter fallen u. a. die Neigung zu Alkoholsucht, Lungenkrebs etc. Die Diskrepanz zwischen dem einerseits sehr begrenzten prädiktiven Wert derartiger Untersuchungen und dem andererseits bereits etablierten kommerziellen Angebot dazu wirft ethische Fragen auf, die auch häufig im Kontext des Übergangs von Forschung zur Anwendung von Bedeutung sind. Wie sicher muss die Datenlage für eine erste Anwendung sein? Was rechtfertigt ein Handeln unter Unsicherheit? In dem Fall der Kommerzialisierung spitzen sich die Bedenken besonders zu, da hier in erster Linie nicht eine etwaige Behandlung einer Person, sondern der kommerzielle Vorteil des Anbieters als *Zweck* auszuweisen ist. Daraus ableitbare Handlungen für den Konsumenten sind demnach eher als Nebeneffekt zu bewerten (s. Kap. I.3). Es wird beklagt, dass es den Angeboten an wissenschaftlichem Fundament fehlt. Ein Grund dafür liegt beispielsweise darin, dass die Zahl der untersuchten SNPs bei etwa 1 Mio. liegt. Man kann allerdings für das menschliche Genom von etwa 15 Mio. SNPs ausgehen, wodurch eine Verzerrung der Ergebnisse naheliegt. Abgesehen davon, wird neben SNPs auch für *gene-copy-number-variants* (dt. Genkopiezahlvarianten), d. i. die variierende Anzahl von Kopien eines DNA-Abschnitts in einem Genom, ebenfalls eine große Bedeutung für die Ausprägung von Merkmalen angenommen. Zudem müssen in die Bewertung genetischer Konstitutionen auch außergentische Faktoren einfließen, was diese Methode aber nicht leistet (vgl. Li et al. 2008, 471).

Bemerkenswert ist, dass innerhalb sog. *Genome Wide Association Studies* (GWAS), auf deren Ergebnisse sich die kommerziellen Angebote stützen, aus Gründen der Unsicherheit und der mangelnden klinischen Aussagekraft der Daten den Studienteilnehmern die Ergebnisse nicht mitgeteilt werden. Wenngleich dies auch in ethischer Hinsicht problematisiert werden kann, spiegelt diese Forschungspraxis die vorherrschende wissenschaftliche Zurückhaltung bei der Interpretation genetischer Daten im Hinblick auf das Individuum wider (vgl. Kaye 2008, R181).

Genome Wide Association Studies **(GWAS)**

In *Genome Wide Association Studies* (GWAS) werden mithilfe neuester Biotechnologien *single nucleotide polymorphisms* (SNPs) untersucht und mit der Entwicklung von Krankheiten in Beziehung gesetzt. Die typischen Schritte einer GWAS umfassen (1) die Auswahl einer Gruppe von Individuen, die das Merkmal bzw. die Krankheit aufweisen, und einer Kontrollgruppe, (2) Genotypisierung, (3) Durchführen statistischer Tests, um die untersuchten SNPs mit den ausgebildeten Merkmalen/der Krankheit zu korrelieren und (4) Überprüfung der Hypothesen durch Wiederholungen der Tests mit anderen Personengruppen. In fernerer Zukunft sollen die Ergebnisse von GWAS in der klinischen Praxis beispielsweise in der Diagnostik Anwendung finden. Zunächst dienen sie aber der Beantwortung grundlegenderer Fragen, die etwa die Entstehung von Krankheiten, Entwicklungsbiologie etc. betreffen. Es zeigt sich allerdings, dass für eine klinische Anwendung auch andere, außergentische Faktoren von hoher Relevanz sein werden (vgl. Pearson/Manolio 2008).

Gerade weil die Untersuchung außerhalb eines Arzt-Patient-Verhältnisses getätigt wird, aber dennoch krankheitsrelevante Dispositionen betrachtet werden, gilt es auch zu beurteilen, inwiefern dies eine neue Ära der medizinischen Diagnostik einläutet und welche möglichen Konsequenzen daraus resultieren. Die Prädiktion unter Angaben von Wahrscheinlichkeiten kann zunächst eine Überforderung des Laien als Konsumenten darstellen, so dass er auf Unterstützung hinsichtlich einer Interpretation angewiesen ist. Die adäquate Bewertung humangenetischer Befunde fordert allerdings auch von Ärzten ein neuartiges, hochspezialisiertes Fachwissen. Auch das Konzept der Fairness kann dadurch berührt werden, dass beispielsweise durch kommerziell angebotene genetische Tests verunsicherte Personen Ärzte konsultieren. Dies kann u. U. zu Lasten der Gesundheitssysteme in Ländern gehen, in denen die Firmen gar nicht ansässig sind (vgl. Kaye 2008, R182).

Dass diese Angebote auch aus rechtlicher Sicht streitbar sind, zeigt die Unterlassungsanordnung des Staates Kalifornien von 2008, die u. a. auf den Arztvorbehalt bei derartigen Tests abzielte. Die Firmen konnten diese aber umgehen, weil Ärzte bei ihnen angestellt waren, wodurch eine Grauzone des Gesetzes berührt ist (vgl. Wadmann 2008, 1148). In Deutschland sind kommerzielle Angebote für derartige Tests durch das Gendiagnostikgesetz untersagt.

Gendiagnostikgesetz (GenDG)

»§ 7 Arztvorbehalt
(1) Eine diagnostische genetische Untersuchung darf nur durch Ärztinnen oder Ärzte und eine prädiktive genetische Untersuchung nur durch Fachärztinnen oder Fachärzte für Humangenetik oder andere Ärztinnen oder Ärzte, die sich beim Erwerb einer Facharzt-, Schwerpunkt- oder Zusatzbezeichnung für genetische Untersuchungen im Rahmen ihres Fachgebietes qualifiziert haben, vorgenommen werden.
(2) Die genetische Analyse einer genetischen Probe darf nur im Rahmen einer genetischen Untersuchung von der verantwortlichen ärztlichen Person oder durch von dieser beauftragte Personen oder Einrichtungen vorgenommen werden.«

Eine weitere Schwierigkeit resultiert aus der unscharfen Trennung von kommerziellem Angebot einerseits und Forschung andererseits: Der Konsument der Firma deCode beispielsweise willigt zunächst darin ein, die über ihn gewonnenen genetischen Daten und weitere von ihm freiwillig gegebene persönliche Informationen in anonymisierter Form für Forschungstätigkeiten bereitzustellen. Hier wird angegeben, dass sie für Untersuchungen verwendet werden, die die ›Genetik und Humangesundheit‹ betreffen und darüber hinaus der Verbesserung des eigenen Angebots dienen können. Hier lässt sich offenbar eine Vermischung der Rollen von Konsument, Spender und ggf. sogar Patient, erkennen, da unterschiedliche Ziele, für die u. U. verschiedene normative Regeln gelten, verfolgt werden. Ein Forschungsteilnehmer bezahlt demnach sozusagen für seine Teilnahme an einer Studie (Prainsack/Reardon 2008, 34). Es lässt sich fragen, inwiefern sich die Verknüpfung von kommerziellen Angeboten mit gleichzeitiger Generierung von Forschungsdaten rechtfertigen lässt, da die Rahmenbedingungen hierfür unterschiedliche sind.

5.3 Ausblick

Die Ethik der Forschung am menschlichen Genom steht in dem größeren Kontext der Ethik der Forschung am Menschen (s. Kap. II.2). Aus der Einsichtnahme in das menschliche Genom resultieren zusätzliche neuartige ethische Aspekte, die auf der Bedeutung des Genoms für das Individuum gründen. Trotz aller wissenschaftlich bedingten Einschränkungen, die die tatsächliche Aussagekraft genetischer Untersuchungen – zumindest zum jetzigen Zeitpunkt – für das konkrete Individuum in Frage stellen, ist die spezifische Basenabfolge eines Menschen eine grundlegende physische Konstitution, die das Individuum prägen und sie wird damit als *eine* Bedingung für seine Einzigartigkeit angesehen. Aus der genetischen Grundlagenforschung etablieren sich vor allem Forschungsansätze, in denen die genetische Konstitution mit bestimmten phänotypischen Ausprägungen korreliert wird. Dabei spielen Gene als Ursachen für Krankheiten und Ziel therapeutischer Eingriffe eine zunehmend große Rolle in der Medizin. In der Psychologie beispielsweise ist die Frage nach der Bedeutung einzelner Gensequenzen für Verhaltensweisen, Charaktereigenschaften, aber auch schwerwiegende psychische Erkrankungen von großem Forschungsinteresse. Das Spannungsfeld, in dem sich derartige Forschungsvorhaben bewegen, lässt sich durch die wissenschaftlich anerkannte Komplexität des Zusammenhangs zwischen Genotyp und Phänotyp, die eine reduktionistische Erklärung unmöglich machen und der öffentlichen Darstellung der Ergebnisse der Genforschung andererseits charakterisieren. So finden sich nicht nur in den Feuilletons Schlagzeilen, die behaupten, man habe genetische Dispositionen für Belastbarkeit oder gar das ›Manager-Gen‹ entdeckt. Letztere Beschreibung ist einer unzulässigen Verkürzung der Darstellung wissenschaftlicher Erkenntnis geschuldet, die beispielsweise dazu führt, dass Gene, die am Muskelaufbau beteiligt sind, in der Presse als ›Athleten-Gene‹ bezeichnet werden. Hierin drückt sich aus, dass eine *Genetifizierung*, die gesellschaftliche Implikationen nach sich zieht, auch durch wirtschaftliche Interessen oder fraglichen Wissenschaftsjournalismus geschürt werden kann.

Um vorschnelle Schlüsse zu vermeiden, muss die wissenschaftliche Herausforderung angenommen werden, die vor allem in der Erforschung der Gen-Gen- sowie der Gen-Umwelt-Interaktion liegt. Dabei ist besonders die hohe Plastizität und Dynamik des Genoms in seiner Wechselwirkung mit außergenetischen Faktoren von Relevanz. Die Komplexität zukünftiger Forschung kann man daher nicht überschätzen, hingegen die Problematik heutiger Aussagen nicht unterschätzen: Während die Vorstellung, dass der Mensch lediglich die Summe seiner Gene sei, im wissenschaftlichen Kontext längst abgelöst ist, suggeriert die Darstellung der Ergebnisse der Genforschung in der Öffentlichkeit dieses noch oft.

Es gilt daher, zu beurteilen, welche Möglichkeiten sich beispielsweise in medizinischer Hinsicht aus den Erkenntnissen der Genomforschung eröffnen, aber auch, wo diesem Feld normative Grenzen gesetzt sind.

Verwendete Literatur

Abels, Gabriele: *Das Humangenomprojekt. Genese und Konstruktion von Großforschung in der Biomedizin.* In: http://bieson.ub.uni-bielefeld.de/volltexte/2003/110/pdf/GabrieleAbels.pdf (22.1.2010).

Engels, Eve-Marie: Biobanken für die medizinische Forschung – Zur Einführung. In: Nationaler Ethikrat (Hg.): *Tagungsdokumentation Biobanken.* Berlin 2003, 11–24.

Ganten, Detlev/Ruckpaul, Klaus (Hg.): *Grundlagen der Molekularen Medizin.* Berlin 2008.

Gurwitz, David/Bregman-Eschet, Yael: Personal Genomics Services: Whose Genomes? In: *European Journal of Human Genetics* 17 (2009), 883–889.

Hucho, Ferdinand/Brockhoff, Klaus/van den Daele, Wolfgang/Köchy, Kristian/Reich, Jens/Rheinberger, Hans-Jörg/Müller-Röber, Bernd/Sperling, Karl/Wobus, Anna M./Boysen, Mathias/Kölsch, Meike: *Gentechnologiebericht. Analyse einer Hochtechnologie in Deutschland.* München 2005.

Kaye, Jane: The Regulation of Direct-to-consumer Genetic Tests. In: *Human Molecular Genetics* 17/2 (2008), R180–R183.

Li, Xinmin/Quigg, Richard J./Zhou, Jian/Gu, Weikuan/Rao, P. Nagesh/Reed, Elaine F.: Clinical Utility of Microarrays: Current Status, Existing Challenges and Future Outlook. In: *Current Genomics* 9 (2008), 466–474.

Lippman, A.: Prenatal Genetic Testing and Screening: Constructing Needs and Reinforcing Inequities. In: *American Journal of Law & Medicine* 17, 1/2 (1991), 15–50.

Merz, Jon F./McGee, Glenn E./Sankar, Pamela: ›Iceland Inc.‹?: On the Ethics of Commercial Population Genomics. In: *Social Science and Medicine* 58/6 (2004), 1201–1209.

Nationaler Ethikrat: *Biobanken für die Forschung. Stellungnahme.* Berlin 2004.

Pearson, Thomas A./Manolio, Teri A.: How to Interpret a Genome-wide Association Study. In: *Journal of American Medical Association* 299/11 (2008), 1335–1344.

Prainsack, Barbara/Reardon, Jenny: Misdirected Precaution. In: *Nature* 456/6 (2008), 34–35.

Stefánsson, Kari: The Icelandic Health Care Database: A Tool to Create Knowledge, a Social Debate, and a Bioethical and Privacy Challenge. In: Nordic Committee of Bioethics: *Who Owns our Genes?* Kopenhagen 2000, 23–32.

UNESCO: Allgemeine Erklärung über das menschliche Genom und Menschenrechte 1997. Abgedruckt in: Ludger Honnefelder/Christian Streffer (Hg.): *Jahrbuch für Wissenschaft und Ethik.* Bd. 3. Berlin/New York 1998.

Wadmann, Meredith: Gene-testing Firms Face Legal Battle. In: *Nature* 453 (2008), 1148–1149.

Zoëga, Tómas/Andersén, Bogi: The Icelandic Health Sector Database: DeCode and the New Ethics for Genetic Research. In: Nordic Committee of Bioethics: *Who Owns our Genes?* Kopenhagen 2000, 33–64.

Weiterführende Literatur

Clarke, Angus/Ticehurst, Flo (Hg.): *Living with the Genome. Ethical and Social Aspects of Human Genetics.* London 2006.

Fleischhauer, Kurt/Hermerén, Göran: *Goals of Medicine in the Course of History and Today. A Study in the History and Philosophy of Medicine.* Stockholm 2006.

Honnefelder, Ludger/Mieth, Dietmar/Propping, Peter/Siep, Ludwig/Wiesemann, Claudia (Hg.): *Das genetische Wissen und die Zukunft des Menschen.* Berlin 2003.

Honnefelder, Ludger/Propping, Peter (Hg.): *Was wissen wir, wenn wir das menschliche Genom kennen?* Köln 2000.

Juengst, Eric T.: Population Genetic Research and Screening: Conceptual and Ethical Issues. In: Bonnie Steinbock (Hg.): *The Oxford Handbook of Bioethics.* Oxford 2007, 471–490.

Keller, Evelyn Fox: *Das Jahrhundert des Gens.* Frankfurt a. M. 2001.

Müller-Wille, Staffan/Rheinberger, Hans-Jörg: *Das Gen im Zeitalter der Postgenomik. Eine wissenschaftstheoretische Bestandsaufnahme.* Frankfurt a. M. 2009.

Propping, Peter/Aretz, Stefan/Schumacher, Johannes/Taupitz, Jochen/Guttmann, Jens/Heinrichs, Bert: *Prädiktive genetische Testverfahren. Naturwissenschaftliche, rechtliche und ethische Aspekte.* Ethik in den Biowissenschaften, Bd. 2. Freiburg i. Br. 2006.

Sokol, Bettina (Hg.): *Der gläserne Mensch – DNA-Analysen, eine Herausforderung an den Datenschutz.* Düsseldorf 2003.

Vieth, Andreas: *Gesundheitszwecke und Humangenetik.* Paderborn 2004.

Kathrin Rottländer

6. Enhancement

6.1 Enhancement als forschungsethische Frage

Der Begriff ›Enhancement‹ bezeichnet biomedizinische Interventionen beim Menschen, die auf die Verbesserung seiner psychischen oder physischen Eigenschaften bzw. Fähigkeiten abzielen. Zu solchen Zielsetzungen gehören etwa die Verbesserung körperlicher Eigenschaften wie Ausdauer oder Attraktivität, die Erweiterung kognitiver Fähigkeiten wie Intelligenz oder Gedächtnisleistungen und die Verbesserung der Gemütsverfassung. Darüber hinaus werden dem Enhancement auch die Einflussnahme auf Verhaltensmerkmale wie z. B. Aggressivität oder Hyperaktivität (*attention deficit hyperactivity disorder*, ADHD) zugeordnet. In einem weiteren Sinn werden auch solche Eingriffe im Kontext des Enhancement diskutiert, die das Geschlecht einer Person verändern (Transsexualität) oder allererst festlegen (Intersexualität). Die in der Absicht eines Enhancement durchgeführten Eingriffe können sich insbesondere medikamentöser, hormoneller, chirurgischer, gentechnischer oder psychologischer Verfahren und überdies verschiedener Implantate einschließlich Impulsgebern für eine neuromodulatorische Stimulation bedienen. In der Literatur wird die Fülle von Eingriffsmöglichkeiten gegenwärtig insbesondere unter den Rubriken des pharmakologischen, genetischen und chirurgisch-ästhetischen (bzw. Body-)Enhancement diskutiert bzw. eingeteilt. Darüber hinaus wird speziell das Neuro-Enhancement (s. Kap. III.4.3.2.1) von Enhancement anderer Organsysteme unterschieden, wobei sich ersteres derzeit ganz überwiegend als pharmakologisches Enhancement (unter Bezeichnungen wie *brain boosters, cogniceuticals*, Nootropika, Psychostimulanzien, *smart drugs*, zerebrale Ergogene, bewusstseinserweiternde Drogen, Neuroenhancer etc.) darstellt.

Bereits das Spektrum dieser für medizinische Zwecke entwickelten und überwiegend in medizinisch-therapeutischer Absicht eingesetzten Verfahren deutet darauf hin, dass die Abgrenzung der Handlungsfelder des Enhancement einerseits und der medizinischen Therapie andererseits mit Schwierigkeiten verbunden ist: Ist z. B. die Einnahme von Schlankheitspräparaten oder Abführmitteln eher dem Handlungsfeld der Therapie oder dem des pharmakologischen Enhancement zuzuordnen? Ist die Verabreichung von Sildenafil (Viagra®) zur (Wieder-)Herstellung der männlichen Potenz im vorgerückten Alter als Therapie eines Funktionsverlustes oder als Verbesserung einer natürlichen Konstitution anzusehen? Stellt die Einnahme von Psychopharmaka zur Behandlung von Depressionen und altersassoziierten Gedächtnisstörungen eine Therapie, zur Steigerung der kognitiven Leistungsfähigkeit bei Gesunden hingegen eine Verbesserung einer naturalen Konstitution dar? Die Frage nach einer gelingenden Unterscheidung von Enhancement und medizinischer Therapie geht offenbar aber über eine nur definitorische Bedeutung hinaus. Sie wirft vor allem Fragen hinsichtlich der ethischen und anthropologischen Bewertung von Enhancement auf, die sich unmittelbar am Handlungsfeld der Medizin orientieren. Die Aufgaben und Ziele herkömmlicher medizinischer Forschung und Praxis bestehen in der Heilung (Therapie), Diagnose und Vorbeugung (Prävention) von Krankheiten, ferner in der Linderung (Palliation) von Krankheitssymptomen. Dementsprechend ist die ärztliche Legitimation für einen Eingriff in die psychophysische Integrität eines anderen Menschen an das Vorliegen einer am Krankheitsbegriff orientierten medizinischen Indikation gebunden. Vor diesem Hintergrund stellen sich die Fragen, inwieweit der Krankheitsbegriff in – zumindest einige – solcher Szenarien hineinreicht, in denen subjektive oder soziale Präferenzen in Bezug auf die leibliche oder psychische Konstitution überwiegend den Charakter einer Verbesserung besitzen, und ferner, ob sich eine Legitimation für einen Eingriff in Enhancement-Absicht auf den Krankheitsbegriff und eine medizinische Indikation stützen muss bzw. kann oder ob andere Rechtfertigungen herangezogen werden können. Wenn überdies eine normativ verlässliche Unterscheidung zwischen weithin akzeptierter Therapie und kaum akzeptiertem Enhancement nicht eindeutig zu treffen ist, stellt sich in sozialethischer Perspektive die Frage nach einem gerechten Einsatz verfügbarer Ressourcen. Liegt die Erforschung und Anwendung von Enhancement-Technologien im öffentlichen Interesse? Sollte die Erforschung und Anwendung von Enhancement-Technologien durch öffentliche Gelder bzw. das Gesundheitssystem geleistet oder zumindest unterstützt werden? Oder müssen die anfallenden Kosten privat von denjenigen finanziert werden, die solche Verbesserungen bei sich selbst oder den eigenen Nachkommen anstreben? Solche Fragestellungen gehen letztlich zurück auf die grundsätzlichen Fragen, welches Selbstbild der Mensch als Individuum, als Gattungswesen und als soziales Wesen von sich entwirft, inwiefern er sich als autonomes Wesen versteht, welche Konzeption eines gelingenden Lebens er für sich in Anspruch nimmt und wie sich diese Fragen unter der Zielsetzung des Enhancement darstellen.

Diese ethischen und anthropologischen Fragen werden gegenwärtig anhand verschiedener Anwendungsszenarien kontrovers diskutiert. Zu den einschlägigen Beispielen gehört die Debatte um die Möglichkeit der gentechnischen Verbesserung einerseits des Individuums, andererseits der Gattung Mensch, die auf körperliche wie auch mentale Eigenschaften oder Fähigkeiten abzielen kann. Weitere im Diskurs prominente Anwendungsgebiete umfassen die Wachstumshormonbehandlung in der Pädiatrie zur Steigerung der Körpergröße, ästhetisch-chirurgische Eingriffe zum Zwecke der Verbesserung des äußeren Erscheinungsbildes, der Einsatz von sogenannten ›kosmetischen‹ Psychopharmaka (z. B. Fluoxetin (Prozac®); vgl. Kramer 1993), sofern sie dazu eingesetzt werden, nicht ›objektiv‹ krankheitswertige Gemütszustände aufzuhellen, oder die Verwendung von Dopingmitteln im Sport, um Fitness und Leistungsfähigkeit zu erhöhen. Des Weiteren ist die Zielsetzung einer biogerontologischen Verlängerung der maximalen Lebensspanne ein Gegenstand der Debatte um Enhancement. Während sich die ethische Literatur über diese Anwendungsgebiete von Enhancement insbesondere mit den genannten medizinethischen, sozialethischen und anthropologischen Fragestellungen beschäftigt, findet die Frage, anhand welcher ethischen Kriterien die *Forschung* an Verfahren des Enhancement beurteilt werden kann, derzeit kaum Beachtung.

Auf diese letztere *forschungsethische Fragestellung* werden sich die folgenden Überlegungen konzentrieren. Da es sich bei der Forschung im Bereich des Enhancement letztlich um Forschung am Menschen handelt, die sich formal und inhaltlich stark an der in medizinisch-therapeutischer Absicht beim Menschen durchgeführten Forschung ausrichtet, liegt es nahe, diejenigen ethischen Kriterien, die für die Forschung am Menschen mit medizinischer Zielsetzung entwickelt und etabliert wurden, auch für eine ethische Bewertung der Enhancement-Forschung heranzuziehen. Dabei ist es sinnvoll, in einem ersten Schritt zunächst zu prüfen, inwieweit der Begriff der Krankheit als ein normatives Unterscheidungskriterium zwischen medizinischer Therapie und Enhancement verwendbar ist (6.2). Darüber hinaus wird in einem zweiten Schritt die ethische Legitimität der mit der Enhancement-Forschung in den Blick genommenen Ziele analysiert und beurteilt (6.3). In einem dritten Schritt werden dann die für eine Enhancement-Forschung am Menschen einzusetzenden Forschungsinstrumente analysiert; hierbei handelt es sich insbesondere um die Durchführung von Forschungsstudien, als deren Voraussetzung die Beachtung der weithin akzeptierten vier ›mittleren‹ bioethischen Prinzipien (s. Kap. II.2.3) angenommen und in Anwendung auf Enhancement-Forschung analysiert werden (6.4). Abschließend wird auf dieser Grundlage eine Bewertung von Enhancement-Forschung unter ethischer Perspektive vorgenommen (6.5).

6.2 Der Krankheitsbegriff als Unterscheidungskriterium zwischen Therapie und Enhancement

Für die Medizin ist sowohl im Bereich der ärztlichen Praxis wie auch im Forschungskontext der Begriff der Krankheit konstitutiv. Krankheit verschafft den Handlungen in der Medizin ihre Zielsetzung, ihre Intention und ihre ethische Legitimation und Begründung und nimmt damit eine normative, eine handlungsleitende Funktion ein. Krankheit ist nach traditioneller Auffassung die Voraussetzung für ein Arzt-Patient-Verhältnis, das überhaupt nur zustande kommt, wenn eine Erkrankung befürchtet und diagnostiziert, präventiv verhindert oder therapiert wird oder die mit der Erkrankung verbundenen Symptome gelindert werden sollen. Das Arzt-Patient-Verhältnis seinerseits und die Rechtfertigung ärztlichen Handelns ist charakterisiert durch (1) das Vorliegen einer medizinischen Indikation, die durch (a) die medizinische Notwendigkeit der Handlung und (b) ihren uneingeschränkten Individualnutzen für den Patienten charakterisiert ist, sowie (2) die Einwilligung des Patienten oder seines gesetzlichen Vertreters in die ärztliche Handlung nach vorheriger umfassender Aufklärung über die Ziele der Handlung, die durchgeführten Maßnahmen und die damit verbundenen Risiken (*informed consent*). Sowohl die medizinische Indikation wie auch die für die Einwilligung erforderliche ärztliche Information des Patienten über einen Eingriff orientieren sich somit an einem als Krankheit qualifizierten Zustand, der in einer kausalen Beziehung zum ärztlichen Handeln steht und den Auftrag zu ärztlichem Handeln begründet.

Es ist offensichtlich, dass eine auf dieser traditionellen Sichtweise gründende ethische Legitimation ärztlichen Handelns eines zumindest in gewissen Grenzen konsistenten Krankheitsbegriffs bedarf. Indes beginnen hier die Schwierigkeiten: Denn während bezüglich der grundsätzlich durch Krankheit gebotenen Handlungsweisen der Diagnose, der Therapie, der Palliation und Prävention weitgehend Konsens besteht, herrscht in Bezug auf eine Begriffsbestimmung von Krankheit und auf eine konkrete Ausformulierung der als verpflichtend angesehenen medizinischen Handlungen und ihrer Zielsetzungen Unsicherheit bzw. Dissens. Ist Krankheit als eine Abweichung von einer Norm, die wir Gesundheit nennen, zu beschreiben oder als eine Form von Normalität? Wie ist der Begriff der Norm im Kontext von Krankheit aufzufassen, welche Konsequenzen besitzen unterschiedliche Normbegriffe für die Zielsetzungen des ärztlichen Handelns und zu welchen Handlungsweisen können sie verpflichten? Zudem lässt sich bei genauerem Betrachten feststellen, dass ärztliches Handeln und medizinische Forschung keineswegs ausschließlich auf Heilung, Diagnose, Vorbeugung oder Schmerzlinderung beschränkt geblieben sind. Mit ärztlichen Eingriffen in der ästhetisch-plastischen Chirurgie, der Sterilisation zur Familienplanung, zum Zwecke des Schwangerschaftsabbruchs oder bei Interventionen in der Sportmedizin finden sich Beispiele von ärztlichem Rollenhandeln und medizinischer Forschung, die über eine am herkömmlichen Krankheitsbegriff orientierte Zielsetzung hinausgehen, gleichwohl offenbar am Krankheitsbegriff als Legitimitätsgrundlage festhalten und diesen ausweiten. Es stellt sich die Frage, welcher Krankheitsbegriff bzw. welches Konzept von Krankheit hier zur Grundlage der Beurteilung genommen wird:

Ein *objektiver Krankheitsbegriff* begreift das artspezifische biologische Funktionieren eines Organs oder des gesamten Organismus als entscheidend für die Zuschreibung ›gesund‹ oder ›krank‹. Krankheit ist demnach zu beschreiben als eine durch Außenstehende erkennbare Abweichung von einem psychophysischen Zustand, der als normal empfunden und als gesund beurteilt wird. Eine auf objektiven Kriterien basierende Definition von psychophysischer Normalität ist an die Beobachtung und Beschreibung der auf naturaler Ebene auftretenden Phänomene gebunden, wobei die Begriffe der Normalität und der Natürlichkeit in Bezug auf Gesundheit häufig als Äquivalente verwendet werden (Boorse 1975, 57 f.; vgl. King 1982, 139). Gesundheit eines Menschen ist demnach die Verkörperung einer natürlichen Norm, die als objektiver Maßstab für eine Beurteilung einer Normabweichung (Krankheit, in diesem Verständnis im Englischen als ›dis-ease‹ bezeichnet) dienen kann. An diesem Konzept wird allerdings kritisiert, dass offen bleibt, welche Art von Norm (statistische, individuelle oder ideale) zu Grunde zu legen ist. Auch wird eingewendet, dass eine Abweichung von der Norm bei einer objektiven Herangehensweise ebenfalls durch natürliche Phänomene beschreibbar sein muss, so dass Krankheiten unter der objektiven Perspektive als Entitäten, d.h. als bestimmte, in der Natur vorkommende Seinsformen aufzufassen sind, die ihrerseits selbst Normen darstellen können. Damit – so die Kritik an diesem Konzept – entziehen diese sich der objektiven Feststellbarkeit (vgl. Reznek 1987, 68, 71, 78). Natürliche Phänomene können daher nicht zur Krankheit *erklärt* werden, denn diese Qualifizierung unterliegt der subjektiven Interpretation.

Für einen *subjektiven Krankheitsbegriff* stellt Krankheit hingegen einen praktischen Wertbegriff dar, für den die Perspektive des betroffenen Subjekts zentrale Bedeutung besitzt. Krankheit bezeichnet aus der Perspektive des Subjekts nicht einen Befund, sondern sein Befinden, d.h. das Selbstempfinden einer Person. Selbstempfinden bedeutet ein Selbstverhältnis des Patienten zu seiner Krankheit und damit eine Selbstinterpretation, die einerseits als eine private Selbstzuwendung des Subjekts zu beschreiben ist, andererseits von dem soziokulturellen Kontext, in dem das Subjekt lebt, nicht zu trennen ist. In der englischen Sprache kommt dieses Moment der Selbstinterpretation in dem Wort ›illness‹ zum Ausdruck. Der auf diese Weise durch die subjektiv-evaluative Komponente konstituierte Krankheitsbegriff stellt dann die Grundlage normativer Bestimmungen dar. Gegen dieses Krankheitskonzept wird allerdings eingewendet, dass Krankheit als subjektiv empfundene Störung überhaupt nur durch das individuelle Subjekt zugänglich ist und objektive Parameter in nicht aufzulösender Beziehung zu der subjektiv empfundenen Störung stehen (vgl. Lanzerath 2000, 199 f.). Ein solches Konzept scheint wenig tauglich zu sein, intersubjektiv relevante Folgen (z.B. eine ärztliche Therapie oder z.B. eine Lohnfortzahlung im Krankheitsfalle) zu begründen und ist zudem offenbar in hohem Maße von gesellschaftlichen Normen abhängig.

Als ein Weg der Vermittlung der jeweiligen Schwierigkeiten, die mit einem objektiven und einem subjektiven Krankheitsbegriff verbunden sind, wird ein »praktischer« Krankheitsbegriff vorgeschlagen, der auf die Selbstinterpretation unter einer begleiteten Hinzuziehung objektiver Befunde abstellt (vgl. Lanzerath 2000, 258 ff.). In diesem Konzept kommt der Arzt dadurch ins Spiel, dass er bei der Selbstinterpretation des Subjekts in Bezug auf Krankheit Hilfestellung leistet, indem er objektive Befunde als Interpretationshilfe heranzieht, dem Patienten etwaige Fehlinterpretationen aufzeigt und dadurch Schaden von ihm abwendet. Eine objektiv feststellbare Normabweichung kann in diesem Konzept eine Krankheit nicht begründen und objektiv ermittelte Normalwerte nicht die Diagnose von Gesundheit rechtfertigen; vielmehr stellen sie Argumente für die Selbstinterpretation des Patienten dar, die der Arzt dem Patienten vermittelt.

Die Schwierigkeiten, Krankheit zu definieren, lassen vermuten, dass es entsprechend schwierig ist, unter Zuhilfenahme des Krankheitsbegriffs eine hinreichend scharfe Grenze zwischen Therapie und Enhancement zu ziehen. Geht man von dem letztgenannten Krankheitskonzept einer anhand objektiver Befunde geleiteten Selbstinterpretation aus, bezieht sich der Unterschied zwischen Therapie und Enhancement vornehmlich auf die als akzeptierbar anzusehenden Normgrenzen. Jedoch sind solche Normgrenzen – gerade auch bei Unsicherheiten hinsichtlich der Frage, ob statistische, individuelle oder eben ideale Normen zu Grunde zu legen sind – variabel. Idealnormen können in hohem Maße von gesellschaftlichen Vorgaben abhängen, an denen sich dann auch subjektive Interpretationen und Präferenzen orientieren. So sind durchaus modebedingte und wenig reflektierte, zudem auch zeitlich begrenzte und reversible Verschiebungen von Normgrenzen denkbar, vor deren Maßgabe sich eine subjektive Selbstinterpretation als defizitär einschätzen kann. Für den Arzt wäre damit die Frage, ob diese Selbstinterpretation therapiebedürftigen Krankheitswert oder den Charakter einer Verbesserung besitzt, unmittelbar mit der Akzeptanz der objektiven Normgrenzen verbunden. Seine Aufgabe, Schaden vom individuellen Patienten abzuwehren, könnte ihn zu Eingriffen veranlassen, die je nach Normgrenze zu einem bestimmten Zeitpunkt eindeutig als verbessernd, zu einem anderen Zeitpunkt als Abwehr einer im Kontext von Krankheit anzusiedelnden Kondition einzuschätzen wären.

Vor einem ähnlichen Abgrenzungsproblem steht auch die Forschung. Die Enhancement-Forschung greift gegenwärtig ganz überwiegend auf Methoden zurück, die im medizinischen Kontext mit diagnostischer, therapeutischer oder krankheitspräventiver Zielsetzung entwickelt und erst später für Zwecke verwendet wurden, die außerhalb einer medizinischen Indikation und einer im objektiven Sinne als krank aufzufassenden Kondition liegen. In solchen Anwendungsbereichen kann sich dann eine eigene Forschung entwickeln, die explizit auf den Kontext des Enhancement abzielt. Beispiele hierfür sind etwa die weit verbreitete Einnahme von Methylphenidat (Ritalin®) und Fluoxetin (Prozac®) zur Leistungssteigerung und die sich hierauf beziehende Forschung. Gerade vor dem Hintergrund einer theoretisch wie praktisch nicht eindeutigen Grenzziehung zwischen Therapie und Enhancement kommt solcher Forschung eine eigene Verantwortung für die mit ihren Ergebnissen verbundenen Folgen für das Individuum und die Gesellschaft zu. Solche Folgen sind bei der Definition der Zielsetzungen solcher Forschung im Blick zu behalten und erfordern gegebenenfalls eine vorhergehende ethische und sozialwissenschaftliche Reflexion.

6.3 Ethische Legitimität der Ziele der Enhancement-Forschung

Welche Ziele soll Enhancement-Forschung beim Menschen verfolgen und anhand welcher Kriterien sind solche Ziele ethisch zu beurteilen? Zunächst könnte geltend gemacht werden, dass es doch gerade wünschenswert ist, wenn unsere von Natur aus beschränkten Eigenschaften und Fähigkeiten durch biomedizinisch wirksame Verfahren verbessert werden könnten und sich auf diesem Wege die *conditio humana* sowohl im Hinblick auf das Individuum als auch auf die Gesellschaft und womöglich sogar die Gattung Mensch im Allgemeinen verbessern ließe. Speziell die Verbesserung von kognitiver Aufmerksamkeit bei bestimmten Berufsgruppen wie z. B. Ärzten, Piloten oder Fluglotsen könnte eine durchaus erwünschte Zielsetzung nicht nur für das Individuum, sondern auch für die Gesellschaft darstellen. Überdies würde Forschung an Enhancement – so könnte man argumentieren – lediglich in einer systematischen Herangehensweise Handlungsweisen analysieren, die ohnehin seit langer Zeit weltweit in vielen unterschiedlichen Kulturen gepflegt werden: Zur Leistungssteigerung kauen Indios seit Jahrhunderten Koka-Blätter, Asiaten kauen Betel, Schwarzafrikaner und Araber Khat. Weltweit wird zur Leistungs- und Aufmerksamkeitssteigerung Tabak (Nikotin) geraucht und Kakao (Flavonole) und Kaffee (Coffein) konsumiert. In den USA greifen angeblich bis zu 25% der Studierenden und Naturwissenschaftler auf psychoaktive Substanzen zur Steigerung ihrer akademischen Leistungen zurück (vgl. Förstl 2009). Folgerichtig – so könnte argumentiert werden – erfordern solche und andere Mittel zur Leistungssteigerung geradezu Forschung, um die Wirkmechanismen aufzudecken, das Risikoprofil bekannt zu machen und die Sicherheit des Enhancement – und damit seine Akzeptanz – zu erhöhen.

Diese Sichtweise kann auch aus anthropologischer Perspektive Unterstützung finden. Grundsätzlich gehört die Selbstgestaltung des Menschen zu seiner anthropologischen Verfasstheit. Arnold Gehlen (1904–1976), einem der wichtigsten Vertreter der Philosophischen Anthropologie, zufolge nötigen die Instinktentbundenheit und Formbarkeit menschlicher Antriebe den Menschen dazu, sich selbst eigene Normen zu setzen. Infolge dieses konstitutionellen Defizits ist der Mensch gleichsam zur Autonomie gezwungen. Freiheit stellt sich unter dieser Perspektive als Mangel dar, der das Individuum belasten kann, und aus diesem Grund muss es sich in bestimmtem Rahmen autonom gestalten. In dieser Gestaltung ist der Mensch frei, zugleich aber auch dafür verantwortlich. Auf dieser Grundlage kann Enhancement und die Erforschung neuer Verfahren des Enhancement als die konsequente Weiterentwicklung menschlicher Selbstgestaltung mit neuen, d. h. biomedizinischen Mitteln, gedeutet werden. Diese Technologien sind demnach für den Menschen wichtig, um sich von naturgegebenen Vorgaben zu befreien und seine Autonomie im Verhältnis zur Natur zu erweitern.

Allerdings stellt sich im Hinblick auf Enhancement-Forschung, speziell für den Bereich des Neuro-Enhancement mit der Zielsetzung einer Steigerung geistiger Fähigkeiten durch psychoaktive Substanzen, die Frage, ob solche Forschung nicht eher – oder zumindest auch – eine Gefahr für die Autonomie darstellen kann. Fasst man den Autonomiegedanken als Selbstzwecklichkeit, d. h. als zumindest teilweise Entbundenheit des Menschen von den »Zwecken der Natur« (vgl. Kant GMS IV, 435) auf, kann die Zielsetzung einer Steigerung der Erkenntnis- und Einsichtsfähigkeit vernunftgeleitet und als Ausdruck des Autonomiegedankens verstanden werden. Sofern diese Zielsetzung allerdings nicht aus sich heraus erreicht werden soll, sondern auf künstliche Mittel angewiesen ist, könnte sie mit einer neuen Abhängigkeit verbunden sein, die dem Autonomiegedanken entgegensteht. Der Gedanke der Autonomie verbindet sich mit der individuellen Natur des Subjekts; Autonomie ist an die Leiblichkeit des Subjekts gebunden. Ein willentlicher Eingriff in diese Natur, der auf eine Steigerung der natürlichen Konstitution des Subjekts im Hinblick auf seine Erkenntnis- und Einsichtsfähigkeit abzielt, kann der Selbstzwecklichkeit äußere Bedingungen auferlegen, denen das Subjekt dann unterworfen ist und die seine Autonomie gefährden. In diesem Zusammenhang stellen sich zudem auch andere, bisher kaum untersuchte psychopharmakologische Fragen, etwa inwiefern der Einsatz von sog. ›Neuroenhancern‹ neben der intendierten Wirkung einer kognitiven Leistungssteigerung auch Einbußen in anderen Bereichen des Erlebens und Verhaltens zur Folge haben kann, die relevant für die Autonomie des Subjekts sind (vgl. Förstl 2009).

Eine andere Dimension der Gefährdung von Autonomie wird etwa im Zusammenhang mit dem genetischen Enhancement, speziell mit Eingriffen in die genetische Konstitution von Embryonen, erkannt. Dabei geht es um die Frage, ob eine als Enhancement intendierte Veränderung des Genoms von Embryonen – und somit zukünftiger Personen – ethisch zu rechtfertigen ist. Kritiker solcher Forschung sehen die Zufälligkeit des Genoms durch die natural zufällige Zuweisung der Erbinformation bei der Befruchtung der Eizelle als konstitutiv für das Selbstverständnis eines Subjekts an. Denn die naturale, d.h. von keinem anderen Subjekt beeinflusste Konstitution des Genoms wird als Bedingung für die Möglichkeit aufgefasst, dass der Blick des Individuums auf das eigene Selbst frei ist von dem Wissen um eine fremde Intention. Nur wenn das Subjekt gewiss sein kann, dass es in seiner leiblichen Individualität, für die das individuelle Genom als ursächlich angesehen wird, nicht von Dritten entworfen und somit fremden Zwecken unterworfen wurde, kann das Subjekt ein selbstbestimmtes Verhältnis zu sich selbst entwickeln, d. h. sich in diesem Sinne als unbedingt begreifen. Eine notwendige Voraussetzung für die freie – autonome – Handlungsfähigkeit eines Subjekts ist es demnach, in seiner Konstitution nicht durch andere Menschen auf bestimmte Eigenschaften, Fähigkeiten, Ziele oder Lebenspläne festgelegt zu sein (vgl. Habermas 2001). Diese Position, die einem deontologischen Ansatz folgt, erblickt in der genetischen Veränderung von Embryonen zum Zwecke des Enhancement eine ethisch nicht zu rechtfertigende Instrumentalisierung des Embryos für fremde Zwecke. Folgerichtig wird bereits die Zielsetzung für entsprechende Forschungsvorhaben als ethisch problematisch angesehen. Erwähnenswert ist, dass eine utilitaristische Perspektive, die den Nutzen sowohl für das Individuum als auch die Gesellschaft normativ in den Mittelpunkt stellt, das genetische Enhancement hingegen als eine Erweiterung von Handlungsspielräumen begreifen kann. Indem das spätere Subjekt in seinen Eigenschaften und Fähigkeiten verbessert wird, wird es in die Lage versetzt, sowohl selbst mehr Freiheit in seinem Handeln zu erfahren, als auch der Gesellschaft dadurch mehr Nutzen zu bieten. In einer solchen Perspektive könnte die Forschung an genetischem Enhancement ethisch rechtfertigt werden.

Eine an den Forschungszielen orientierte Folgenabschätzung im Zusammenhang mit Enhancement – insbesondere mit Neuro-Enhancement – verweist auf die Möglichkeit erheblicher ethisch relevanter Probleme. Sollten die psychopharmakologischen Ergebnisse von ›Neuroenhancern‹ überzeugend positiv ausfallen und Neuro-Enhancement in Schule, Beruf und Freizeitgestaltung verbreitet eingesetzt werden, kann dies für den einen den erwünschten Zuwachs an Vitalität und Erfolg bedeuten, für den anderen hingegen vermehrte Leistungsanforderung und verminderte Selbstbestimmung. Diese letzteren Folgen könnten zusätzlich mit einer ansteigenden Erwartung – z.B. von Arbeitgebern – bezüglich der Einnahme von ›Neuroenhancern‹ zur Leistungssteigerung einhergehen. Ein solchermaßen verstärkter sozialer, beschäftigungsrelevanter oder ökonomischer Druck kann das betroffene Individuum in schwierige und letztlich gesundheitlich belastende Abwägungssituationen führen; es ist bekannt, dass unter solchen Bedingungen vermehrt neuropsychiatrische Erkrankungen auftreten (vgl. Förstl 2009). Bei der Beurteilung der Folgen eines in der Gesellschaft weit verbreiteten und akzeptierten Enhancement – insbesondere Neuro-Enhancement – wäre zudem zu bedenken, dass das in der Gesellschaft transportierte Menschenbild nicht mehr auf der Akzeptanz des natürlichen Individuums mit seinen individuellen Fähigkeiten beruht, sondern sich an einer künstlich geschaffenen

Leistungsgrenze orientiert, mit deren Erreichen oder Nichterreichen unweigerlich Wertungen verbunden wären.

Die Ziele bestimmter Bereiche der Enhancement-Forschung, so ist zusammenzufassen, scheinen eine besondere Nähe zu subjektrelevanten Eigenschaften wie Autonomie und Selbstbestimmung zu besitzen. Eine ethische Beurteilung der Ziele und möglicher Folgen dieser Forschung muss daher insbesondere prüfen, inwieweit die Autonomie des Subjekts gefährdet bzw. verletzt wird. Verschiedene Zielsetzungen der Enhancement-Forschung werden sich auf der Grundlage dieser Prüfung als problematisch erweisen. Insgesamt aber lassen sich – insbesondere vor dem Hintergrund der dargelegten Abgrenzungsschwierigkeiten zur Therapie – zweifelsohne auch Zielsetzungen einer Enhancement-Forschung benennen, die als ethisch wenig problematisch beurteilt werden können. Hierzu können etwa Forschungsziele zählen, die die leistungssteigernde Wirkung von Phytopharmaka und Nahrungszusätzen wie Koffein, Flavonolen o. Ä. erproben und charakterisieren. Schwierige Abgrenzungsfragen können sich im Hinblick auf die normative Beurteilung einer Forschung ergeben, die die Wirksamkeit und mögliche schädliche Wirkungen von leistungssteigernden Eingriffen im Sport (z. B. die Gabe von Wachstumshormonen zum Zwecke der Steigerung sportlicher Leistungen) untersucht.

6.4 Ethische Voraussetzungen für die zur Enhancement-Forschung einzusetzenden Mittel

Forschung am Menschen im Bereich des Enhancement wird sich im Wesentlichen der Mittel und der methodischen Instrumente bedienen, die im Bereich der biomedizinischen Forschung erarbeitet wurden und in der Praxis längst etabliert sind. Hierbei handelt es sich um die verschiedenen Formen von kontrollierten und nicht kontrollierten, verblindeten und unverblindeten, prospektiven und retrospektiven Studien, wie sie in der biomedizinischen Erforschung und Evaluation von neuen Therapieformen beim Menschen Pflicht sind. Auch das Instrument einer obligaten Evaluierung von Studien im Bereich der Enhancement-Forschung durch eine Ethikkommission wäre eine folgerichtige Forderung. In Analogie zur klinischen Forschung werden wahrscheinlich auch im Bereich der Enhancement-Forschung vier bzw. fünf verschiedene Phasen von Forschung abgrenzbar sein (s. Kap. II.2.2). Die Anwendung solcher Instrumente ist notwendig, um – wie in der therapieorientierten Forschung – die Wirksamkeit und Sicherheit von Interventionen, die mit der Absicht eines Enhancement durchgeführt werden, in Bezug auf eine künftige Anwendung bei Menschen zu evaluieren und statistisch abzusichern.

Allerdings müssen auch die Interessen und Rechte derjenigen Menschen geschützt werden, die als Probanden an solcher Forschung teilnehmen. Es liegt nahe, hierfür diejenigen Kriterien heranzuziehen, die im Bereich der biomedizinischen Forschung für die Beurteilung der ethischen Rechtfertigung eines Eingriffs bei Patienten und Probanden entwickelt wurden. Hierbei handelt es sich in erster Linie um die vier sogenannten ›mittleren Prinzipien‹ der Selbstbestimmung (*autonomy*), der Benefizienz (*beneficence*), des Nichtschadens (*non-maleficence*) und der Gerechtigkeit (*justice*), die von Tom L. Beauchamp und James L. Childress (2001) im Anschluss an den »Belmont-Report« der US-amerikanischen National Commission for the Protection of Human Subjects of Biomedical and Behavioral Research ausgearbeitet wurden (s. Kap. II.2.3). In einer Anwendung auf Forschung am Menschen betrifft das Selbstbestimmungsprinzip insbesondere die informierte Einwilligung des Probanden in den Eingriff (*informed consent*), das Benefizienzprinzip den Individualnutzen, der dem Probanden durch seine Teilnahme an der Forschung entsteht, das Nichtschadenprinzip die Frage nach den Risiken und Belastungen durch den Eingriff und das Gerechtigkeitsprinzip die Frage nach der gerechten Verteilung von Lasten und Nutzen der Forschung. Auf der Grundlage dieses Ansatzes stellt sich die Frage, ob bzw. inwieweit diese Beurteilungskriterien eine inhaltliche Veränderung erfahren und ob und inwieweit sie als Beurteilungskriterien tauglich sind, wenn sie auf Enhancement-Forschung angewendet werden.

1. Selbstbestimmung und informed consent: Fragen im Hinblick auf den *informed consent* können sich etwa im Zusammenhang mit der Begriffsbestimmung von Enhancement und der – wie oben dargelegt – schwierigen Abgrenzung zur Therapie ergeben. Um eine informierte Einwilligung sicher zu stellen, muss der Proband umfassend über die Ziele, die Durchführung, den erwarteten Nutzen und die Risiken und Nebenwirkungen des im Rahmen der Forschung durchgeführten Eingriffs informiert werden. Erst wenn ein Proband in reflektierter Kenntnis aller relevanten Informationen in einer freien Entscheidung in die Durchführung des Eingriffs einwilligt, ist seine Selbstbestimmung gewahrt. Eine erste Rückfrage im Hinblick auf Enhancement-Forschung betrifft die Möglichkeit einer angemessenen, d. h. verständlichen Darstellung des Forschungsvorhabens. In bestimmten Bereichen der Enhancement-Forschung, etwa im Bereich des Neuro-Enhancement, kann man Schwierigkeiten vermuten, einem Probanden die Ziele der Forschung objektiv plausibel zu machen. Was bedeutet etwa die ›Steigerung geistiger Fähigkeiten‹? Welche Hypothesen liegen solcher Forschung zugrunde? Welche Zustände bei Studienteilnehmern werden diesbezüglich vom Forscher angestrebt und auf welche Weise können diese dem Probanden dargestellt werden, um die Kriterien einer informierten Einwilligung zu erfüllen? Während der Bereich der Therapie den Status einer Handlungskategorie besitzt, die auch dem Laien eine gewisse Einordnung von Handlungszielen erlaubt, trifft dies – jedenfalls gegenwärtig – für zumindest einige Bereiche des Enhancement nicht in einem vergleichbaren Maße zu. Zweitens wird im Zusammenhang mit Enhancement-Forschung auf das Problem der *misconception* aufmerksam gemacht (vgl. Gifford 2009). Ähnlich wie bei der *therapeutic misconception*, der fehlinterpretierenden und oftmals unbewussten Übertragung fremdnütziger Forschungsziele auf individualnützige Therapieziele durch den Probanden bei der Aufklärung und der Einwilligung zur Studienteilnahme im Bereich von klinischer Forschung (s. Kap. II.2.3.1), könnte auch eine Enhancement-Forschung, gerade weil sie auf eine Steigerung individueller Eigenschaften abzielt, entsprechende Missverständnisse fördern. Zudem könnten ähnliche Missverständnisse aber auch in Bezug auf die Unterscheidung von Therapie und Enhancement zu erwarten sein, indem der Proband Forschungsziele, die im Bereich des Enhancement angesiedelt sind, auf den Kontext einer therapeutisch orientierten Forschung überträgt. Für die Wahrscheinlichkeit solcher möglichen Missinterpretationen liegen momentan keine empirischen Daten vor, jedoch weist bereits die Schwierigkeit einer begrifflichen Abgrenzung des Enhancement von einer Therapie darauf hin, dass die Aufklärung und die Einholung der informierten Einwilligung im Bereich der Enhancement-Forschung vor besondere Herausforderungen gestellt sind. Drittens könnte bei der Enhancement-Forschung – ähnlich wie in bestimmten Bereichen der therapieorientierten Forschung – die Reversibilität der Einwilligung in Frage gestellt sind. Ein wesentliches Element einer freien informierten Einwilligung ist die jederzeitige Widerrufbarkeit durch den Probanden. In bestimmten Zusammenhängen, etwa beim Neuro-Enhancement, wäre es durchaus denkbar, dass durch die in Forschungsabsicht durchgeführten Manipulationen die wertende Stellungnahme des Probanden zu sich selbst und sein Selbstverhältnis in einer für seine Selbstbestimmung relevanten Weise verändert werden. Wenn die Folgen dieser Manipulation für das Individuum u. a. auch darin beständen, eine Beendigung der Forschung nicht mehr wollen oder fordern zu können, und man diesen Zustand als Folge der Forschung auffasst, wäre die mit der Beachtung von Selbstbestimmung verbundene Garantie der Reversibilität der Einwilligung verletzt.

2. *Benefizienz und Individualnutzen:* Der Bezugsumfang des Benefizienzprinzips ist in der Literatur umstritten. Insbesondere in angelsächsischen Veröffentlichungen wird das Benefizienzprinzip nicht nur auf den Individualnutzen des Probanden, sondern auch auf den Nutzen anderer, etwa späterer Nutznießer der Forschung, bezogen. Damit wird dem Benefizienzprinzip u. a. der Charakter eines Prüfkriteriums für den sozialen Wert von Forschung zugewiesen. Vor diesem Hintergrund sind in Bezug auf Enhancement-Forschung gesellschaftliche Risiken zu benennen. So könnte Enhancement-Forschung etwa dazu führen, dass Individuen oder Gruppen in einer Gesellschaft unfair bevorteilt werden oder dass der prinzipiell kompetitive Charakter von Enhancement-Forschung bei gleichzeitig unaufhörlichem Fortschreiten solcher Forschung den Zusammenhalt in einer Gesellschaft, aber auch das internationale Zusammenleben von Gesellschaften gefährden kann (vgl. Gifford 2009). Andererseits wird allerdings auch gemutmaßt, dass Enhancement in Zukunft eine immense positive Bedeutung gerade für das gesellschaftliche Zusammenleben der dann unbeschwerten und glücklicheren Menschen birgt, sofern eine gleiche Verfügbarkeit der Methoden für alle Mitglieder der Gesellschaft sichergestellt ist. In Bezug auf Enhancement-Forschung bleibt die Analyse des Nutzens, der aus einer sozialen Interpretation des Benefizienzprinzips abgeleitet wird, in Ermangelung empirischer Daten gegenwärtig kontrovers und wenig konkret.

Wird das Benefizienzprinzip hingegen auf den Individualnutzen des Probanden bezogen, ist zunächst zu konstatieren, dass Forschung primär nicht dem Individualnutzen der Probanden dienen kann, sondern prinzipiell fremdnützigen Zwecken dienen muss. Der Individualnutzen eines Probanden gewinnt bei der Forschung am Menschen nur bei der Forschung mit nichteinwilligungsfähigen Probanden sowie möglicherweise bei der Erforschung von experimentellen Verfahren, die ausschließlich im Rahmen einer Forschungsstudie verfügbar sind, unter den Umständen einer therapeutischen *ultima ratio* Bedeutung. Es erscheint fraglich, ob sich diese Szenarien und die mit ihnen verbundene ethische Legitimation auch auf Enhancement-Forschung übertragen lässt. Enhancement-Forschung ist unter objektiven Gesichtspunkten nicht vergleichbar bedeutsam für das Leben und die Gesundheit, mithin für die existentielle Grundlage des Individuums. Im Fall der Therapie ist daher eine Notwendigkeit für die Forschung zu erkennen, im Fall des Enhancement ist Forschung typischerweise optional (vgl. Gifford 2009). Diese Unterschiede können bei ethischen Abwägungsszenarien, etwa bei der Frage nach der Einbeziehung nichteinwilligungsfähiger Probanden in die Enhancement-Forschung, erhebliche Bedeutung gewinnen.

3. *Nichtschadenprinzip und Risiken und Belastung:* Auch dem Nichtschadenprinzip wird gelegentlich ein sozialer Aspekt zugewiesen, indem unter diesem Prinzip Risiken oder entgangene Vorteile für Dritte thematisiert werden. In der Regel werden unter dem Nichtschadenprinzip jedoch insbesondere die für das Individuum durch seine Studienteilnahme entstehenden Risiken und Belastungen in den Blick genommen. Demnach darf ein Forscher einen Probanden durch die Forschung keinen unverhältnismäßigen Risiken oder Belastungen aussetzen. Zumindest einige Bereiche der Enhancement-Forschung wird

man bereits aufgrund der mit ihnen verbundenen Risiken und Belastungen als ethisch nicht rechtfertigbar zurückweisen müssen. So ist etwa in Forschungsabsicht durchgeführtes genetisches Enhancement beim Menschen oder die Implantation von Impulsgebern für eine neuromodulatorische Stimulation zum Zwecke des Enhancement mit einer Eingriffstiefe verbunden, die mit einem nicht vertretbaren Maß an physischer und (antizipierter) psychischer Belastung für einen Probanden verbunden ist. Zudem gilt auch im Hinblick auf das Nichtschadenprinzip, dass die Bewertung der Enhancement-Forschung als eine optionale und nicht krankheitsabwendende oder lebensrettende Forschung die von Probanden zu tragenden Risiken und Belastungen begrenzen wird, auch wenn diese allgemeine Auffassung eine Beurteilung des Einzelfalls nicht ersetzt. Dies gilt insbesondere auch für die Teilnahme nichteinwilligungsfähiger Probanden und Mitglieder sogenannter vulnerabler Gruppen an einer Enhancement-Forschung. Überdies ist zu fragen, ob bzw. inwieweit bestimmte Formen des Enhancement, insbesondere des Neuro-Enhancement, *per se* mit einer Schädigung des Individuums verbunden sind, insofern durch solche Forschung konstitutive Merkmale wie Autonomie und Selbstbestimmung berührt sein könnten. Generell steht bei der Enhancement-Forschung offenbar die *Unsicherheit* bezüglich des Eintretens bestimmter Schädigungen eher im Vordergrund als die *Risiken* für solche Schädigungen. Die Begriffe des Risikos und der Unsicherheit unterscheiden zwei Arten der Ungewissheit über den Ausgang einer Entscheidungssituation (vgl. Hübner 2001, 94). Handeln unter Risiko bezeichnet eine Situation, in der dem Entscheidungsträger die Wahrscheinlichkeiten der verschiedenen möglichen Ausgänge einer Handlungsoption z. B. aufgrund statistischer Ergebnisse bekannt sind, während Handeln unter Unsicherheit sich dadurch auszeichnet, dass er keine Kenntnis über die Wahrscheinlichkeiten besitzt. Für weite Bereiche der Enhancement-Forschung ist anzunehmen, dass vor allem letzteres zutrifft. Sofern dies subjektrelevante Eigenschaften wie Autonomie und Selbstbestimmung betreffen könnte, sprächen im Zweifelsfall gute Gründe dafür, solche Forschung sicherheitshalber zu unterlassen.

4. Gerechtigkeit und die gerechte Verteilung von Nutzen und Lasten: Das Prinzip der Gerechtigkeit nimmt die Ansprüche mehrerer Parteien in den Blick und stellt mit dem Bemühen um eine gerechte Verteilung von Nutzen und Lasten den zu beurteilenden Sachverhalt in einen überindividuellen Rahmen. Die Frage nach Nutzen und Lasten der Forschung tritt im Zusammenhang mit Enhancement gegenüber der medizinisch-therapeutischen Zielsetzung von Forschung unter veränderten Bedingungen auf. Denn während therapieorientierte Forschung nur die Gruppe derjenigen Menschen betrifft, die an Krankheiten leiden und denen durch die Forschung geholfen werden soll, bezieht sich Enhancement-Forschung zunächst unterschiedslos auf alle Menschen. Zu fragen ist vor diesem Hintergrund, inwieweit diejenigen, die die Lasten der Forschung an Enhancement tragen, gerechterweise auch als primäre Nutznießer in Frage kommen müssen. Das im Bereich der therapieorientierten Forschung oftmals dominierende Argument einer altruistisch motivierten Teilnahme von Probanden an Forschung in der Absicht eines Hilfsangebotes an Kranke lässt sich bei Forschung, die auf Enhancement abzielt, nicht in der gleichen Weise anführen, es sei denn, der mit dem Menschsein an sich verbundene Daseinszustand würde als nicht akzeptabel und unbedingt verbesserungswürdig angesehen. Auch die Motivation der Fairness, wie sie etwa im Fall vorliegen mag, in dem einem Patienten durch die Therapie einer Erkrankung geholfen werden konnte und dieser sich in der Folge als Proband für die Forschung an weiteren Therapieformen zur Verfügung stellt, wäre bei Enhancement-Forschung nur unter sehr speziellen Bedingungen anzunehmen (vgl. Gifford 2009). Eher wäre im Bereich der Enhancement-Forschung von einer zunehmenden Kommerzialisierung und auch Privatisierung der Forschung auszugehen, die möglicherweise Rückwirkungen auf die Einwilligung von Probanden, die Risiko-Nutzen-Abwägung sowie letztlich auch auf Abwägungen im Feld der therapieorientierten Forschung haben könnten.

Während diese Fragestellungen von einer Last des Probanden und einem Nutzen für andere ausgehen, kann dieses Verhältnis unter ökonomischen Gesichtspunkten auch in einer anderen Rollenverteilung betrachtet werden. So ist etwa zu fragen, warum Enhancement-Forschung unter Einsatz von erheblichen gesellschaftlichen Ressourcen und den damit verbundenen unfreiwilligen finanziellen Beteiligungen von Steuerzahlern durchgeführt werden sollte, die die möglichen Ergebnisse dieser Forschung für sich selbst kategorisch für irrelevant erachten und ablehnen mögen. Während bei der therapieorientierten Forschung ein gesellschaftlicher Konsens dahingehend anzunehmen ist, dass die Solidarität mit dem Kranken (und die Ahnung, dass man selbst recht plötzlich zu dieser Gruppe gehören könnte) die Erforschung geeigneter Therapieformen als geboten erscheinen lässt, besteht ein solcher Konsens im Hinblick auf Enhancement keineswegs. Wie oben erwähnt, liegt in beiden Fällen eine unterschiedliche Dringlichkeit vor – im Fall der therapieorientierten Forschung eine medizinische Notwendigkeit und im Fall der Enhancement-Forschung eine Option –, und diese Unterschiede erweisen sich auch im Hinblick auf die Frage nach der gerechten Verteilung von öffentlichen Mitteln als relevant. Aber nicht nur die Verteilung von Mitteln, auch die gerechte Verteilung der Ergebnisse der Forschung in der Gesellschaft ist eine Frage, die im Hinblick auf Enhancement anders zu beantworten ist als im Hinblick auf die Verfügbarkeit von Therapien. Während therapieorientierte Ergebnisse zwar prinzipiell jedem Mitglied der Gesellschaft zur Verfügung stehen, *de facto* aber nur von den jeweils einschlägig Erkrankten genutzt werden können, stehen die Ergebnisse der Enhancement-Forschung *de facto* jedem Mitglied der Gesellschaft zu, da die Inanspruchnahme der Mittel an keine besonderen krankheitsrelevanten physischen Notwendigkeiten, sondern lediglich an die Zugehörigkeit zur Gesellschaft gebunden ist. Die Frage nach der Teilhabegerechtigkeit würde dann auch die Frage aufwerfen, ob die Gesellschaft mit voraussichtlich erheblichen Mitteln dafür einstehen muss, dass die (vorteilhaften) Ergebnisse der Enhancement-Forschung für *jedes* ihrer Mitglieder erschwinglich ist, oder ob eine Teilhabe faktisch den Marktkräften unterworfen wäre, auch wenn dies zu dramatischen Ungleichheiten innerhalb der Gesellschaft führen könnte.

6.5 Resümee

Kriterien, die für eine ethische Beurteilung therapieorientierter Forschung herangezogen werden, umfassen insbesondere eine Beurteilung nach angestrebten Zielen, einzusetzenden Mitteln und erwünschten oder unerwünschten Folgen sowie eine Bewertung anhand der vier ›mittleren‹ bioethischen Prinzipien der Selbstbestimmung, der Benefizienz, des Nichtschadens und der Gerechtigkeit. Werden diese Kriterien auf Enhancement-Forschung angewendet, zeigt sich, dass wahrscheinlich viele Forschungsszenarien, wie etwa die Erforschung der Wirkung von leistungssteigernden Phytopharmaka und Nahrungszusätzen (z. B. Koffein), die durchaus der Rubrik der Enhancement-Forschung zugeordnet werden können, bei Beachtung der etablierten Regeln der Forschung am Menschen keine besonderen ethischen Probleme implizieren. Andererseits lassen sich im Zusammenhang mit Enhancement Forschungsfelder identifizieren, die ethisch höchst problematisch sind. Hierzu gehören u.a. bestimmte Formen des Neuro-Enhancement sowie des genetischen Enhancement. Bereits die Zielsetzung solcher Forschung kann Fragen hinsichtlich der Wahrung der Autonomie und der Selbstbestimmung des Probanden sowie grundsätzliche sozialethische Fragen aufwerfen. In diesen Forschungsbereichen scheinen die Ziele der Enhancement-Forschung eine besondere Nähe zu subjektrelevanten Eigenschaften wie Autonomie und Selbstbestimmung aufzuweisen. Eine ethische Beurteilung der Ziele und möglicher Folgen dieser Forschung muss daher insbesondere prüfen, inwieweit die Autonomie des Subjekts gefährdet bzw. verletzt wird. Aber auch die Selbstbestimmung des an Enhancement-Forschung teilnehmenden Probanden bedarf einer besonderen Aufmerksamkeit, da verschiedene Möglichkeiten der Fehlinterpretation der Forschungsziele durch den Probanden bestehen. Im Unterschied zur therapieorientierten Forschung, die als notwendig angesehen wird, erweist sich Enhancement-Forschung, sofern sie sich hinreichend von ersterer abgrenzen lässt, als optional. Diese Beurteilung kann Auswirkungen auf die Nutzen-Risiko-Bewertung für Probanden haben, erschwert die Möglichkeit eines Einbezugs von nichteinwilligungsfähigen Probanden und Probanden aus vulnerablen Gruppen in die Forschung, und wirft zudem die Frage nach der Verteilung öffentlicher Ressourcen für die Enhancement-Forschung auf.

Verwendete Literatur

Beauchamp, Tom. L./Childress, James F.: *Principles of Biomedical Ethics* [1979]. Oxford ⁵2001.
Boorse, Christopher: On the Distinction Between Disease and Illness. In: *Philosophy and Public Affairs* 5/1 (1975), 49–68.
Förstl, Hans: Neuro-Enhancement. Gehirndoping. In: *Nervenarzt* 80 (2009), 840–846.
Gifford, Fred: Ethical Issues in Enhancement Research. In: *Journal of Evolution & Technology* 18 (2009), 42–49.
Habermas, Jürgen: *Die Zukunft der menschlichen Natur. Auf dem Weg zu einer liberalen Eugenik?* Frankfurt a. M. 2001.
Hübner, Dietmar: *Entscheidung und Geschichte. Rationale Prinzipien, narrative Strukturen und ein Streit in der Ökologischen Ethik*. Freiburg i. Br./München 2001.
Kant, Immanuel: *Grundlegung zur Metaphysik der Sitten* [1785]. Hg. von K. Vorländer. Hamburg 1965.
King, Lester S.: *Medical Thinking. A Historical Preface*. Princeton/New Jersey 1982.
Kramer, Peter D.: *Listening to Prozac: A Psychiatrist Explores Antidepressant Drugs and the Remaking of the Self.* Toronto 1993.
Lanzerath, Dirk: *Krankheit und ärztliches Handeln. Zur Funktion des Krankheitsbegriffs in der medizinischen Ethik*. Freiburg i. Br./München 2000.
Reznek, Lawrie: *The Nature of Disease. Philosophical Issues in Science*. London 1987.

Weiterführende Literatur

Beck, Susanne: Enhancement – die fehlende rechtliche Debatte einer gesellschaftlichen Entwicklung. In: *Medizinrecht* 2 (2006), 95–102.
Buchanan, Allen E./Brock, Dan W./Daniels, Norman/Wikler, Daniel: *From Chance to Choice. Genetics and Justice*. Cambridge 2000.
Callahan, Daniel: *What Kind of Life? The Limits of Medical Progress*. New York 1990.
Callahan, Daniel: *False Hopes. Why America's Quest for Perfect Health is a Recipe for Failure.* New Jersey 1998.

Cole-Turner, Ronald: Do Means Matter? In: Erik Parens (Hg.): *Enhancing Human Traits. Ethical and Social Implications*. Washington 1998, 151–161.
Daniels, Norman: *Just Health Care*. New York 1985.
Daniels, Norman: Negative and Positive Genetic Interventions: Is there a Moral Boundary? In: *Science in Context* 11/3–4 (1998), 439–453.
Engelhardt, H. Tristram: *The Foundations of Bioethics*. New York 1996.
Engelhardt, H. Tristram: Germ-line Engineering: The Moral Challenges. In: *American Journal of Medical Genetics* 108/2 (2002), 169–175.
Gethmann, Carl Friedrich: The Amphiboly of Illness. In: *Newsletter Europäische Akademie* 48 (2004), 1–3.
Rawls, John: *A Theory of Justice*. Oxford 1999.
Roemer, John E.: Equality of Talent. In: *Economics and Philosophy* 1/2 (1985), 151–188.
Sen, Amartya: Equality of What? In: Sterling M. McMurrin (Hg.): *Tanner Lectures on Human Values*. Cambridge 1980.

Thomas Runkel und Thomas Heinemann

7. Nanotechnologie

Im Frühjahr 2006 wurden den Giftinformationszentren (GIZ) in Deutschland und dem Bundesinstitut für Risikobewertung (BfR) über 100 Fälle von zum Teil schwerer Atemnot nach Anwendung der Treibgas-Versiegelungssprays ›Magic Nano Bad WC Versiegeler‹ oder ›Magic Nano Glas und Keramik Versiegeler‹ mitgeteilt. Bei mindestens sechs der betroffenen Personen entwickelte sich ein toxisches Lungenödem, das eine stationäre Klinikbehandlung erforderlich machte. Unverzüglich traten Kritiker der Nanotechnologie auf den Plan, die in diesem Vorfall ein Beispiel für die unkontrollierbaren Risiken einer als unheimlich empfundenen neuen Technologie erkannten (vgl. The Economist 2006). Bald darauf trat das Bundesinstitut für Risikobewertung mit der Mitteilung an die Öffentlichkeit, dass die beiden Magic Nano-Produkte gar keine Partikel in Nano-Abmessung enthielten (vgl. Bundesinstitut für Risikobewertung 2006). Der Begriff ›Nano‹ im Produktnamen sollte vielmehr auf den hauchdünnen Film hinweisen, der sich nach dem Versprühen der Produkte auf der Oberfläche von Keramik oder Glas bildet. Gleichwohl wurden in den Medien und der Öffentlichkeit intensiv eine bessere Risikoabschätzung und Überwachung der Nanotechnologie diskutiert. Als Ursache für die Toxizität beider Produkte wurde später das verwendete Lösungsmittel identifiziert (vgl. TA Swiss 2006).

Diese Reaktionen können als Indikator für ein tiefes Unbehagen in der Öffentlichkeit gegenüber einer Technologie aufgefasst werden, die trotz erheblicher politikseitiger Bemühungen um Information – wie z. B. die ›Nano-Truck-Kampagne‹ des BMBF oder das ›Nanologue-Forum‹ der Europäischen Kommission – offenbar in weiten Teilen unverstanden bleibt. Die ablehnende Tendenz ist aus mehreren Gründen nicht verwunderlich. Denn erstens fällt es nicht nur dem Laien schwer, die Dimension des Nanometers (ein Millionstel Millimeter) zu erfassen und sich vorzustellen, dass in diesem Größenbereich kontrollierte und kontrollierbare Manipulationen vorgenommen werden können, zweitens erwecken überaus optimistische Vorhersagen über die individuellen und gesellschaftlichen Vorteile der mitunter als ›Schlüsseltechnologie des 21. Jahrhunderts‹ und ›dritte industrielle Revolution‹ (vgl. Grunwald 2005, 24) bezeichneten Nanotechnologie auf der einen Seite und die Ankündigung von nanotechnologisch induzierten Katastrophenszenarien auf der anderen Seite gleichermaßen Misstrauen und drittens mag eine gewisse Zurückhaltung im Hinblick auf die erhebliche öffentliche Förderung eines Technikfeldes vorherrschen, dessen Segnungen fast ausschließlich unter Verwendung von Futur und Konjunktiv vorgetragen werden (müssen).

Für die Forschungsethik stellt indes die Tatsache, dass sich die Nanotechnologie als Forschungsfeld im Hinblick auf ihre Zielsetzungen und die verwendeten Instrumente und Mittel gerade in den Anfängen befindet, eine Chance dar. Denn während der technisch-wissenschaftliche Fortschritt oftmals Fakten schafft, die normativ nicht mehr einzuholen sind (vgl. Habermas 2001), bestehen im Fall der Nanotechnologie die Möglichkeit und die Zeit, ethische Fragen frühzeitig zu analysieren und die Ergebnisse der Reflexion in die Gestaltung und Entwicklung dieses neuen Technologiefeldes einzubringen. Hierfür ist es erforderlich, dieses Technologiefeld, auch wenn die meisten Bereiche gegenwärtig antizipiert werden müssen, in seinen Umrissen darzustellen. Im Folgenden wird daher zunächst überblicksartig zu klären versucht, was unter Nanotechnologie zu verstehen ist und welcher Mittel sich die nanotechnologische Forschung bedient (7.1). Sodann werden Zielsetzungen, die mit nanotechnologischen Verfahren verfolgt werden, diskutiert (7.2) und einige Nebenfolgen und Risiken, die mit der Nanotechnologie verbunden sind, skizziert

(7.3). Auf dieser Grundlage werden anschließend mit der Nanotechnologie verbundene relevante forschungsethische Themenfelder dargelegt (7.4) und abschließend die Frage behandelt, inwieweit die Nanotechnologie einer speziellen ethischen Berücksichtigung im Sinne einer als Nano-Ethik bezeichneten Bereichsethik bedarf (7.5).

7.1 Was ist Nanotechnologie?

Eine allgemein akzeptierte Definition von Nanotechnologie (gr. *nanos*: Zwerg) existiert gegenwärtig nicht. Verschiedene Autoren machen geltend, dass angesichts ganz unterschiedlicher Zielsetzungen und der Verschiedenheit der in der Nanotechnologie verwendeten Stoffe und Verfahren eher von Nanotechnologien (Plural) zu sprechen ist. Zudem wird die Anwendung nanotechnologischer Verfahren im Bereich der Biowissenschaften als Nanobiotechnologie abgegrenzt (vgl. Ach/Jömann 2005,185). Versteht man die Nanotechnologie als Oberbegriff für ein Technikfeld, werden Definitionen üblicherweise entweder auf den Größenbereich der Nanopartikel, die Wirkeffekte und Eigenschaften der Nanopartikel oder auf die Möglichkeiten der Manipulation bzw. Konstruktion von Molekülen bezogen. (1) Im Hinblick auf die *Partikelgröße* erforscht die Nanotechnologie Strukturen und Systeme, die kleiner als 100 nm (Nanometer, 10^{-9} Meter) sind. Als Größenvergleich kann etwa der Durchmesser eines menschlichen Haares herangezogen werden, der etwa 50.000 nm beträgt. Nanotechnologie bewegt sich somit im Bereich einzelner Moleküle und Atome. (2) Im Hinblick auf die *Wirkeffekte* nutzt die Nanotechnologie chemische, magnetische, optische, mechanische und elektronische Eigenschaften von verschiedenen Stoffen, die nur in einer nanoskaligen Partikelgröße auftreten. Zudem weisen Nanopartikel, die kleiner als 50 nm sind, spezielle Quanteneffekte auf, die genutzt werden können. So ist beispielsweise das Metall Titanoxid im nanoskaligen Bereich transparent und wird daher als unsichtbarer UV-Blocker z. B. in Sonnencremes verwendet. (3) Das Definitionsmerkmal der *Manipulation bzw. Konstruktion von Molekülen* gehört zu den grundlegenden Ideen der Nanotechnologie. Zwei verschiedene Herangehensweisen werden unterschieden: Der *top down*-Ansatz (oder *down scaling*) verfolgt das Ziel einer Miniaturisierung bereits vorhandener größerer Strukturen hinab in kleinere Dimensionen. Ein augenfälliges Beispiel hierfür stellt etwa die Zielsetzung in der Mikroelektronik dar, die Halbleiterstrukturen von Computerchips weiter zu miniaturisieren. Der *bottom up*-Ansatz (oder *up scaling*) verfolgt dagegen das Ziel, Atome und Moleküle einzeln und kontrolliert zusammenzufügen und auf diese Weise gezielt Strukturen zusammenzubauen (vgl. Gammel 2007, 7). Dieser letztere, im molekularen Bereich technologisch völlig neue Ansatz wurde von K. Eric Drexler theoretisch grundlegend ausformuliert (Drexler 1986; Drexler/Peterson/Pergamit 1991). Demnach stellen die physikalischen Gesetze kein Hindernis für die Manipulation selbst *einzelner* Moleküle dar. Allerdings bedarf es eines geeigneten Instrumentariums, und diesbezüglich wird man sich – Drexler zufolge – nanoskaliger programmierbarer Konstruktionsmaschinen, sogenannter ›Assembler‹, bedienen, die einen *on board*-Computer sowie einen submikroskopischen Roboterarm besitzen und anhand einer Befehlssequenz nahezu jegliche Struktur, sofern diese chemisch stabil ist, aus chemischen Bausteinen Atom für Atom zusammenfügen können. Bei den von diesen Assemblern zu synthetisierenden Produkten kann es sich ihrerseits selbst um ›Nanomaschinen‹ handeln, wie die Natur sie beispielsweise in Form der Ribosomen vorgibt, die den genetischen Code in die Aminosäuresequenz der Proteine übersetzen. Selbstverständlich würden sich die Assembler nach entsprechender Programmierung aber auch zur Herstellung weiterer Assembler einsetzen lassen und sich folglich selbst reproduzieren können. Letztere Fähigkeit wäre nicht nur notwendig, weil mit den gegenwärtigen Verfahren unter keinen Umständen eine genügend große Anzahl von Assemblern herzustellen wäre, sondern wäre auch mit den Vorteilen einer dramatischen Zeitersparnis (aufgrund der dadurch exponentiellen Vermehrung der Assembler), mit einer deutlichen Kostenreduktion (da die Herstellungskosten nur noch aus den Kosten der benötigten Energie sowie der Rohstoffe zur Herstellung der Assembler bestünde) und mit einem extrem sauberen Herstellungsprozess (da nur die Moleküle verwendet werden, die benötigt werden und keine Abfälle entstehen) verbunden (vgl. Drexler 1986, 285). Zu erwähnen ist, dass solche Assembler bisher nicht existieren und die Fachwelt über die Frage gespalten ist, ob sie überhaupt jemals herzustellen sind.

Nanomaschinen (sog. *nanites*) sind von Nanomaterialien (sog. *nanates*) zu unterscheiden (vgl. Mnyuswalla/Abdallah/Singer 2003). Letztere sind durchaus herstellbar und werden bereits in beträchtlichem Umfang künstlich produziert. Daneben gibt es vor allem aber auch viele ›natürliche‹ Nanopartikel wie z. B. natürliche Kolloide (nanoskalige Teilchen, die in einem Dispersionsmedium verteilt sind) in zahllosen Lebensmitteln, etwa Kasein (100nm) oder Molkenprotein (3nm) in der Milch. Auch im Ruß finden sich natürliche Nanopartikel, und fast alle Stoffwechselvorgänge in den Körperzellen finden im nanoskaligen Bereich statt. Zu der mittlerweile großen Zahl synthetisch hergestellter Nanomaterialien zählen etwa schlauchförmige Nanoröhren (*nanotubes*), die aus Kohlenstoffatomen bestehen, oder ebenfalls aus Kohlenstoffatomen bestehende ›Buckminster Fullerene‹ (auch *Buckyballs* genannt), deren Konfiguration an die Polyederstruktur der Konstruktionen des Architekten Richard Buckminster Fuller erinnern, der ihnen den Namen gibt. Dendrimere sind synthetische kugelförmige Polymere, die an ihrer Oberfläche verästelt und im Inneren von charakteristischen Hohlräumen durchzogen sind. *Quantum dots* sind Halbleiterkristalle im Nanoformat, die bei Anregung durch die Lichtwellen eines Lasers in verschiedenen Farben aufleuchten, wobei die tatsächliche Farbe des von einem *quantum dot* ausgehenden Lichts von dessen Größe abhängt. Aber auch ein biomolekularer Motor mit Propellern aus anorganischem Nickel, der von einem ATPase-Enzym angetrieben wird, wurden entwickelt (Soong et al. 2000) sowie Einzelmolekül-Transistoren (De Franceschi/Kouwenhoven 2002), oder nanoskalige *Carrier*, die die Blut-Hirn-Schranke überwinden und Chemotherapeutika freisetzen können (vgl. Tiwari/Amiji 2006).

Das ›Tor zur Nanowelt‹ öffneten im Jahr 1982 Gerd Binnig und Heinrich Rohrer durch eine entscheidende Entwicklung im Bereich der Mikroskopie, die sogenannte Rastersondenmikroskopie (Rastertunnelmikroskopie und Rasterkraftmikroskopie). Mit ihrer Hilfe lassen sich Strukturen zwischen Submikrometer- bis hin zur Nanometergröße abbilden, und zugleich kann diese Methode als Nanowerkzeug verwendet werden.

Rastertunnelmikroskop, Rasterkraftmikroskop

Beim Rastertunnelmikroskop wird die abzubildende Probenoberfläche, die elektrisch leitfähig sein muss, mit einer bis zu atomar spitzen Nadel im Abstand von 1 nm zeilenweise abgerastert. Elektronen können diese Distanz zwischen Probenoberfläche und Spitze überbrücken (›Tunneleffekt‹) und bei Anlegen einer Spannung an die Spitze des Mikroskops einen messbaren Strom (›Tunnelstrom‹) erzeugen, der von der Distanz zwischen Oberfläche und Spitze des Mikroskops exponentiell abhängig ist. Ein Feedback-Mechanismus hält die Spitze des Mikroskops in einem konstanten Abstand zur Probe. Durch Messung der lokalen spezifischen Wechselwirkung zwischen Spitzenatom und Oberflächenatom kann ein dreidimensionales Bild der Oberflächendichtezustände mit atomarer Auflösung erzeugt werden. Ein Rasterkraftmikroskop misst dagegen ohne Zuhilfenahme eines Stroms die verschiedenen Kräfte zwischen Probe und Spitze (elektrostatische Kräfte, van-der Waals, Dispersion, Pauli-Abstoßung u. a.) über die Verbiegung eines winzigen Federbalkens und verwendet diese zur Bilderzeugung. Es eignet sich besonders gut für biologisches Material, da keine elektrische Leitfähigkeit wie beim Rastertunnelmikroskop vorausgesetzt wird. Auf der Spitze der Feder sitzt vorne eine winzige Nadel mit nur 10 nm Durchmesser. Diese kommt beim Abrastern in Kontakt mit der Probe, so dass die Feder je nach Probeoberfläche etwas nach oben verbogen oder nach unten gezogen wird (d. h. abstoßende oder anziehende Kräfte). Zusätzlich zur Topographie wird auch die Steifigkeit der Probe gemessen. Beiden Mikroskoptypen ist gemeinsam, dass sie auch als Nanowerkzeuge benutzt werden können, wenn man die Spitze nahe genug an die Oberfläche heranführt und Anziehungskraft auf ein individuelles Atom ausübt.

7.2 Ziele nanotechnologischer Verfahren

Bereits marktreife nanotechnologische Produkte finden sich z. B. in den Bereichen Oberflächenmaterialien, Beschichtungen, Kosmetik und Datenspeicher, wobei oftmals (mit Ausnahme letzterer) die Nanopartikel ›klassischen‹ Materialien beigemischt werden, um deren Eigenschaften zu optimieren oder zu verändern. Bereits erhältlich sind z. B. Oberflächen mit dem sogenannten Lotus-Effekt, bei denen durch nanoskalige Erhebungen auf dem Oberflächenmaterial die Kontaktfläche zu Schmutz und Wasser minimiert wird, wodurch diese abperlen. Nanoporiger Schaum erweist sich als hervorragendes Dämmmittel und wird im Fensterbau eingesetzt. Nanopartikel in Sonnenschutzcremes sollen für optimalen UV-Schutz sorgen. Die Miniaturisierung und Leistungssteigerung in der Computertechnik bezieht zunehmend nanotechnologische Verfahren ein. Im Internet (www.nanotechproject.org/consumerproducts) ist eine Liste aller auf dem Markt erhältlichen Waren abrufbar, von denen behauptet wird, dass zumindest Teile unter Einsatz nanotechnologischer Verfahren hergestellt wurden (Gammel 2007, 17 ff.).

In der Nanomedizin und Nanobiotechnologie werden erste Anwendungsverfahren erprobt. So werden bestimmte radioaktive Wirkstoffe – etwa einzelne Aktinium-225-Atome – in eigens zu deren Aufnahme konstruierte Nano-Moleküle eingebracht und diese durch Bindung an geeignete tumorzellspezifische Antikörper in das Innere von Tumorzellen eingeschleust (vgl. Randal 2001). In einem anderen Verfahren werden magnetisierbare nanometergroßer Eisenoxidpartikel in Tumorgewebe injiziert und anschließend einem magnetischen Wechselfeld ausgesetzt. Die Nanopartikel erhitzen sich im magnetischen Feld und heizen damit das Tumorgewebe auf, das auf diese Weise empfindlicher gegenüber zellzerstörenden Wirkstoffen wird (Magnetflüssigkeithyperthermie) (vgl. Jordan/Schmidt/Scholz 2000).

Die Vorstellungen über zukünftige Anwendungsmöglichkeiten der Nanotechnologie sind schier unüberschaubar, und daher können hier nur einige wenige skizziert werden. Im Bereich der *Agrikultur* z. B. werden nanotechnologisch gestützte Verfahren entwickelt, um Saatgut genetisch zu verändern. Dies könnte der Steigerung der Resistenz gegen Schädlinge dienen, jedoch auch – der in Kanada ansässigen Action Group on Erosion, Technology and Concentration (ETC-Group) zufolge – die Fruchtbarkeit von Saatgut negativ beeinflussen, so dass Bauern geerntete Samen nicht zur erneuten Aussaat verwenden können. Auch sogenannte ›Nanozide‹ werden entwickelt, in denen die Verfügbarkeit von

Pestiziden mit Hilfe von Nanopartikeln erhöht wird (vgl. Bachmann 2006). Im *Lebensmittelsektor* werden z. B. intelligente Verpackungen und Verpackungsmaterialien angestrebt, die Nanomaterialien und Nanosensoren enthalten und dadurch erkennen, wenn ein Lebensmittel verdorben ist und die Konsumenten z. B. durch Verfärbung der Packfolie warnen. Alternativ erkennt ein nanoskaliger Detektor in der Verpackung, wenn ein Produkt zu verderben droht und entlässt daraufhin eine geeignete Dosis Konservierungsmittel (vgl. ETC Group 2004, 42). Zudem arbeiten verschiedene Firmen daran, mit Hilfe nanotechnologischer Verfahren antimikrobielle und Sauerstoff absorbierende Folien zu entwickeln. Beim sogenannten *functional food* wird angestrebt, Zusatzstoffe wie Vitamine etc. in Nanocontainer zu verpacken, die aufgrund ihrer geringen Größe besser und gezielter von der Darmschleimhaut aufgenommen werden.

Eine ebenfalls kaum überschaubare Fülle von Entwicklungsideen existiert in Bezug auf eine Anwendung nanotechnologischer Verfahren in der Nanomedizin. Die Erwartungen richten sich auf bessere Möglichkeiten der Diagnose, effektivere Therapieverfahren und nicht zuletzt auf eine Verbesserung der menschlichen Leistungsfähigkeit bzw. Konstitution (Enhancement).

Im Bereich der *Diagnostik* soll es durch eine Miniaturisierung möglich werden, Krankheiten noch während ihrer Entstehung, d. h. bevor erste Symptome auftreten, diagnostizieren zu können. So könnten magnetische nanometergroße Partikel an spezifische monoklonale Antikörper gekoppelt werden, die, wenn sie an ihre Zielerkennungsstrukturen (z. B. Tumorzellen oder Krankheitserreger) binden und folglich immobilisiert sind, unter einem Magnetscanner ein messbares magnetisches Feld erzeugen, während ungebundene, mobile Antikörper kein magnetisches Feld aufbauen würden. *Quantum dots* lassen sich mit einer geeigneten Umhüllung an verschiedene Biomoleküle binden und auf diese Weise als Marker einsetzen. An entsprechende Antikörper gebunden, könnten sie etwa zur Sichtbarmachung von Krankheitserregern verwendet werden. Goldkolloid-Nanopartikel ändern ihre Farbe von rot nach lila-blau, wenn man sie aufhäuft. Indem man Goldkolloid-Nanopartikel an DNA-Komplementärsequenzen bindet, könnte man bestimmte genetische Sequenzen durch einfache Farbveränderung nachweisen. Überdies wird an miniaturisierte Rasterkraft-Mikroskope gedacht, die über Katheter in den Körper eingeführt und dort für eine Diagnostik auf molekularer Ebene eingesetzt werden könnten. Ein sehr wichtiges Feld für die Nanobiotechnologie ist die Gendiagnostik. Es wird erwartet, dass die Sequenzierung des vollständigen Genoms eines Individuums in nicht allzu ferner Zukunft nicht aufwändiger sein wird als heute ein Bluttest. Erreicht werden soll dies durch miniaturisierte *lab on a chip*-Systeme, die eine heutige Laboreinrichtung im Nanometerbereich auf einem Chip integrieren. Weitergehende Überlegungen beinhalten die Implantierung solcher *lab on a chip*-Systeme in den Körper von Menschen, um eine kontinuierliche Überwachung bestimmter physiologischer Daten sicher zu stellen (vgl. Gammel 2007, 26). Damit könnten auch Systeme in den Blick genommen werden, die diagnostische und therapeutische Interventionen in einem System zusammenführen (sog. *theranostics*) (vgl. Ach/Siep 2007, 157; vgl. Grobe et al. 2008, 13). Solche Systeme für eine frühzeitige, möglichst präsymptomatische Diagnose von Erkrankungen könnten zudem mit solchen Systemen kombiniert werden, die einen zielgenauen und optimal dosierten Wirkstoffeinsatz ermöglichen sowie zusätzlich mit bildgebenden Verfahren, die die Freisetzung des Wirkstoffs bzw. dessen Wirkung sichtbar machten.

Im Hinblick auf eine nanotechnologisch gestützte *Therapie* besteht ein Schwerpunkt der Forschung darin, Nanopartikel für den gezielten Transport von Wirkstoffen an einen bestimmten Wirkort im Körper (*drug targeting*) und die gezielte Freisetzung der Wirkstoffe (*drug delivery*) einzusetzen. So könnten schwer lösliche Pharmaka, Hormone oder Impfstoffe in Nanostrukturen eingeschlossen werden, die aufgrund ihrer geringen Größe nicht vom Immunsystem erkannt werden, in Zellen eindringen und überdies die Blut-Hirn-Schranke überwinden. Diese Nanopartikel könnten nach Bindung an spezifische Antikörper an den gewünschten Zielort im Körper herangeführt werden (*drug targeting*). Als geeignet für einen gezielten Transport von Wirkstoffen werden beispielsweise Dendrimere angesehen, an deren Verästelungen an der Oberfläche Antikörper angeheftet werden können, während in ihren Hohlräumen die Medikamente eingefügt werden. Beispiele für die Entwicklung ›intelligenter‹ Transportkapseln, die Wirkstoffe kontrolliert an einem bestimmten Zielort im Körper freisetzen sollen (*drug delivery*), stellen photothermale Nanosysteme, etwa in Form von sogenannten *nanoshells* aus Gold (*gold nanoshells* sind Nanopartikel mit einem Kern aus Silica-Quarz, der mit einer schalenförmigen Schicht von Goldmolekülen umgeben ist) dar, die bei einer bestimmten Belichtung die Photoenergie in Wärme umsetzen und dadurch einen Wirkstoff aus einer hitzempfindlichen Kapsel freisetzen.

Weitere Schwerpunkte im Bereich der Therapie liegen in der Tumortherapie und der Entwicklung biokompatibler Implantate. Das Verfahren der Magnetflüssigkeitshyperthermie mit Nanopartikeln zur Zerstörung von Tumoren wurde oben erwähnt. Ein weiteres Beispiel nanomedizinischer Forschungsansätze für die Krebstherapie basiert auf der Absorption von Licht. So wird angestrebt, *gold nanoshells* mit spezifischen Erkennungsmolekülen, die sie mit Tumorzellen in Verbindung bringen, zu versehen und nach Bindung an die Tumorzellen mit Hilfe von Licht derart zu erhitzen, dass sie die Krebszellen zerstören, an die sie gebunden sind, während sie das umgebende Gewebe unberührt lassen. Im Hinblick auf die Entwicklung von biokompatiblen Implantaten durch eine Bearbeitung der Implantatoberfläche im nanoskaligen Größenbereich wird versucht, das Anwachsen von körpereigenen Zellen und Gewebe zu erleichtern und Immunabstoßungsreaktionen zu verhindern. Die Beschaffenheit der Oberfläche eines Implantates ist von erheblicher Bedeutung für die Zellbesiedelung und seine Integration in den Körper. Durch gezieltes nanometertiefes Aufrauen der Oberfläche z.B. von Polymerschläuchen, die als Gefäß-Bypass verwendet würden, oder von Keramik-Oberflächen, die als Knochenimplantate Verwendung finden würden, könnte eine Besiedlung mit körpereigenen Endothelzellen bzw. ein eindringendes Wachstum und eine dauerhafte Verbindung mit dem umliegenden Gewebe begünstigt werden. Ein Bereich, der große Aufmerksamkeit erhält, ist die Entwicklung einer Prothetik, die durch eigene Nervenimpulse gesteuert wird. Besonders auf eine (teilweise) Wiederherstellung des Seh- und Hörvermögens durch Mikrochips, die in die Nervenbahnen der Netzhaut des Auges (Retina) oder des Innenohrs (Cochlea) implantiert und funktionell mit diesen verbunden werden könnten, wird große Hoffnung gesetzt. Zu den eher visionären Forschungszielen gehört auch die Entwicklung von Neuroprothesen (Information- & Communication-Technology [ICT]-Implantate), die z.B. verlorengegangene Hirnfunktionen ersetzen oder verbessern könnten (vgl. Baumgartner 2004, 40).

Futuristische Züge tragen Vorstellungen von computergesteuerten Maschinen in Nanometergröße, die verschiedenste medizinische Eingriffe im Körper durchführen. Vorbild sind in der Natur vorkommende Nanomaschinen wie Ribosomen, Viren oder Bakterien (Drexler 1986), und gedacht wird etwa an Nanomaschinen, die krankhafte Ablagerungen in Blutgefäßen beseitigen oder verschiedenartige Krebszellen zerstören und entfernen können. Gleichwohl wurden solche Nanomaschinen bereits detailliert beschrieben, z.B.

sogenannte *respirocytes*, die als nanoskalige Gasbehälter rote Blutzellen ersetzen, oder sogenannte *mikrobivores*, die als mechanische Phagozyten Bakterien inkorporieren, oder sogenannte *clottocytes*, die als künstliche Blutplättchen fungieren (vgl. Freitas 1998a, 2000, 2001).

Schließlich stellt ein weiteres Ziel der Nanobiotechnologie bzw. der Nanomedizin die Verbesserung von Eigenschaften des Menschen dar (Enhancement). So wird verschiedentlich erwartet, dass die Nanotechnologie nicht nur nahezu alle alltäglichen Krankheiten, Schmerzarten und sonstigen körperlichen Leiden beseitigen und die Lebenszeit dramatisch verlängern, sondern auch den Menschen in die Lage versetzen könne, alle seine bisherigen Fähigkeiten einschließlich der mentalen bis hin zu einer Superintelligenz zu erweitern (vgl. Freitas 1998b). Ferner ließen sich organspezifische Zellen neu entwerfen (synthetische Biologie) und auf diese Weise Organfunktionen optimieren oder gänzlich neue Funktionen erzeugen. Schließlich wird erwartet, dass die erhofften Leistungen der Nanomedizin den Menschen zufriedener und friedlicher werden lassen könnten und somit durch die Nanotechnologie auch Verbesserung auf sozialem Gebiet zu erreichen wären (vgl. ebd.; vgl. Gordijn 2004, 207).

7.3 Nebenfolgen und Risiken

Ähnlich zahlreich und wenig konkret wie die antizipierten Zielvorstellungen und Anwendungsmöglichkeiten der Nanotechnologie lassen sich die möglichen Nebenfolgen und Risiken vermuten. Diese reichen von realen Risiken (z. B. wurde gezeigt, dass Nanopartikel sich im Körper von Fischen anreichern und Funktionsstörungen sowie Hirnschäden verursachen und die Hirnentwicklung bei Mäusen beeinträchtigen können) über hypothetische Risiken (z. B. Spekulationen über die Toxizität von Nanopartikeln beim Menschen) bis zu Metarisiken (z. B. im Zusammenhang mit der Erschaffung von künstlichen Organismen in der synthetischen Biologie). Die Langzeitwirkung synthetischer Nanopartikel im und auf den menschlichen Organismus ist letzlich nicht bekannt. In einer kürzlich erschienenen Publikation werden Lungenschäden bei chinesischen Arbeiterinnen und der Tod einer Arbeiterin mit der Exposition zu Nanopartikeln in Verbindung gebracht (vgl. Song/Li/Du 2009). Ein zu beachtendes Risikopotential kann in dem Umstand erkannt werden, dass Nanopartikel die Blut-Hirn-Schranke passieren können und im Gehirn – neben möglichen erwünschten – auch unerwünschte und unkontrollierbare Wirkungen entfalten könnten. Bei bestimmten Materialien, etwa solchen mit selbstreinigender Beschichtung (Lotuseffekt), sind die nanoskaligen Partikel in eine Trägersubstanz eingebunden. Zersetzen sich die Trägermaterialien, würden die Nanopartikel in freier Form in die Umwelt gelangen. Recyclingkonzepte existieren gegenwärtig nicht. Frei in der Umwelt befindliche Nanopartikel, insbesondere künstlich hergestellte wie z. B. Nanoröhren, könnten mit Zellen in Wechselwirkung treten. Direkt auf der Zellmembran oder in der Zelle könnten sie unerwünschten Wirkungen, etwa durch eine Aktivierung der Transkription von Genen, verursachen. Ähnliche Effekte könnten eintreten, wenn aus Nanopartikeln sich lösende Metallatome Rezeptoren auf der Zelloberfläche aktivieren (vgl. Gammel 2007, 21). Ob und gegebenenfalls welche schädigenden Potentiale mit solchen Prozessen verbunden wären, ist gegenwärtig weitgehend unbekannt.

K. Eric Drexler entwirft in seinen Büchern weitreichende Spekulationen über Nano-Assembler, die sich selbst unkontrolliert replizieren, sämtliche verfügbaren Rohstoffe für ihre Vermehrung verwenden und infolge ihrer exponentiellen Vermehrung (jeder neu hergestellte Assembler würde seinerseits neue Assembler produzieren) in kurzer Zeit die Biosphäre verzehren und die Oberfläche der Erde in graue Schmiere verwandeln (*grey goo*-Szenarium). Bill Joy (2000) entwirft ein ähnlich apokalyptisches Szenario, in dem er befürchtet, dass die weitere Perfektionierung künstlicher Intelligenz den Menschen irgendwann überflüssig machen wird (vgl. Gammel 2007, 12). Diese negativen Visionen haben ein reges Echo in populärwissenschaftlichen Darstellungen und in der Belletristik (ein Beispiel ist Michael Crichtons Roman *Prey*, dt. *Beute*) gefunden. In Analogie beschreibt die ETC Group die Gefahr, dass (bislang rein visionäre) künstliche, sich selbst replizierende Mikroorganismen außer Kontrolle geraten und andere Lebewesen schädigen können. Die ETC Group hat für solche katastrophale Folgen der synthetischen Biologie den Terminus *green goo* (in Anlehnung an Drexlers *grey goo*) geprägt (vgl. ETC-Group 2004, 38).

Vor dem Hintergrund der in dem Forschungsfeld der Nanotechnologie zum Einsatz kommenden Mittel sowie der verfolgten Zielsetzungen lassen sich drei Charakteristika der Nanotechnologie feststellen. Es handelt sich erstens um eine durch und durch *interdisziplinäre Technologie*, in der nanotechnologische Denk- und Verfahrensansätze, Biowissenschaften, Informationswissenschaften und Kognitionswissenschaften konvergieren. Die Nanotechnologie wird daher auch als Teil der sogenannten konvergierenden Technologien und entsprechend der Anfangsbuchstaben der genannten Forschungsfelder als NBIC-Technologie bezeichnet (vgl. Baumgartner 2004, 40). In der Konvergenz der vier Forschungsdisziplinen wird einer der wichtigsten Gründe für das innovative Potential der Nanotechnologie erkannt. Zudem wird die Nanotechnologie als *disruptive Technologie* bezeichnet (vgl. Ach/Jömann 2005, 188), weil ihr das Potential zugeschrieben wird, etablierte Technologien und Verfahren abzulösen und durch neuartige Produkte oder Produktionsweisen zu ersetzen. Solche Technologien können z. B. zu massiven Umverteilungen auf den Märkten führen mit manifesten Auswirkungen auf den privaten und sozialen Bereich, z. B. auf die Arbeitsplatzsituation. Schließlich wird die Nanotechnologie als eine *ermöglichende Technologie* (*enabling technology*) charakterisiert. Als ermöglichende Technologien werden solche beschrieben, die im Zusammenhang mit anderen Technologien neue und vorher nicht erreichbare Anwendungen zu realisieren ermöglichen, die mithilfe dieser anderen Technologien alleine nicht erreichbar sind. Solche Technologien können einen großen und oft nur schwer vorhersehbaren Einfluss auf die Gesellschaft ausüben (vgl. Ach/Jömann 2005, 188).

7.4 Forschungsethisch relevante Themenfelder

Im Prinzip lassen sich die ethischen Überlegungen im Bereich der Nanotechnologie nach dem bereits aus anderen Kapiteln in diesem Buch bekannten Schema einer Beurteilung der Mittel, der Ziele und der Nebenfolgen ausrichten (vgl. Grunwald 2004). Dabei können sich Nebenfolgen sowohl auf die Wahl der Mittel als auch auf die Ziele der Forschung beziehen. Allerdings bietet es sich in einem Technikfeld, das hinsichtlich der Wahl der Mittel, der Erreichbarkeit der Zielsetzungen und insbesondere der Einschätzung von Nebenfolgen und Risiken in weiten Bereichen höchst heterogen und zudem in weiten Teilen visionär bzw. spekulativ ist, der Übersichtlichkeit halber zunächst an, forschungsethisch relevante Themenfelder darzustellen, die einem im Bereich der Nanotechnologie arbeitenden Forscher eine Systematik für eine erste Ebene einer ethischen Beurteilung an die Hand geben können. Überdies erlaubt dieses Vorgehen eine erste Beurteilung der Frage, inwieweit die Nanotechnologie eigene ethische Fragen aufwirft. In der Literatur werden überwiegend die nachfolgend dargestellten Themenfelder abgegrenzt.

7.4.1 Individualethische Fragen – Privatsphäre (privacy) und Datenschutz

Die Fragen hinsichtlich des Schutzes der Privatsphäre des Individuums und eines effektiven Datenschutzes sind nicht neu, erfahren aber durch die Erwartung, dass Daten durch nanotechnologische Verfahren wesentlich umfassender, schneller und langfristig auch kostengünstiger zu erheben und zu speichern sind, eine deutliche Zuspitzung. Verschiedene Aspekte lassen sich unterscheiden. So besteht bereits auf der Ebene eines privaten Umgangs mit Daten über genetisch bedingte und andere Krankheiten, über Lebensstil, biologische Herkunft etc. die Gefahr, dass fehlgehende Deutungen zu gravierenden Belastungen für das Individuum führen können. *Lab on a chip*-Systeme beispielsweise, die Ganzgenomsequenzierungen oder die Erhebung einer Fülle von anderen Daten erlauben würden, erfordern einen Interpretationshorizont, der dem Laien in der Regel nicht zur Verfügung steht. Ferner ist auch ein erhebliches Missbrauchspotential in Bezug auf solche Daten zu erkennen. So lässt sich vorstellen, dass die dramatische Vereinfachung und Miniaturisierung der Diagnoseverfahren eine weitestreichende Diagnostik auch ohne Wissen des Betroffenen erlauben könnte. Das Missbrauchspotential würde im privaten wie im öffentlichen Bereich oder am Arbeitsplatz gleichermaßen bestehen. Zudem könnte eine solche Diagnostik mit Wissen des Betroffenen im Kontext von Versicherungsabschlüssen stattfinden oder bei Bewerbungen auf Arbeitsstellen gefordert werden (vgl. Gammel 2007, 27 f.). In diesem Zusammenhang besteht ein zweiter Aspekt in der Flut ›überflüssiger‹ Information. Sind die Diagnoseverfahren über Chips standardisiert, wird voraussichtlich bereits aus Kosten- und Produktionsgründen nicht mehr nach nur einer bestimmten Krankheit gesucht, sondern es werden bei einer Untersuchung generell Daten in sehr großem Umfang erhoben. Diese Entwicklung würde das Recht auf Nichtwissen des Betroffenen berühren, der vielleicht nicht alle Daten und die damit verbundenen prognostischen Aussagen wissen möchte (vgl. Bachmann 2006, 106). Ein dritter Aspekt bezieht sich auf die Zielsetzung, Diagnosechips zur dauerhaften Überwachung des Gesundheitszustandes in den Körper zu implantieren. Solche (gegenwärtig völlig visionären) Systeme müssten Befehle von außen empfangen und Daten nach außen senden können und würden die Möglichkeit einer gezielten und unbemerkten Personenüberwachung durch Privatpersonen, private oder staatliche Organisationen eröffnen (vgl. Gammel 2007, 28). Zudem wäre zu fragen, welche Konsequenzen für das Individuum mit dem Wissen verbunden wäre, dass annähernd unsichtbare, möglicherweise auch unbewusst inkorporierte Mikrophone, Kameras und Lokalisierungs- und Ortungsgeräte weithin verfügbar sind, und auf welche Weise ein effektiver Schutz vor Missbrauch sichergestellt werden kann. Während ein solches Szenario auf der einen Seite die Sicherheit des Individuums unter bestimmten Umständen erhöhen könnte, wäre auf der anderen Seite die Möglichkeit einer annähernden Annullierung der Privatsphäre zu konstatieren (vgl. Mnyusiwalla/Abdallah/Singer 2003).

7.4.2 Sozialethische Fragen – Verteilungsgerechtigkeit und gesellschaftliche Konsequenzen

Die Entwicklung nanotechnologischer Verfahren wird voraussichtlich zunächst mit hohen Kosten verbunden sein (vgl. Bachmann 2006, 107). Bereits die Schaffung einer hierfür geeigneten Infrastruktur werden sich wahrscheinlich nur wohlhabende Industrieländer bzw. finanzstarke Konzerne leisten können. Vor diesem Hintergrund ergeben sich Fragen sowohl nach einer gerechten Verteilung der öffentlichen Mittel als auch nach der Verfügbarkeit der Forschungsergebnisse und der Teilhabegerechtigkeit innerhalb einer Gesellschaft. Inwieweit soll die Gesellschaft Ressourcen für die Erforschung nanotechnologischer Verfahren zur Verfügung stellen? Welche Voraussetzungen hinsichtlich der Zielsetzungen und der Risikobewertung sind diesbezüglich zu fordern und welche Institution soll solche Bewertungen treffen? Auf welche Weise kann sichergestellt werden, dass kostspielige Entwicklungen nicht nur für entsprechend wohlhabende Menschen innerhalb einer Gesellschaft erhältlich sind? Hat vor diesem Hintergrund die Gesellschaft eine Pflicht, dafür zu sorgen, dass die nanotechnologische Entwicklung nicht ausschließlich privaten Geldgebern überlassen bleibt? Ein weiterer Aspekt ist die mit der Entwicklung der Nanotechnologie in Industrieländern verbundene Vergrößerung der technologischen Kluft zwischen Industrienationen und Ländern der Dritten Welt, die in Anlehnung an den *Digital Divide* und *Genomic Divide* bereits als *Nano-Divide* bezeichnet wird (vgl. Ach/Jömann 2005, 197). Zwar wäre vorstellbar, dass arme Länder langfristig von der Nanotechnologie in Bezug auf sicherere Medikamente, niedrigere Energiekosten, sauberere Energieproduktion, Umweltschutzmaßnahmen und nicht zuletzt durch die in Bezug auf nanotechnologische Verfahren vorausgesagte Kostensenkung bei der Produktion von Gütern profitieren könnten, jedoch ist dies keineswegs sicher und die mit dem bis dahin zu durchlaufenden Zwischenstadium verbundenen Konsequenzen des vermuteten *Nano-Divide* kaum absehbar.

Gesellschaftlich relevante Aspekte können sich zudem vor dem Hintergrund der Erwartung ergeben, dass durch nanotechnologische Verfahren Krankheiten sehr früh diagnostiziert werden können. Diese Entwicklung könnte einerseits zu einer höheren Lebensqualität führen, andererseits aber auch den gesellschaftlichen Druck zur präventiven Frühdiagnostik so weit erhöhen, dass der Einzelne verantwortlich gemacht wird bzw. sich selbst die Schuld gibt, wenn eine Krankheit aufgrund einer nicht wahrgenommenen nanotechnologischen Diagnose- oder Präventionsmaßnahme eintritt (vgl. Bachmann 2006, 108). Es wäre zudem zu vermuten, dass Krankheit unter solchen Umständen generell die Konnotation einer persönlichen Schuld erhält, wodurch letztlich auch die gesellschaftliche Solidarität mit dem Kranken in Frage gestellt sein könnte. Damit verbunden wäre wohl eine Sichtweise, die den Körper tendenziell als einen Gegenstand und Medizin im Sinne einer Reparatur vor dem Horizont eines normativen Leitbildes von Normalität versteht (vgl. Gordijn 2004, 219f.). Überdies ist in Betracht zu ziehen, dass die durch die Nanotechnologie erwartete dramatische Lebensverlängerung erhebliche gesellschaftliche Konsequenzen zeitigen würde, nicht zuletzt auch im Hinblick auf eine Verlängerung der Lebensarbeitszeit (vgl. Bachmann 2006, 108). Schließlich ist im Kontext gesellschaftlicher Überlegungen auch darauf hinzuweisen, dass die Frage nach der Patentierung von nanotechnologischen Verfahren eine erhebliche sozialethische Bedeutung besitzt. Wie bereits in anderen biowissenschaftlichen Zusammenhängen diskutiert, wäre zu klären, in welchem Verhältnis Entdeckung und Erfindung im ›Nanokosmos‹ stehen und inwieweit Nanotechnologie patentierbar ist (vgl. Ach/Jömann 2005, 201).

Insgesamt zeichnet sich allerdings ab, dass alle diese Aspekte und Fragen nicht genuin neuartig sind, sondern auch in anderen Zusammenhängen im Bereich der Forschung diskutiert wurden und werden.

7.4.3 Risikoethische Fragen

Wie oben dargestellt, ist eine Risikobewertung der Nanotechnologie zum gegenwärtigen Zeitpunkt aufgrund der weitestgehend antizipierten Forschungs- und Anwendungsszenarien schwierig. Das oben skizzierte *grey goo*-Szenarium ist zum Beispiel davon abhängig, ob es überhaupt jemals gelingen wird, sogenannte ›*Assembler*‹ herzustellen. Generell sprechen im Bereich der Nanotechnologie gegenwärtig viele Argumente für eine Anwendung des in den Debatten um Umweltpolitik bzw. Umweltethik entwickelten ›Vorsorgeprinzips‹ (vgl. Gammel 2007, 15, 23). Allgemein gefasst besagt das Vorsorgeprinzip, dass bereits bei bestehenden Indizien für mögliche Gefahren Maßnahmen gegen solche Gefahren ergriffen werden müssen, bevor eindeutige wissenschaftliche Beweise für solche Gefahren vorliegen. Zu solchen Maßnahmen gehört unter Umständen auch, im Gange befindliche Entwicklungen bis zur Klärung der Sachlage einzufrieren. So fordert z.B. die kanadische ETC-Group im Hinblick auf die vielen ungeklärten Fragen zur Toxizität von Nanopartikeln und zum Schutz von Konsumenten ein Moratorium in Bezug auf die Entwicklung dieser Technologie (vgl. ebd., 15). Ein solches Vorgehen würde sich wahrscheinlich auch aus der Perspektive einer Verantwortungsethik unter dem Argument des »Vorrangs der schlechten Prognose« ergeben (vgl. Grunwald 2005, 24). Demgegenüber sprechen sich etwa die britische Royal Society and Royal Academy of Engineering und der Schweizer Rückversicherer Swiss Re überwiegend für eine Anwendung des schwachen Vorsorgeprinzips aus, d.h. eine Weiterentwicklung der Nano(bio)technologie bei gleichzeitiger Intensivierung der Risikoforschung und der Maßnahmen zur Risikominimierung (vgl. Gammel 2007, 24).

Unter den Aspekt von Risikobewertungen wäre auch das Szenarium zu fassen, dass Nanotechnologie absichtlich zu kriegerischen oder terroristischen Zwecken eingesetzt wird. Ziele einer solchen Forschung könnten etwa die Entwicklung neuer Werkstoffe für verbesserte Geschosse, härtere Panzerungen oder leichtere Materialien für Flugzeuge sein. Futuristische Szenarien sehen etwa nanotechnologisch konstruierte Uniformen für Soldaten vor, die im Verletzungsfall Schmerz- und Wundheilungsmittel absondern (vgl. Altmann 2006). Besonders gefürchtet wird allerdings die Entwicklung nanobiotechnologischer Biowaffen, die z.B. nur Personen mit einer ganz spezifischen genetischen Konfiguration angreifen, oder Kampfstoffe mit Verfallsdatum, die gesteuert oder zumindest genau terminiert ihre Wirkung entfalten oder verlieren. So ist es denkbar, dass künstliche Bakterien gezielt im Körper eines individuellen Opfers Zellvorgänge wie z.B. die Faltung bestimmter Proteine mit tödlichen Folgen verändern könnten. Auch könnten Nanomaschinen konstruiert werden, die etwa auf die Zerstörung der Computersysteme oder bestimmter Rohstoffvorräte des Gegners oder direkt auf die Vernichtung des Gegners abzielen (sog. *black goo*-Szenarium). Als Gegenmaßnahme wird bereits ein globales Immunsystem aus Nanomaschinen diskutiert, das die Erdoberfläche nach gefährlichen, sich selbst replizierenden Nanomaschinen absucht (vgl. Bostrom 2000).

Indes sind auch diese Risikoüberlegungen nicht spezifisch für die Nanotechnologie, sondern treffen auch auf andere Technikbereiche zu.

7.4.4 Medizinethische Fragen

Viele der oben genannten ethischen Fragen lassen sich auch als medizinethische Fragen darstellen. So gehören Fragen nach Datenschutz und dem Schutz der Privatsphäre, das Problem unerwünschter Informationen über Dispositionen oder Erkrankungen im Zusammenhang mit dem Recht auf Nichtwissen, das Problem einer genetischen Diskriminierung sowie Fragen der Allokation von Ressourcen im Gesundheitswesen zu den klassischen Themenfeldern der Medizinethik. In Bezug auf die Nanomedizin werden zusätzlich insbesondere zwei Fragen als bedeutsam angesehen. Zum einen ist zu erwarten, dass ähnlich wie in der Genetik die Entwicklung neuer und besserer diagnostischer Instrumente und Verfahren deutlich schneller voranschreiten wird als die Entwicklung neuer Therapien. Die Nanomedizin wird somit voraussichtlich zu einem weiteren Anwachsen der Kluft zwischen diagnostischen und therapeutischen Möglichkeiten beitragen. Als Problem wird erkannt, dass es viele Patienten geben wird, die von einer Disposition zu einer Erkrankung bzw. von einer bereits bestehenden Erkrankung bei ihnen wissen werden, ohne dass ihnen Hilfe in Form einer Therapie angeboten werden kann. Diesbezüglich werden Bedenken vorgetragen, dass die verbesserten Möglichkeiten der Diagnostik dem individuellen Patienten nicht nur nicht zu Gute kommen, sondern ihn möglicherweise aufgrund seiner Ängste sogar schädigen werden. Zum andern wird die Tendenz erkannt, dass diagnostische Verfahren in der Nanotechnologie nicht länger der Feststellung einer Erkrankung, sondern vielmehr der Feststellung der Gesundheit eines Menschen dienen könnten. Das Verständnis von handlungsleitenden Begriffen wie Krankheit, Normalität und Behinderung könnte durch die Nanomedizin gravierende Änderungen erfahren (vgl. Ach/Jömann 2005, 193 ff.). Überdies ist in medizinethischer Perspektive darauf hinzuweisen, dass nanomedizinische Forschung am Menschen den Kriterien unterliegt, die für die Forschung am Menschen entwickelt wurden (s. Kap. II.2). Im Kontext der nanotechnologischen Forschung können sich insbesondere im Hinblick auf die Aufklärung und die informierte Einwilligung von Probanden, die Abschätzung der von Probanden zu tragenden Belastungen und Risiken und die zu beachtenden Gerechtigkeitsgrundsätze spezifische Herausforderungen ergeben.

7.4.5 Anthropologische Fragen

Wie bereits angemerkt, werfen Forschungsziele, die sich auf die Entwicklung von neuronalen Mensch-Maschine-Schnittstellen richten, Fragen nach dem Menschenbild auf, die hohe ethische Relevanz in Bezug auf die Beurteilung der Forschungsziele und deren Folgen haben können. Mit solcher Forschung muss nicht gleich die Vision einer Transzendierung des Menschen hin zu einer ›posthumanen‹ oder ›transhumanen‹ Existenz in den Blick genommen werden (vgl. Gammel 2007, 30), allerdings geht es bei solcher Forschung – anders als bei den Bestrebungen einer ›Vermenschlichung‹ von Computern im Bereich der künstlichen Intelligenz – um eine weiter reichende ›Technisierung‹ des Menschen (vgl. Baumgartner 2004, 42). Angestrebt werden nicht nur steuerbare Prothesen und künstliche Organe, sondern auch Neuroimplantate, die das Erinnerungsvermögen, die Konzentrationsfähigkeit und die Intelligenz des Menschen beträchtlich steigern sollen. Die kühnsten Visionen handeln davon, dass eines Tages der ›Geist‹, der als im Gehirn gespeichertes Informationsmuster gedacht wird, auf das Speichermedium eines Computers ›heruntergeladen‹ werden kann, was Unsterblichkeit und freie Bewegung in einem Galaxien umspannenden Cybernet ermögliche (vgl. Gammel 2007, 30). Selbst wenn man dieser letztgenannten Idee nicht folgen mag, stellen sich zentrale anthropologische Fragen, etwa ab welchem quantitativen oder qualitativen Maß an Prothetik der Mensch sein Menschsein zugunsten einer anderen Existenzweise verliert und wie diese gegebenenfalls zu deuten ist, und worin die Identität des Menschen gründet, wenn körperliche und geistige Eigenschaften austauschbar und verbesserbar sind. Die Grenzziehungen des Menschseins und des menschlichen Gattungswesens, die traditionell gegen die Bereiche des Göttlichen und des Tierreichs abgegrenzt werden, könnten zugunsten einer neuen entscheidenden Grenzziehung in Gestalt der Definierung des Verhältnisses zur Technik in den Hintergrund treten (vgl. Böhme 2002, 233 ff.). Eine Vernetzung oder Verschmelzung von Mensch und Maschine hätte Folgen für unser Verständnis von Autonomie, Humanität und Verantwortung. Wenn Neuroimplantate tiefgreifend die Emotionalität des Menschen beeinflussen könnten oder in ihrer Funktion Einfluss auf Handlungsentscheidungen gewinnen würden, würde dies nicht nur Fragen nach der Identität und der Autonomie aufwerfen, sondern hätte zudem Konsequenzen hinsichtlich der Schuldfähigkeit oder Verantwortlichkeit für Handlungen. Generell könnte durch die Nanotechnologie ein reduktionistisches Bild vom Menschen als einer komplexen Maschine vorangetrieben und körperliche und geistige Krankheiten unter dem Aspekt einer fehlfunktionierenden molekularen Maschine betrachtet werden (vgl. Gordijn 2004, 219).

7.4.6 Enhancement

Die mit einem nanotechnologischen Enhancement verbundenen ethischen Fragen lassen sich den genannten individualethischen, sozialethischen, risikoethischen, medizinethischen und anthropologischen Themenfeldern zuordnen. Die besondere Erwähnung eines nanotechnologischen Enhancement an dieser Stelle soll daher vor allem dem Hinweis dienen, dass die Nanotechnologie und insbesondere die von vielen Autoren prognostizierte und propagierte Konvergenz der NBIC-Technologien insbesondere auch Überlegungen hinsichtlich einer Verbesserung der physischen, mentalen und sensorischen Konstitution des Menschen fördern. Wie die obigen Darstellungen zeigen, sind mit vielen Vorstellungen im Bereich der Nanotechnologie Zielsetzungen verbunden, die die Leistungsfähigkeit und Konstitution des Menschen verbessern sollen. Allgemeine forschungsethische Fragen des Enhancement werden im Kapitel III.6 dieses Buches behandelt.

7.5 Bedarf es einer Nano-Ethik?

Ist die Rede von einer Nano-Ethik als einer spezifischen Bereichsethik gerechtfertigt bzw. notwendig? Die obige Darstellung forschungsethischer Fragen im Zusammenhang mit der Nanotechnologie lässt erkennen, dass die derzeit erforschten Anwendungsmöglichkeiten der Nanotechnologie bislang kaum spezifische ethische Überlegungen erfordern, die über den Kanon der bereits in anderen Zusammenhängen behandelten Fragen hinausgehen. Vielmehr handelt es sich zumeist um graduelle Akzent- und Relevanzverschiebungen in prinzipiell bereits bekannten ethischen Fragestellungen. Beispielsweise ermöglicht die Nanotechnologie eine umfassende und einfache Sequenzierung und Manipulation des

Genoms und verschärft somit die damit im Zusammenhang stehenden, bereits identifizierten und analysierten ethischen Fragen. Neue Fragen werden vor allem dadurch aufgeworfen, dass sich im Feld der Nanotechnologie bekannte, wenngleich bislang getrennte ethische Reflexionslinien, vor allem solche der Bioethik und Technikethik, treffen. Vor diesem Hintergrund scheint die Rede von einer eigenen Nano-Ethik als eigenständige Bereichsethik inhaltlich nicht gerechtfertigt zu sein (vgl. Grunwald 2004). Andererseits wird argumentiert, dass, obwohl sich keine wirklich neuen ethischen Fragestellungen ergeben, gerade die Konvergenz von Biowissenschaften und Nanowissenschaften und das ermöglichende Potential der Nanotechnologie für das Individuum und die Gesellschaft gravierende Folgen haben kann, die unter dem Dach einer Bereichsethik kritisch reflektiert und begleitet werden sollten (vgl. Gammel 2007, 14). Übereinstimmung besteht allerdings darin, dass das neue Technikfeld der Nanotechnologie Fragen aufwirft, die ethische Reflexion im Vorfeld erfordern, und ferner, dass sich auch Forscher intensiv mit diesen ethischen Fragen beschäftigen und diese in die Gestaltung dieses neuen Technologiefeldes von vornherein einbeziehen müssen. Die Vorstellung, dass man die Mitglieder demokratischer Gesellschaften nur über die zu erwartenden Vorteile eines neuen Forschungsfeldes zu informieren brauche, um eine breite Zustimmung für diese Forschung zu erhalten, hat sich in anderen Forschungsrichtungen, wie etwa der Forschung an embryonalen Stammzellen, als ein Fehlurteil erwiesen, dem – nicht zuletzt angesichts der Reaktionen im Fall der ›Magic Nano Versiegeler‹ – auch im Hinblick auf die Nanotechnologie gebührende Aufmerksamkeit geschenkt werden sollte.

Verwendete Literatur

Ach, Johann S./Jömann, Norbert: Size Matters. Ethische und soziale Herausforderungen der Nanobiotechnologie. Eine Übersicht. In: Ludger Honnefelder/Dieter Sturma (Hg.): *Jahrbuch für Wissenschaft und Ethik*. Bd. 10. Berlin/New York 2005, 183–213.

Ach Johann S./Siep, Ludwig: Nano-food, Nano-Medizin, Nano-Implantate: Ausgewählte ethische Fragen und Probleme der Nanobiotechnologie. In: Sharon B. Byrd/Joachim Hrushka/Jan C. Joerden (Hg.): *Jahrbuch für Recht und Ethik*. Bd. 15. Berlin 2007, 153–170.

Altmann, Jürgen: *Military Nanotechnology: Potential Applications and Preventive Arms Control*. London 2006.

Bachmann, Andreas: *Nanobiotechnologie – Eine ethische Auslegeordnung*. Bern 2006.

Baumgartner, Christoph: Ethische Aspekte nanotechnolgischer Forschung und Entwicklung in der Medizin. In: *Aus Politik und Zeitgeschichte* B23–24 (2004), 39–46.

Böhme, Gernot: Über die Natur des Menschen. In: Annette Barkhaus/Anne Fleig (Hg.): *Grenzverläufe: Der Körper als Schnitt-Stelle*. München 2002, 233–247.

Bostrom, Nick: *Transhumanismus FAQ* (1999). In: http://www.transhumanism.org/translations/german/FAQ.htm#3-4 (4.5.2010).

Bostrom, Nick: *The World in 2050* (2000). In: http://www.nickbostrom.com/2050/world.html (4.5.2010).

Bundesinstitut für Risikobewertung: *Nanopartikel waren nicht die Ursache für Gesundheitsprobleme durch Versiegelungssprays!* Presseinformation 12/2006 vom 26.5.2006. In: http://www.bfr.bund.de/cd/7839 (2.3.2010).

De Franceschi, Silvano/Kouwenhoven, Leo: Electronics and the Single Atom. In: *Nature* 417 (2002), 701–702.

Drexler, K. Eric: *Engines of Creation*. New York 1986.

Drexler, K. Eric/Peterson, Christine/Pergamit, Gayle: *Unbounding the Future: The Nanotechnology Revolution*. New York 1991.

ETC Group: *Down on the Farm. The Impact of Nanoscale Technologies on Food and Agriculture*. Ottawa 2004. In: http://www.etcgroup.org/upload/publication/80/02/etc_dotfarm2004.pdf (2.3.2010).
Freitas, Robert A. Jr.: Exploratory Design in Medical Nanotechnology: A Mechanical Artificial Red Cell. Artificial Cells, Blood Substitutes, and Immobilization. In: *Biotechnology* 26/4 (1998a), 411-430.
Freitas, Robert A. Jr.: *Nanomedicine FAQ* (1998b). http://www.foresight.org/Nanomedicine/index.html#NMFAQ (4.5.2010).
Freitas, Robert A. Jr.: *Clottocytes: Artificial mechanical platelets*. In: *Foresight Update* 41 (2000), http://www.imm.org/Reports/Rep018.html (4.5.2010).
Freitas, Robert A. Jr.: *Microbivores: Artificial Mechanical Phagocytes using Digest and Discharge Protocol* (2001). In: http://www.zyvex.com/Publications/articles/Microbivores.html (4.5.2010).
Gammel, Stefan: *Ethische Aspekte der Nanotechnologie*. Dossier des Interfakultären Zentrums für Ethik in den Wissenschaften an der Eberhard-Karls-Universität Tübingen. Tübingen 2007. In: http://www.izew.uni-tuebingen.de/pdf/dossier_nanotechnologie_2007.pdf (2.3.2010).
Gordijn, Bert: *Medizinische Utopien. Eine ethische Betrachtung*. Göttingen 2004.
Grobe, Antje/Schneider, Christian/Rekić, Mersad/Schetula, Viola: *Nanomedizin – Chancen und Risiken. Eine Analyse der Potentiale, der Risiken und der ethisch-sozialen Fragestellungen um den Einsatz von Nanotechnologien und Nanomaterialien in der Medizin*. Friedrich-Ebert-Stiftung. Berlin 2008.
Grunwald, Armin: Ethische Aspekte der Nanotechnologie. Eine Felderkundung. In: *Technikfolgenabschätzung* 13/2 (2004), 71–78.
Grunwald, Armin: Nanotechnik – Eine Herausforderung für die Wissenschaftsethik? In: *Information Philosophie* 1 (2005) 24–29.
Habermas, Jürgen: *Die Zukunft der menschlichen Natur*. Frankfurt a. M. 2001.
Jordan, Andreas/Schmidt, Wolfgang/Scholz, Regina: A New Model of Thermal Inactivation and its Application to Clonogenic Survival Data for WiDr Human Colonic Adenocarcinoma Cells. In: *Radiation Research* 154 (2000), 600–607.
Joy, Bill: *Why the Future Doesn't Need Us*. In: http://www.wired.com/wired/archive/8.04/joy_pr.html (2.3.2010).
Mnyuswalla, Anisa/Abdallah, S. Daar/Singer, Peter A: ›Mind the Gap‹: Science and Ethics in Nanotechnology. In: *Nanotechnology* 14 (2003), R9–R13.
Randal, Judith: Nanotechnology Getting off the Ground in Cancer Research. In: *Journal of the National Cancer Institute* 93 (2001) 1836–1838.
Song, Yuguo/Li, Xue/Du, Xuqin: Exposure to Nanoparticles is Related to Pleural Effusion, Pulmonary Fibrosis and Granuloma. In: *European Respiratory Journal* 34 (2009), 559–567.
Soong, Richy K./Bachand, George D./Neves, Hercules P./Olkhovets, Anatoli G./Craighead, Harold G./Montemagno, Carlo D.: Powering an Inorganic Nanodevice with a Biomolecular Motor. In: *Science* 290 (2000), 1555–1558.
TA Swiss: *Nano! Nanu?* Informationsbroschüre ›Nanotechnologien und ihre Bedeutung für Gesundheit und Umwelt‹. Bern 2006. In: http://www.ta-swiss.ch/a/nano_pfna/2006_TAP8_IB_Nanotechnologien_d.pdf (2.3.2010).
The Economist: *Has all the magic gone?* (Editorial). In: *The Economist* 2006, April 12, 52.
Tiwari, Sandip B./Amiji, Mansoor M.: A Review of Nanocarrier-based CNS Delivery Systems. In: *Current Drug Delivery* 3 (2006), 219–232.

Weiterführende Literatur

Bundesministerium für Bildung und Forschung: *Status Quo der Nanotechnologie in Deutschland* (nano.DE-Report 2009). Bonn 2009. In: http://www.bmbf.de/pub/nanode_report_2009.pdf (2.3.2010).

Grunwald, Armin: *Auf dem Weg in eine nanotechnologische Zukunft. Philosophisch-ethische Fragen*. München 2008.
Jain, Kewal K.: *The Handbook of Nanomedicine*. Basel 2008.

Thomas Heinemann/Moritz Völker-Albert

IV. Anhang

1. Die Autorinnen und Autoren

Dr. phil. Michael Fuchs, Studium der Philosophie, der Germanistik, der kath. Theologie und der Erziehungswissenschaften in Bonn, Toulouse und Köln; Geschäftsführer des Instituts für Wissenschaft und Ethik der Universität Bonn und Lehrbeauftragter des Instituts für Philosophie der Universität Bonn; Forschungsschwerpunkte in allgemeiner Ethik, Bioethik, Sprachphilosophie und Ontologie, Philosophie des lateinischen Mittelalters (II.1 Gute wissenschaftliche Praxis).

Prof. Dr. med. Dr. phil. Thomas Heinemann, Studium der Humanmedizin und der Philosophie; Facharzt für Innere Medizin – Gastroenterologie, Facharzt für Biochemie; Leiter der BMBF-Nachwuchsforschergruppe »Molekulare Medizin und medizinische Hirnforschung« am Institut für Wissenschaft und Ethik der Universität Bonn; Philosophische Forschungsschwerpunkte in allgemeiner Ethik und Bioethik (II.4 Forschung und Gesellschaft; III.3 Forschung an menschlichen Embryonen und embryonalen Stammzellen; III.6 Enhancement; III.7 Nanotechnologie).

Dr. phil. Bert Heinrichs, Studium der Philosophie und Mathematik; Leiter der Wissenschaftlichen Abteilung des Deutschen Referenzzentrums für Ethik in den Biowissenschaften (DRZE); Forschungsschwerpunkte in Ethik, speziell angewandte Ethik und Bioethik (II.2 Medizinische Forschung am Menschen).

PD Dr. phil. Dietmar Hübner, M.Phil., Dipl.-Phys., Studium der Physik und der Philosophie; Wissenschaftlicher Mitarbeiter am Institut für Wissenschaft und Ethik der Universität Bonn; Forschungsschwerpunkte in allgemeiner Ethik, politischer Philosophie und angewandter Ethik (I.1 Ethik und Moral; I.2 Typen ethischer Theorien; I.3 Aspekte von Handlungen; I.4 Stufen der Verbindlichkeit; III.2 Patente).

M.A. Jens Kipper, Studium der Philosophie und der Germanistik; Wissenschaftlicher Mitarbeiter im DFG-geförderten Projekt »Begriffsanalyse und Metaphysik« an der Universität zu Köln; Beschäftigung in der BMBF-Nachwuchsforschergruppe »Molekulare Medizin und medizinische Hirnforschung« am Institut für Wissenschaft und Ethik der Universität Bonn von 2005–2009; Forschungsschwerpunkte in Sprachphilosophie, Metaethik, Philosophie des Geistes, Erkenntnistheorie, Neuroethik (III.4 Hirnforschung).

Dipl. Biol. Kathrin Rottländer, Studium der Biologie und Philosophie; seit 2007 Wissenschaftliche Mitarbeiterin in der BMBF-Nachwuchsforschergruppe »Molekulare Medizin und medizinische Hirnforschung« am Institut für Wissenschaft und Ethik der Universität Bonn; Forschungsschwerpunkte in Ethik, speziell Naturethik und biomedizinische Ethik (III.5 Genetische Forschung am Menschen).

Dr. des. Thomas Runkel, Studium der Philosophie und der Physik an den Universitäten Bonn und Oxford; Wissenschaftlicher Mitarbeiter am Institut für Wissenschaft und Ethik der Universität Bonn von 2000–2009; Forschungsschwerpunkte in Enhancement, Philosophie personaler Identität (III.6 Enhancement).

PD Dr. jur Dr. rer. pol. Tade Matthias Spranger, Studium der Rechtswissenschaften; seit 2006 Leiter der BMBF-Nachwuchsforschergruppe »Normierung in den Modernen Lebenswissenschaften« am Institut für Wissenschaft und Ethik der Universität Bonn, Privatdozent an der Rechts- und Staatswissenschaftlichen Fakultät der Universität Bonn; Forschungsschwerpunkte im Recht der Modernen Lebenswissenschaften, Staats- und Verwaltungsrecht, Europarecht, Internationalen Wirtschaftsrecht (III.1 Umgang mit humanbiologischem Material; III.2 Patente)

Dipl. Biol. Verena Vermeulen, Studium der Biologie und der Philosophie; Medizin-Redakteurin beim Medien&Medizin Verlag in Zürich (Schweiz); als Wissenschaftliche Mitarbeiterin am Institut für Wissenschaft und Ethik der Universität Bonn von 2003 bis 2006; Forschungsschwerpunkte in Gerechtigkeit im Gesundheitssystem und Tierethik (II.3 Forschung an Tieren).

Moritz Völker-Albert, Studium der Molekularen Biomedizin; zeitweise Mitarbeit in der BMBF-Nachwuchsgruppe »Molekulare Medizin und medizinische Hirnforschung« am Institut für Wissenschaft und Ethik der Universität Bonn; Forschungsschwerpunkt in der Nanotechnologie (III.7 Nanotechnologie).

2. Sachregister

Abwägung, ethische 159, 220, 108
Abwehrrechte 34–39, 124, 130
AIDS/HIV 148–155
Alternativmethoden 72, 92 f.
angewandte Ethik 103, 106–108
Anonymisierung 72, 127, 172
Anspruchsrechte 34–39, 116
Argument der Grenzfälle 87
Arzneimittelgesetz (AMG) 73, 75–77, 127
ärztliche Praxis 60, 213
ärztlicher Heileingriff 126
Authentizität 187, 189
– Autonomie, Personen 89, 165, 184, 188 f., 205, 216, 217 f., 221, 223, 237
Autonomieprinzip 184

Basmati-Reis s. auch Patentierung 147
Belmont-Report 66, 108, 218
Benda-Kommission 156
Benefit sharing 134, 148
Betroffenheitstiefe 37–39
bildgebende Verfahren 178, 180, 183, 190 f., 194, 229
Biobanken 122 f., 134 f. 200–203, 205
Biopatentrichtlinie, Europäische Gemeinschaft 140–142
Blut-Hirnschranke 179, 227, 230 f.
brain privacy 190
BRCA1, BRCA2 s. auch Patentierung 144, 206
broad consent s. auch Einwilligung, Studienteilnahme 204 f.

Conflict of interest s. Interessenkonflikt
CONSORT Statement 78
Contergan® s. Thalidomid

Data Monitoring Committees 75
Datenschutz 72, 126, 128, 202, 233, 236
deCODE 201, 203, 208
Deontologie 15–20, 30, 36, 108
Diagnose 60, 184, 196, 211, 213, 215, 229, 234
differenzierte Preispolitik 149 f.
Disposition, genetische 173, 176, 180, 190, 203, 205–207, 209, 236
Doha Declaration 152 f.
Dokumentations- und Publikationsprinzip 77 f.
Dopingmittel s. auch Enhancement 212
Doppelwirkung, Lehre von der 25–27
Dosisanpassung 63, 67
3R-Prinzip 90, 94

Ehrenautorschaft 51 f.
Eigentum am Körper 126, 129

Einwilligung, Studienteilnahme
– Aufklärungsmaterialien 68
– informierte Einwilligung 66–72, 121, 123, 172, 202, 204 f., 213, 219, 236
– broad consent 204 f.
– proxy consent 71
– uninformed refusal 71
Einwilligungsunfähige 71, 74
Einzigartigkeit, genetische 165–168, 199, 208
Eizellen 163, 169, 172 f.
ELSI (Ethical, legal, and social issues) 176, 198 f.
Elternschaft 165, 170
embryonale Stammzellen (ES-Zellen) s. auch Stammzellen 124, 132, 157, 159, 172
Embryonen
– Blastomeren 168
– Blastozystenstadium 157
– Eizellen 163, 169, 172 f.
– Elternschaft 165, 170
– Embryonalentwicklung 158, 168, 170
– Embryonenforschung 39, 156, 158, 165
– Embryonenschutzgesetz (EschG) 124, 131 f., 156, 158, 163
– Entwicklungspotential 124, 130, 158
– Furchungsteilung 168
– Gattungszugehörigkeit 165 f.
– Gehirnentwicklung 166 f.
– Großbritannien 156 f., 168
– Individuierung 165, 168
– Kontinuität 161, 165, 171
– Mehrlingsbildung 167
– Nidation 163, 169, 171
– Nidationshemmung 169
– Pluripotenz 157 f.
– Potentialität 162–164, 166, 170–174
– Spezieszugehörigkeit 161
– Statusargument 166 f., 169
– Subjektivität 166 f., 171
– Teilungsfähigkeit 168
– Totipotenz 132, 157 f., 172
– Zygote 157 f., 168
Emotivismus (emotivistisch) 6
Enhancement 188 f.
– Dopingmittel 212
– Neuroenhancement 211–223, 229, 231, 237
– Neuroenhancer 211, 216 f.
– Lebensspanne, Verlängerung 212
– Leistungssteigerung 189, 215–217, 228
– Präferenzen 212, 215
– Selbstempfinden 214
– Selbstgestaltung 216
– Selbstinterpretation 214 f.

- Selbstverhältnis 214, 220
- Verbesserung 211 f., 215 f., 229, 231, 237

Epidemiologische Forschung 72, 200
Erkenntnisgewinn, wissenschaftlicher 24, 59, 62–65, 72 f., 83, 95, 132, 158, 181, 200
Ethical, legal, and social issues s. ELSI
Ethik
- angewandte Ethik 103, 106–108
- Deontologie 15–20, 30, 36, 108
- deskriptive Ethik 6 f.
- ethische Vertretbarkeit 72, 77, 95 f., 159 f., 180
- Metaethik s. Metaethik
- Mitte, rechte 16
- Nano-Ethik 237 f.
- Neuroethik 176 f., 184, 192
- normative Ethik 6–9
- Teleologie 16–20, 30, 36
- Tierethik s. Tierethik
- Tugendethik (tugendethisch) 16–20, 29, 33, 35, 48
- Utilitarismus 16, 23, 85, 88, 217

Ethikkommission 54, 62, 74, 76 f., 103, 108, 115 f. 122, 218
ethos 1 f., 43
Europäisches Patentübereinkommen (EPÜ) 140–142
Experiment, neuzeitlich-experimentelle Methode 45, 47, 56–59
Expertendilemma 100 f., 103, 114 f.

Fehlverhalten, wissenschaftliches 41–43, 50–52
Foetus 158, 167, 169
Forschung an vulnerablen Gruppen 74–76, 182, 221, 223
Forschungsprotokoll 63, 75, 77, 116
Forschungsziele 93, 102, 116, 118, 132, 163 f., 204 f., 215–219, 223, 236 f.
Freiwilligkeit s. Studienteilnahme

Gattungszugehörigkeit 165 f.
Gendiagnostik 208, 229
Genomsequenzierung 173, 196 f., 203–205, 229, 233, 237
Gerechtigkeitsprinzip 65 f., 75 f., 108, 218 f., 221 f., 234 f.,
Gruppennutzen 73 f.

Handlung
- Handlungsabsicht 13–15, 19 f., 166
- Handlungsart 64
- Differenz von Zweck und Nebeneffekt s. auch Doppelwirkung, Lehre von der 22–24
- Intendiertes – Nicht-Intendiertes 22, 25, 27
- Intention 23 f., 26 f.

- Konsequenz 4, 13–20, 23, 29 f., 35
- Mittel 22–30, 33, 36, 65
- Motivation 13–20, 29, 33, 35
- Nebeneffekt 4, 22–30, 36, 62 f., 77, 187, 204, 207
- Zweck 22–30, 36, 62–65

Heilbehandlung 60–64
Heilversuch 24, 56, 60–64, 71
Hippokratischer Eid 56
Humanexperiment 24, 34, 56–79
Humangenomprojekt (HGP) 176, 196–198
hypothetischer Imperativ 3 f.

Identität 128, 161 f., 165, 186–189, 237
Indikation, medizinische 189, 211–213, 215
induzierte pluripotente Stammzellen (iPS-Zellen) 172 f.
informationelle Selbstbestimmung 128, 191, 200, 202, 204
informed consent s. informierte Einwilligung
informierte Einwilligung 66–72, 121, 123, 172, 202, 204 f., 213, 219, 236
Instrumentalisierungsverbot 65
Integrität
- psychophysische 54, 126, 136, 200, 211
- moralische 48, 53
Interessenkonflikt 53 f.
Interessensfähigkeit 88, 166, 170 f.

Kategorischer Imperativ 3 f., 16
Klinische Prüfung 73, 127
Klinische Studien 60 f., 63, 73
- Phase 0 61
- Phase I–IV 61
- Phase I-Studie 61 f., 73
Klonierungstechniken 163 f. 166
Kognitivismus 6
Kommerzialisierung 129, 134, 200, 202, 206 f., 222
Kommerzialisierungsverbot 123
Kommunikation, wissenschaftlicher Ergebnisse 45, 48
Kommunismus 44 f., 49, 53
Konsequenz s. auch Handlung 4, 13–20, 23, 29 f., 35
körperliche Unversehrtheit 126, 164
Körperverletzung 126
Krankheitsbegriff 211–215

Lebensschutz 159–171
Lebensspanne, Verlängerung s. auch Enhancement 212
Leistungssteigerung s. auch Enhancement 189, 215–217, 228

Medicines and Related Substances Control
 Amendment Act (Südafrika) 151
Menschenbild 199, 217, 236
Menschenrechte 65, 89 f., 108 f., 116, 119, 160,
 165, 199, 201
Menschenwürde 108 f., 116, 121, 128, 132,
 160–163, 170, 191, 199,
Mensch-Maschine-Schnittstelle 236
Metaethik 6–8
– Emotivismus (emotivistisch) 6
– Kognitivismus 6
– Objektivismus 6
– Präskriptivismus 6
– Relativismus 6 f.
– Subjektivismus 6 f.
Minderjährige s. Studienteilnahme
minimales Risiko 74, 182
Mitte, rechte 16
Mittel s. auch Handlung 22–30, 33, 36, 65
mittelbare Grundrechtsdrittwirkung 125
Monopol 137–139, 149 f., 153 f., 203,
Moral 1–8, 16, 23
moralischer Status 82–90, 105, 156–174
mos 1 f.

Nano-Ethik 237 f.
Nanotechnologie
– Assembler 226 f., 231 f., 235
– Buckminster Fullerene 227
– Lab on a chip-Systeme 229, 233
– Lotus-Effekt 228
– Magnetflüssigkeitshyperthermie 228, 230
– Nanomaschinen 226 f., 230, 235
– Nanomaterialien 227, 229
– Nanomedizin 228–231, 236
– Nanoröhren 227, 231
– Quantum dots 227, 229
– Rasterkraftmikroskop 227 f.
– Rastertunnelmikroskop 227 f.
– Tumorzellen, Bekämpfung von 228–230
Nationalsozialismus 58, 108
Nebeneffekt s. auch Handlung 4, 22–30, 36,
 62 f., 77, 187, 204, 207
Neem-Baum s. auch Patentierung 146 f.
Neuroenhancement 211–223, 229, 231, 237
Neuroenhancer 211, 216 f.
Neuroethik 176 f., 184, 192
Nichtschadenprinzip 65 f., 72 f., 75, 181
Nidation 163, 169, 171
Nutzen-Risiko-Bewertung 74, 223

Objektivismus, ethischer 6
Ombudsperson 52
Organhandel 124
Organisierter Skeptizismus, wissenschaftlicher
 Ethos 44 f.

Palliation 27, 60, 211, 213
Parallelimport 149–153
Partizipationsrechte 34–37
Patente
– Agreement on Trade-Related Aspects of
 Intellectual Property Rights s. TRIPS
– Anreizlogik 139–142
– Biopatentrichtlinie, Europäische Gemein-
 schaft 140–142
– differenzierte Preispolitik 149 f.
– Eigentumslogik 139 f., 142
– Europäisches Patentübereinkommen (EPÜ)
 140–142
– Entdeckung 140, 143 f.
– Erfindung 140–154
– Parallelimport 149–153
– Patengesetz (PatG) 136, 140, 144, 146 f.
– Sortenschutz 146
– Stoffschutz 144–146, 148
– Teflon 145
– Zwangslizenz 149–153
Patentierung von biologischem Material 142–148
– Basmati-Reis 147
– BRCA1, BRCA2 (›Brustkrebsgene‹) 144
– Neem-Baum 146
– Transposon 145 f.
Patentierung von lebenswichtigen Medikamen-
 ten 148 f.
Parthenogenese 172
personale Identität 186 f.
Persönlichkeit 176, 184, 186–188, 191 f.
Pflichten
– Rechtspflichten 32–39, 71 f., 170
– Tugendpflichten 33–38, 71
Phokomelie s. auch Thalidomid 110
Placebo, Kontrollstudie 61, 180–182
Plagiat, wissenschaftliches 41–43, 47
Pluripotenz 157 f.
Potentialität 162–164, 166, 170–174
Präskriptivismus 6
Prävention 60, 123, 149, 211, 213, 234
Primo nil nocere 54
Prinzip der Selbstbestimmung 67, 72, 202, 204 f.
Privatsphäre 138, 198, 223, 233, 236
Probanden 24, 70 f.,
Probandenauswahl, gerechte 66, 75, 182
Probandenversicherung 75
proxy consent 71
Prozedurale Prinzipien 76 f.
Pseudonymisierung 72
Psychochirurgie 185

Rasterkraftmikroskop 227 f.
Rastertunnelmikroskop 227 f.
Recht auf informationelle Selbstbestimmung
 128, 191, 200, 202, 204

Rekrutierung 63, 75 f., 79
Relativismus, ethischer 6 f.
Res extra commercium 126
Risiko-Nutzen-Abwägung 222

Sabotage, wissenschaftliches Fehlverhalten 42 f.
Salus aegroti suprema lex 56
Schaden-Nutzen-Abwägung 66, 72, 78
Schmerzlinderung s. Palliation
Schwangerschaft 76, 110, 112, 132, 149, 169
Schwangerschaftsabbruch 27, 169 f.
Selbstbestimmung, Recht auf 67, 70–72, 189
Selbstbestimmungsprinzip s. auch Prinzip der Selbstbestimmung 65, 72, 218
Selbstbewusstsein 89, 166 f.
Sham Surgery 181
Speziesismus 86 f.
Staatsziel Tierschutz 82, 96
Stammzellen
– Embryonale Stammzellen (ES-Zellen) 124, 132, 157, 159, 172
– induzierte pluripotente Stammzellen (iPS-Zellen) 172 f.
– Parthenogenese 172
– Stammzellgesetz (StZG) 132
Standesethos 5, 100, 113 f.
Status, moralischer 82, 84–88, 90, 105, 156 f., 159–163, 166 f., 170 f., 173 f.
Statusargument 166 f., 169
Studienteilnahme
– Aufwandsentschädigung 70
– Bezahlung 70
– Einschluss- und Ausschlusskriterien 75
– Einwilligung s. Einwilligung, Studienteilnahme
– Freiwilligkeit 70
– Minderjährige 73 f., 76, 80, 127
– Zustimmung 71, 141, 178, 182, 191, 205
Subjektivismus, ethischer 6 f.
Subsidiaritätsprinzip 76
supererogatorisch 32–38, 71

Teflon s. auch Patente 145
Teilhabegerechtigkeit 222, 234
Teleologie 16–20, 30, 36
Thalidomid (Contergan®) 83, 109–117
Therapeutic Misconception 67, 219
Tierethik
– 3R-Prinzip 90, 94
– Speziesismus 86 f.

– Tierinteressen (Tierinteressenposition) 87–89
– Tierrechte (Tierrechtsposition) 87, 89
– Tierschutz (Staatsziel) 82, 96
– Tierversuch (Unerlässlichkeit) 90, 94–96
Totipotenz 132, 157 f., 172
Transfusionsgesetz (TFG) 131
Transplantationsgesetz (TPG) 124, 131
Transposon s. auch Patentierung 145 f.
TRIPS 140–142, 151–155
Tugendethik 16–20, 29, 33, 35, 48
Tumorzellen, Bekämpfung von s. auch Nanotechnologie 228–230

Uneigennützigkeit 44, 100
uninformed refusal s. uninformierte Ablehnung
uninformierte Ablehnung 71
Universalismus, epistemischer 44, 49
Utilitarismus 16, 23, 85, 88, 217
Verantwortlichkeit, moralische 192 f.
Vermögen 158, 160–163
Vernunft, menschliche 57, 84, 89, 100, 116, 158 f., 165 f., 199, 216
Verteilungsgerechtigkeit (gerechte Verteilung) 107, 121, 219, 221–223, 234
Verzichtserklärung 71
Vorbeugung s. Prävention
Vulnerabilität 76
vulnerable Personen 74

Wahrhaftigkeit, wissenschaftliche 48 f.
Warnock-Kommission 156
Wertüberzeugungen 105 f., 108
Werturteil 157, 170
Whistle-blower 52
Willenserklärung 126
Wissenschaftsethos 48, 98–100, 103 f.
Waiver s. Verzichtserklärung
Wohl eines individuellen Patienten 60, 62
Würde, menschliche 64 f., 89, 109, 116, 157, 160–164, 167
Würdeprinzip 64–66
Würdeschutz 159–161, 163 f., 166, 170

Zufallsfund 183 f.
Zustimmung s. Studienteilnahme
Zwangslizenz 149–153
Zweck s. auch Handlung 22–30, 36, 62–65
Zygote 157 f., 168